江苏省高等学校立项精品教材
江苏省“青蓝工程”资助项目

GUWU
JIAGONG JISHU

高职高专“十一五”规划教材
★食品类系列

谷物加工技术

顾鹏程　胡永源　主编

化学工业出版社
·北京·

内容提要

本书由国内多所高职院校的老师根据粮食加工行业的发展和课程改革的需要进行编写。书中全面介绍了米、面加工生产技术和必需的基本理论知识，内容包括：谷物加工的工艺性质、谷物清理的基本原理与方法、物料的调质、搭配及流量控制、稻谷制米、小麦制粉、工艺流程、玉米加工。其中结合行业企业现状重点介绍了原料的工艺特点、设备的结构原理及操作要点，并详细介绍了典型的生产工艺。本书附有丰富的练习题和实验实训内容，并融入了粮食职业岗位资格认证的考核内容，实用性强。

本书可作为高职高专粮食工程与食品工程的专业教材，同时也适用于从事粮食、食品加工的生产、技术人员培训，尤其对粮食职业岗位的资格考证具有很好的参考价值。

图书在版编目（CIP）数据

谷物加工技术/顾鹏程，胡永源主编. —北京：化学工业出版社，2008.9（2024.9重印）
高职高专“十一五”规划教材★食品类系列
ISBN 978-7-122-03550-9

Ⅰ. 谷…　Ⅱ. ①顾…②胡…　Ⅲ. 谷物-食品加工-高等学校：技术学院-教材　Ⅳ. S510.92

中国版本图书馆 CIP 数据核字（2008）第 126928 号

责任编辑：梁静丽　李植峰　郎红旗　　装帧设计：尹琳琳
责任校对：李　林

出版发行：化学工业出版社（北京市东城区青年湖南街 13 号　邮政编码 100011）
印　　装：北京虎彩文化传播有限公司
787mm×1092mm　1/16　印张 17¼　字数 494 千字　2024 年 9 月北京第 1 版第10次印刷

购书咨询：010-64518888　　售后服务：010-64518899
网　　址：http://www.cip.com.cn
凡购买本书，如有缺损质量问题，本社销售中心负责调换。

定　　价：45.00 元

高职高专食品类“十一五”规划教材
建设委员会成员名单

高职高专食品类“十一五”规划教材
编审委员会成员名单

高职高专食品类“十一五”规划教材建设单位

（按汉语拼音排列）

宝鸡职业技术学院
北京电子科技职业学院
北京农业职业学院
滨州市技术学院
滨州职业学院
长春职业技术学院
常熟理工学院
重庆工贸职业技术学院
重庆三峡职业学院
东营职业学院
福建华南女子职业学院
广东农工商职业技术学院
广东轻工职业技术学院
广西农业职业技术学院
广西职业技术学院
广州城市职业学院
海南职业技术学院
河北交通职业技术学院
河南工业贸易职业学院
河南农业职业学院
河南商业高等专科学校
河南质量工程职业学院
黑龙江农业职业技术学院
黑龙江畜牧兽医职业学院
呼和浩特职业学院
湖北大学知行学院
湖北轻工职业技术学院
湖州职业技术学院
黄河水利职业技术学院
济宁职业技术学院
嘉兴职业技术学院
江苏财经职业技术学院
江苏农林职业技术学院
江苏食品职业技术学院
江苏畜牧兽医职业技术学院
江西工业贸易职业技术学院
焦作大学
荆楚理工学院
景德镇高等专科学校
开封大学
漯河医学高等专科学校
漯河职业技术学院
南阳理工学院
内江职业技术学院
内蒙古大学
内蒙古化工职业学院
内蒙古农业大学职业技术学院
内蒙古商贸职业学院
宁德职业技术学院
平顶山工业职业技术学院
濮阳职业技术学院
日照职业技术学院
山东商务职业学院
商丘职业技术学院
深圳职业技术学院
沈阳师范大学
双汇实业集团有限责任公司
苏州农业职业技术学院
天津职业大学
武汉生物工程学院
襄樊职业技术学院
信阳农业高等专科学校
杨凌职业技术学院
永城职业学院
漳州职业技术学院
浙江经贸职业技术学院
郑州牧业工程高等专科学校
郑州轻工职业学院
中国神马集团
中州大学

《谷物加工技术》编写人员名单

主　　编　顾鹏程　江苏财经职业技术学院

　　　　　胡永源　湖北大学知行学院

副 主 编　黄社章　河南工业贸易职业学院

编写人员　（按姓名汉语拼音排列）

　　　　　顾鹏程　江苏财经职业技术学院

　　　　　胡永源　湖北大学知行学院

　　　　　黄社章　河南工业贸易职业学院

　　　　　李天真　湖州职业技术学院

　　　　　李　琰　郑州牧业工程高等专科学校

　　　　　李逸鹤　江苏财经职业技术学院

　　　　　梁　伟　沈阳师范大学职业技术学院

　　　　　王华志　山东商务职业学院

　　　　　张作勇　河南工业贸易职业学院

序

作为高等教育发展中的一个类型，近年来我国的高职高专教育蓬勃发展，“十五”期间是其跨越式发展阶段，高职高专教育的规模空前壮大，专业建设、改革和发展思路进一步明晰，教育研究和教学实践都取得了丰硕成果。各级教育主管部门、高职高专院校以及各类出版社对高职高专教材建设给予了较大的支持和投入，出版了一些特色教材，但由于整个高职高专教育改革尚处于探索阶段，故而“十五”期间出版的一些教材难免存在一定程度的不足。课程改革和教材建设的相对滞后也导致目前的人才培养效果与市场需求之间还存在着一定的偏差。为适应高职高专教学的发展，在总结“十五”期间高职高专教学改革成果的基础上，组织编写一批突出高职高专教育特色，以培养适应行业需要的高级技能型人才为目标的高质量的教材不仅十分必要，而且十分迫切。

教育部《关于全面提高高等职业教育教学质量的若干意见》（教高［2006］16号）中提出将重点建设好3000种左右国家规划教材，号召教师与行业企业共同开发紧密结合生产实际的实训教材。“十一五”期间，教育部将深化教学内容和课程体系改革、全面提高高等职业教育教学质量作为工作重点，从培养目标、专业改革与建设、人才培养模式、实训基地建设、教学团队建设、教学质量保障体系、领导管理规范化等多方面对高等职业教育提出新的要求。这对于教材建设既是机遇，又是挑战，每一个与高职高专教育相关的部门和个人都有责任、有义务为高职高专教材建设做出贡献。

化学工业出版社为中央级综合科技出版社，是国家规划教材的重要出版基地，为我国高等教育的发展做出了积极贡献，被新闻出版总署领导评价为“导向正确、管理规范、特色鲜明、效益良好的模范出版社”，最近荣获中国出版政府奖——先进出版单位奖。依照教育部的部署和要求，2006年化学工业出版社在“教育部高等学校高职高专食品类专业教学指导委员会”的指导下，邀请开设食品类专业的60余家高职高专骨干院校和食品相关行业企业作为教材建设单位，共同研讨开发食品类高职高专“十一五”规划教材，成立了“高职高专食品类‘十一五’规划教材建设委员会”和“高职高专食品类‘十一五’规划教材编审委员会”，拟在“十一五”期间组织相关院校的一线教师和相关企业的技术人员，在深入调研、整体规划的基础上，编写出版一套食品类相关专业基础课、专业课及专业相关外延课程教材——“高职高专‘十一五’规划教材★食品类系列”。该批教材将涵盖各类高职高专院校的食品加工、食品营养与检测和食品生物技术等专业开设的课程，从而形成优化配套的高职高专教材体系。目前，该套教材的首批编写计划已顺利实施，首批60余本教材将于2008年陆续出版。

该套教材的建设贯彻了以应用性职业岗位需求为中心，以素质教育、创新教育为基础，以学生能力培养为本位的教育理念；教材编写中突出了理论知识“必需”、“够用”、“管用”的原则；体现了以职业需求为导向的原则；坚持了以职业能力培养为主线的原则；体现了以常规技术为基础、关键技术为重点、先进技术为导向的与时俱进的原则。整套教材具有较好的系统性和规划性。此套教材汇集众多食品类高职高专院校教师的教学经验和教改成果，又得到了相关行业企业专家的指导和积极参与，相信它的出版不仅能较好地满足高职高专食品类专业的教学需求，而且对促进高职高专课程建设与改革、提高教学质量也将起到积极的推动作用。

希望每一位与高职高专食品类专业教育相关的教师和行业技术人员，都能关注、参与此套教材的建设，并提出宝贵的意见和建议。毕竟，为高职高专食品类专业教育服务，共同开发、建设出一套优质教材是我们应尽的责任和义务。

贡汉坤

前　言

《谷物加工技术》是依据高等职业教育人才培养目标、粮食加工的发展以及社会对人才培养规格的要求，在江苏省精品课程《制粉工艺与设备》的基础上进行课程整合和课程改革而编写的教材。本教材体现了以能力为本位、提高学生职业技能的指导思想。理论知识“必需、够用”，注重学生技能的培养，突出实用性，侧重学生动手能力和分析问题与解决问题能力的培养。

根据高职高专食品类“十一五”规划教材建设委员会安排，组织国内多所高职院校的老师编写了本书。本书涉及小麦制粉、稻谷制米、玉米制粉三方面内容，分三个大模块从原料与原料的清理、稻谷加工工艺与设备、制粉加工工艺与设备进行介绍，着重介绍了原料的工艺性质、各类工艺设备的结构原理和操作与维护要点以及影响设备工艺效果因素、工艺流程的组合与设计方法等。特别是对一些重要的、应用较广的原理与设备及工艺操作与控制方法进行了较为详尽的介绍。本书图文并茂，有利于学生学习与理解接受。

本书可作为高职高专粮食工程与食品工程的专业教材，同时也适用于从事粮食、食品加工的生产、技术人员培训，尤其对粮食职业岗位的资格考证具有很好的参考价值。

本教材编写人员及分工如下：顾鹏程负责编写绪论、第一～第四章、第九章、第十三章，胡永源编写第四～六章，黄社章编写第九章、第十章，王华志编写第十四章及第三章的部分内容，李天真编写第七章、第八章，张作勇编写第十一章、第十二章，梁伟编写第十五章，李琰参加了本书第一章部分内容的编写，李逸鹤参加了本书第三章、第十三章相关内容的编写。

由于编者水平有限，对于书中疏漏不当之处，恳请广大读者不吝批评指正。

编　者

2008 年 5 月

目　录

模块一　原料与原料的清理

模块二 制米工艺与设备

模块三 制粉工艺与设备

绪　论

一、粮食工业在国民经济中的地位和作用

民以食为天，国以粮为本。粮食是人类最宝贵的资源，是国民经济的基础，是食品工业的主要原料。小麦和稻谷是我国主要的粮食作物，小麦的年产量1亿多吨，稻谷年产量达2亿吨。

将小麦加工成为面粉的工艺过程称为制粉，将稻谷加工成为大米的工艺过程称为制米。通过制粉和制米，可使农产品小麦和稻谷转化为食品行业的适用原料及家庭的主食原料，既保证了市场的供应，丰富了人民的生活，又实现了产品的增值，为国家积累了财富。

粮食加工制品是全民生活消费的主要食品原料。尽快提高粮食加工的技术水平，改善其产品结构，对进一步完善粮食供应的市场机制，保障与提高人民的生活水平，有着极大的影响。

二、我国粮食工业的发展概况

我国粮食加工已有4000多年的历史。新石器时代我国就出现了农业，当时栽培的作物有稻、麦、稷、黍等。原始的粮食加工设备是杵和石臼等工具。粮食加工技术虽然早有基础，但由于长期的落后保守的封建主义社会制度，社会生产力得不到发展，粮食加工技术一直停滞在手工操作的落后状态。在实现工业化之前，制粉是借助一些原始工具，依靠人力、畜力来完成的，生产效率低，产品质量差。

新中国成立后，新建了一批中、小型的粮食加工厂，并发展了新技术，提高了机械化水平，改善了工人劳动条件。与此同时，大力进行了加工工艺和设备的研究、设计、制造，取得了显著的成绩，有力地推动了生产发展。

我国是一个拥有近14亿人口、年生产并消费粮食近5亿吨的农业大国。粮食生产和加工业以及粮食加工机械制造业经历了由计划经济向市场经济的过渡。计划经济给我国粮食加工业打下了深深的烙印，生产规模小，技术落后，设备效率低，产品质量低，研发水平低。改革开放后粮食工业有了长足的发展。20世纪70年代，原粮食部工业司进行了粮食加工设备的选型与定型工作，80年代组织了引进国外先进的粮食加工成套设备，并进行了设备与技术的消化吸收和科技攻关，全面提高了粮食加工技术水平，缩短了与国际先进水平的差距，促进了粮食加工技术水平的快速发展。与此同时，粮食加工企业也完成企业改制与重组，新型的粮食加工企业迅速发展壮大。据中国粮食行业协会统计，2005年大米加工企业7160个，年生产能力12447万吨，面粉加工企业2819个，年生产能力8090万吨。

目前，我国的粮食工业已成为现代化工业生产的一个重要组成部分，加工工艺日趋完善，新工艺、新技术不断出现，生产技术已达到较高的水平。产品正由单一品种向多品种、营养型、保健型、专用型产品过渡，生产更完善灵活，产品结构逐渐适应市场的需求。

三、粮食工业发展的方向

近几十年，粮食工业虽然有了很大的发展，但与发达国家相比仍有差距。主要表现为企业生产规模小，管理粗放，规模化、集约化、现代化程度不高。今后我国粮食工业发展的方向：加强经营管理水平，提高产品质量，把产品做成精品，创建成品牌；加强科技投入，提倡自主创新，提高研发能力，研发新产品；制定和完善产品质量标准。

四、本课程的主要内容及学习方法

《谷物加工技术》主要研究小麦、稻谷、玉米的加工技术。本课程的主要内容涉及原料工艺性质、各类工艺设备及常用的工艺流程；着重介绍了原料特点及其工艺性质，原料清理和加工各类工艺设备的结构、作用、工作原理及其使用操作要点，生产过程故障分析与排除，工艺流程的特点、组合规律、设计方法等内容。

《谷物加工技术》是一门应用技术课程，其实践性较强且发展较快。学习时要理论联系实际，将理论不断地运用到实际生产中去。同时，要做较多的调查研究，收集先进的技术资料，推广应用新技术、新设备、新成果和先进的操作方法。

模块一　原料与原料的清理

第一章　原料的工艺性质

学习目的

了解原料的分类及结构。熟悉原料的主要工艺性质，掌握原料工艺性质与生产过程及产品品质的主要关系。了解常用原料的质量标准。

重点难点

原料的识别方法；原料的结构组成及其与工艺的关系；原料的容重、悬浮速度、自动分级性质的概念及与工艺的关系；原料的工艺性质及其与产品品质的关系。

第一节　小麦的种类与结构

小麦是世界上最重要的粮食作物之一，它的种植面积和产量均居禾谷类作物之首。全球35%的人口以小麦为主食，在我国小麦是仅次于水稻的主要粮食作物。近年来，我国小麦平均总产量为10440万吨，居世界总产量第一位。我国冬小麦主要产区在河南、山东、河北、山西等省市，以及苏北、皖北、关中平原等地，约占小麦种植面积的84%。东北、西北是我国春小麦主要产区，约占小麦种植面积的16%左右。由于小麦种植面广、品种多，不同产区、不同品种的小麦其外表形状、物理特性、化学成分、食用品质等不同，在加工过程中表现的状态也就不同。因此，了解其工艺性质，是合理组织制粉生产、取得较好制粉效果的基础。

一、常用小麦的分类及其特点

1. 按播种季节分——冬小麦和春小麦

冬小麦秋末冬初播种，第二年夏初收获，生长期较长，品质较好；春小麦春季播种，当年秋季收获。

2. 按麦粒的皮色分——白皮小麦和红皮小麦

白皮小麦（简称为白麦）的皮层呈白色、乳白色或黄白色；红皮小麦（简称红麦）的皮层呈深红色或红褐色。

3. 按麦粒的硬度分——硬质小麦和软质小麦。硬度指数大于等于60的为硬质小麦（简称为硬麦），小于等于45的为软质小麦（简称软麦），介于两者之间的为混合麦。

二、小麦籽粒的组织结构

1. 麦粒的组织结构

麦粒的外表形状为椭圆形，横断面近似心形。颗粒的大小亦称为粒度，麦粒的粒度常以长、宽、厚的尺寸表示。一般麦粒：长度为4～8mm、宽度为1.8～4mm、厚度为1.6～

3.6mm。制粉上一般用可通过及可留存的筛孔尺寸大小来表示物料的粒度。

麦粒的大小除与品种、生长条件等有关外，还与水分高低有关，水分高时粒度稍大。颗粒大的小麦，皮层相对比例低，胚乳含量高，出粉率高。接近球形的小麦表面积小，出粉率高。

麦粒顶端生有茸毛，称为麦毛，下端为麦胚。在有胚的一面为麦粒的背面，另一面称为腹面。麦粒背面隆起，腹面凹陷，有一沟槽称为腹沟。

小麦籽粒分为三个主要部分，即皮层、胚乳和胚。见图 1-1。

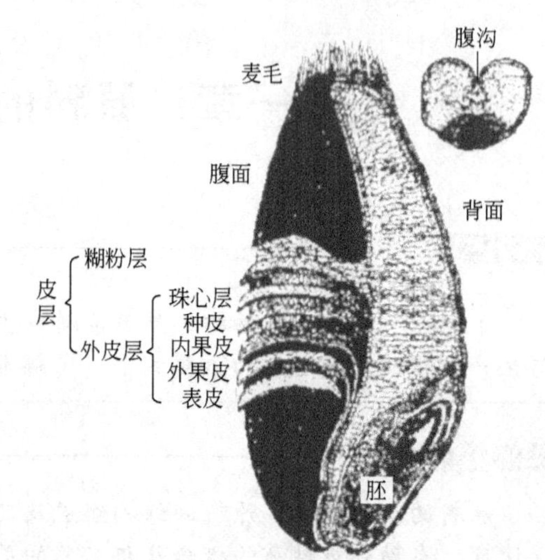

图 1-1 小麦籽粒结构

2. 小麦的皮层

皮层亦称为麦皮，共有六层，根据品质状态可将其分为外皮层与糊粉层。

（1）外皮层 由外层的表皮、外果皮、内果皮、种皮及珠心层组成。其中种皮的内层为色素细胞组成，称色素层，麦粒的皮色由色素层决定。珠心层很薄，在 50℃以下不易透水。外皮层含粗纤维较多，口感粗糙，人体难以消化吸收，应尽量避免其混入面粉。

（2）糊粉层 亦称为内皮层，糊粉层易吸收水分，较厚，具有较为丰富的营养，粗纤维含量较外皮层少。因此，在生产低等级面粉时，可将糊粉层磨入面粉中，以提高出粉率。在生产高等级面粉时，由于糊粉层中含有不易消化的纤维素、五聚糖且灰分很高，因此不宜将其磨入面粉中。磨制面粉时，难免有少量皮层被破碎混入面粉中，这些粒度与面粉相同的皮层称为麸星，麸星的颜色对面粉的精度有影响。白麦皮色浅，产品色泽好，精度高，出粉率较同等红麦高。皮层薄的小麦，胚乳占麦粒的百分比大，皮层与胚乳粘连较松，胚乳易剥离，故出粉率高。

3. 胚乳

胚乳被皮层包裹，主要由淀粉细胞构成，是面粉的基本部分，小麦的胚乳含量愈高，其出粉率就越高。胚乳分为两种不同的结构：硬麦的胚乳细胞内淀粉颗粒之间被蛋白质所充实，结构紧密，颜色较深，断面呈透明状；软麦胚乳淀粉颗粒之间具有空隙，结构疏松，断面呈白色而不透明。

硬麦具有较好的加工品质、食用品质和营养品质：

① 在制粉过程中可得到大量的粗颗粒状中间产品，适宜制取高等级面粉。

② 胚乳较易从皮层上刮净，在其他条件相同的情况下，出粉率高。

③ 中间产品流动性好，筛理效率高。

④ 制成的面粉含蛋白质量多质好，面粉呈乳黄色，色泽较深。适宜制作面包等酵母起发食品，不宜制作饼干等食品。

⑤ 由于胚乳硬度较大，不易磨碎，研磨时电耗高。

⑥ 硬麦吸水量大，入磨水分高，润麦时间长。

软麦加工性质、食用品质和营养品质与硬麦相反之。

4. 胚

小麦胚由胚盘、胚芽、胚根等组成。胚是麦粒生命活动最强的部分，完整的胚有利于小麦的水分调节。胚中含有大量的蛋白质、脂肪及较多活性强的酶；胚混入面粉后，会影响面粉的色泽，贮藏时容易变质，对面粉的烘烤也有不利影响。因此，在磨制高等级面粉时不宜将胚磨入粉中。麦胚具有极高的营养价值，可在生产过程中将其提出加以利用。

第二节　稻谷的种类及结构

一、稻谷的分类及特点

稻谷是我国的主要粮食作物之一。其产量占我国粮食总产量的1/3以上。稻谷按粒形和粒质分为籼稻谷、粳稻谷、糯稻谷三类。

1．籼稻谷

具有耐热、耐强光的习性；籼稻谷是籼型非糯性稻的果实，籽粒一般呈长椭圆形或细长形，米粒强度低，耐压性能差，加工时容易产生碎米，出米率较低，蒸煮米饭的黏性较小，而膨胀率较大。

2．粳稻谷

具有耐寒、耐弱光的习性；粳稻谷是粳型非糯性稻的果实，籽粒一般呈椭圆形，米粒强度高，耐压性能好，加工时不易产生碎米，出米率较高，蒸煮米饭的黏性较大，而膨胀率较小。

3．糯稻谷

是糯性稻的果实。按粒形和粒质可分为籼糯稻谷和粳糯稻谷，米粒均呈乳白色，不透明或半透明，蒸煮米饭的黏性大，膨胀率小。

根据粒质和收获季节的不同，稻谷又可分为早稻谷和晚稻谷两类。早稻谷生长期较短，收获期较早，米粒腹白较大，角质粒较少，米质疏松，耐压性差。加工时易产生碎米，出米率低；而晚稻谷生长期较长，收获期较晚，米粒腹白较小，角质粒较多，米粒坚实，耐压性强，加工时产生碎米较少，出米率较高。就同一类型的稻谷而言，一般是早稻谷的品质比晚稻谷差。就米饭的食用品质而言，也是早稻谷比晚稻谷差。如果是不同类型的稻谷，比较其早、晚稻谷的品质，则晚籼稻谷的品质仍然优于早粳稻谷。

二、稻谷籽粒的组织结构

稻谷的籽粒组织结构如图1-2、图1-3及图所示。主要由颖（稻壳）和颖果（糙米）两部分组成。

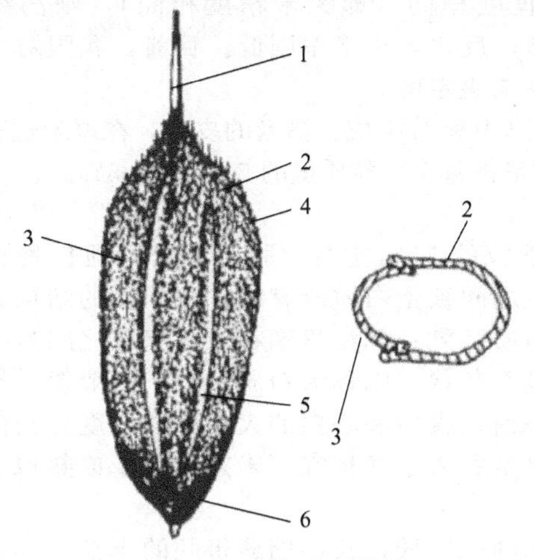

图1-2　稻颖的结构

1—芒；2—外颖；3—内颖；4—茸毛；5—脉；6—护颖

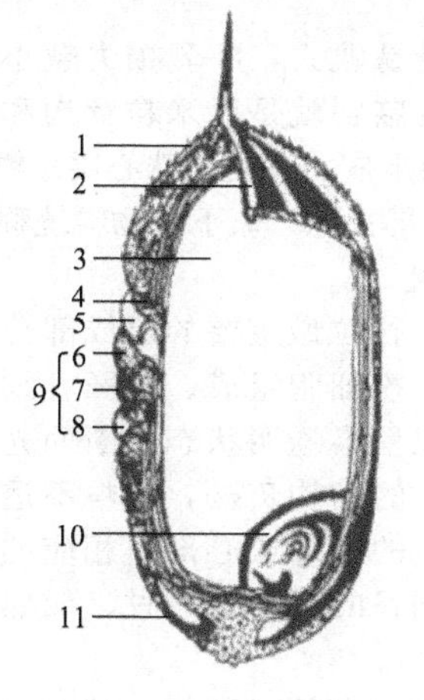

图1-3　稻谷的结构

1—外颖；2—内颖；3—胚乳；4—糊粉层；5—种皮；6—内果皮；7—中果皮；8—外果皮；9—果皮；10—胚；11—护颖

1．颖（稻壳）

稻谷的颖包括内颖、外颖、护颖和颖尖（芒）四部分。内、外颖各一瓣，外颖较内颖略长而大，内、外颖沿边缘卷起成钩状，外颖朝里，内颖朝外，二者相互钩合包住颖果，起着保护颖果的作用。稻谷经砻谷机脱壳后，颖即脱落，脱下来的颖称稻壳，有时也称砻糠、毛糠或大糠。

内、外颖表面粗糙，生有许多麻点和针状茸毛。茸毛的疏密和长短因品种而异，一般，籼稻谷的茸毛稀而短，散生在颖面上，粳稻谷的茸毛密而长，多密集于棱上，而且从基部到顶部逐渐增多，顶部的茸毛比基部的长；因此，籼稻谷表面一般比粳稻谷光滑。内、外颖的厚薄与稻谷的类型、品种、生长条件、成熟及饱满程度等因素有关，一般成熟和饱满程度好的稻谷，颖薄而轻；粳稻谷的颖比籼稻谷的颖薄而轻且钩合较松、易脱壳；未成熟的稻谷，其颖富于弹性和韧性，不易脱除。内、外颖基部的两侧生有护颖；护颖是稻谷籽粒基部外侧承托内、外颖壳的两片小颖，托住稻谷籽粒，起保护内、外颖的作用。内、外颖都生有纵向脉纹，外颖有 5 条，内颖有 3 条，外颖顶端尖锐称为颖尖，或伸长成芒。粳稻谷长芒者居多，籼稻谷大多无芒。有芒的稻谷容重小，流动性差，较难清理。容易造成加工机器的堵塞。芒的有无及长短，均随品种的不同而异。目前有芒品种已逐渐被淘汰。

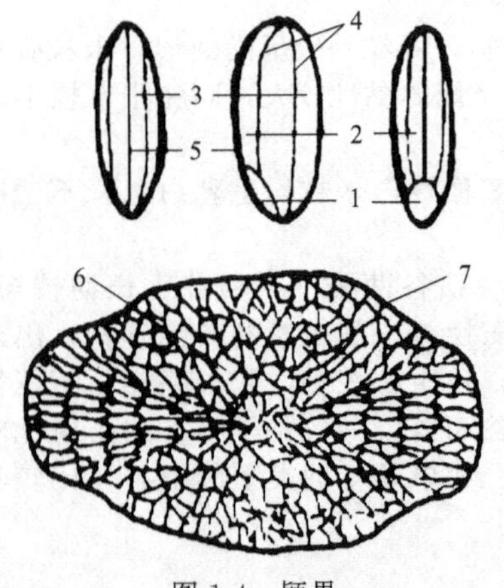

图 1-4 颖果

1—胚；2—腹部；3—背部；4—小沟；5—背沟；6—胚乳；7—皮层

2. 颖果（糙米）

稻谷脱去颖后是颖果（糙米）。如图 1-4 所示，颖果主要由皮层、胚乳和胚三部分组成。胚乳占绝大部分。内颖所包裹的一侧称为颖果的背部，外颖包裹的一侧（即米粒长胚的一侧）称为颖果的腹部，胚位于下腹部。在胚和胚乳的外面紧密地包裹着皮。颖果在未成熟时呈绿色，强度很低，成熟后多为灰白色、淡黄色，表面较平整和光滑，随着稻壳脉纹的棱状突起程度不同，颖果表面形成深浅不同的纵向沟纹，如图 1-4 所示。纵向沟纹共五条，两侧面上各有两条小沟纹。其中，在颖果的背上有一条纵向沟纹，称为背沟。糙米沟纹的深浅随稻谷品种的不同而异。它对出米率的高低有一定影响。碾米主要是碾去糙米的皮层，在其他条件相同的情况下，要使糙米去皮程度相同（即大米精度相同），则沟纹越浅，皮层越易碾去，胚乳损失越小，出米率就越高；反之，出米率则低。目前，我国对大米精度等级的鉴别就是以米粒背沟和粒面留皮的多少来决定的。

糙米由果皮、种皮、珠心层、糊粉层、胚乳、胚等几部分组成。糙米的皮层，在碾米过程中要部分或全部去除。碾下的物料统称为米糠，皮层质量占整个籽粒质量的 5.2%～7.5%。

3. 胚乳

胚乳是谷粒最主要的组成部分，质量占整个谷粒的 70% 左右，胚乳被紧紧地包裹在皮层内，由淀粉细胞组成。如胚乳细胞内的淀粉颗粒之间被蛋白质所充实，则胚乳的结构紧密坚硬，米粒呈半透明状态，断面光滑平整，称为角质胚乳；如淀粉颗粒及细胞壁之间具有空隙，则胚乳的结构疏松，米粒不透明，断面粗糙呈石灰状，则称为粉质胚乳。一般粉质部分多位于米粒的腹部或心部。相应的称其为腹白或心白，腹白和心白的大小称腹白度。腹白度的大小与稻谷的类型、品种、成熟度有关，一般早稻谷大于晚稻谷，未熟粒大于成熟粒。

4. 胚

胚位于糙米的下腹部，其中含有较多的不饱和的脂肪酸，长期储藏带胚的米粒，容易发霉和变质。胚与胚乳连接得不太紧密，在碾米过程中容易脱落。

第三节 玉米的种类与结构

玉米是世界三大粮食作物之一，我国玉米产量占世界总产量的 22%，居国内粮食总产量第二位。

一、玉米的分类及其特点

玉米主要分为黄玉米和白玉米。黄玉米的种皮为黄色，并包括略带红色的玉米。白玉米种皮为白色，并包括略带淡黄色或粉红色的玉米。根据玉米的粒形、硬度及用途的不同，又可将玉米分为马齿型和硬粒型。马齿型籽粒呈马齿形，胚乳的两侧为角质，中央和顶端均为粉质。硬粒型籽粒呈圆形或短方形，胚乳周围全是角质。

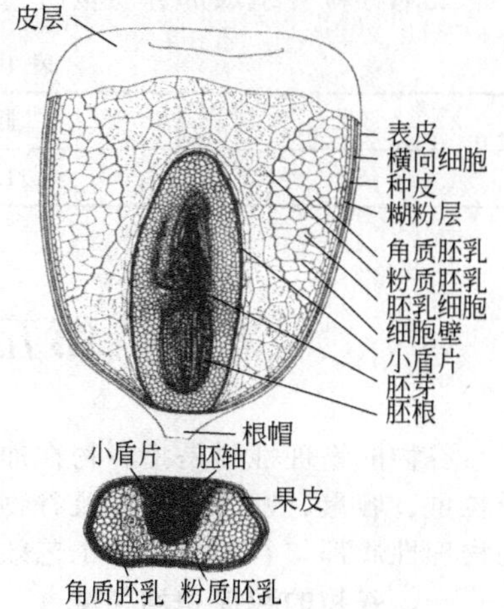

图 1-5 玉米籽粒结构图

二、玉米籽粒的组织结构

玉米主要由皮层、胚乳、胚芽和根帽等部分组成，见图 1-5。

1. 皮层

玉米的皮层由外皮层和糊粉层组成。外皮层粗纤维含量高，韧性大，不易破碎，但用水润湿后较易剥除。糊粉层在外皮层和胚乳的中间，营养成分较高。皮层质量为籽粒重的 7%左右。

2. 胚乳

胚乳是玉米籽粒的最大组成部分，占 80.0%～83.5%。玉米的胚乳分角质和粉质两类。角质胚乳组织结构紧密，硬度大，透明而有光泽，剥皮时不易碎，适宜制糁，出糁率高。粉质胚乳组织结构松散，硬度小，剥皮时易碎，适宜制粉。

3. 胚芽

胚芽位于玉米的基部，柔韧而有弹性，不易破碎。胚芽占玉米籽粒干重的 10.5%～13.1%，加工时可以完整地分离出来。玉米胚芽中脂肪含量高达 35%～40%。

4. 根帽

又称基胚、根冠，位于玉米的底部，根帽占玉米籽粒干重的 0.8%～1.1%。加工时作为渣皮去除。

第四节 谷物各组成部分的质量比

一、小麦的各组成部分质量比

麦粒各组成部分的质量比参考见表 1-1。

表 1-1 麦粒各组成部分质量比 单位：%

名称	皮层/%							胚乳	胚
	表皮	外果皮	内果皮	种皮	珠心层	糊粉层	合计		
小麦	0.5	1.0	1.5	2.0	3.0	5.5	13.5	84	2.5

小麦因品种、生长条件等不同，其籽粒各部分比例也有差异。如红春麦的胚乳含量比红冬麦低，而胚的含量较高；硬麦和软麦胚乳含量的平均值差别不大，但硬麦的皮层含量较少。

二、稻谷的各组成部分质量比

稻谷和糙米籽粒各组成部分质量所占的百分率如表 1-2 所示。

表 1-2 稻谷和糙米籽粒各组成部分的质量比 单位：%

名 称	稻壳	外糠层	内糠层	胚乳	胚
稻谷	18～20	1.2～1.5	4～6	66～70	2～3.5
糙米	0	2.1	4.7	90.7	2.5

表中的外糠层指果皮和种皮，内糠层指珠心层和糊粉层。稻谷和糙米的各组成质量比因品种、生长条件等不同有所变化。

三、玉米的各组成部分质量比

玉米籽粒各组成部分质量所占的百分率如表1-3所示。

表1-3 玉米籽粒各组成部分质量比 单位：%

胚乳	胚	皮层	根帽
82	11.5	5.5	1

第五节 谷物的物理性质

谷物的物理性质是指谷物在加工过程中反映出的多种物理属性，主要有粒度、均匀度、千粒重、容重、密度等，以及谷物的一些群体特性，如悬浮速度、散落性、自动分级等。这些物理性质都与谷物加工的工艺效果有着密切的关系。

一、谷物的粒度和均匀度

1. 粒度

粒度是指谷物籽粒长、宽、厚的尺度。粒度的大小可用长、宽、厚的变化范围或平均值来表示。粒度对谷物加工工艺参数和工艺效果有影响。如长粒稻谷加工易碎，出米率低，大粒麦出粉率高。谷物的粒度见表1-4。

表1-4 谷物的粒度范围 单位：mm

项 目	长 度	宽 度	厚 度
粳稻	7～8	3.2～3.6	2.1～2.5
籼稻	7.5～8.5	2.8～3.2	1.8～2.2
糯稻	7.8～8.2	3.0～3.4	2.0～2.2
小麦	4.5～8.0	2.2～4.0	2.1～3.7
玉米	7～16	5～12	3～7

2. 均匀度

均匀度是指稻谷籽粒大小一致的程度。谷物的粒度均匀有利于加工，便于设备的调整与操作，成品质量好；若粒度不均匀，会给加工带来许多麻烦，如清理、分级困难，因此，要求谷物的类型、品种不互混，对于均匀度差的谷物，最好能分级加工。

二、谷物的千粒重和容重

1. 千粒重

千粒重是指一千粒谷物的重量，用“g/千粒”表示，实际表明的是谷粒的平均重量。千粒重越大，谷粒越大、饱满。在其他条件相同时，谷物的水分愈高，则千粒重也愈大。

我国小麦的千粒重为19～61.3g，平均35.69g。稻谷的千粒重为15～43g，一般在22～30g，粳稻为25～27g，籼稻为23～25g。玉米千粒重差异很大，一般在131～435g，平均为295g。

2. 容重

谷物的容重是指单位容积谷物的重量，其单位是g/L。通常谷物的容重越大，其籽粒越饱满，品质相对越高。如小麦的容重高则出粉率越高，小麦的容重是评定小麦品质的主要指标之一。谷物的容重与其形状、饱满程度、表面状态、水分和含杂情况等有关。粗糙的、表面有皱纹的谷粒，其容重小于规则、光滑的谷粒。谷物的水分增加，将导致容重减少。谷物的含杂也影响其容重，轻杂质使容重降低，重杂质使容重增加。容重可以进行谷堆重量与体积的换算，是设计计算加工及输送设备装载量和仓柜容积的依据。我国小麦的容重一般为

690～810g/L，稻谷的容重一般为450～600g/L。

三、谷物的悬浮速度、自动分级性和散落性

1. 悬浮速度

谷物加工过程中，通常利用空气流对物料进行处理，因此主要涉及谷粒或中间产品在空气中的悬浮速度。谷粒处于具有垂直上升气流的环境中时，即会受到气流向上的作用力，当此作用力与谷粒重力相等时，谷粒在气流中将处于悬浮状态，此时气流的速度即等于该谷粒的悬浮速度。悬浮速度是指定物料的固有性质，其大小与粒度、粒形、表面状态、密度等因素有关。粒度、密度较大且规则光滑，则悬浮速度较大。正常小麦的悬浮速度为7～11m/s，面粉的悬浮速度为1.5～2m/s，其他中间产品的悬浮速度均小于麦粒。稻谷的悬浮速度为7.5m/s，大米的悬浮速度为8～8.5m/s，玉米的悬浮速度为9.8～13.5m/s。

2. 自动分级性

在外界条件的影响下散流体内部自行出现的分级现象，称为自动分级。自动分级与物料的密度、形状、大小、表面粗糙度等因素有关。一般密度小、体积大、表面粗糙的物料在分级形成后浮到上层；密度大、体积小、表面光滑的物料沉到底层；轻而小或重而大的则夹在中间。物料在工作面上形成自动分级的条件为：物料颗粒之间需产生相对运动；适宜的料层厚度；足够的分级时间。在加工过程中很多时候利用物料的自动分级，如筛理除杂等。但为了保证物料质量的均匀性，如物料进仓时出现不利的自动分级，必须采取措施防止。

3. 散落性

散流体自然流散的性质称为散落性。散落性与粒形、水分、表面状况及含杂有关。谷物自然下落至静止平面时，将向四周散开，堆积成圆锥体形，该圆锥体的母线与水平面的夹角，即称为自然坡角。小麦的自然坡角为23°～38°，稻谷的自然坡角为33°～40°，白米的自然坡角为23°～33°，糙米的自然坡角为27°～28°，玉米的自然坡角为28°～34°。物料的散落性越好，对应的自然坡角越小。散落性影响物料在倾斜工作面上的流动状态。物料相对某种材料的滑动摩擦角亦称为自流角。自流角与物料的散落性及工作面的状态有关。物料和中间产品的散落性决定溜管的输送角度。散落性差的物料，流动困难，容易堵塞。当承载物料的工作面产生振动时，物料在工作面上的堆积角将小于自然坡角，流动角将小于自流角。

四、谷物的结构力学性质

谷物受到不同形式外力所体现的抗破坏能力即为谷物的强度。

1. 麦粒的结构力学性质

小麦的结构力学性质与小麦籽粒结构、水分高低等因素有关。

（1）皮层的强度要比胚乳大得多，研磨时胚乳易碎而皮层不易碎　制粉工艺即利用研磨筛分这一原理，将胚乳磨细成粉并分离皮层。

（2）破坏小麦和胚乳所需的挤压力比剪切力大　因此在研磨时，采用齿辊破碎小麦和胚乳能节省动力。

（3）水分变化引起的麦粒、胚乳、皮层的强度变化趋势不同　胚乳和整粒小麦是水分越高，强度越低，皮层则强度越强。在加工过程中进行水分调节，适当提高入磨小麦的水分，能减少皮层的破碎，提高面粉质量和降低动力消耗。

（4）小麦硬度越大，其强度也越高　破碎硬麦比软麦的难度大，因此，研磨硬麦的动力消耗比软麦大。

2. 稻谷和糙米的结构力学性质

稻壳的内外是相互钩合的，但钩合较松，与糙米的结合力极小，利用沿稻谷长度方向拉开内外颖的力（即搓撕力）最小。砻谷就是利用此原理去除谷壳的。糙米的皮层与胚乳有一定的结合力，吸水后结合力降低，皮层的韧性增加。糙米的抗压强度大于抗弯强度，抗弯强度又大于抗剪强度。

爆腰是糙米或大米粒上出现一条或多条纵横裂纹的现象。爆腰后米粒强度下降，易碎，食用品质下降。

稻谷籽粒的强度随稻谷的类型、品种、胚乳结构、水分和温度的不同而有很大的差异。

（1）稻谷的类型对籽粒强度的影响　籼稻谷籽粒细长，粳稻谷籽粒短宽，所以粳稻谷的抗压强度比籼稻谷大；早稻生长期短，腹白度较大，而晚稻谷生长期长，蛋白质含量高，腹白度小，所以晚稻谷的强度比早稻谷的强度大。

（2）稻谷的品种和胚乳结构对籽粒强度的影响　不同品种稻谷的强度各不相同。角质粒的强度最高，粉质粒的强度最低，心白粒的强度低于腹白粒的强度，爆腰粒的强度均小于该品种的平均强度。

（3）稻谷的水分对籽粒强度的影响　稻谷的水分增加，籽粒强度降低。

（4）环境温度对稻谷籽粒强度的影响　环境温度对稻谷籽粒强度有一定影响。试验表明：温度在0～5℃时，稻谷的籽粒强度保持最高值，温度升高或者降低，米粒强度均会降低。

因此，加工中应注意针对不同品种、不同类型的稻谷制订工艺流程，选择适宜的加工方法，保证稻谷的籽粒强度不降低或少降低。脱壳时，稻谷主要受压力，为防止被压碎应考虑其机械加工的工作面采用摩擦系数大、表面富于弹性的材料。碾米时，引起碎米的作用力主要是弯曲力，应尽量避免使米粒受弯曲力和剪切力。水分高的稻谷，其颖、皮层、胚的韧性增加，而胚乳的强度降低，碾米时出碎率高、出米率低、电耗大；含水量过小的稻谷，米粒的强度增加，碾米时虽然有利于清理、脱壳，但米粒脆性增加，同样容易产生碎米，同时皮层坚硬不易碾去，将影响产品质量。水分过高的稻谷，在加工前需进行干燥处理；水分过低的稻谷，在加工之前最好进行调质处理，以达到减少碎米、提高出米率的目的。另外，夏季加工大米时，由于气温高，米粒强度低，容易产生碎米。可采用喷风式碾米机，其出碎率低于非喷风式米机。

第六节　谷物籽粒的化学成分及其分布

一、谷物的化学成分含量

谷物的化学成分主要有水分、蛋白质、糖类、脂类、维生素、矿物质等。谷物籽粒的化学成分见表1-5。

表1-5　谷物籽粒的化学成分　单位：%

谷物类型	水分	粗蛋白质	粗脂肪	粗纤维	灰分	碳水化合物
稻谷	14.0	7.3	2.0	9.0	4.6	63.1
小麦	13.5	10.5	2.0	2.1	1.6	70.3
玉米	14.0	8.2	4.6	1.3	1.3	70.6

二、小麦中的各种化学成分及分布

麦粒的各部分化学成分的含量相差很大，分布不平衡，蛋白质、淀粉主要集中在胚乳中，纤维素主要集中在皮层中，而皮层的灰分明显高于胚乳。其分布情况见表1-6。

表1-6　麦粒的各组成部分化学成分的相对分布

组成部分	含量/%	占整个麦粒对应成分的相对含量/%				灰分/%
		淀粉	蛋白质	纤维素	脂类化合物	
麦皮	15.0	0	20	88	30	8～15
胚乳	82.5	100	72	8	50	0.35～0.50
胚	2.5	0	8	4	20	5～7

1. 水分

小麦中水分存在的状态，可分为游离水和胶体结合水。小麦具有吸潮和散湿性能，通过着水，经吸收可增加游离水的含量。水分较高时，皮层与胚乳的强度差别增加，有利于制粉，但小麦及其中间产品的散落性将变差。

未进行水分调节时，水分在麦粒各部分中分布是不均匀的，一般小麦皮层的水分低于胚乳，通过调节可使皮层的水分较高。

2. 淀粉

淀粉是小麦的主要化学成分，是面粉的主要成分，是面制食品中能量的主要来源。小麦淀粉全部集中在胚乳中。淀粉在制粉过程中遇到水汽会发生糊化作用（糊化温度一般在55℃），糊化会糊筛，影响筛理效率。在研磨过程中如压力过大，淀粉会损伤，破损淀粉对面粉的烘焙和蒸煮品质有一定的影响。破损淀粉的吸水率可达到200%，是完整淀粉粒的5倍。小麦中含可溶性糖类占小麦糖类2.0%～5.0%。

3. 蛋白质

小麦中的蛋白质是人类日常食物蛋白质的主要来源。小麦中主要含有麦胶蛋白、麦谷蛋白、清蛋白、球蛋白。其中，麦胶蛋白、麦谷蛋白含量高，构成面粉的面筋质。面筋质是小麦蛋白所独有特性。面制食品之所以品种繁多，是面粉中的面筋质在起主要作用，因此面筋质的含量及其品质对面制食品的质量影响极大。面筋质数量和质量是衡量小麦面粉的重要指标。

面筋质仅存在于小麦胚乳中，但在胚乳中分布不均匀，在胚乳中心部分的面筋量少而质高，胚乳外缘部分的面筋量多而质差。软麦面筋主要集中在胚乳外层，硬麦的面筋分布相对均匀。小麦中面筋含量取决于小麦的品种，一般硬麦面筋质含量高而且品质好。用于生产专用面粉的小麦，主要根据其蛋白质的数量和质量来选择。一般来说，高蛋白质、筋力强的小麦适合制作面包；低蛋白质、筋力弱的小麦适合制作饼干和糕点。

蛋白质在温度超过50℃时，会逐渐凝固变性，因此，生产中研磨温度不能太高。

4. 脂肪

小麦中的脂肪多为不饱和脂肪酸，主要存在于胚和糊粉层中。胚中脂肪含量最高，约含14%左右，易被氧化而酸败。

5. 纤维素

纤维素是人体不能消化的糖类，若混入面粉中将影响食用品质和面粉色泽。它主要分布在小麦外皮层中，胚乳中含量极少，因此面粉中皮层含量越低，纤维素含量越低，面粉的精度就越高。

6. 灰分

谷物经过充分燃烧后剩下的矿物质即为灰分，主要为磷、钾、镁、钙、钠、铁、铜等元素的氧化物。皮层中灰分含量最高，胚乳中含量最低，两者相差悬殊。灰分指标对制粉生产有特殊意义，这是因为含纤维素、半纤维素最多的皮层灰分含量也较高，而测定灰分比测定纤维素要简单得多，所以制粉厂用灰分的高低来衡量面粉、中间产品中含麦皮的多少，以表示其品质的高低。胚乳含量高、灰分低的中间产品或成品的品质较好。

小麦灰分含量一般为1.5%～2.2%，较高等级面粉的灰分为0.5%～0.7%。

7. 维生素

维生素是人体所必需的有机化合物。维生素在麦粒中含量较少，主要有维生素B、维生素E和维生素A等，其主要存在于胚和糊粉层中。面粉中胚乳的纯度越高，产品精度及淀粉含量越高，纤维素越少，如脂肪、矿物质和维生素等的含量也越低。

三、稻谷中的各种化学成分及分布

稻谷籽粒中化学成分的含量因品种、土壤、气候、栽培及成熟条件等的不同而略有差异。稻谷籽粒及其各组成部分的化学成分见表1-7。

胚乳中的碳水化合物主要是淀粉，胚和皮层中一般不含淀粉；稻壳中的碳水化合物主要是多缩戊糖。稻谷籽粒各组成部分所含有的化学成分的分布和含量是很不均衡的，各有其特点。

1. 水分

稻谷籽粒各部分的含水量是不同的。一般情况下，稻壳的水分低于糙米的水分，这对脱壳是有利的。在碾米中，胚乳的含水量低于皮层，皮层的含水量又低于胚，胚部含水量最高。

表 1-7 稻谷籽粒各组成部分的化学成分 单位：%

名称＼化学成分	水分	蛋白质	脂肪	碳水化合物	纤维素	矿物质
稻谷	11.7	8.1	1.8	64.5	8.9	5.0
糙米	12.2	9.1	2.0	74.5	1.1	1.1
胚乳	12.4	7.6	0.3	78.8	0.4	0.5
胚	12.4	21.6	20.7	29.1	7.5	8.7
皮层	13.5	14.8	18.2	35.1	9.0	9.4
稻壳	8.5	3.6	0.9	29.4	39.0	18.6

水分大小对稻谷加工有影响。水分过高，会造成筛理与分级困难，稻壳脱壳及碾米排糠困难等；水分过低，加工易产生碎米，皮层与胚乳结合力强而难剥离等。适宜水分含量为14%～14.5%。

2. 蛋白质

稻谷中蛋白质含量与稻谷的类型、品种、产地、气候、成熟度等条件有关，其含量一般在8%～10%。有些优质品种的稻谷蛋白质含量高达15%。籼型稻谷的蛋白质含量略高于粳型稻谷，糯性稻谷蛋白质含量略高于非糯稻谷。稻米中的蛋白质主要可分为清蛋白、球蛋白、醇溶蛋白、谷蛋白4种。糙米比大米含有较多的清蛋白和球蛋白。清蛋白和球蛋白集中于糊粉层和胚中，这种蛋白质在大米中的分布以外层含量最高，愈向米粒中心愈低。谷蛋白是大米的主要蛋白质。谷蛋白和醇溶蛋白集中于胚乳中，所以在米粒中心部分含量最高，愈向外层含量愈低。

3. 脂类

稻谷含脂肪量约为2%，而且分布很不均匀，大部分存在于胚和糊粉层中。大米含脂肪量约为0.8%，米糠含脂肪量为20%。加工精度越高，脂肪含量越低。虽然稻谷中含有的脂肪不多，但对稻谷、大米的储藏性及米饭的可口性和风味性的影响是不可忽视的。

4. 碳水化合物

碳水化合物是稻谷的主要化学成分，实际上是糖类。糖可以分为单糖、低聚糖和多糖三大类。粮食中的多糖主要是淀粉、纤维素、半纤维素等。分析表明：糙米含淀粉约84%，还含有1.2%多缩戊糖、0.7%可溶性糖和0.9%的粗纤维。由此可见，糙米中的碳水化合物主要是淀粉。淀粉是粮食中最重要的储藏性多糖，是人体所需食物热能的主要来源，也是轻工业和食品工业的重要原料。

大米淀粉是由一种枝状组分支链淀粉和一种线性组分直链淀粉组成。支链淀粉是大米淀粉的主要组分，它黏性大，直链淀粉黏性小。糯性大米含直链淀粉1%～2%，其余为支链淀粉；非糯性大米（粳米及籼米）含直链淀粉10%～33%，一般籼米含直链淀粉高于粳米。

5. 纤维素

稻谷含纤维素大约在10%，稻壳含其中的60%～70%，皮层含23.75%，糊粉层含6.4%，胚含2.46%，胚乳几乎不含纤维素（仅含0.15%）。

6. 矿物质

稻谷的矿物质主要存在于稻壳和皮层中，胚次之，胚乳中含量最少，且胚乳中心比胚乳外层更少。因此，大米的精度愈高，灰分的含量愈低。在糙米或大米中，矿物质氮、硫、磷、钾、镁含量较多，而铁、钙、铝、锌等含量较少。

7. 维生素

稻谷中所含维生素主要是B族维生素（B_1、B_2），其次还有少量的维生素A、维生素E，主要分布在胚和糊粉层中。在碾米过程中随着精度的提高，大部分或全部转入到米糠中去了。

四、玉米的化学成分及含量

1. 水分

玉米适宜加工的水分含量为16%～17%。水分含量较高时，胚的水分将高于玉米籽粒，当籽粒水分为20%左右时，它们之间的差别较小；当籽粒水分含量在14%以下时，胚的水分将低于籽粒3%～4%，此时，皮、胚乳、胚的结合比较牢固，不易分离，难以脱皮、脱胚。

玉米的水分含量高，皮的韧性大，脱皮较易，胚与胚乳不易分离；但水分含量过高，易压扁成饼，造成筛理困难，产量下降，动力消耗增加，而且成品水分含量过高，将给保管带来困难。因此，低水分或高水分含量的玉米在加工时都应进行水分调节。

2. 蛋白质

玉米中蛋白质的含量为7.72%～13.23%，但不能形成面筋，其烘焙性质差。蛋白质中的色氨酸、赖氨酸含量少，但近年培育出的杂交玉米中，赖氨酸含量比一般玉米高2～2.5倍，可提高玉米的营养价值。

3. 碳水化合物

淀粉和糖主要集中在胚乳中。胚乳是糁、粉的主要成分，作工业用玉米粉，主要是利用其胚乳淀粉酿酒及生产淀粉、葡萄糖、异构糖浆等。

纤维素是玉米皮的基本组成部分。

4. 脂肪

玉米所含脂肪绝大部分集中在胚中，但脂肪中含有45%的不饱和脂肪酸，极易氧化变质，这是玉米籽粒和保留胚的玉米粉容易变质的主要原因。

5. 灰分

玉米籽粒的灰分主要集中在胚、皮层中，其含量高出胚乳灰分的若干倍，故脱皮、脱胚有利于提高玉米粉的食用品质。

6. 维生素

玉米籽粒中主要含有维生素B_1、维生素B_2、维生素C、维生素E等，它们主要分布在玉米胚中，玉米胚含维生素E为90mg/100g，低于麦胚油脂的含量。

第七节　常用原料及其产品的质量要求

一、原料的质量要求

1. 小麦的等级指标

原料小麦主要按容重、不完善粒含量、杂质含量、水分、色泽、气味等指标来分等定级的。小麦的等级指标（GB 1351—2008）见表1-8。

表1-8　小麦的等级标准

等级	容重/(g/L)	不完善粒/%	杂质/%		水分/%	色泽、气味
			总量	其中：矿物质		
1	≥790	≤6.0	≤1.0	≤0.5	≤12.5	正常
2	≥770					
3	≥750	≤8.0				
4	≥730					
5	≥710	≤10.0				
等外	<710	—				

注：—为不要求。

专用食品的需要，目前优质小麦种植面在扩大，国家对原料的质量标准也在不断完善，对小麦及其制品面粉的品质与质量也有具体的要求，如粗蛋白质含量、降落数值、稳定时间、烘焙品质等有一定的指标要求。

2. 稻谷的等级指标

稻谷的定级有：出糙率、整精米率、杂质含量、水分、色泽、气味等指标。稻谷 GB 1350—1999 见表 1-9、表 1-10。

表 1-9 籼稻谷质量指标

等级	出糙率/%	整精米率/%	杂质/%	水分/%	色泽、气味
1	≥79.0	≥50.0	≤1.0	≤13.5	正常
2	≥77.0	≥50.0			
3	≥75.0	≥50.0			
4	≥73.0	≥50.0			
5	≥71.0	≥50.0			

注：水分含量大于本表规定的标准，稻谷的收购按国家有关规定执行。

表 1-10 粳稻谷质量指标

等级	出糙率/%	整精米率/%	杂质/%	水分/%	色泽、气味
一	≥81.0	≥60.0	≤1.0	≤14.5	正常
二	≥79.0	≥60.0			
三	≥77.0	≥60.0			
四	≥75.0	≥60.0			
五	≥73.0	≥60.0			

注：水分含量大于本表规定的标准，稻谷的收购按国家有关规定执行。

各类稻谷以三等为中等标准，低于五等的为等外稻谷。稻谷中混有其他类稻谷不超过 5.0%。各类稻谷中黄粒米不超过 1.0%。各类稻谷中谷外糙米不超过 2.0%。卫生检验和植物检疫按国家有关标准和规定执行。

优质稻谷质量增加指标有：垩白粒率、垩白度、直链淀粉含量、食用品质、胶稠度、粒型、不完善粒、黄粒米等。优质稻谷标准可参考 GB/T 17891—1999。

二、成品的质量要求

1. 面粉的等级指标

目前小麦粉分两大类：通用小麦粉、专用小麦粉。

通用小麦粉的国家等级标准有：特制一等粉、特制二等粉、标准粉、普通粉。其质量指标包括：加工精度（粉色）、灰分、粗细度、面筋质、含砂量、磁性金属物、水分、气味、口味。等级高低主要取决于粉色、灰分、粗细度、面筋质等指标。

专用小麦粉增加了稳定时间、降落数值等指标。各种专用小麦粉的质量标准正在不断的修订和完善，现有的各种面粉的等级标准可参考 GB 1355—86，GB 8607—1998、GB 8608—1988，ST/T 103136～10144—1993。

2. 大米的等级指标

大米国家等级标准有：特等、标准一等、标准二等、标准三等。其质量指标包括：加工精度、不完善粒、杂质、碎米、水分、色泽、气味、口味等。大米的等级标准可参考 GB 1354—86。

【思考与练习】

1. 小麦的籽粒主要由哪几部分组成？各部分占整粒小麦的质量百分比是多少？
2. 为什么说硬麦具有较好加工品质、食用品质和营养品质？
3. 稻谷分几类？其特点是什么？

4. 稻谷的籽粒主要由哪几部分组成？各部分占整粒稻谷的质量百分比是多少？

5. 为什么在同样的加工条件下，用红麦生产小麦粉的粉色总不如用白麦作原料时好？

6. 为什么讲容重较大的小麦是生产小麦粉的较好原料？

7. 何谓自动分级？自动分级是怎样产生的？加工中如何利用自动分级（举例说明）？使物料在设备工作面上形成良好自动分级的要素是什么？

8. 小麦粉主要是由小麦籽粒的哪一部分制成？其中化学成分主要有哪些？含量最大的是什么成分？在有关食品制作过程中起主要作用的是什么成分？

9. 在日常生产检验时，主要根据什么来识别红麦与白麦、软麦与硬麦？

10. 某批原料报单上写明该批原料为红硬麦，其中是否可能含有白麦或软麦？说明理由。

11. 谷物的力学性质与加工的工艺关系。

12. 何谓糙米强度？影响糙米强度的主要因素有哪些？叙述糙米强度大小与加工方法的选用。

13. 成品大米的精度高低与大米的营养品质和食用品质有何关系？

14. 何谓爆腰？从收割、储藏、运输和加工方面论述怎样减少爆腰？

15. 面筋质的主要化学成分是什么？其在小麦中的分布规律。

【实验与实训】

[实验实训一] 原料的识别及主要工艺性能及工艺参数的验证与测定

在净麦仓下取样500g，通过比较的方法，掌握红麦与白麦、硬麦与软麦的工艺识别方法。并从原料中分出小样50g左右，分出各类小麦并计算搭配比例。

测定小麦的自然坡角及在木板上自溜角。

用透明的容器装入一定量的小麦，采用振动方式，观察小麦自动分级的过程与结果。

用硬度计测定不同类型小麦的硬度。

[实验实训二] 稻谷出糙率和谷壳率的测定

称取净谷试样1000g，脱壳后称取糙米的重量（g），并从糙米中挑出不完善粒称重。计算出糙率和谷壳率。

$$出糙率=\frac{糙米总质量-糙米中的不完善粒质量\div 2}{稻谷试样质量}\times 100\%$$

$$谷壳率=\frac{稻谷试样质量-糙米总质量}{稻谷试样质量}\times 100\%$$

第二章　谷物清理

学习目的

了解原料中杂质的分类与特点，了解除杂的目的及杂质对产品的影响，了解除杂的基本原理方法；了解小麦筛选、风选、重力分选、磁选、精选及表面清理设备的分类，熟悉其主要结构，理解基本工作原理、工作过程及主要影响因素，熟悉设备主要工作参数的选用及工作效果的评定；掌握常用设备的基本操作方法、故障分析及设备的维修、调试要点。

重点难点

常用清理设备的工作结构特点、设备的选用及主要工艺参数的选配；常用设备的基本操作方法、故障分析及设备的维修、调试要点。

第一节　谷物中的杂质与除杂原理

由于谷物在生长、收割、脱粒、晾晒、储藏、运输、加工等环节中，不可避免混入各类杂质，它们的存在对谷物加工过程及产品的质量都有不同程度的影响和危害，因此，在进行谷物加工前要对这些杂质进行清理。从原料中将杂质分选出来的工艺手段称为除杂。而除杂通常是根据谷物与杂质之间某种性质差异，通过相应的措施或手段，包括各种工作构件或运动形式，将它们分离开来。

混入粮粒中的一切非本品种粮粒及无食用价值的粮粒均称为杂质。从原料中清除出来的杂质又称为下脚，其中还有部分粮粒，经整理还可利用。

一、谷物中杂质的种类及特点

1. 按照化学成分的不同分——无机杂质和有机杂质

无机杂质是指混入谷物中的各种矿物质和金属物质，包括砂石、泥块、灰尘、煤渣、玻璃、金属物等。有机杂质是指混入谷物中的根、茎、叶、颖壳、绳头、野生植物种子、异种粮粒、鸟虫的粪便、虫卵、虫尸和无食用价值的生芽、病斑变质等粮粒。习惯上，把无机杂质和无食用价值的有机杂质称为尘芥杂质；异种粮粒及无食用价值的粮粒称为粮谷杂质；除本品种以外的谷物的种子称为异种粮粒。如铁钉等有导磁性的杂质称为磁性杂质。

2. 按照粒度大小的不同分——大杂、小杂、并肩杂

大杂质的粒度较粮粒大，是不可通过 ϕ6mm（小麦中大杂）、ϕ5mm（稻谷中大杂）、ϕ15mm（玉米中大杂）筛孔的杂质；小杂质的粒度较粮粒小，是可通过 ϕ2mm 筛孔的杂质。并肩杂质是粒度与谷物差异不明显的各种无机杂质。如并肩石。

3. 按悬浮速度或密度的不同分——轻杂、重杂

轻杂的密度和悬浮速度小于粮粒。主要包括灰尘、颖壳、不完善粒或未成熟粒、虫害损伤粒、碎屑等。重杂的密度和悬浮速度大于粮粒。主要包括砂石等。

4. 按杂质存在状态的不同分——黏附类杂质、混杂类杂质

黏附在粮粒的表面及沟纹中的杂质称为黏附类杂质。混入在粮粒中，没与粮粒粘连的杂

质称为混杂类杂质。

二、除杂的目的与要求

1. 除杂的目的

(1) 保护生产设备正常进行　谷物中如含有石块、金属等坚硬的杂质，在加工过程中，对生产设备易造成损害，影响设备的工艺效果，增加设备的维修费用。甚至因碰撞产生的火花可能引发火灾或粉尘爆炸；另外，如果谷物中含有体积大的杂质，容易堵塞进料机构，使进料量减少或进料不均匀，从而降低设备的工艺效果，影响加工能力。有时绳头、纸片等柔性杂质很容易缠绕、堵塞设备；原料中的灰尘易外溢而造成污染，危害生产环境。为保护生产的正常进行，必须尽量清除这些杂质。

(2) 保证产品的质量　谷物中的杂质如不清除，必然会混入成品中，从而降低产品纯度，影响产品质量。如尘芥杂质混入到面粉中，会使面粉的含砂量增加、粉色灰暗、灰分增高，对产品的品质、面制品的食用价值及人体健康都将带来危害。异种粮粒及杂草种子（如荞子）混入面粉后，也将影响产品的粉色、灰分及食用价值。

(3) 保护生产环境，确保工人身心健康　谷物中含有的轻杂和灰尘，且在加工过程中还会产生再生灰尘，如不及时清理，在加工过程中就会造成粉尘飞扬，污染生产车间环境，危害工人身体健康。

2. 除杂的要求

在谷物加工过程中，清理后的谷物称之为净谷物，如入磨前的小麦成为净麦，清理后的稻谷成为净稻等。谷物清理的一般工艺指标如下。

(1) 净稻工艺指标　含杂总量不得超过0.6%；其中，含砂石不得超过1粒/kg；含稗不应超过130粒/kg。

(2) 净麦工艺指标　尘芥杂质不超过0.3%；其中，含砂石不得超过0.02%；其他异粮杂质不应超过0.5%。

(3) 净玉米工艺指标　尘芥杂质不超过0.3%；其中，含砂石不得超过0.02%。

清理出来的杂质含粮允许指标，依照不同的清理设备，清理不同的谷物以及所得到的不同杂质，限量数值有所不同。下脚中所含粮粒，指的是具有加工价值和食用价值的、正常的谷物籽粒。各类下脚的允许含粮程度较低，用粒/kg或%（质量分数）表示。

三、除杂的基本原理与方法

除杂一般是根据各类杂质与谷物在物理性质上的区别进行的。目前常用的原理与方法如下。

① 利用悬浮速度与密度的差别。采用风选法清理谷物中的轻杂，常用的设备为风选器。采用重力分选法来去除并肩石，常用的设备为去石机。

② 利用粒度的差别。根据宽度、厚度的差别，采用筛选法去除小麦的大小杂质。常用的设备有振动筛、平面回转筛等。根据长度和粒形的差别，采用精选法来去除小麦中的杂质。如用袋孔精选机去小麦中的大麦，用螺旋精选机去小麦中荞子。

③ 利用导磁性的差别。采用磁选法清除谷物中磁性金属杂质。常用的设备有永磁筒、永磁滚筒等。

④ 利用强度的差别。采用打击、擦离、碾削、撞击的方法来对表面黏附杂质和强度低于谷物的混杂杂质进行击碎，再结合筛选来去除杂质。常用设备打麦机、碾麦机、撞击机等。其主要清理小麦表皮、腹沟中的杂质和虫卵等。

⑤ 利用物料之间的颜色差别。采用色选法来分离颜色不同于正常粮粒的异色粒或杂质。常用的设备为色选机。此方法主要清理大米中的黄粒米、红线米等。

四、除杂效率的评定

各类除杂设备清除指定杂质的效果用除杂效率（η）来衡量。在实际生产中，通常采用下式来计算除杂效率：

$$\eta=\frac{a-b}{a}\times 100\%$$

式中　η——除杂效率，%；

　　a——指定设备进机物料中指定杂质的含量，%；

　　b——出机物料中指定杂质的含量，%。

为了全面衡量设备的工作效果，还应结合下脚含粮率（%）或下脚含粮粒数（粒/kg）来检查设备。

第二节　风　选

利用谷物与杂质的悬浮速度、密度的差别，借助气流的作用来分选杂质的方法称为风选。谷物加工过程中常利用风选来清除原料中的轻杂。

按气流从物料中带走杂质的流动方向，风选可分为垂直、水平或倾斜气流风选。按风选设备在风网中的设置位置不同，风选又可分为吸式风选与吹式风选。吸式风选设备工作于负压状态，灰尘不外溢，工作效果也较稳定，因此一般采用垂直气流风选这种风选形式。

一、风选的目的与原理

当物体处在垂直上升的稳定气力中，风速为 v，物体受到自身重力 G、空气作用力 P 和空气对物料颗粒浮力 P' 的作用。见图 2-1 所示。

由于物料颗粒的粒度和空气的密度都很小，所以空气的浮力 P' 也很小，可忽略不计，此时物料的运动方程式为：

$$m\frac{\mathrm{d}v}{\mathrm{d}t}=P-G$$

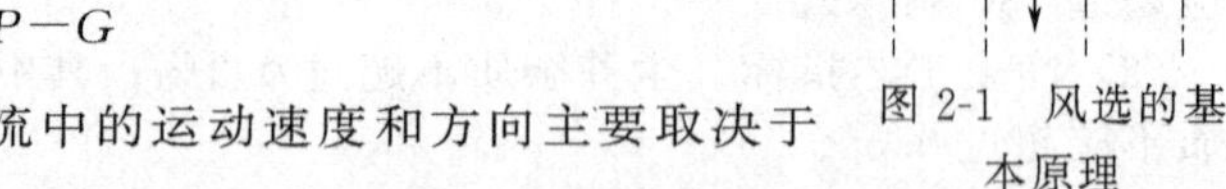

图 2-1　风选的基本原理

由上式不难看出，物料颗粒在气流中的运动速度和方向主要取决于气流作用力 P 与颗粒自重 G 的关系。

当 $P<G$ 时，物料向下作加速运动；

当 $P>G$ 时，物料向上作加速运动；

当 $P=G$ 时，物料呈悬浮状态，此时气流运动速度即是该物料的悬浮速度。物料悬浮速度可参考表 2-1。

表 2-1　小麦及相关物料的悬浮速度

名称	悬浮速度/(m/s)	名称	悬浮速度/(m/s)	名称	悬浮速度/(m/s)	名称	悬浮速度/(m/s)
小麦	9～11	大麦	9～11	糙米	9～12	米糠	2～3
面粉	2～3	荞麦	7.5～8.7	大糠	3～4	稗子	4～7
麸皮	2～3	稻谷	8～10				

二、风选设备

常用的风选器有垂直风道风选器与循环气流风选器。由于风选器的体积较小、易安装，常将风选器与筛选设备配套使用。

1. 垂直吸风风选器

垂直风道风选器的结构见图 2-2。设备由机架、喂料斗、振动电机、垂直吸风道、风量调节装置及照明装置组成。

(1) 结构与工作过程　物料由喂料斗进入振动电机驱动的振动匀料板，在振动的作用下，均匀稳定地流入分离区，因流经风选器的气流速度小于小麦的悬浮速度，小麦落下由出口排出，轻杂被气流带走。

匀料板振幅的调节范围为 3～5mm。在匀料板下方设有限幅制动器，对设备进行保护。匀料板与喂料斗的间隙可通过两侧的吊挂弹簧、橡胶吊杆及限振装置的钢丝拉索来调整，以使工作过程中喂料斗内至少有 10cm 左右厚度的物料，这样有利均匀给料，也可阻止气流由此进入。

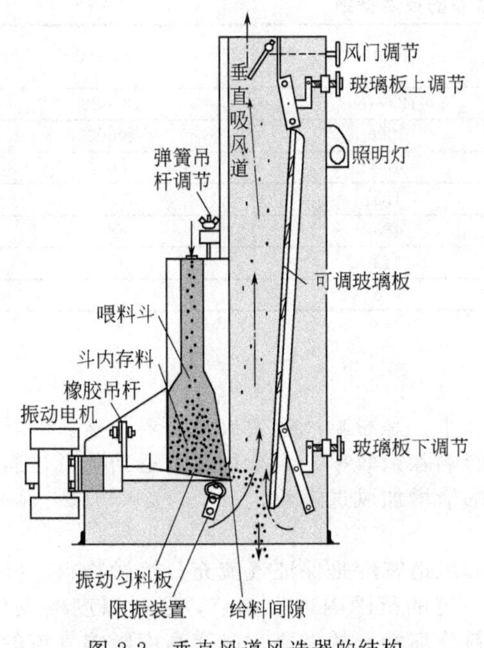
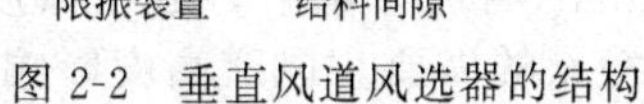

图 2-2 垂直风道风选器的结构

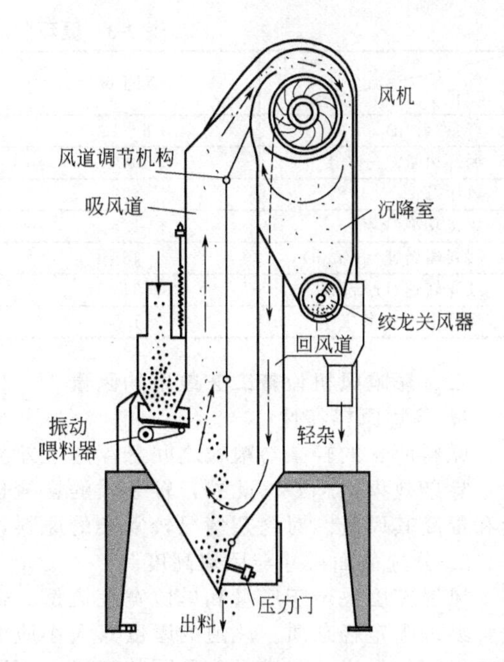

图 2-3 循环气流风选器的结构

垂直吸风道由钢板与有机玻璃制成。操作人员透过玻璃可看到风道内物料的状况，可通过上、下调节手轮将玻璃板推入或拉出，从而分别改变吸风道上下的截面尺寸，以选择稳定区与分离区的上升气流速度。调节设备上方的风门可选择设备的吸风量。调节风道或风门都将改变设备的阻力系数，因此在匹配风网时应注意这类阻力可调设备对风网平衡带来的影响。由于选出的轻杂须由风网中的除尘器收集，配套的除尘器应就近安装，以防止因高浓度含尘气流的长距离输送而造成的风管堵塞。

垂直风道风选器可与同样工作宽度的振动筛或平面回转振动筛配套，由于进入分离区的物料来自振动筛面，在风选器上不必再装置喂料机构。

（2）技术参数 垂直吸风道风选器的技术参数见表 2-2。

表 2-2 垂直吸风道风选器的技术参数

项目＼型号	TFDZ-100	项目＼处理物料	分选未成熟粒	分选轻小杂
风道宽度/mm	1000	产量/(t/h)	4.7～6.2	8.9～11.8
振动电机型号	YJZ-2-4	风量/(m^3/h)	4800	4400
功率/W	120	风道风速/(m/s)	7.8	6.2
转速/(r/min)	1400	设备阻力/Pa		490

2. 循环气流风选器

（1）结构及特点 循环气流风选器的结构见图 2-3 所示，由喂料机构、循环风道、风机等组成。

该设备的基本工作原理类似垂直风道风选器。物料均匀喂料，穿透气流在分离区将轻杂带出后，经过可调风道进入沉降室，轻杂借助运动中产生的离心惯性力及自身的重力在扩大的沉降室中沉降后，由绞龙关风器收集排出，气流被风机吸入由出口经回风道送至分离循环使用。

这类设备也适合与筛选设备配套使用。因无需再添置风网，这类设备更适合工厂改造时采用。

（2）技术参数 循环气流风选器的技术参数见表 2-3。

表 2-3 循环气流风选器的技术参数

项目 \ 型号	XFJ-60	XFJ-100	XFJ-150
产量/(t/h)	6～12	12～18	18～26
循环风量/(m^3/h)	5000	5000	10000
风压/Pa	400	400	400
风机功率/kW	1.5	1.5	1.5×2
喂料器转速/(r/min)	488	488	488
绞龙转速/(r/min)	343	343	343
传动电机功率/kW	1.5	1.5	1.5

三、影响风机设备工艺效果的因素

1. 谷物原料特性

原料所含的轻杂与粮粒之间悬浮速度差异的大小，是影响风选效果的重要因素。差异越大，除杂效果就越好。此外，轻杂质的含量也会影响除杂效率。含杂量高须适当降低进料流量和提高其风量。对含杂情况较复杂的原料，可酌情增加风选道数。

2. 分选截面尺寸与风道高度

风道宽度决定于产量和单位宽度流量。适当的风道宽度是保证气流充分接触物料，并能较容易地吸走轻杂质。风道的厚度其大小应能在一定的范围内进行调节，通过厚度的变化，调节风速的大小，以满足在不同的区段、不同物料分离特点的需要。风道高度影响气流的稳定性。

3. 物料进入风选器的状态

物料沿工作宽度均匀展开并连续稳定地进入分离区，是保证风选效果的一个重要条件。因此对喂料的效果必须给予重视。物料进入分离区的速度不应过大，速度方向也应尽量接近水平，这样有利于上升气流穿透料层，带走杂质。

4. 风速、风量

当风道尺寸一定时，风量和风速成正比。风量越大，风速越高，轻杂被吸走的效果越好。吸风道内的风速，应小于谷物悬浮速度的下限值，过高会把谷物带走。

5. 流量

设备单位工作宽度单位时间的处理物料量称为单位流量。通常单位流量不可过大，对于已知型号的风选器，其工作流量不应大于设备的设计产量，否则分离区的物料层过厚，设备阻力增加、风量下降，轻杂还未吸出就被物料夹带流走，降低除杂效率。流量小，除杂效率提高，但设备产量降低。风选器的单位流量一般为 80～100kg/(cm·h)；对分选效果要求较高时，可取 50～70kg/(cm·h)。

四、风选设备的操作与维护

第一，开车前应检查风选器的风道是否通畅，风网的密闭是否良好。

第二，开车时先启动风机，待运行稳定后再进料；开车后须透过玻璃板观察检查进入分离区的物料左右是否厚薄一致，给料是否连续稳定。按照单位吸风道流量掌握控制进料量，防止物料层厚薄不均和断流现象，以免影响分选效果。

第三，正确掌握吸风道风速，尽量使气流方向与物料流方向垂直相交。应随时观察沉降室排除杂质的含粮情况，及时调节风门。调节风道尺寸，使分离区内的轻质物料可上升，而完整的小麦粒可落下去。在下脚中无完整麦粒的前提下，尽量开大风门，以保证较高的除杂效率。

第四，定时检查吸风道和沉降室有无堵塞情况，及时清除杂质。

第五，停车时应先断料，最后关闭风机。

第六，对需手动调节的部件，应经常加润滑油；使之转动灵活。

第七，振动电机在定期维修时，须更换润滑油；连续运行一年或发现噪声过大时，应更换轴承；若给料器或振动电机出现异常振动，应检查橡胶轴承、吊杆的装置是否完好。

第三节 筛 选

筛选在谷物加工过程中不仅用于原料清理，还用于粒度互混的中间产品的分级、副产品的整理、下脚处理以及成品整理等。在谷物清理过程中，筛选主要用来清除原料中大、小杂质。

一、筛选的基本原理

筛选时均布一定形状、尺寸筛孔的工作面称为筛面。筛面是筛选设备的主要工作机构。多数设备的筛面为平面，少数设备的筛面为圆筒形，亦称为筛筒。

筛选是利用被筛理的物料之间在粒度（长宽厚）上的差别，借助合适的筛孔和一定的运动形式来分离杂质或将原料进行分级的方法。物料经筛选后，凡是留存在筛面上的物料，称为筛上物；穿过筛孔的物料称为筛下物，由此完成筛选。

二、筛选的基本条件

在筛选过程中，要完成除杂或分级的任务，必须具备三个基本条件：

① 应筛下物必须与筛面充分接触；

② 有合适的筛孔的形状和大小；

③ 保证筛选物料与筛面之间具有适宜的相对运动，以及良好的自动分级。

三、筛选工作面（筛面）

1．筛面的种类

筛面是筛选设备最基本的工作部件。筛面的种类很多，常用的筛面有栅筛、冲孔筛面和编织筛网三种。

（1）栅筛　栅筛是具有一定截面形状的金属棒或圆钢按一定间隙平行排列而成。筛孔呈长条形，栅条或钢筋的宽度一般为5mm左右，栅条的间距在15mm以上。栅筛具有结构简单、处理量大、筛理能力强、无需动力等特点。主要用于下粮部位，以去除原粮中较粗大的杂质，避免后道设备堵塞。

（2）冲孔筛面（筛板）　冲孔筛面是带有规则孔眼的薄金属板，其厚度一般为0.5～2.5mm，孔眼是冲压制成的。常用的筛孔形状有圆形、长方形和三角形，根据特殊需要，也可冲压成鱼鳞筛孔。冲孔筛面的优点是筛面坚固，筛孔不易变形，对物料的分级比较精确；缺点是筛面利用率低，物料的通过能力小，筛孔容易堵塞，且筛面不易张紧。适用于原粮清理和物料分级。

（3）编织筛网　筛网是用镀锌钢丝或低碳钢丝编织而成的。编织方法有平织和绞织两种（图2-4）。筛网的优点是筛理面积大，筛面利用率高，筛孔不易堵塞，筛面容易张紧，筛孔由光滑的圆形钢丝编成，物料通过能力强；由于金属丝的纵横交错，使筛面凹凸不平，摩擦系数大，有利于物料形成自动分级，促进筛选。缺点是筛孔容易变形，筛面的强度较差，使用寿命较冲孔筛面短。

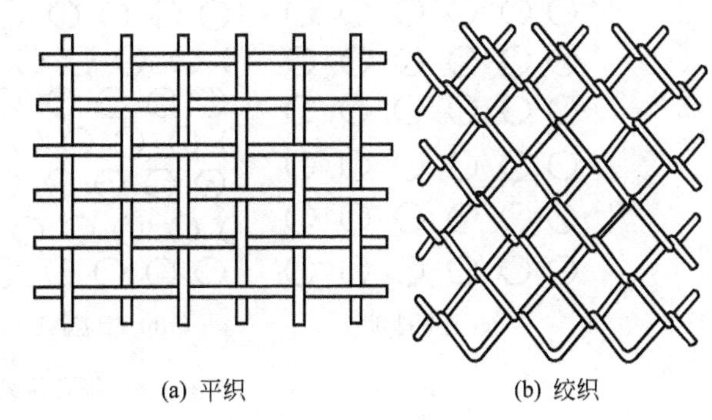

(a) 平织　　(b) 绞织

图2-4　编织筛面

2．筛孔的形状

筛孔的形状有圆形孔、长形孔、方形孔、三角形孔等。

（1）圆形孔　主要是按物料的宽度不同进行分选。凡是宽度小于孔径的物料，在筛选过程中能在筛面上直立，或者是小于筛孔的球形物料才能穿过筛孔。

（2）长形孔　主要是按照物料的厚度不同进行分选。凡是厚度小于筛孔宽度的物料（物料长度永远小于筛孔的长度)，在筛选过程中，依靠自身重力的作用，侧立才能穿过筛孔。

(3) 方形孔　它既可按物料的宽度进行分级，也可按物料的长度进行分级。这主要是由物料在筛面上的运动方式及穿孔方式来决定的。若物料在筛面上能够直立，则方形孔主要是按物料的宽度进行分级；若物料不能在筛面上直立，而是平卧过筛，则它主要是按物料的长度进行分级。但由于物料既可沿孔边穿孔，也可沿孔的对角线方向穿孔，而孔对角线比孔的边长要长40%，因此分级不精确。

(4) 三角形孔　它适用于截面为三角形的物料。主要用于清理稻谷中的稗子、砂石等小型杂质。

3. 筛孔的大小

筛孔的大小是限制物料是否穿孔的尺度，应按照被筛理物料粒度的大小来确定。合理的筛孔形状和大小最好采用筛理曲线来选定，实际生产往往根据经验来选择。

筛孔大小尺寸的表示方法依筛面种类而异。冲孔筛面的筛孔直接用筛孔尺寸表示，如圆形筛孔用直径，如 ϕ5mm；三角形用边长，如△4mm；长方形用孔宽×孔长，如 2mm×18mm。编织筛网筛孔的规格有英制和公制两种。英制以每英寸（25.4mm）筛网宽度上的筛孔数表示筛网的号数，以 W 代表金属筛网。如每英寸 7 孔，则筛网号数为 7W，也可以 5×5孔/25.4mm 来表示其孔形为方孔。如为长方形孔，5×7 孔/25.4mm 说明径向每 25.4mm 为 5 个孔，纬向每 25.4mm 为 7 个孔。公制以每 50mm 筛宽上筛孔数表示筛网型号。如镀锌低碳钢丝方孔每 50mm 宽度上 14 孔的筛面，型号为 Z14。

4. 筛孔的排列与筛孔面积百分率

筛孔的排列是指筛孔在筛面上的分布规律。筛孔较多的排列形式，一般有正列和错列两种排列形式 [图 2-5(c)]。正列是纵、横两个方向都相互对齐的筛孔。因各孔的孔距不尽相同，故筛面各处的强度不同；另外由于正列排列中两列筛孔之间无筛孔，物料易走空道，减少了被筛理物料的穿孔机会，降低了筛选效率。错列是两个方向中只有一个方向互相对齐的排列形式 [如图 2-5(b) 所示，横向对齐]，各孔的孔距相同，故筛面各处的强度相同；物料沿纵向走，被筛理物料都有很多的穿孔机会；另外在相邻两孔距相同的情况下错排列较正排列有效筛理面积大，故筛选效率错排列较正排列高。另外，长形孔有四纵四横交错排列 [图 2-5(c)]。如平面回转筛，使用长形孔，就用此排列。此种排列根据筛体的运动特性和物料运动轨迹来设定的，有利于提高物料的穿孔效率。

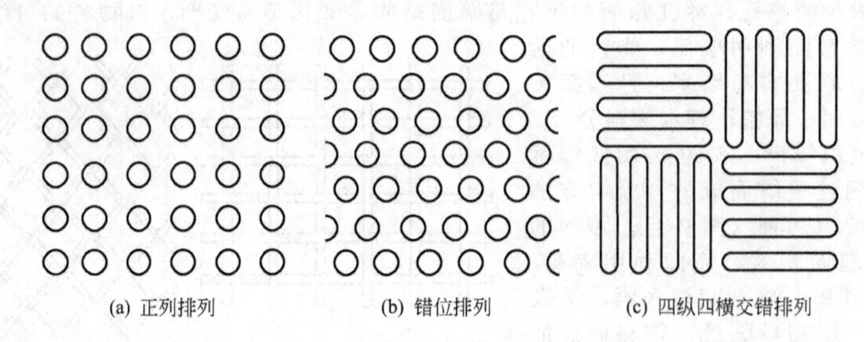

图 2-5　筛孔排列

5. 筛面组合

生产中筛选物料，一层筛面往往达不到工艺要求，需要多层筛面组合使用，才能有效地完成筛选。筛面组合的方法可分为筛上物法、筛下物法和混合法三种。

(1) 筛上物法　物料在筛面上连续筛理，分出不同粒度的筛下物（图 2-6），一般用于下脚整理。其特点是：

① 筛孔逐渐增大，$d_1<d_2<d_3$；

② 筛选出的物料粒度从细到粗，Ⅰ<Ⅱ<Ⅲ<Ⅳ；

③ 穿过筛孔的物料量较少；

④ 大粒物料经过的筛路较长。

(2) 筛下物法　筛选物料连续筛理分出不同粒度的筛上物（图 2-7），一般用于谷物初清及谷糙分离。其特点是：

① 筛孔逐渐减小，$d_1>d_2>d_3$；

② 筛选出的物料粒度从粗到细，Ⅰ＞Ⅱ＞Ⅲ＞Ⅳ；

③ 穿过筛孔的物料量较多；

④ 小粒物料经过的筛路较长，可保证小粒物料的筛选质量。

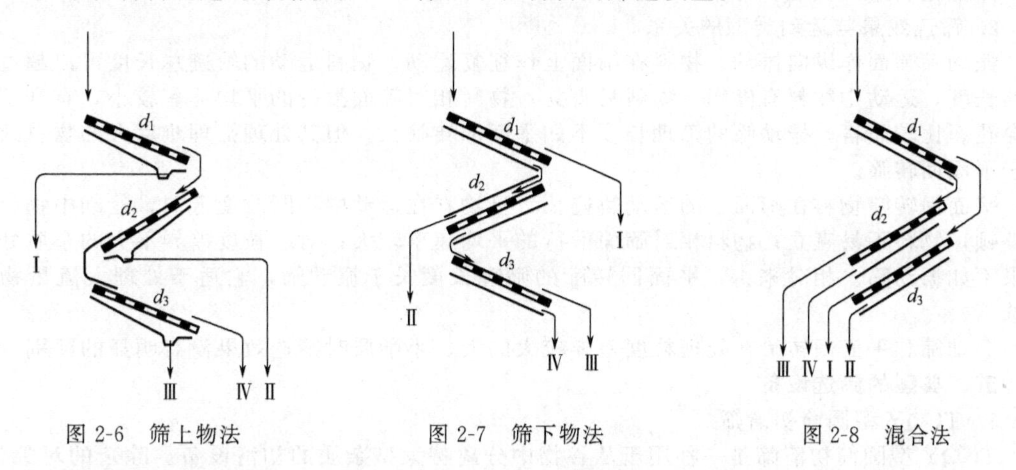

图 2-6　筛上物法　　图 2-7　筛下物法　　图 2-8　混合法

(3) 混合法　筛上物法与筛下物法混合配置的筛面组合方法（图 2-8）。其特点是：

① 筛孔尺寸交叉配置，$d_3>d_1>d_2$；

② 筛选后得到物料粒度关系为：Ⅰ＞Ⅱ＞Ⅲ＞Ⅳ；

混合法综合了前两种方法的特点，流程灵活，容易满足各种筛选设备的需要。目前，高速除稗筛的筛面配置基本采用此法。

四、筛面的运动形式

常见筛选设备的筛面倾角一般较小，筛面不动时，筛面上的物料不流动，得不到有效的筛选。因此，要求筛面要按一定的要求产生运动；以牵动筛面上的物料产生相对运动。因此倾角较小的筛面，在振动的影响下，物料可以作多方向的运动，运动轨迹较长，自动分级较好，能得到较好的筛选效果。

1. 常见筛面的运动形式

常见的运动形式：直线往复运动、平面回转运动、高速振动、旋转运动、静止等。

(1) 直线往复运动　筛面作直线往复运动，筛上物料沿筛面上下作正反两个方向的相对滑动，如图 2-9(a) 所示。筛面的往复运动能促进物料产生自动分级，且物料相对于筛面运动的路线较长，故筛选效率高。常见设备如振动筛。

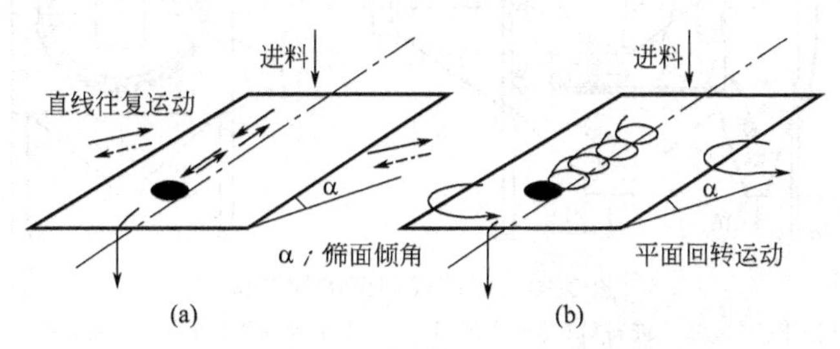

图 2-9　物料在筛面上运动的形式

(2) 平面回转运动　筛面在水平面内作圆或椭圆平动，物料在筛面上做圆周运动或螺旋线运动，如图 2-9(b) 所示。螺旋线运动能促进物料产生自动分级，物料在筛面上相对运动路线较长，筛选效率高。常见的设备如平面回转筛、平面回转振动筛。

(3) 高速振动 筛面在垂直平面内作圆或椭圆平动，物料在筛面上作小幅度跳动。筛面振动频率较高，物料在筛面上跳动，因而不易产生自动分级，且不易堵塞筛孔。常见的设备如高速振动筛。

(4) 旋转运动。筛面呈筒形，并绕轴线旋转，物料在筒内相对于筛面滑动和翻转。筛面的利用率仅为筛面的10%～25%。常用的设备如圆筒初清筛。

(5) 静止筛面 筛面倾斜静止放置，物料依靠自己的重力在筛面上直线向下滑动。物料在筛面上运动路线较短。常用的设备如溜筛。

2. 筛选效果与运动类型的关系

振动筛筛面作纵向振动，物料在筛面上作往复运动。物料运动的轨迹总长度可以超过筛面的长度，运动中物料有停顿，物料易直立；物料相对筛面滑行的平均速率较小，有利于物料穿孔。比较而言，振动筛的筛理长度不如平面回转筛长，但其处理筛理难度大的物料效果好于平面回转筛。

平面回转筛物料在筛面上的运动轨迹长，且物料在运动中不断改变方向，运动中物料没有停顿，物料不易直立；物料相对筛面滑行的平均速率较大；对于粒度差异不大的杂质处理效果不如振动筛。相对来讲，平面回转筛的筛理长度长于振动筛，它适于处理大流量物料筛选。

振动筛和平面回转筛在处理粒度差异较大的大、小杂质时筛选效果没有明显的区别。

五、典型的筛选设备

1. TCQY 型圆筒初清筛

TCQY 型圆筒初清筛是一种用于从谷物中分离特大型杂质的初清设备。除杂的对象为：土石块、绳带及草秆等大型杂质。通常设置在清理工艺的最前端，一般设置在工作塔中。其作用是初步清理，防止后续设备堵塞。其特点是产量大，结构简单，转速低，动耗小，操作方便，有一定的初清效果。

(1) 结构与工作过程 圆筒初清筛的结构如图 2-10 所示，主要由筛筒、机架、清理机构和传动机构等部分组成。筛筒悬挂安装在传动轴上，由带减速器的电动机驱动作定轴旋转。筛筒分清理段和检查段。清理段筛孔大，主要是筛理作用，其筛孔为 20mm×20mm、16mm×16mm、13mm×13mm 三种；检查段筛孔小，主要是继续筛理大杂中的含粮，其筛孔为 15mm×15mm、13mm×13mm、11mm×11mm 三种。为使大杂顺利排出，筛筒内安装有导向内螺旋叶片，以推动大杂向大杂出口移动。筛面清理采用毛刷清理装置，清理刷装在旋转筛筒上方外侧，以防止物料堵塞筛孔。

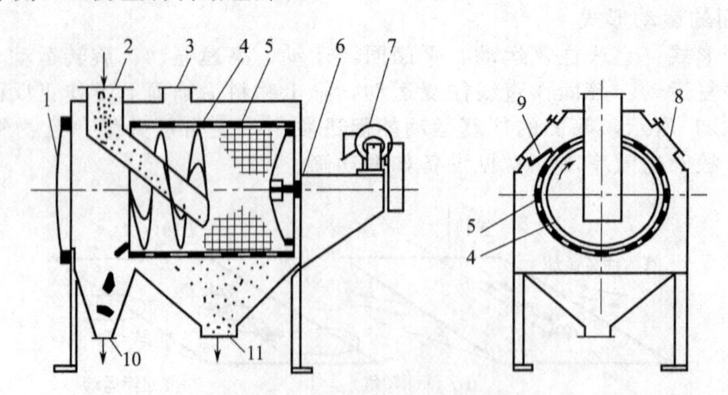

图 2-10 圆筒式初清筛的结构

1—设备维护门；2—进料口；3—吸风口；4—大杂导向螺带；5—筛筒；6—主轴；
7—减速电机；8—操作门；9—清理刷；10—大杂出口；11—谷物出口

原料从进料口通过进料管导入到筛筒的清理段，因筛孔较大迅速得到筛理，小麦穿孔由出料口排出。大杂则被筛筒内螺旋叶片排向大杂出口，在推进的过程中经过检查段，使夹带在大杂中的粮粒检查出来由小麦出口排出。

（2）技术参数 圆筒初清筛的技术参数如表 2-4。

表 2-4 TCQY 型圆筒初清筛的技术参数

项目 \ 型号	TCQY·63	TCQY·80	TCQY·100
产量/(t/h)	20	30	50
筛筒直径/mm	630	800	1000
筛筒长度/mm	800	950	1090
筛筒转速/(r/min)	20	18	11.3
配用电机/kW	Y801-40.55	Y90L-61.1	YTC200-2.2
吸风量/(m^3/h)	480	720	900～1200

（3）操作与维护

① 开车前检查传动装置、安装防护装置、进出料闸门等部位的情况是否正常。

② 开车后先检查筛筒运转方向是否与标记方向一致，空车运行 1～2min，待运转正常后再开始进料。流量应控制适当，过大时会发生杂质带粮的现象。

③ 经常检查筛筒运转和除杂情况，发生异常即予以排除。

④ 当清理对初清要求较低而又要求产量较大的物料时，可选用较大的筛孔；反之，则选用较小的筛孔。

⑤ 清理刷磨损到不能贴靠筛筒时，应及时更换。

2. TQLZ 型振动筛

（1）TQLZ 型振动筛的特性及用途 TQLZ 型振动筛是一种风筛结合设备，广泛用于清除原粮中的大、小和轻杂质；通过配备不同规格的筛孔，能将物料按粒度大小进行分级。

（2）振动的基本原理 TQLZ 型振动筛采用振动电机作为振动源，如图 2-11 所示。筛体采用弹性结构支撑，可沿任意方向产生自由振动，这样筛体工作时的振动方向就完全取决于策动力的方向。策动力由分别安装于筛体两侧的振动电机提供。两台振动电机完全相同，转速相同（即 $\omega_1=\omega_2$），但转向相反。由于两电机装置在同一振动系统，启动以后，两电机的偏重块可自行相对筛体的纵向轴线保持相位对称，这样就使得两电机偏重块所产生离心惯性力的横向分量相互抵消、纵向分力叠加成为使筛体振动的策动力。同步调节两电机的装置角度，可方便地调节筛面的抛角（振动方向与筛面的夹角）。这种方式噪声较小，调节方便，目前应用较多。

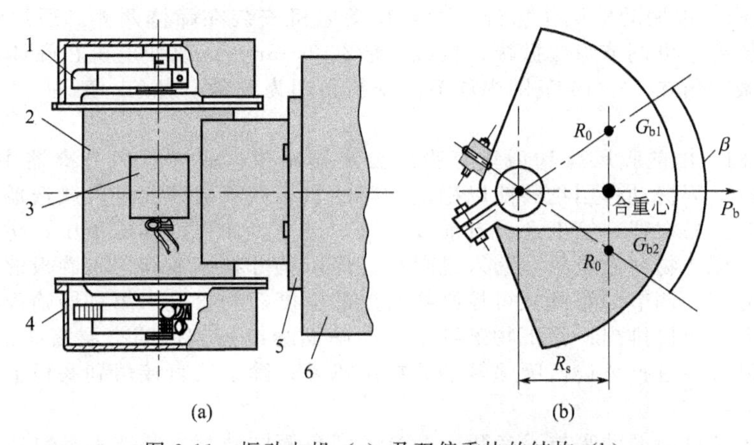

图 2-11 振动电机（a）及双偏重块的结构（b）

1—偏重块；2—振动电机；3—接线盒；4—防护罩；5—电机座；6—驱动对象（筛体）

调节两重块之间的安装角 β 来实现振幅的调节。由于在电机轴两端共有四块偏重块共轴转动，形成策动力 P_b 的偏重块总质量是 $G_b=4G_{bn}$，其振幅为：

$$r=\frac{4G_{bn}\cdot R_0}{G_s+4G_{bn}}\cdot\cos(\beta/2)$$

式中 r——筛体的振幅，m；

G_{bn}——单块偏重块的质量，kg；

R_0——单块偏重块重心的回转半径，m；

G_s——筛体的质量，kg；

β——双偏重块的安装角，度（°）。

（3）TQLZ 型振动筛的结构 TQLZ 型振动筛主要由进料机构、筛体、驱动机构、吸风机构等组成（图 2-12）。

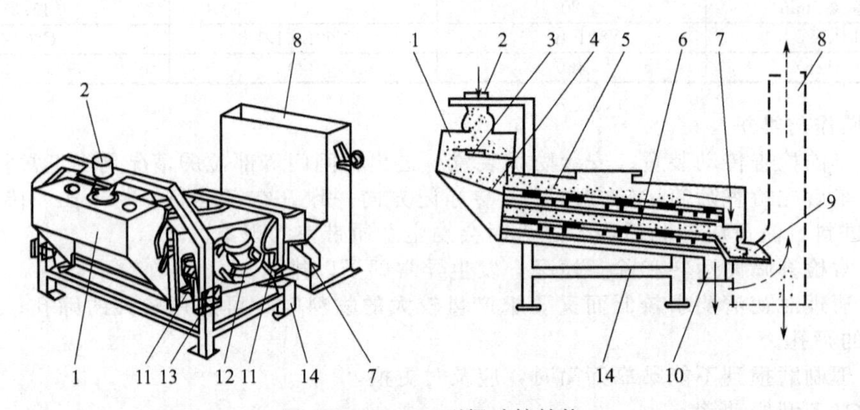

图 2-12 TQLZ 型振动筛结构

1—喂料箱；2—进料口；3—可调分料淌板；4—匀布淌板；5—上层筛面；6—下层筛面；7—大杂出口；8—配套风选器；9—谷物出口；10—小杂出口；11—空心鼓形橡胶垫；12—振动电机；13—可调支架；14—机架

① 进料机构 进料机构主要由接料套管和进料箱组成。接料套管固定在机架上，与进料箱之间采用人造革连接。进料箱安装在筛体上，与筛体一起运动，进料箱内设有可调分料淌板，可使物料展开后落入箱底，由于箱底的匀布淌板的阻滞作用，物料在喂料箱底部进一步展开以均匀状态进入上层筛面。

② 筛体 筛体由钢板用螺栓连接而成，通过中空橡胶垫支承在机架上。筛体内装有二层抽屉式筛格，筛面用橡皮球清理，振动电机对称安装在筛体重心位置的两侧。筛面倾角能在 0°～12°范围内调节，筛面的倾角一般为 6°左右，用于初清时为 10°。

③ 驱动机构 以振动电机作振源，两台振动电机安装在筛体两侧。通过调节电机两端扇形偏重块安装夹角可调节筛体振幅，振幅一般在 3～5mm。改变电机在筛体上的安装角可调节振动角，振动角在 0°～45°范围内调节。安装角即为抛角，抛角一般为 10°，用于初清时为 25°。

④ 吸风机构 由前吸风口和后垂直吸风分离器组成。垂直吸风分离器主要由吸风道、调节机构等组成。因振动作用物料能以稳定均匀的状态从下层筛面进入风选器。风选器可使筛体呈负压状态，另在喂料箱上还设有前吸风口，进一步加强筛体的负压，防止粉尘溢出。

（4）工作过程 物料由进料口落入进料箱，经可调分料淌板和匀布淌板的作用，物料沿筛宽方向均匀分布；调节匀布淌板可控制物料层的厚度。物料进入第一层筛面筛理后，筛上物为大杂，从大杂出口排出；筛下物落到第二层筛面继续筛理，第二层筛面筛上物为谷物，从卸料口进入风选器进行风选，吸除轻杂后排出机外；筛下物直接落到底板上，从小杂出口排出。

（5）TQLZ 型自衡振动筛技术参数 TQLZ 型自衡振动筛主要技术参数见表 2-5。

清理稻谷和小麦时，一般第一层筛面为 ϕ6～8mm 圆孔，第二层为 ϕ2～2.5mm 圆孔或边长为 3mm 三角孔。筛面的倾角一般为 6°左右，振动角为 20°。表 2-5 中产量是指清理小麦含杂为 2%～3%，水分为 15%以下时的产量；含杂多、水分高时产量会明显减小。清理稻谷时产量一般为小麦产量的 70%左右。

（6）TQLZ 型自衡振动筛的操作与维护

表 2-5　TQLZ 型自衡振动筛技术参数

型　号	TQLZ-60×100	TQLZ-100×100	TQLZ-100×150	TQLZ-100×200	TQLZ-150×100	TQLZ-150×200
产量/(t/h)	5	8	12	16	12	24
配备功率/kW	2×0.25	2×0.35	2×0.55	2×0.55	2×0.55	2×0.75
转速/(r/min)	920～950					
振幅/mm	2.5～5.5					
振动方向/(°)	0～45					
风箱压力/Pa	500					
吸风量/(m^3/h)	1800	3000	4000	4500	4800	7200
筛面尺寸(宽×长)/cm	60×100	100×100	100×150	100×200	150×100	150×200

① 开车前的检查

a. 检查全部锁紧部位是否牢固。

b. 检查筛面上的筛格是否压紧，检查筛面筛孔有无杂物堵塞。

c. 检查橡胶垫与筛体及机架的连接。

d. 检查振动电机与筛体的连接。

e. 检查密封件的密封情况。

f. 检查两台振动电机电源电压和连锁控制装置。

g. 拆下电机端盖，检查扇形块的相对相位角是否保持一致，待调整一致后，拧紧扇形块的紧固螺钉。

h. 两振动电机安装的角度保持一致，转向应相反。

i. 检查振动电机的振幅是否太大或太小，一般保持在 2.5～5.5mm，最大不超过 6mm，否则将会损坏机器，振幅的大小可通过改变激振力来调整。激振力大小又可通过改变振动电机与筛体夹角以及改变电机偏重块的质量来实现。

② 生产中的操作维护

a. 机器启动后，筛体与机器不得有碰撞或不正常的声音。

b. 调整喂料机构的可调分料淌板和匀布淌板，使物料沿筛宽方向分布均匀，不得有走单边现象。

c. 在工作过程中，筛孔可能会出现堵塞现象，可用木条或竹片刮除，严禁用铁锤或其他金属物敲打筛面、筛体。

d. 当观察到吸风分离效果不好时，通过调节手轮改变吸风道的宽窄，使其达到最佳分离效果。

③ 停机后的维修与保养

a. 本机虽无润滑点，但一年需要大修一次，更换淌板，对两层筛面进行修整等，振动电机要拆下检查，并给电机轴承换油，若损坏，应更换轴承。

b. 密封件破损或老化要进行更换，并应经常检查。

c. 检查筛体支承装置，如发现中空橡胶垫有明显变形、破损或过度扁平时，应同时更换两块中空橡胶垫。

d. 筛面清理橡皮球，应定期检查，如破损过甚，应及时更换。

e. 垂直吸风道不需要任何维修，只有当整件活动部位不灵活时稍加润滑油即可。

(7) TQLZ 型自衡振动筛常见故障、产生原因及排除方法　见表 2-6。

3. 平面回转筛

平面回转筛主要用于清理谷物中大、小杂质和轻型杂质。一般情况下其除小杂效果好于振动筛。根据筛体的运动轨迹的不同，目前又分为 TQLM 型平面回转筛和 $TQLM_z$ 型平面回转振动筛两类。TQLM 型平面回转筛的结构与 $TQLM_z$ 型平面回转振动筛的结构对照相比，除传动中心位置不一样外，其他结构基本相同。

表 2-6 TQLZ 型自衡振动筛常见故障、产生原因及排除方法

故 障	产 生 原 因	排 除 方 法
物料走单边	1. 进料口内物料未落到进料箱中部 2. 沿下料斗宽度方向下料不匀 3. 筛体横向不平	1. 调整进料锥管，使物料落在进料箱中部可调分料淌板 2. 调节进料箱内可调分料淌板和匀布淌板，控制物料的分流状况 3. 检查机架安装是否水平，4 只橡胶弹簧是否一样高
筛体运动有扭摆现象	1. 四个支撑点受力不均 2. 中空橡胶垫破损 3. 电机扇形块相位角不相同 4. 两侧电机安装角度不一致 5. 一侧电机没有运转	1. 检查机架是否水平及中空橡胶垫是否一样高 2. 更换橡胶件 3. 调整扇形块使其相对位置角保持一致，并拧紧螺栓 4. 调整电机安装角度 5. 检查电机线路
除杂效率低、产量小	1. 振幅大小不宜 2. 振动角大小不当 3. 筛面倾角偏大或偏小 4. 筛孔堵塞 5. 进料箱匀布淌板或出料阻风板位置太低	1. 调节振幅 2. 调节振动角 3. 调整筛面倾角 4. 清理筛面 5. 把匀料板或阻风板调高
下层筛下物有饱满粮粒	1. 筛网破损 2. 进料箱与筛格间有间隙 3. 筛孔的形状、大小不合适 4. 压条与筛格间有间隙，筛格太薄或太厚	1. 调换筛面 2. 更换密封或加厚封条 3. 更换合适的筛面 4. 调节压筛机构，增减筛格压条厚度

（1）平面回转筛的运动原理

① TQLM 型平面回转筛的运动原理　TQLM 型平面回转筛筛体作水平面内圆运动，其传动中心位于筛体中心（也是筛体的重心）。筛体运动时各点的运动轨迹相同，即平面回转运动。

平面回转筛是筛面在水平面内作圆轨迹的平动，物料因受筛面运动惯性力的作用，在筛面上作轨迹为螺旋线下滑运动，其相对筛面的运动形式不变，物料运动路线长，自动分级好。除小杂筛孔可取大值，因而其除小杂效果好。

② $TQLM_z$ 型平面回转振动筛的运动原理　$TQLM_z$ 型平面回转振动筛其原理基本相同于 TQLM 型平面回转筛，区别就在于其传动中心位于筛体的进料端，纵向上偏离了筛体的重心，横向上仍跟筛体的重心同在筛体的纵向对称面上。由此产生了筛体纵向各点振幅相等，横向上从进料端向出料端逐步变小，在出料端振幅接近于 0。筛体的运动实际上就是纵横两个方向的叠加，因此筛面的运动轨迹为：前部（进料端）为椭圆形运动，中部为圆形运动，后部（出料端）为接近直线往复运动。因为前中段类似于平面回转筛，后段类似振动筛，故称其为平面回转振动筛。

平面回转振动筛物料进入筛面其在进料端相对筛面运动轨迹最长，不停顿地变向运动使物料形成良好的自动分级，小粒度物料充分接触筛面。而筛面后端增加了相对筛面停顿的机会，有利于物料穿过筛孔，有利于筛理难分离的物料。

（2）$TQLM_z$ 型平面回转振动筛的结构　$TQLM_z$ 型平面回转振动筛主要由筛体、垂直吸风分离器、传动机构等部分组成（图 2-13）。

① 筛体　筛体用四组吊杆悬挂在机架上。筛体内装有两层筛面。筛格为抽屉式，由进料端推入或拉出。上层筛面一般用来清除大杂，下层筛面清除小杂，在每层筛面下方均设有橡皮球清理装置。筛面的倾斜角为 6°。

② 垂直吸风分离器　其结构与振动筛相同，可吸走轻杂质。

③ 传动机构 TQLM$_z$型平面回转筛采用惯性传动机构。在筛体底部前段位置的支座上装有带两块偏重块的三角皮带轮，通过安装在筛体进料端下部的电机传动。由于偏重块离心惯性力的作用而使筛体和电机一起作平面回转运动。这种传动装置结构简单紧凑，运转平稳，但在启动和停机的瞬间振幅大，因此在筛体底部前、后两端机架上各装有一个限振装置，以限制筛体振幅过大。传动机构的两块偏重块互成一定的夹角（安装角），通过改变夹角的大小可调节筛体的振幅。纵向振幅调节范围为：5.5～12.5mm，相应的横向振幅调节范围为：9～25mm，出料口近似于0。

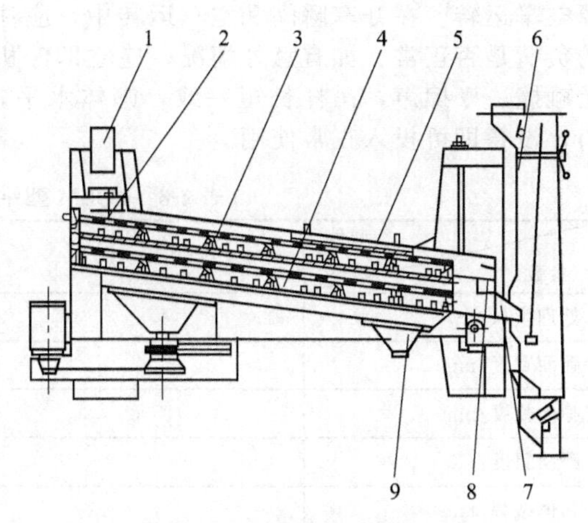

图 2-13 平面回转振动筛的总体结构
1—物料进口；2—可调分料淌板；3——层筛格；4—二层筛格；5—观察窗；6—垂直吸风分离器；7—粮食出口；8—大杂出口；9—小杂出口

(3) 平面回转振动筛的工作过程 物料从进料口进入筛体内，落在可调分料淌板上。由于筛体前中部作椭圆和圆运动，能迅速地将物料均匀在整个筛面上散开。物料因受到筛面运动惯性力的作用及自身重力的作用，沿筛面作螺旋线下滑运动，运动路线长，增加了物料与筛面进行接触的机会，有利于清理效果的提高。后部为直线往复运动，增加了相对筛面停顿的机会，有利于筛理难分离的物料。上层筛面的筛上物为大杂，由两侧出口排出；筛下物落入下层筛面进行继续筛理，其筛上物进入垂直吸风分离器内经吸风除去轻杂而排出机外；下层筛的筛下物为小杂，由底部小杂出口排出。

(4) 平面回转筛的技术参数 TQLM$_z$型平面回转振动筛的技术参数见表2-7。TQLM型平面回转筛的技术参数见表2-8。

表 2-7 TQLM$_z$型平面回转振动筛的技术参数

参数 \ 型号	TQLM$_z$·80	TQLM$_z$·100	TQLM$_z$·125
处理量/(t/h)	6	8	12
筛面宽度/mm	800	1000	1250
筛面长度/mm	1500	1500	1500
筛面斜度/(°)	6		
筛体回转速度/(r/min)	400		
吸风量/(m^3/h)	3100	3500	3800
额定功率/kW	0.55	0.75	0.75
外形尺寸/mm	2100×1100×1200	2100×1300×1200	2100×1550×1200

筛面筛孔的配备应根据工艺要求选用。一般情况下，用于处理小麦的筛面，上层筛面是除大杂的，如除异种谷粒（玉米、大豆等），可配（4.0～4.2）mm×24mm或（4.2～4.5）mm×25mm长筛孔，四纵四横交错排列；如除秸秆等大杂，可配圆形筛孔，进料端为ϕ7.5～8mm，出料端为ϕ6mm。下层是除小杂的，可配ϕ2.2mm圆形孔或边长为3.5mm的三角形筛孔，筛孔交错排列。用于处理稻谷的筛面，上层筛面可选配（5～6）mm×（23～25）mm长筛孔，四纵四横交错排列；下层可配ϕ2.0～2.5mm圆形孔，筛孔交错排列。

(5) 平面回转筛的操作与维护

① 开车前的准备工作 设备安装完毕，经仔细检查调整，确认无异常情况后可接通电

源空车运转。在开车瞬间和空车运转中，应注意有无异常声响（减振器的碰撞除外），电机的负荷是否正常。如有意外情况，应立即停机检查故障产生原因。保证传动部件运转平稳，无碰撞、摩擦声，吊杆长短一致，筛体水平，筛面张紧，并上好底盖板、装拆孔盖板和前门，设备即可投入正常使用。

表 2-8 TQLM 型平面回转筛的技术参数

参数＼型号	TQLM·80	TQLM·100	TQLM·125
处理量/(t/h)	4.8	6	7.5
筛面宽度/mm	800	1000	1250
筛面长度/mm	1500	1500	1500
筛面斜度/(°)	8		
筛体振幅/mm	7		
筛体回转速度/(r/min)	400		
吸风量/(m^3/h)	2275	2840	3550
额定功率/kW	0.6	0.8	1.1
外形尺寸/mm	2000×1113×1400	2000×1313×1400	2000×1563×1400

② 生产中的操作与维护

a. 正确调整进料压门重砣的位置，掌握合适的进料流量使之达到规定的范围，并应经常保持稳定，保证物料沿筛面宽度的均匀分布。

b. 若发现筛孔有堵塞时，可用刷帚轻轻去除。若在停机时，可卸下筛格，筛面朝下，在地面上轻轻拍打，使堵塞物掉落。切勿使用棍棒、铁器敲击拍打筛面，以防筛面产生凹凸不平，甚至破裂，影响筛理效果。若是筛孔选择不当，则应掉换合适筛孔的筛面。

c. 正确调整流量，流量过大，筛体过重，转动幅度就会减小，筛理效果降低，严重时还会造成堵塞。

d. 调节吸风量和风速，避免过大过小，通过有机玻璃可观察到吸风效果。

e. 生产中发现产量过小，可调整转速和振幅，必须停机调节。转速可通过改变带轮的直径来实现，振幅可调节两偏重块的夹角来实现。

③ 停机后的检查工作

a. 经常注意吊杆是否有损伤或松动，如有损伤或松动应及时更换或紧固。更换吊杆时，可先将筛体支垫好，打开机架两侧的装拆孔盖板，并卸掉出料口。安装时次序与上述相反。

b. 定期检查传动三角胶带松紧是否适宜。如过松或过紧，可调整电机底座后 4 只方头调节螺管。

c. 定期检查筛面是否有破损或翘曲不平，必要时更换或调整筛面。

d. 定期检查传动轴承等零件有无磨损，是否需更换，为保证传动轴承的润滑，可用黄油枪从注油器加入黄油，并应定期换新润滑油。

e. 定期检查传动支座、电机底座的安装螺栓是否松动。

f. 定期检查减振装置转动是否灵活，安装有无松动。

g. 橡皮球的清理功能与材料、直径有关，在一定的筛框和转速下其清理功能将随着直径的磨损而减弱。因此，要经常检查其磨损程度，若发现失效应及时更换。

h. 应经常检查吸风道是否保持畅通。

（6）TQLM 型平面回转振动筛的常见故障、产生原因及排除方法 见表 2-9。

4. 影响筛选工艺效果的因素

（1）原料因素 谷物粒度的均匀度、水分的高低、含杂种类和数量以及杂质与谷物粒度差异的大小等，都直接影响到除杂效果。如均匀度低、含杂多、杂质与谷物粒度的差异小，筛孔配备困难，清理效果会降低。原料含杂量较高或水分过高时，为保证除杂效果，应选用较大的筛孔；原料中小粒度较多时，为减少下脚含粮，应选用较小筛孔的除小杂筛面。

表 2-9 TQLM 型平面回转振动筛的常见故障、产生原因及排除方法

故障	产生原因	排除方法
筛面上的物料走单边	1. 进料时沿筛面宽度方向下料不均 2. 筛面横向不水平	1. 调整进料压力门压砣位置或溜管进料方向 2. 检查调整左右吊杆的长度，使用筛面横向截面保持水平
小杂中含粮较多	1. 小杂筛面磨损有漏洞 2. 小杂筛面搭接处缝隙过大 3. 筛面筛孔选择不合适	1. 更换筛面 2. 堵塞缝隙 3. 调换合适的筛面

（2）设备因素 包括筛面的几何因素、筛面的运动参数。

① 几何因素 筛面的几何因素通常是指筛孔的形状、大小、排列、筛面的宽度、长度、平整度和倾角等。

a. 筛孔的形状、大小和排列。要根据被筛理物和杂质的粒形特点和清理要求，选择合适的筛孔。筛孔既可按筛理曲线来选择，也可根据生产实践经验来选择。

b. 筛面的宽度、长度。它对振动筛的产量和筛理效率有直接影响。若单位筛宽的流量不变，筛面宽度越大，其处理能力也越大。但筛面也不能过宽，因为筛面过宽，就难以保证物料在宽度方向上的均匀分布，从而影响筛理效率。筛面长度长，筛理长度就长，有利于提高筛理效果。

c. 筛面的平整度会影响物料在筛面上的流动状态。筛面不平整，物料在筛面上分布不均匀，筛理效率低。

d. 筛面的倾角决定物流的速度和物料在筛面上筛理时间。如遇到物料含杂较多，需要充分筛选时，可适当减小倾角，以保证筛选效果；反之，若含杂较少，则倾角可适当放大，同时也增加了它的处理能力。

e. 筛孔须通畅，以保持足够的有效筛理面积。应注意到筛面下支撑木条部分堵塞筛孔的情况，须尽量使纵向木条与筛板之间留有 5mm 以上的间隙，以免在筛面上形成纵向的无筛孔通道。筛面钢板过厚时物料穿孔困难，筛孔较易堵塞。

② 运动参数 筛体的运动参数主要是振幅、振动频率和振动角，其大小确定了物料在筛面上的运动状态。当含杂量较大时，单位处理量较高时，可适当增加振幅和振动角，使物料得到较大的运动轨迹；反之，若含杂量不高，则可适当调小振幅和振动角。若筛体振幅增加较多时，为不使筛体的运动加速度过大，可适当降低振动频率。

（3）操作因素 操作因素主要包括：流量的控制、喂料机构的调节、风量的调节、筛面的清理等。

① 流量 流量过大，将造成筛面上物料层过厚，影响物料的自动分级，使物料接触筛孔的机会减少，导致筛理效果的降低。每厘米筛面宽度每小时的处理量为 40～60kg。因筛选设备的喂料机构无法有效控制工作流量，须正确调节筛选设备所在工序前端的流量控制设备，才能使设备工作在良好的状态。一般情况下，筛选设备对流量的变化不是很敏感，但为了在原料、操作等因素发生变化后仍可保证筛选效果，设备的实际工作流量应小于其设计产量。

② 喂料机构的调节 喂料机构的调节对筛面的工作状态有影响，应使物料以与筛面等宽、均匀稳定的状态进入筛面。

③ 风量调节 垂直风道的调节，也直接影响轻杂去除效果。主要调节好风速的大小和入口气流的方向。

④ 筛面的清理 筛面的清理是为了防止筛孔在工作过程中被物料堵塞，降低筛分能力。橡皮球清理机构的清理效果一般都比较好。但因它是易耗品，所以要定期检查，若因磨损变小，其弹跳力不足于振动筛孔时，应及时更换新的橡皮球。

5. 筛选设备工艺效果的评定

（1） TQLZ 型振动筛

① 除大杂效率在 90%以上，第一道筛除小杂在 65%以上，其他各道在 50%以上。

② 除泥沙效率在 65%以上。

③ 除轻杂效率在 70%以上。

④ 清理出的各种下脚中含粮率小于 1%。

（2） TQLM 型平面回转振动筛

① 除大小杂效率在 80%以上。

② 除轻杂效率在 60%以上。

③ 清理出的大、小杂质中含粮不超过 1%，每千克轻杂中含粮不超过 1 粒。

（3） TCQY 型圆筒初清筛工艺指标　大型杂质除杂率在 90%以上；下脚不含完整粮粒。

第四节　重力分选

筛选法只能分离与谷物粒度不同的杂质，对于那些与谷物谷粒相似的并肩石、并肩泥块等杂质及糙米中混有稻谷，用筛选法很难达到理想的分离效果。但它们在密度、表面状态、悬浮速度、沉降速度等特性上有较显著差异，因此，利用重力分选法，能够有效地将它们分离。

清除原料中石子的重力分选称为重力去石。去除糙米中稻谷的重力分选称为重力谷糙分离。

根据使用的介质不同，分为干法和湿法两种，湿法是以水为介质，利用粮粒和砂石等杂质的密度和在水中的沉降速度不同进行除杂；干法是以空气为介质，利用粮粒和砂石等在密度、表面状态、悬浮速度等的不同进行分离。目前常用方法是干法分选。如：重力去石机、重力谷糙分离机等。

一、重力分选的基本工作原理

1. 基本工作原理

物料在往复振动工作面上产生自动分级，密度大、表面光滑、粒度小的物料沉于下层；而密度小、表面粗糙、粒度大的物料浮于上层；若辅之以气流的作用，则呈现为悬浮状态或半悬浮状态（如去石机，但重力谷糙分离机不需气流）。随物料的连续流入，上层的谷物在往复振动、自身重力及进料挤压力等的作用下，沿倾斜工作面流向下出料口，而沉于底层的物料则沿倾斜工作面，随筛面推力的作用向上出料口爬行，从而实现物料的分离。其工作原理见图 2-14。

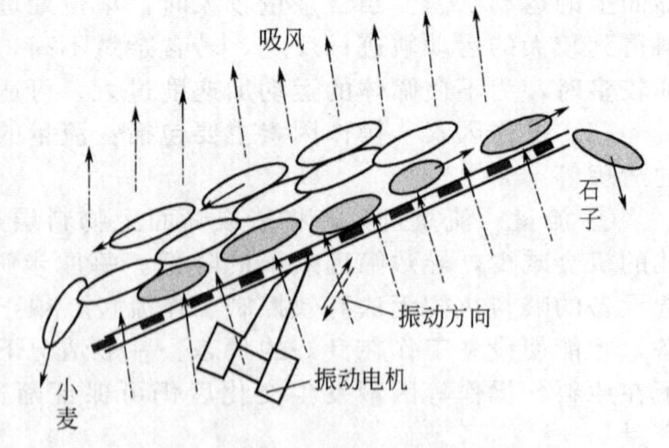

图 2-14　去石的工作原理图

2. 保证良好分选效果的基本条件

① 混合物料必须具有良好的自动分级性。

② 工作面必须具有相当的粗糙程度。

③ 工作面应有合理的运动参数，其振幅与偏重块的工作转速也须保持一定的对应关系。

④ 具有适当的辅助及调节手段，如利用气流，提高物料分层和分离的效果。

3. 常见的工作面形式

重力分选的工作面主要有鱼鳞孔板、编织筛网和凸台或袋孔工作面三大类。前两种通常辅以气流作用，也称通风工作面；第三类也称为非通风工作面。

(1) 鱼鳞孔板　鱼鳞孔板用作去石机的工作面，由薄钢板冲压而成，有单面凸起［图2-15(a)］和双面凸起［图 2-15(b)］之分。该工作面主要用于重力去石。鱼鳞孔板的作用主要有四个方面：①增加工作面的粗糙度，有利于物料的运动分层；②使气流按一定方向穿过工作面，促使物料运动分层并有利于底层物料沿工作面上行；③鱼鳞孔孔背形状变化相对平缓，有利于并肩石上行；④鱼鳞孔的凸起前台，可阻挡并肩石沿筛面下滑。

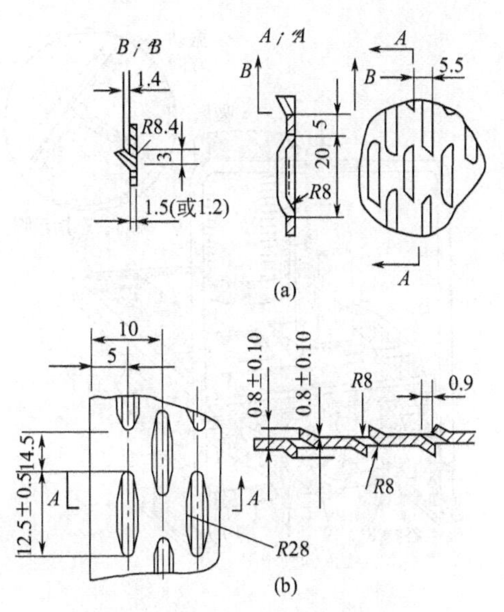

图 2-15　鱼鳞孔板结构

(2) 编织筛网　用直径 1mm 的圆形钢丝或边长 1mm 的方形钢丝编织而成。一般径向钢丝为直线，纬线钢丝为波形曲线，以增大表面粗糙度。在谷物出口处增设挡料板，以防止底层并肩石混入出粮口。该工作面主要用于重力去石。

(3) 凸台或袋孔工作面　由薄钢板以专用模具冲压而成，主要目的增大表面粗糙度，而不妨碍底层大密度物料的上行。该工作面主要用于重力谷糙分离。其原理及设备结构在后面的相关章节作介绍。

二、典型的去石机

去石机是一种利用谷物与杂质悬浮速度不同进行分选的去石设备。它往往用于分离谷物中并肩石和并肩泥块。

去石机按其使用气流情况的不同，可分为吹式、吸式及循环气流等三类；按其工作面形式不同，又可分为鱼鳞孔板工作面去石机和编织筛网工作面去石机。

吹式石机风机安装在筛面下方将气流压送过筛面，在正压状态下工作；进风均匀，工作较稳定，但灰尘容易外逸，影响车间卫生；同时，风量及设备工作参数难以调节，适应性较差。吸式去石机结构简单，处于负压状态下工作，灰尘不易外扬，清洁卫生，故目前常采用的是工作于负压状态的吸式去石机及筛体处于负压状态的循环气流去石机。

1. TQSX 型吸式去石机

TQSX 型吸式去石机分离效率较高，处理量大，性能稳定。采用振动电机为振源，运转可靠，结构简单，振幅可调，适应性强，操作方便。

(1) 工作过程　物料由设在筛面下端的进口进入筛面，先经过预分区或短筛面接料、缓冲，在筛面上形成分级后，并肩石沿筛面上行至出石口排出，处于悬浮状态的小麦沿筛面往两边分流，下行至出麦口排出。上升气流由筛面下方流入，穿透筛面、物料层后，经吸风罩、调风门进入配套风网。

(2) 结构　TQSX 型吸式去石机由喂料机构、筛体、振动机构、吸风调节机构及机架等组成，见图 2-16。

① 喂料机构　喂料机构设置有弹簧压力门，可稳定进料流量，通过调节，应使喂料箱内存有一定厚度的物料，以阻挡气流由此进入机内。

② 筛体与筛面　物料进口位于筛面下端，如图 2-17 所示，采用逆向进料，增加物料在筛面上的行程，有利物料形成较充分的自动分级，以提高设备的去石效率。

筛面沿纵向倾斜，倾角为 7°～10°，筛面采用钢丝编织，在钢支架上张紧，筛孔宽约 1mm；筛面下平行设置匀风板，有利于穿透气流的均匀分布；为使筛面保持良好的刚度，筛面下方横向设置有用金属板制作的支撑条，采用螺栓将筛面压紧在支撑条上。

通过调节装置在出石口上方的反吹风调风板，可控制下脚中的含粮率。

筛体由下端两侧的弹簧及上端的弹性撑杆共三个支点支撑，为多向自由振动系统；筛体

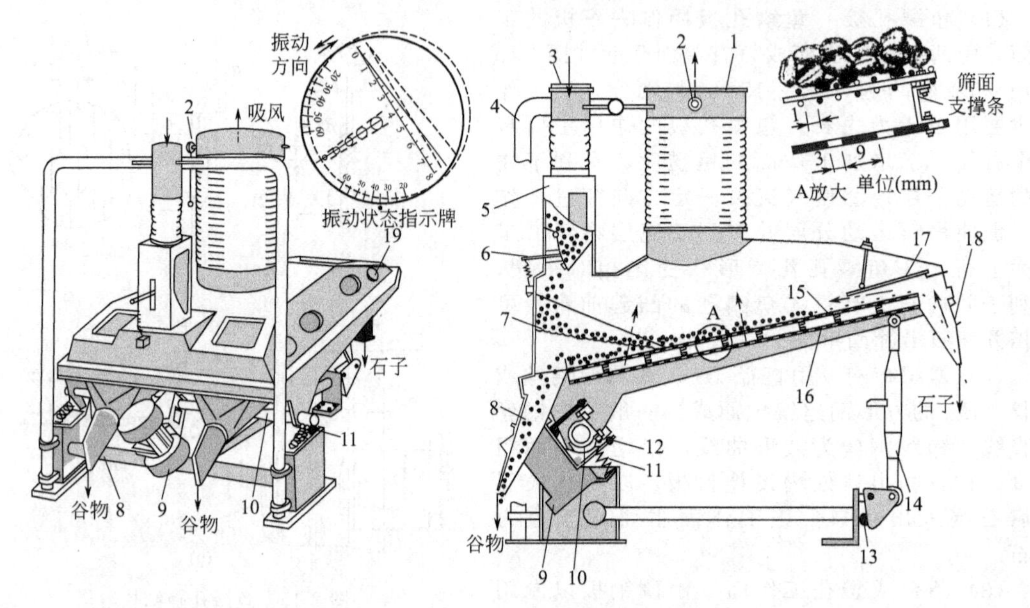

图 2-16 TQSX 型吸式去石机的结构

1—吸风口；2—调风门；3—进料口；4—支架；5—喂料箱；6—进料压力门；7—预分级筛面；8—出粮口；9—振动电机；10—横轴；11—支撑弹簧；12—橡胶轴承；13—橡胶垫；14—可调撑杆；15—去石筛面；16—匀风板；17—反吹风调风板；18—出石口；19—振动状态指示牌

由下端装置的振动电机驱动，筛体的振动方向及振幅均由振动电机控制，抛角一般为 35°左右，振幅约为 3～5mm。

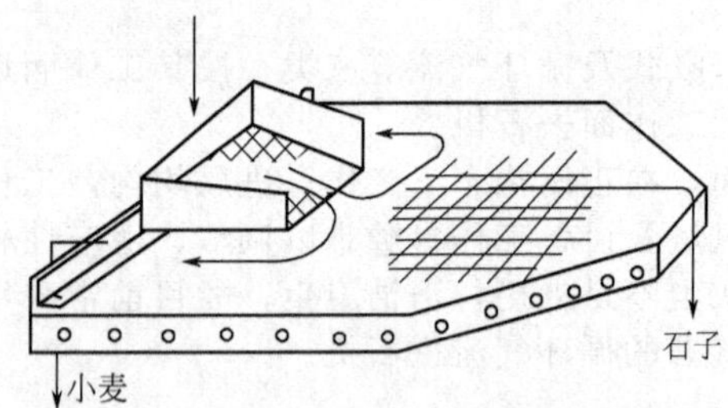

图 2-17 TQSX 型吸式去石机的筛面结构

为便于操作，在吸风罩的两侧前后共装置了 4 块筛体运动状态指示牌，可在设备工作过程中，通过观察指示牌上对应线条由于振动形成的虚影，以判断筛体各处的振幅、抛角等参数，如图 2-16 图例所示，显示抛角为 35°、振幅为 4mm。

出石口与出麦口均接有压扁的胶管，以防止大量气流由此涌入机内。

调节撑杆长度可在一定范围内调节筛面的倾角。调节吸风罩上方的调风门，可以调节穿透气流的速度，吸风罩上装有 U 形压力计，以指示风量的调节情况。

③ 筛体的驱动形式　TQSX 型吸式去石机的筛体有两种驱动形式，单振动电机驱动形式和为双振动电机驱动形式。如图 2-18 所示。图 2-16 所示也为单振动电机驱动的去石机。

在图 2-18(a) 形式中，振动电机通过橡胶轴承装置在筛体上，电机自身绕轴承可以横向摆动，而纵向只可与筛体一起运动。在工作过程中，偏重块产生的离心惯性力的横向分量使电机自身沿横向产生自衡振动，由于这部分惯性力被电机本身所平衡，故对筛体振动形成的策动力就只有离心惯性力的纵向分量。所以尽管筛体是一个多向自由振动系统，由于对筛体起作用的只有纵向的策动力，故筛体的运动形式基本上为纵向的往复振动。

这种结构只使用一台振动电机，可降低设备的成本及机重。但橡胶轴承损坏后，因阻尼过大而使电机摆动困难，偏重块的横向惯性力对筛体的运动产生干扰，将使设备的工作效果受到影响。

在图 2-18(b) 形式中，并列装置的两台振动电机反向运转，自行消除对筛体的横向干扰，使筛体沿纵向的振动较稳定。这种形式需两台电机，因此设备的制造成本较高。

(3) 技术参数　TQSX 型吸式去石机的技术参数见表 2-10。

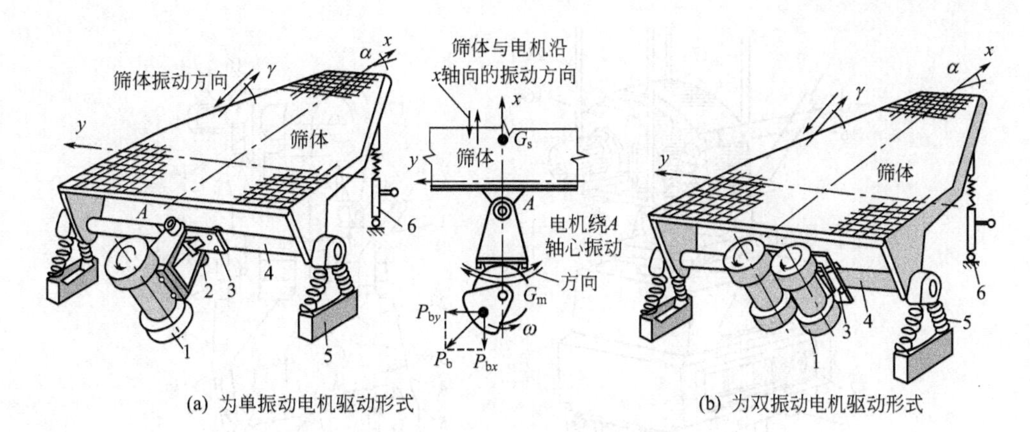

(a) 为单振动电机驱动形式　　(b) 为双振动电机驱动形式

图 2-18 TQSX 型去石机的驱动形式

1—振动电机；2—橡胶轴承；3—抛角调节螺栓；4—轴；5—支撑弹簧；6—筛面倾角调节机构

表 2-10 TQSX 型吸式去石机的技术参数

项目 \ 型号	TQSX67	TQSX132	TQSX190
产量/(t/h)	4.5	8～9	12～14
筛体宽度/mm	670	1320	1900
筛面宽度/mm	500	1000	1500
工作转速/(r/min)	930	930	930
吸风量/(m^3/h)	2400	4800	7200
吸风阻力/Pa	1200	1200	1200
配用动力/kW	0.3×2	0.3×2	0.3×2

2. TQSXH 型循环风去石机

TQSXH 型循环风去石机的穿透气流由自带风机提供，不需另外设置风网，这对设备的安装、调试与管理都有利。

(1) 工作过程及结构特点　TQSXH 型循环风去石机的外形及结构见图 2-19。

TQSXH 型循环风去石机主要由进料机构、筛体、振动电机、风机、沉降室、回风道、机架及相关调节机构等组成。

筛体内设置两层筛面，均采用编织筛面，筛孔约 1mm。筛面的倾角由筛面下方的角度调节装置控制，一般为 6.5°～8°。筛体由橡胶垫支撑，采用振动电机驱动，可用 1 台振动电机驱动，也可采用 2 台。振幅为 4.5～5.5mm，设备运动平稳、噪声低。

风机装置在吊架上，风管、料管与筛体均采用软连接。使用独立的自带风网，设备易调节控制且不受外界的干扰。空气从去石装置上部吸入，先经沉降室沉降，再进入风机，然后由风机吹回工作面，循环使用空气。穿透气流的大小由设在回风管内的调风门控制，调节时可由气压表显示机内压力，一般为 490～882Pa。设备上方设有一个带排气活门的吸风口与外部风网连接，通过少量的吸风可减少设备内处于正压气流的部分溢尘，当出石口无气流溢出时就说明排气活门调节适当。

工作时，物料经喂料机构均匀喂料，先进入上层筛面，在往复运动和上行气流的综合作用下产生自动分级，较重含并肩石的谷物由上端出口流入第二层筛面再分选，选出的并肩石经反向气流精选后，由上端出石口排出，谷物向下流至筛面下端，与第一层筛面分出的轻质谷物合并排出。

因有第一层筛面的分流、隔离作用，该设备对流量大小的适应性较强。

(2) 技术参数　TQSXH 型去石机的技术参数见表 2-11。

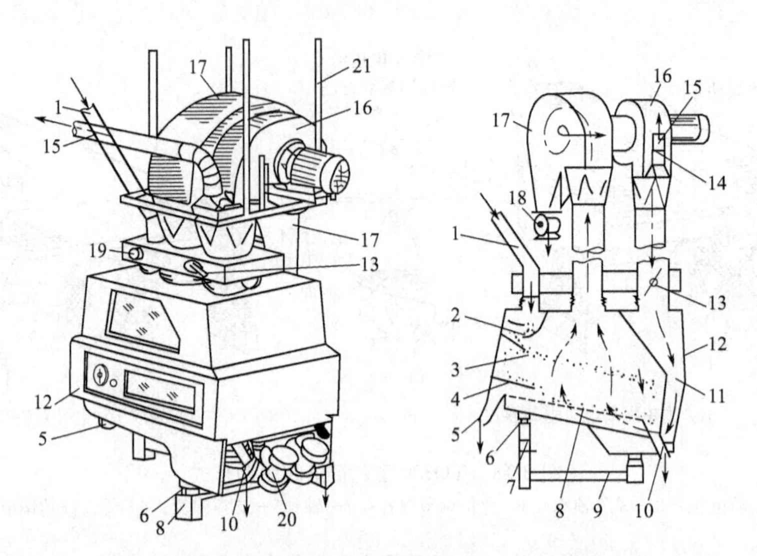

图 2-19 TQSXH 型循环风去石机的外形及结构

1—进料管；2—匀料板；3—上层筛面；4—反吹调风板；5—出石口；6—鼓形橡胶垫；7—筛面倾角调节机构；8—下层筛面；9—支架；10—出麦口；11—回风道；12—筛体；13—调风门；14—排气调节活门；15—排气管；16—风机；17—沉降室；18—轻杂出口关风器；19—气压表；20—振动电机；21—吊架

表 2-11 TQSXH 型去石机的技术参数

项目 \ 型号	TQSXH65	TQSXH120
产量/(t/h)	12	12～22
筛面尺寸(宽×长)/mm	650×1200	1200×1200
振动电机功率/kW	0.37×1	0.37×2
振动电机转速/(r/min)	930	930
风机风量/(m^3/h)	4200	7800
风机风压/Pa	2450	2700
风机功率/kW	5.5	11
关风器功率/kW	0.25	0.25

3. 重力分级去石机

(1) 工作过程及结构特点　重力分级去石机是一种兼有分级、去石两种功能的设备，目前应用较广。重力分级去石机的结构见图 2-20。设备的外形及总体结构类似吸式去石机，由喂料机构、筛体、振动机构、吸风机构及弹性支承机构等组成。

筛体由两层筛面组成，上层筛面为分级筛面，由预分级段与分流段组成。预分级段采用孔径 1mm 的不锈钢丝筛网，起促进物料自动分级的作用，无筛理功能。分流段由两段组成，第一段采用 6mm×20mm 长方形冲孔筛面，按物料厚度分级，第二段采用 ϕ8mm 圆形冲孔筛面，按物料宽度分级。第二层筛面为去石筛面，采用孔径 1mm 的钢丝筛网。两层编织筛面下，间隔 10cm 左右用纵、横向木条支撑筛面，筛面刚度好，筛上物料运动稳定，去石筛面去石效果较好；为减少无筛孔通道的影响，纵向木条与筛面之间留有 6～8mm 的间隔。

筛体的振动机构及其调节方式同吸式去石机。振幅一般为 3.5～5mm，抛角为 30°～35°，筛面的倾角为 5°～9°。吸风量可由风门调节。

工作时，进机物料首先进入第一层的预分级段，在振动与上升气流的综合作用下，物料按轻、重粒上下分级后流入分流段；分流段的筛孔较大，使包括所有并肩石的重粒落入第二层筛面，上层的轻粒因振动与气流的承托沿筛面流入轻粒出口。为使重粒尽早落入第二层筛面，分流段筛面的前半部分采用较大的筛孔。第二层工作面承接第一层落

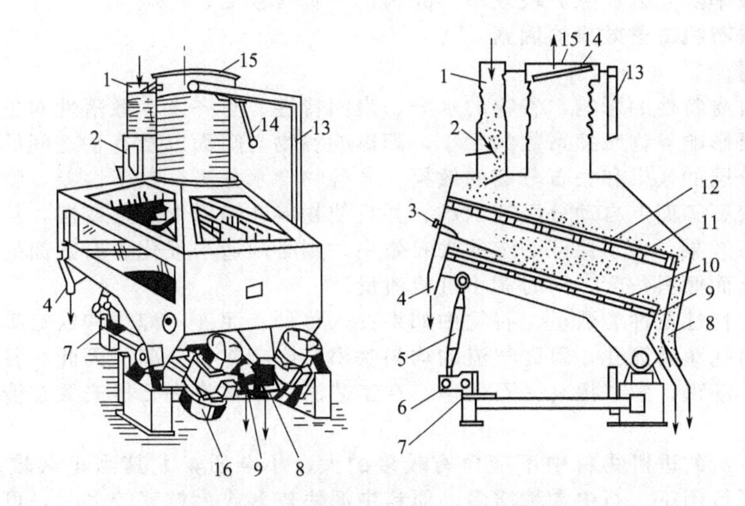

图 2-20 重力分级去石机的外形与结构

1—进料口；2—喂料筒；3—反吹风调风板；4—出石口；5—可调撑杆；6—橡胶轴承；7—可调支架；8—轻粒出口；9—重粒出口；10—去石筛面；11—筛面支撑木条；12—分级筛面；13—支架；14—调风门；15—吸风口；16—振动电机

下的重粒，通过振动与气流的作用，谷物沿筛面向下流入重粒出口，石子上行由出石口排出，完成去石。

用重力分级去石机处理小麦时，排出的轻粒一般占进机物料的5%～30%，其中可包括大麦类杂质及悬浮速度较小的荞子。排出的轻粒小麦大多为不饱满粒，表面粗糙、较脏；轻粒的选出率越低，这部分原料的平均品质就越差。重粒占进机流量的70%～95%，其中并肩石已由分级机的去石筛面清除。分流比的大小主要与分级筛面的筛孔配置及进机流量有关，当采用较大的分级筛孔或进机流量较小时，轻粒的分流比将下降。

因分级筛面的分流作用，减轻了去石筛面的负荷，可提高设备的处理能力。在设备运行过程中，若进机流量在一定范围内变化，由于分级筛面的隔离作用，轻粒流量将随之变化，而去石筛面的流量则较稳定。流量过大时设备难以调节，当原料状态较复杂时，工作流量不应大于设计产量。

当原料情况较好时，只需对轻粒进行精选、表面清理，采用重力分级机对物料进行分级，可减少精选、表面清理设备的数量；但若原料较复杂时，所有的分级后的原料要合并进行表面清理、精选。

在不需要分级的情况下，采用重力分级机去石可取得较好的工艺效果。

（2）技术参数　重力分级机的技术参数见表 2-12。

表 2-12　TQSF 系列重力分级机的技术参数

项目 \ 型号	TQSF63	TQSF80	TQSF126
产量/(t/h)	4～5	8～9	16
筛宽/mm	630	800	1260
电机工作转速/(r/min)	930	930	930
吸风量/(m^3/h)	5000	6000	12000
吸风阻力/Pa	590～790	—	—
配用动力/kW	0.2×2	0.37×2	0.6×2

三、去石机工艺效果的评定

去石机的去石效率评定指标为：

除并肩石效率≥95%；除泥块效率≥60%；下脚含粮≤100 粒/kg。

四、影响去石机工艺效果的因素

1. 原料因素

（1）谷物自身特性的影响　谷物的水分、表面特性、整齐度、散落性对去石机工艺效果影响很大。主要影响谷物摩擦系数的大小，即影响谷物与筛面以及谷物之间的运动状态，进而影响到运动分层的效果和去石分离的效果。若谷物含水分高、散落性差，物料的摩擦系数增大明显，在去石筛面上自动分级较困难，并且使物料在筛面上流速变慢，从而不能充分发挥去石机的去石效果。为了保证一定的去石效率，则必须适当强化去石筛面的振动条件，或适当调小去石筛面倾斜角度，同时调小进机流量。

（2）杂质的特性及种类数量　谷物中如果夹入草秆、泥沙、稗粒和铁钉等杂质会影响均匀进料，可能堵塞鱼鳞筛孔，阻碍气流的均匀吹出，影响谷石分离。因此，谷物进入去石机前后须经过初步清理。为了提高去石效率，在工艺流程中常将去石机安置在清理工段的后道工序。

同时，去石机的进机物料中不应含有较多的大、小杂质，尤其当小杂较多时将堵塞筛孔，造成物料下行困难、石中含粮增多。原料中泥块较多或大粒麦较多时，可能导致出机物料中含泥块增多或下脚含粮增多。在这种情况下均须精心调节设备，以保证较好的除杂效果。去石机清除粒度较小的并肩泥块的效果较差。

2. 设备因素

（1）筛面的运动参数　筛面的振幅、振动频率、振动角是筛体的主要运动参数。振幅的大小影响物料在筛面上的运动或跳动距离；而转速的大小则影响物料在筛面上的运动或弹跳频率。它们都是影响物料在筛面上运动速度的重要因素。若振幅过大，转速过高，筛面振动强烈，运动速度过快，谷、石容易跳离筛面，破坏物料正常的自动分级，影响谷、石分离。反之，物料在筛面上运动缓慢，谷层增厚，排石困难，不仅影响净谷质量，而且影响产量。所以振幅和转速都不宜过大或过小。在筛面斜度不变的情况下，振幅和转速成反比例关系。因此，为了保证物料在筛面上适宜的运动速度，振幅大时，转速应适当降低。

筛面的振动角是可调的。正常筛体的抛角一般为30°～35°。抛角过大或过小均会影响去石效果。过小，物料因不能离开筛面，而受到筛面摩擦，不易爬坡；过大，易打破自动层，而影响去石效果。

（2）筛面的状态　筛面的装置质量十分重要，筛面的刚度不够，特别是筛面的中部松弛时，筛面对物料的牵连加速度的大小及方向都将改变，使并肩石难以上行。

筛面倾角的调节将影响筛上物料的运动速度，合适的倾角既利于并肩石上行，也是影响麦粒下滑的重要因素。倾角太大，石子向上运动的阻力增大，进入精选室的速度减慢，甚至难于从出石口排出。同时，谷物在筛面上向下滑行的流速增加，石子有可能被谷物夹带而从出谷口流出。倾角过小，石子向上滑行的阻力虽然减少，但谷粒在筛面上向下运动的速度减慢，影响产量，且石子中含谷量也会相应增加。

当工作流量偏小时，可适当调小筛面的倾角，以减缓物料向下的流速，使料层增厚，防止因料层厚度不匀而造成吹穿、导致穿透气流风速分布不均。

（3）设备吸风状态　由于去石作用要在很短的筛面上完成，因此，去石机的风量是决定穿过去石筛面和物料层气流速度、影响物料自动分级和推动石子向上爬行的重要因素。筛上物悬浮状态不好，直接影响去石效率。风力过大，会造成筛上物的“乱飘”而打乱分级层；过小，则谷粒无力悬浮，致使筛上的物料未待出现分级层就被排出。这些都会降低去石效率。不同种类和品种的谷物及不同的筛孔形状和筛面倾斜度的气流都要求风速随之做相应的变化。实践证明，风力恰当与否，要以谷物在去石筛板上是否均匀和悬浮状态是否合适为衡量标准。

3. 操作因素

去石机是一种须精心操作的设备，除应调节设备的运动参数、控制风量外，操作过程中主要应把握好设备的工作流量及进料状态。

去石机流量的大小直接影响到设备的生产能力和物料在去石筛面上的料层厚度。形成良好的自动分级条件，去石筛面上的谷层厚度不能太薄，须保持足够的流量。但流量过大、谷层过厚，会使一部分石子得不到充分自动分级，分离难，去石效果下降。所以，去石的流量必须适宜。吸式去石机每厘米筛面每小时流量以 60～75kg 为宜。

但是，去石机的工作流量一般不应超过设备的设计产量，单层筛面去石机的工作流量一般不得低于设计产量的 10%，否则对设备的吸风及筛体须重新调整，差别较大时调整也较困难。操作过程中须注意去石机所在工序前端的流量控制设备，使去石机进料流量稳定适当，筛上物料的厚度一般应保持在 20～30mm；对筛面较宽的去石，应使其两侧进料均衡，防止走单边。

五、去石机的操作与维护

1. 安装

去石机原则上应安装在头道或二道清理筛之后，需经过去除大、小杂质和磁性金属夹杂物，以减少去石筛面的磨损和堵塞，保证设备去石功能的发挥。

设备必须安装在牢固平整的地基或楼板上，就位后拆下主轴两端的固定支撑板，使筛体处于自由状态，然后用垫块调至筛体横向水平后，方可固定地脚螺栓。

为了保证工艺效果稳定，该机最好采用单独吸风系统。必须采用组合风网时，只允许两台去石机组合，并在风道上安置碟阀以便调节。

2. 操作

开机前进行全面检查，如一切正常，必须先关好吸风管上碟阀，然后开去石机、开风机，再慢慢打开碟阀，同时开始进料，并调节进料量及风量，使物料在去石筛板上呈波浪形“沸腾”状态，同时调节出石端反吹风门，控制反吹风的大小，使石子、谷物形成明显的分界线，并有较长积石区（一般积石区长度为 5～10cm），出石情况正常，石中含粮符合要求，即为正常工作状态。

停机时应先停止进料，后停去石机，最后停风机，以防筛面上物料积存过多，引起下次开机时物料在筛面上堵塞，影响进入正常工作状态。

3. 调整

① 筛面倾角的调整　筛面倾角为 7°左右，在设备出厂时均已调整好，当处理不同物料时，筛面倾角要适当调整，即转动筛面倾角调节机构上的把手，使筛面倾角改变。

② 振幅的调整　调节振幅时，只需调节振动电机两端的平衡块的夹角。两块平衡块的夹角小时，振幅变大；夹角大时，振幅变小。两侧的电机平衡块要调节一致，调好后将螺母锁紧。

③ 抛角的调整　抛角是筛体振动方向与筛面的夹角 β。当需要调整振动电机与主轴的相对位置时即改变抛角。抛角大，物料在筛面上运动向上跳动就大，抛角小则反之，一般抛角为 35°，设备出厂时已调整好，不用再调。

4. 维护

① 及时清除箱内积存的轻杂质，以免因堵塞而损坏机器。

② 检查工作筛面。工作筛面要保持平整，不得有凹凸现象。筛面的凹凸边磨损后，可将筛板翻面作用或更换。拆卸筛面时，严禁重物叠压筛面。

③ 筛面被堵塞时，可用钢丝刷清理。

④ 振动电机使用 4 个月后，须更换润滑油，并清除机内的积尘、污垢等，进行一次小修；一年左右更换轴承，进行一次大修。

⑤ 安装编织筛网时，要注意编织方向，去石筛面纵向呈直线形，横向呈曲线形。

⑥ 支承弹簧若损坏，应及时更换。

六、去石机的常见故障及排除方法

见表 2-13。

表 2-13 去石机常见的故障、产生原因及排除方法

故　障	原　因	排 除 方 法
工作面上物料走单边	1. 进料不均匀 2. 筛体安装不平 3. 进料口一边物料被堵 4. 筛面不平 5. 两台振动电机振动角不一致	1. 调节压力门或进料溜管方位,使之进料均匀 2. 重新水平安装 3. 清理堵塞 4. 平整筛面 5. 调整电机安装角
粮中含石多	1. 物料流量过大 2. 总风量过大或过小 3. 筛面倾角过大 4. 筛体转速不当 5. 工作面上物料走单边	1. 正确控制物料流量 2. 调节风门 3. 调节筛面倾角 4. 调节转速 5. 见“工作面上物料走单边”
石中含粮过多	1. 流量过大或流量不匀 2. 风量过小 3. 筛面倾角过小 4. 筛体运动不正常	1. 减少流量或调节均匀 2. 开大风门 3. 调节筛面倾角 4. 调整正常

第五节　磁　选

利用磁铁清除小麦中磁性金属杂质的工艺手段称为磁选。磁选的主要对象是混杂在原料中的钢铁杂质，常见有铁钉、螺帽、铁屑、铁块等。这类金属物如混杂在产品中，将会影响人体健康；如落入运转的机器中，将会损坏机器的结构，与机器碰撞产生的火花还会引起爆炸和火灾。因此，清除粮食中的金属杂质是十分重要的。

一、磁选的目的与原理

在清理过程中进行磁选的主要目的是为了保护各类工艺设备，特别是对原料作用较强烈的设备。如打麦机、磨粉机等，因此在原料进入清理流程或进入需保护的设备之前，都应进行磁选。为清除研磨过程中混入面粉中的金属粉末，保证产品的纯度，在成品打包以前也应进行磁选。

当物料通过磁场时，由于谷物为非导磁性物质，在磁场中能自由通过，其中的磁性金属杂质则被磁化，同磁场的异性磁极相互吸引而与谷物分开。

二、典型的磁选设备

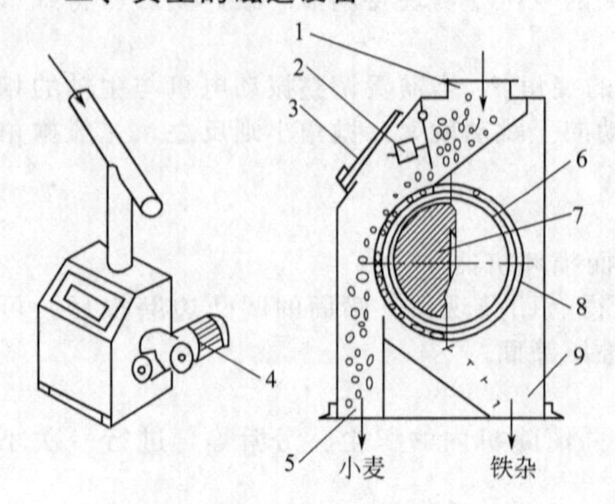

图 2-21　永磁滚筒的结构

1—进料口；2—压力门喂料机构；3—观察门；4—减速电机；5—出麦口；6—滚筒；7—永磁体；8—拔齿；9—排杂口

磁选设备一般较简单，大部分不需动力，体积较小，除铁杂效率可达95%以上。

常见磁选设备有永磁滚筒、永磁筒、磁选器等。

1. 永磁滚筒

永磁滚筒是一种具有自排杂能力、除杂效果较好的磁选设备。有自带动力与无动力两种类型。

(1) 结构与工作过程　永磁滚筒如图 2-21 所示。它由进料装置、磁芯、滚筒、传动机构和机壳等部分组成。

磁芯由锶钙铁氧体和铁隔板按一定的顺序排成170°的弧形，安装在固定的轴上。铁隔板起集中磁通的作用，将铁氧体永磁块分成 8 组排列，形成多极头开放磁路。磁体圆弧表面与

滚筒内表面间隙小于 2mm。滚筒由非磁性材料制成，外表面涂有无毒耐磨材料（聚氨酯）作保护层，以延长其使用寿命。滚筒通过蜗轮杆减速机构由电动机带动旋转。永磁滚筒的特点是：结构比较简单，吸铁效率高，操作管理方便，不需人工排除磁性杂质。

工作时，带有磁性杂质的谷物经进料斗均匀地落到旋转滚筒上。谷物从滚筒表面流过，自由落到谷物的出口，排出机外。磁性杂质被滚筒里面的永久磁钢的磁场磁化，被吸附在滚筒表面，随滚筒转至磁场作用区外，自动落入磁性杂质出口处。

（2）技术参数　永磁滚筒的技术参数见表 2-14。

表 2-14　永磁滚筒的技术参数

型号 项目	TCXY-25	TCXY-50	TCXY-80	TCXY-2011	TCXY-2015	TCXY-2025
产量(/t/h)	6～6.5	20	50	2～4	6～8	10～15
工作转速/(r/min)	38	38	38		—	
配用动力 /kW	0.6	0.6	0.75		无需动力	
磁场分布区/度		170			约 170	
筒表面磁感应强度/T		≥0.125			0.27	

2. 永磁筒

永磁筒是一种体积很小、无须动力的磁选设备，可直接装在其他工艺设备的进口，也可串接在物料溜管之中。

（1）结构与工作过程　永磁筒的结构见图 2-22，由机筒、圆锥磁体及检查门等组成。

永磁筒的工作过程如图（a）所示。磁体锥头使进机物料均匀地沿圆周分流，物料流经磁体时实现磁选。为防止已被吸住的铁杂又被物料冲走，在磁体下端设有挡杂环。该设备无自排杂能力，因此需定期人工清理磁体表面吸附的铁杂，如图（b）所示，为便于清理磁体，一般将磁体装置在检查门上，工作中打开门即可进行清理。

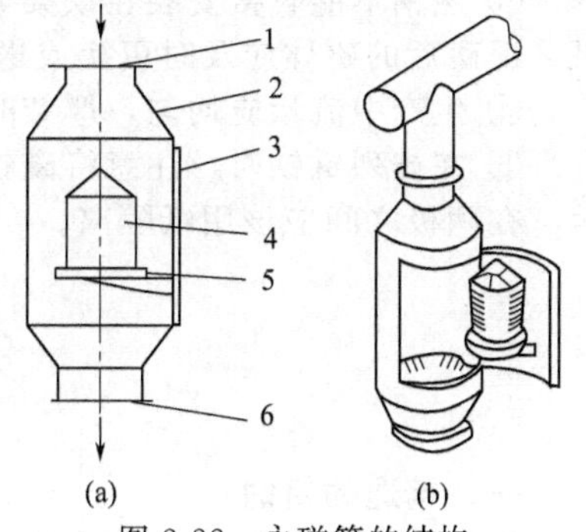

图 2-22　永磁筒的结构

1—进料口；2—机壳；3—检查门；4—永磁体；5—挡杂环；6—出料口

为保证物料在磁体周围分布均匀，永磁筒必须垂直安装，设备上方的进料溜管也须有一垂直段，如图（b）中的形式。

（2）技术参数　永磁筒的技术参数见表 2-15。

表 2-15　永磁筒的技术参数

型号 项目	TCXT-16	TCXT-19	TCXT-22
产量/(t/h)	7;2①	15;5①	30;10①
进口直径/mm	160	190	220
筒径/mm	266	310	348
磁体磁感应强度/T		≥0.28	

① 为处理面粉时的产量。

三、影响磁选工艺效果的因素

1. 流量大小与料层厚度

物料应以薄层匀速通过磁体，以利于其中铁杂被磁体吸住，料层厚度一般应小于 15～20mm，流速也不应过快，这样就要求工作流量不得大于设备的设计产量。

磁选设备的喂料机构较简单，因此进机物料的溜管一般应制作缓冲接头（或安装缓冲箱）。

2. 磁钢的性能

磁钢的性能与制造的材料、形状等有关。以硬质合金钢制造的质量较好，一般要增加磁感应强度，常做成细长的马蹄形；而要增加磁场强度，常做成粗短的马蹄形。

为了保持良好的工艺性能，每块马蹄形磁钢（60mm×30mm 截面），要求具有 12kg 以上的吸力。由于磁钢的磁性会逐渐退化，因此每月要检查一次吸力。如每块吸力小于 8kg，立即更换或充磁。

3. 物料通过磁极面的流速

无论是哪种磁选设备，要保持较好的分离效果，物料在通过磁极面时的流速均不宜太高，以使磁极面有充分的机会吸住铁磁性杂质。在永磁滚筒中流速以 0.6m/s 左右为好。如果使用安装在溜管中的磁钢，其溜管倾斜角应等于物料自流角为好，流速控制在 0.15～0.20m/s。

4. 磁极面的清理

在磁钢的磁面上，若磁性杂质集聚过多，又得不到及时清理，易被料流冲走，重新混入物料中，影响清理效果。

四、磁选设备的操作与维护要点

① 及时清理磁极面上集积的磁性杂质，以免堆积太多，重新被谷流冲走，要求每班至少清理两次。

② 磁钢在安装、使用、搬运过程中，严禁撞击、敲打、摩擦和受高温，以免磁性退化。长期停止使用时，磁极面上应盖保护铁板，将两个磁极闭锁，保存磁钢的磁性。

③ 磁钢不能直接安装在铁架或铁皮溜管上以免磁性消失，磁体若退磁则会影响使用效果，退磁后的磁体应及时更换或送到专业工厂进行充磁。

④ 生产中流量应均匀，严禁时大时小，以免影响磁选效果。

⑤ 在排列磁铁时，注意将磁铁同极排在一起（即 *S-S*、*N-N*）。为了防止磁铁的同极想斥，在两极之间应该用纸隔离。

第六节 精　　选

一、精选的目的

利用物料长度或粒形的不同，进行分选的工艺手段称为精选。分选的对象如小麦中的大麦、燕麦、荞子等，大米中的碎米等。常用的精选设备有袋孔精选机与螺旋精选机。

二、袋孔精选机

袋孔精选机是按长度的差别来分选物料的精选设备，在其主要工作面上均布一定形状、大小的凹孔，即袋孔。物料与工作面接触后，较短的子粒嵌入袋孔内被带离即实现分选。常见的袋孔精选机有碟片精选机、滚筒精选机及碟片滚筒组合精选机、滚筒组合精选机。

1. 碟片精选机

碟片精选机的特点是产量较大，调节较方便，但物料对碟片的磨损较厉害，分选精度不高，一般用来对小麦分级。

（1）工作原理　碟片精选机的主要工作部件是圆环形碟片，如图 2-23，其两侧均布袋孔。工作时借助于碟片在物料中转动，在接触物料的过程中，宽、厚度小于袋孔的物料均可嵌入袋孔；随着碟片的转动，嵌入孔内的物料被带离料层，因袋孔的深度一定，较长的颗粒因重心在外，一旦离开料层，先于短粒掉落，仍回到长粒群体中，而较短的颗粒则可稳定地留在斜口向上的袋孔中，带到一定高度后，因袋孔斜口朝下，孔内物料滑出落入收集槽而实现分选。

碟片袋孔形状和大小应根据谷物和杂质的性状来确定。碟片袋孔主要有三种形式。如图 2-24：Ⅰ型（或称 R 形）袋口呈半圆形，提料边是直线，卸料边是圆弧形，用于分离碎麦和荞子。Ⅱ型（或称 V 形）袋口也呈半圆形，提料边是圆弧形，卸料边是直线，用于分离碎

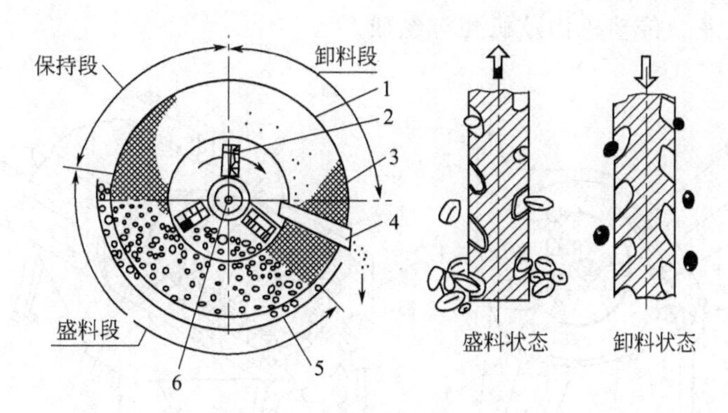

图 2-23 碟片的工作原理

1—碟片；2—推进叶片；3—袋孔；4—收集槽；5—机壳；6—主轴

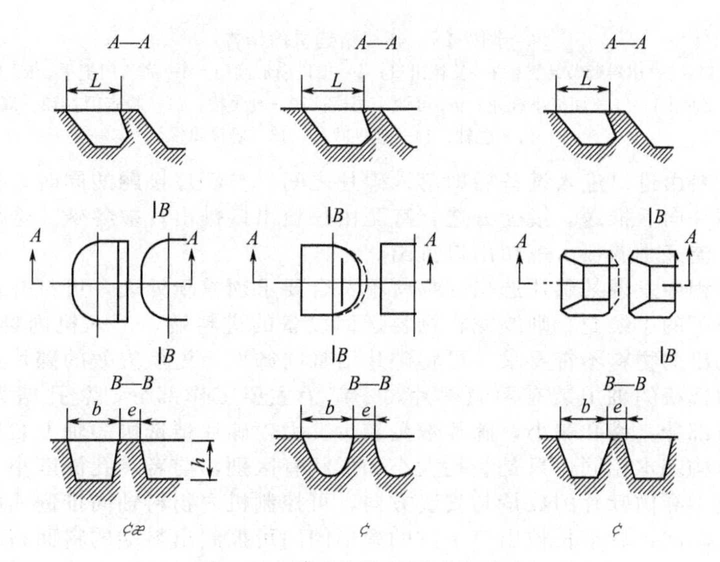

图 2-24 碟片袋孔的形式和尺寸

麦和荞子。Ⅲ型袋口呈矩形，用于分选大麦和燕麦。

碟片袋孔的大小见表 2-16。当选用较大袋孔时，被碟片选出的为小麦，留下的是大麦类杂质，选小麦的袋孔一般深 3.5～4.5mm，长、宽为 7～9mm；当选用较小袋孔时，被选出的是荞子，留下小麦及更长的物料。选荞子的袋孔一般深 2～3.15mm，长、宽度为 4～5.75mm。为了提高设备的适应能力，分选同类物料的碟片通常也有几种规格。组装碟片时，袋孔大小的排列也有一定的顺序。进料端碟片的袋孔应较小，出料端碟片的袋孔则较大。荞子精选机的袋孔其检查部分比工作部分小。

表 2-16 三种形式袋孔的大小

尺寸/mm	Ⅰ型(R形)		Ⅱ型(V形)			Ⅲ型(矩形)		
l,b	4	5	4.5	5.5	5.75	7	8	9
h	2.0	2.7	2.3	2.8	3.15	3.5	4.0	4.5
e	1.2	1.2	1.2	1.4	1.4	1.5	1.5	1.5

碟片三根辐条上分别装有与碟片平面具有一定夹角的导向推料叶片，由于碟片的转动，叶片沿轴向推进碟片间的物料，使设备具有一定的产量并实现连续性的分选，最后将长粒推出设备。

(2) 结构与工作过程　碟片精选机的一般结构见图 2-25。主要由一组共轴装置的碟片、调节机构、回流绞龙、传动机构及机壳等组成。

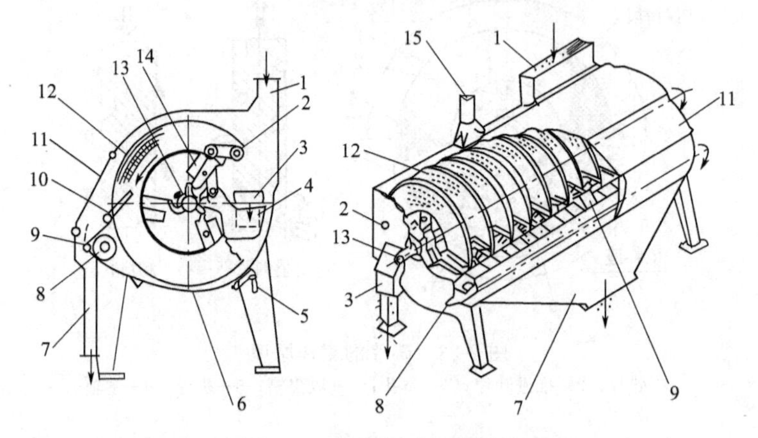

图 2-25 碟片精选机的结构

1—进料口；2—出料调节装置；3—长粒出口；4—出口扇形闸门；5—底活门把手；6—底活门；7—短粒出口；8—回流小绞龙；9—可调小淌板；10—收集槽；11—检查门；12—碟片；13—主轴；14—推进叶片；15—吸风口

工作时，物料由进口进入设备后即落入碟片之间，与碟片接触的同时，在导向叶片的推动下，沿轴向逐片向后推送、接受分选，直至由长粒出口排出；被各碟片选出的短粒落入碟片间的收集槽，流经小淌板由短粒出口排出。

若在工作过程中发现某碟片选出的物料不符合要求须重新处理，可打开对应的小淌板使该物料落入淌板下的小绞龙，则绞龙将物料送回设备的进料端，汇入机内物料中重新精选。若有多块碟片选出的物料不符要求，可将碟片沿轴向卸下，更换失效的碟片。

荞子碟片精选机的轴上装有两组碟片，一组为主要工作部分，袋孔略大，碟片数量较多；一组为检查部分，袋孔略小，碟片数量较少。大麦碟片精选机的轴上装有一组碟片，不设检查部分，结构基本相同，只是袋孔大小和形状有区别，前者袋孔深度小于后者。

改变各碟片中导向叶片的数量与安装方向，可控制机内物料轴向推进速度，从而控制物料在机内的停留时间；调节长粒出口下方的扇形闸门可控制出料端的料面高度，相应可调节选出物料的分流比，闸门遮挡的面积越大，分选出的短粒流量越大。正常情况下，应控制设备的工作流量，并通过正确地调节，使机内物料沿轴向基本保持水平，且一般不得淹没主轴。

（3）技术参数 碟片精选机的技术参数见表 2-17。

表 2-17 碟片精选机的技术参数

项目＼型号	FJXD63×27	项目＼型号	FJXD63×27
产量(t/h)	除荞子:4～5 除大麦:6～8.5	绞龙转速/(r/min)	171
碟片直径/mm	630	吸风量/(m^3/h)	600～900
碟片数目/个	27	配用动力/kW	2.2
主轴转速/(r/min)	57		

（4）安装和操作

① 安装 碟片精选机应安装在无振动、牢固的基础上，并进行水平调正。安装位置应留有拉出主轴更换碟片的操作空间，任意一端应有 2050mm 以上。

碟片精选机应放在筛选、去石和磁选之后，打麦工序之前。物料在进机前必须进行彻底的预清理，去除尘土、麦壳、砂石、泥块等杂质，防止堵塞袋孔，影响正常使用。

② 操作

a. 使用前，应首先检查各部位是否正常。将操作手柄，控制喂料流量的调节板、活门等放在适当位置。

b. 开机后，调整进风量到要求的吸风量；观察机器运转是否正常。如有异常声音，立即停车检查。

c. 正常后打开进料门，对荞子碟片精选机应关闭检查部分的调节板，使物料不进入检查部分。

d. 调节出口调节装置的闸门，保持机内料位的适当高度。一般应在进料口闸板下 100～120mm 左右。

e. 打开前观察门，观察每种碟片的精选效果，确定是否需要检查处理，如需检查，则打开小活门，将含有正常麦粒的抛出物由绞龙输送到检查部分再精选。

f. 停机前，应先将料门关闭，然后继续运转 5min 后方可停机。

g. 一般碟片磨损至袋孔深度的 2/5 左右就应换新碟片，更换时应使袋口方向向着旋转方向；叶片装在轮辐上应朝向旋转方向，相邻两碟片上的叶片应顺向错位安装（约 45°），使全部碟片的叶片在轴上形成螺旋形，以利物料的输送更换后，先空车运转，检查主轴运转是否平稳，有无明显振动现象，必要时继续进行调整。

2. 滚筒精选机

滚筒精选机的特点是分选精度高，但产量较小、设备占地面积较大。可用于精选小麦中的大麦和荞子，也可用于分离大米中的碎米。

(1) 工作原理　滚筒精选机的主要工作部件为内表面均布半球形袋孔的滚筒，其工作原理见图 2-26。

工作时，物料进入筒内后与筒底接触，滚筒转动并被带至一定的高度，在筒底形成倾斜的盛料段。滚筒将进入孔内的物料带出盛料段后，长粒落下，短粒留在孔内随筒转过保持段，进入卸料段，由其自身重力克服离心惯性力的影响而落入收集槽中，被收集槽中的绞龙推出；长粒在滚筒的带动下，一边在筒底翻滚，一边流向筒口排出。为利于筒内物料的流动，滚筒的轴线向出口端倾斜。

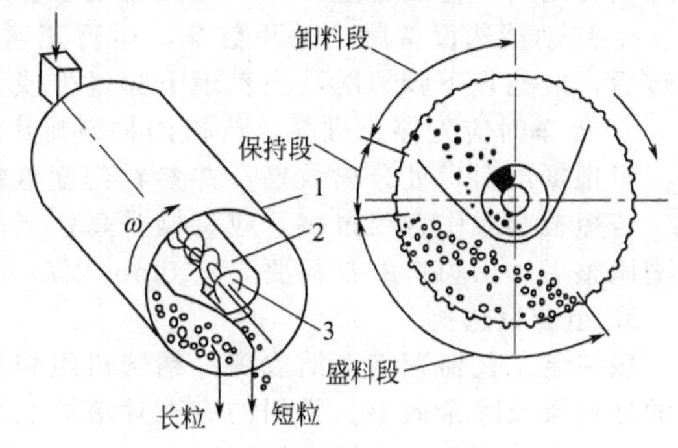

图 2-26　滚筒精选机的工作原理

1—滚筒；2—收集槽；3—短粒输送绞龙

(2) 结构特点　滚筒精选机的结构主要由滚筒、收集槽及其调节机构、传动机构、机架等组成（图 2-26）。滚筒精选机的袋孔多呈半球形，一般用袋孔直径表示。分离荞子 4.25～5mm，分离大麦或燕麦 8.0～10mm，荞子检查 3～4mm，大麦或燕麦检查 9～11mm。

收集槽的角度可由调节手轮调节，以便选择合适的保持段长度，得到理想的分选效果。滚筒的转速一般不可超过设计转速，转速过高时，因离心惯性力过大物料将贴住筒面，会将长粒带入收集槽且袋孔中的短料卸不下来。

调节筒口的挡板，可控制筒内物料的厚度。当工作流量较小或原料含杂量较高、除杂效率下降时，可酌情增加挡板的遮挡面积，以降低筒底物料的流速，使物料在机筒内停留时间延长，相应被选出的短粒物料增多。为保证选出短粒的纯度，盛料段的上沿不得超过主轴所在的水平面。

(3) 技术参数　滚筒精选机的技术参数见表 2-18。

(4) 安装和操作

① 安装

a. 滚筒精选机应放在筛选、去石和磁选之后，打麦工序之前。物料在进机前必须进行彻底清理，去除尘土、麦壳、砂石、泥块等杂质，防止堵塞袋孔，影响滚筒的正常使用。

b. 本设备用四个地脚螺栓与地坪相接。机架在两个方向上都必须校正好再拧紧地脚螺栓，各滚筒应转动自如。若用手盘动时滚筒显得沉重，则应对有关滚筒两端底座位置加以调整，直至转动轻松灵活为止，否则易损坏轴承及相关零部件。

表 2-18 FJXG 系列滚筒精选机的技术参数

项目＼型号		FJXG60	FJXG60×2	FJXG60×3	FJXG71×2
产量/(t/h)	除荞子	2～2.5	4～5	6～8	8～10
	除大麦	1.5～2	3～4	4.5～7	6～7
滚筒直径/mm		600	600	600	710
滚筒个数		1	2	3	2
工作转速/(r/min)		45～55	40～46	40～50	35～37
吸风量/(m^3/h)		500	800	1000	900
吸风阻力/Pa		200	200	200	200
配用动力/kW		1.1	2.2	3	4

② 操作

a. 开车前应检查机内有无异物，滚筒袋孔方向是否正确。

b. 空运转正常后方可进料。在运转中流量应均匀，并且不得超过额定产量。进料溜管上应装有闸门以控制流量，并最好同时安装旁通溜管，以备需要时启用。

c. 启动精选设备后，先开空车，运行正常后，再给料至正常工作流量。设备进入正常运转后，应检查下脚情况，当发现下脚过少或下脚含粮过多时应及时给予适当的调整。

d. 停车时应先停止进料，待机内物料排出后方可停车。

可根据出料口处分离效果，并参看刻度盘的位置来调节绞龙槽的倾斜度。

若短粒杂质中含粮过多，应将槽升高；当清除长杂时，若下脚含粮较多，槽应下降。绞龙槽调整后，出料口的物料要 5～10min 以后才会稳定地达到新的状态，看出调整效果。

3. 组合精选机

按一定工艺流程将滚筒或碟片精选机组合起来的设备称为组合精选机，这样可以提高设备的处理量及除杂效果。常用的有碟片滚筒组合精选机与滚筒组合精选机。

(1) 碟片滚筒组合精选机

① 工作原理及过程 见图 2-27，设备主要由两组碟片、两只滚筒及相应的调节、输送、传动机构等组成。由于碟片处理量较大，滚筒的分选精度高，一般用碟片对物料进行分级，用滚筒从分级付流中精选出料纯净的杂质。

分离小麦中的大麦与荞子时，物料由进料口进入设备，先由大袋孔碟片组分级，大孔碟片组分级出较长麦粒与全部大麦送至大麦滚筒，由滚筒将其中的长粒小麦和大麦分别选出。大孔碟片组分级出的较短麦粒及全部荞子被选出由绞龙送入小袋孔碟片组中进行再分级，分出较短粒小麦和短粒小麦与全部荞子；小孔碟片组选出的短粒小麦与全部荞子由绞龙送至荞子滚筒，将其中荞子和短粒小麦分别选出。该机共分选出五种物料，其中三种为小麦，选出杂质有大麦类长粒杂质及荞子类短粒杂质，通常短粒杂质中含有小粒并肩石及并肩泥块。

② 结构要点及调节方式 该设备各部分的基本结构均与单独的碟片、滚筒精选机相似。碟片配置了较大的和较小的袋孔，以适应分级的需要。滚筒也配置了较大的和较小的袋孔，分别用于分离大麦和荞子。

为了协调各部分的运行，在碟片及滚筒上均设置了相应的调节闸门，以控制其内部物料的流速及厚度。大孔碟片组的出口闸门升高后，由碟片选出送至小孔碟片组的物料流量将增加，相应送入大麦滚筒的物料流量将减少；小孔碟片组的出口闸门调节则主要视其推出小麦中的含杂情况，当仍有荞子未选出时，应适当提高闸门的高度，小孔碟片组选出进入荞子滚筒的物料流量将相应增加。

在小袋孔碟片组的碟片之间还装有一套控制隔板，转动调节手轮即可通过蜗杆对隔板进

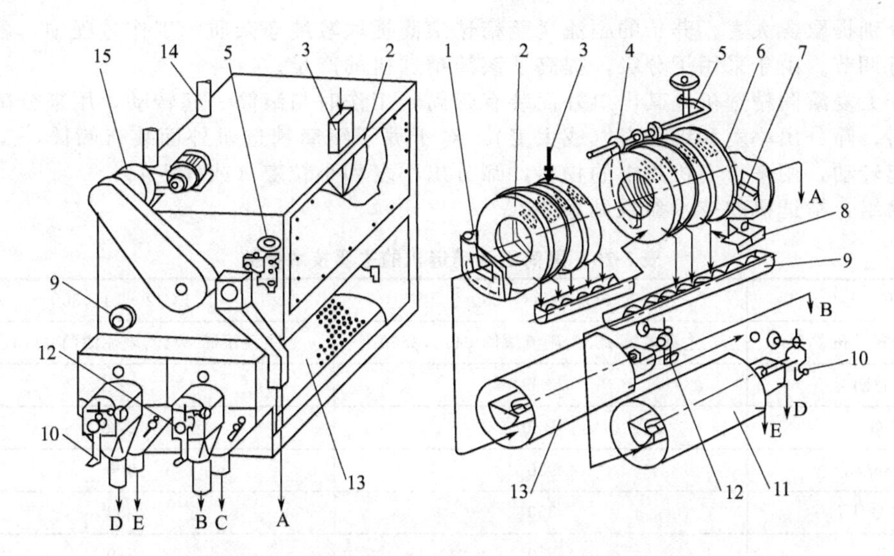

图 2-27 碟片滚筒组合精选机的外形及工作原理

1—长粒物料出口及调节闸门；2—大袋孔碟片组；3—进料口；4—可调控制隔板；5—控制隔板调节机构；6—小袋孔碟片组；7—小麦出口及调节闸门；8—可移动挡板；9—短粒输送绞龙；10—荞子滚筒收集槽角度调节机构；11—荞子滚筒；12—大麦滚筒收集槽角度调节机构；13—大麦滚筒；14—吸风口；15—传动减速器

A—小麦；B—长粒麦；C—大麦；D—荞子；E—短粒小麦

行调节，当升起隔板时，机内物料面随之上升，物料与工作面的接触机会增多，被袋孔选出的物料相应增多。当某块碟片选出的物料不符要求时，可将一块可移动挡板盖在短粒绞龙的对应位置上，将该碟片选出的物料挡回碟片中。

组合机中滚筒的调节类似滚筒精选机的调节。主要是根据流量大小、除杂效率及下脚含粮的情况，调节收集槽的角度及筒出口挡板的位置。

该设备是一种组合设备，各个工作单元的调节须相互协调，应特别注意两组碟片的调节对整机工作状态的影响。

③ 技术参数 碟片滚筒组合精选机的技术参数见表 2-19。

表 2-19 碟片滚筒组合精选机的技术参数

项目＼型号		FJXZ-63-YQ
产量/(t/h)		8～10
碟片规格	A 组	ϕ630mm，孔径 8mm A 型 5 片，孔径 8mm B 型 10 片
	B 组	ϕ630mm，孔径 5mm 12 片，孔径 5.5mm 6 片
滚筒规格		ϕ500mm，长 2284mm
碟片转速/(r/min)		54～56
滚筒转速/(r/min)		54～56
吸风量/(m^3/h)		600～900
配用动力/kW		4

④ 安装和操作 碟片滚筒组合机应安装在无振动、牢固的地基或楼板上，并进行水平调整。安装位置应考虑从滚筒出料口端换滚筒时拉出的长度（2600mm 以上），以及机器上面留出放置手拉葫芦起吊主轴更换碟片时的空间。

(2) 滚筒组合精选机 滚筒组合精选机分为三类：荞子滚筒组合精选机、大麦滚筒组合精选机、大麦荞子滚筒组合精选机。根据分离的对象不同，滚筒有 2～4 个不等。常用的是 4 个滚筒，可同时去除小麦中的大麦与荞子，其滚筒组合精选机的原理见图 2-28。

大麦分级滚筒与荞子分级滚筒工作流量较大，其袋孔也较同类袋孔大，工作任务主要为分级，分别提取含大麦、荞子的副流送至精选滚筒提取较纯净杂质。工作过程中，各滚筒可单独进行调节。由于采用了分级，提高了滚筒精选机的产量。

对于大麦滚筒精选机，其出口外面装有筛筒，工作时与滚筒一起转动，用来分离收集槽中的物料，筛分出小麦和细燕麦（或大麦）。对于荞子滚筒精选机外面装有筛筒，工作时与滚筒一起转动，用来分离机筒中的物料，筛分出小麦和小粒麦（或碎麦）。

滚筒组合精选机的技术参数见表 2-20。

表 2-20 滚筒组合精选机的主要技术参数

型　号	FGJZ・63×290	FGJZ・71×300
滚筒直径/mm	主流滚筒 ϕ630,副流滚筒 ϕ410,ϕ560	主流滚筒 ϕ710,副流滚筒 ϕ410,ϕ560
产量/(t/h)	8～9	9～10
除杂效率/%	≥80	≥80
风量/(m^3/h)	900	900
设备阻力/Pa	350	350
功率/kW	5.9	5.9

三、螺旋精选机

螺旋精选机是利用小麦与杂质粒形的差别进行除杂的设备，除杂对象是荞子、碗豆类球形杂质，该设备又称为荞子抛车。

1. 工作原理

小麦与球形杂质在斜面上的运动形式、所受的阻力不同，小麦作滑动，荞子等球形杂质作滚动，滑动摩擦阻力大于滚动摩擦阻力，因而运动的速度和轨迹各不相同。其原理如图 2-29 所示。

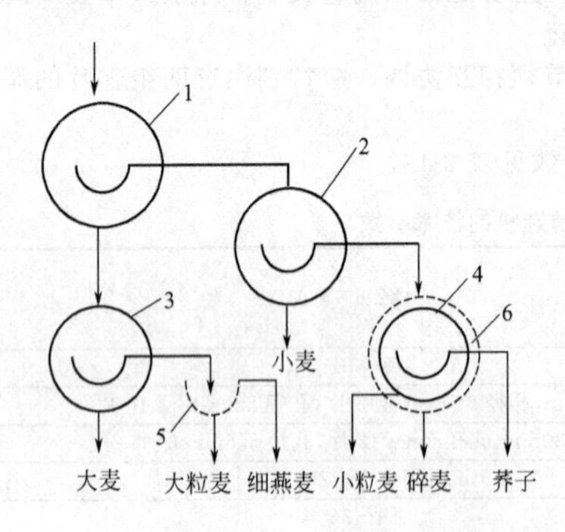

图 2-28 滚筒组合精选机工作原理图

1—大麦分级滚筒；2—荞子分级滚筒；3—大麦精选滚筒；4—荞子精选滚筒；5，6—筛筒

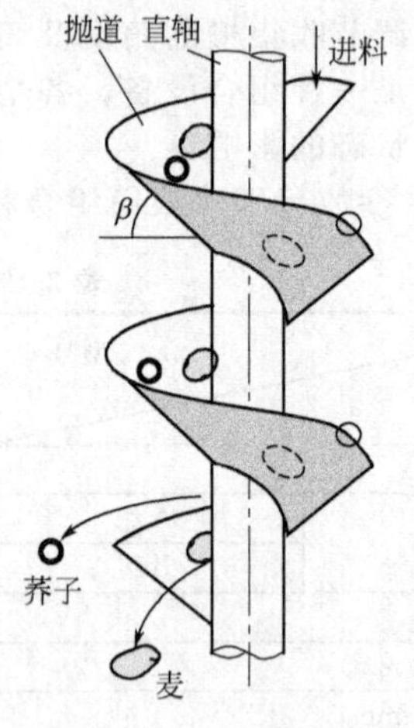

图 2-29 螺旋精选机

原料由抛道上端进入后，物料依靠自身的重力沿倾斜的螺旋面流下，因抛道面具有一定的倾角与螺旋角，使得麦粒沿抛道作不规则滚滑动，由于滑动摩擦力大，小麦运动的线速度较低，只可沿螺旋面内侧稳定地滑下；而进入抛道的荞子在抛道上良好地滚动，由于滚动摩擦力小而逐渐加速，由此获得较大的离心惯性力而被甩出抛道，收集甩出的荞子，实现小麦、荞子的分选。

物料须以单粒、单层状态流过抛道，才可接受分选，故产量较低；为了提高产量通常设置多个抛道。

2. 结构

螺旋精选机设备不需动力，分选效果较好。常用的螺旋精选机有两种类型：三抛道和多抛道的精选机，其结构见图 2-30。

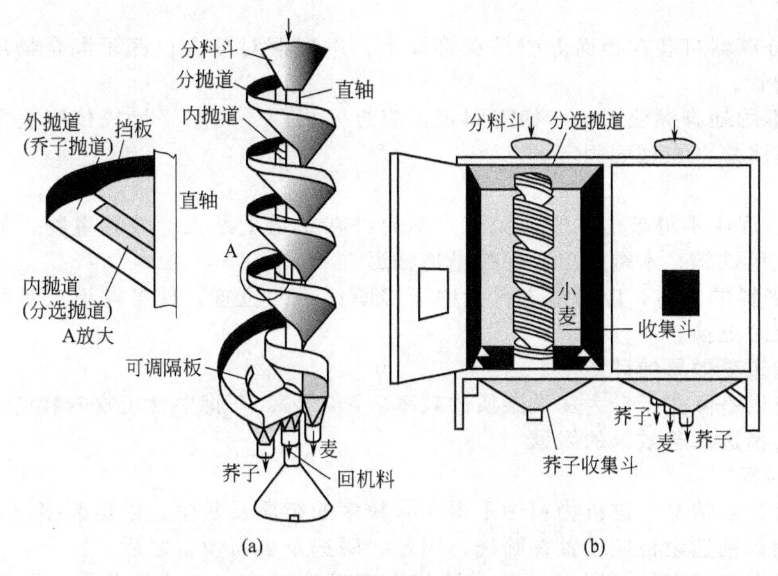

图 2-30 螺旋精选机的结构

图 2-30(a) 所示为三抛道螺旋精选机，其结构由进料斗、分选抛道（内抛道）、荞子收集抛道（外抛道）及直轴等组成。为了提高产量，分选抛道设置三层内抛道。为了收集抛出的荞子在内抛道下方平行地设置外抛道。外抛道可对少量抛出的小麦进行二次分选，抛道下端设有可调隔板，可将沿外抛道内侧流下的这部分小麦分出，沿外抛道外侧流下的荞子则进入荞子出口。由于抛道外露，物料流动产生的灰尘、噪声对环境有污染。

图 2-30(b) 所示为多抛道螺旋精选机，其特点是采用多层分选抛道（8～10 层）组合，抛出物由设备下部的收集斗收集。单机处理量较大，设备全封闭，有效地降低了对环境的污染。因不能对抛出物进行第二次分选，需另设付流整理设备。付流的分流比一般为 4%～6%。

3. 技术参数

螺旋精选机的技术参数见表 2-21。

表 2-21 螺旋精选机的技术参数

项目＼型号	FJXPⅠ	FJXPⅡ	FJXPⅢ	FJXP368×2	FJXP3610×2
产量/(t/h)	0.4	0.4	0.4	1.9～2	2.4～2.6
抛道数/个	3	3	3	8	10
直轴径/mm	43.5	35.5	35	120	120
螺距/mm	305	223	240	350	350
抛道倾角/(°)	48	45	47.5	31	31
内抛道外径/mm	130	133	126	360	360
外抛道外径/mm	267	227	239	—	—
抛道圈数/圈	5	4	6	4	4

4. 安装和操作

(1) 安装

① 安装楼层最好在第三层或以上，以便下脚二次分离器回流小麦随机回流处理，安装在二层楼时应凑近回流位置或加绞龙回机。

② 主机应加装吸风装置，吸风量应符合规定要求，这样减少抛道积灰，有利于小麦流动分离出荞子。

③ 副流分离器可装在楼面上或吊在楼板下，进口洞对准主机荞子混合物出口洞，然后接通进出料溜管。

④ 本机不用地脚螺栓固定，如需固定，应打开机门，用水平尺校核底座上平面是否水平，然后用膨胀螺丝在楼面固定。

（2）操作

① 使用过程中不得敲击、振动抛道，不允许在抛道上站人，放置重物。如有大杂异物进入抛道，应用铁钩、木棍拨出，保持抛道畅通。

② 根据来料的方向，应调整进料盘中下锥圈偏心的位置，使各抛道流量均匀一致，锥圈磨损后应及时更换。

四、精选工艺效果的评定

各类精选设备除荞子、大麦类杂质的效率应≥75%；下脚中含正常麦粒应≤3%。

五、影响精选工艺效果的因素

1. 原料因素

（1）原料含杂情况　进机物料中不得含有较多的杂质及灰尘，以免磨损设备工作面或堵塞袋孔。因此，精选设备应设置在筛选、风选、磁选及去石设备之后。

（2）原料中含碎麦的情况　原料中的碎麦在精选机中也要占据袋孔，除杂效果将受影响，因此，袋孔类精选机应设置在打麦设备之前。

（3）原料水分情况　水分大流动性差，影响除杂效果。小麦水分调节之后粒度、粒形将有变化，故精选不宜设在水分调节之后。

（4）原料的粒度及均匀度　粒度及均匀度的变化对精选设备影响较大，原料变化频繁时，设备调节将较困难。

2. 设备因素

（1）工作面的状态　精选设备工作面的状态对除杂效果影响大。一是袋孔要合适，应针对原料的情况选择合适的袋孔；二是袋孔的完好率，一旦袋孔有明显的磨损或其制造质量不符要求应及时给予更换。另外，螺旋精选机的工作面圆整光滑、各类参数保持稳定是该类设备运行正常的主要条件。

（2）工作转速　袋孔精选机的工作转速应合适。当工作流量偏小时，可适当降低设备的工作转速，这样还可减少设备的磨损，稳定除杂效果。若过高提高工作转速，下脚含粮将明显增多，工作面的磨损亦会加剧。

3. 操作因素

在生产过程中，针对原料的情况，应细心地对各类精选设备进行调节，特别是对于袋孔类精选机。除杂效果通常取决于调整是否与原料情况对应。精选设备的工作流量不应大于其设计产量，流量的稳定性也是一个重要因素。

第七节　谷粒的表面清理

一、概述

谷粒的表面处理分两大类：一是小麦的表面清理；二是糙米碾白。糙米碾白后文有专门的章节介绍。本节主要介绍小麦的表面清理。

小麦表面清理的目的是小麦入磨之前将黏附在麦皮和麦沟中的泥砂、尘土、并肩泥块及煤渣、病虫害小麦、霉变小麦等污染物较彻底地清除掉，有利于提高面粉的粉色、降低灰分和含砂量。

表面清理方法可分为：打击、撞击、擦刷、碾削或洗涤。利用打击、撞击、擦刷、碾削作用的方法称为干法表面清理；采用水洗涤的方法称为湿法表面清理。湿法表面清理耗水量大，且污染环境，故目前面粉厂中一般都使用干法清理。

打击是在具有一定技术特性的工作筛筒内，利用高速旋转的打板对小麦进行打击，使小麦与打板、小麦与筛筒、小麦与小麦之间反复碰撞和摩擦，从而达到使小麦表面杂质与小麦分离的目的。其设备如卧式打麦机。

撞击是利用高速旋转的转子对小麦的撞击、小麦与撞击圈之间的撞击以及小麦之间反复碰撞和摩擦，从而使小麦表面杂质与小麦分离。其设备如撞击机。

在工艺过程中，通常应根据小麦的承受能力及小麦表面污染的程度来选择合适的打麦强度。一般称打击作用较轻的打麦手段为轻打，反之为重打。在小麦着水以前，应采用轻打；而着水以后，因皮层的韧性增强，故可采用重打。

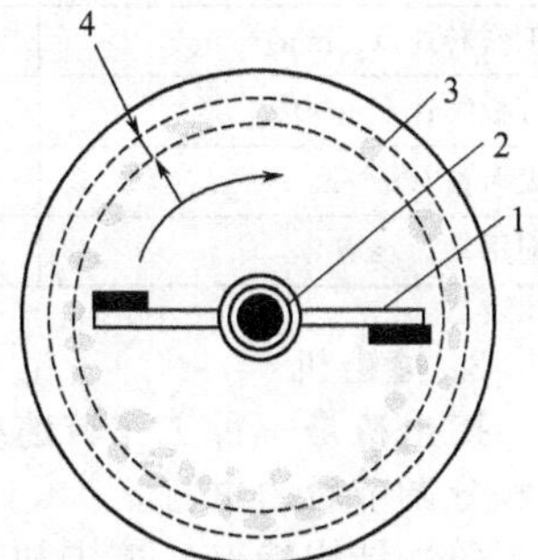

图 2-31 打麦机的工作原理

1—打板；2—主轴；3—工作圆筒；4—工作间隙

二、打麦

打麦设备常用的主要有卧式打麦机、撞击机。

1. 卧式打麦机

卧式打麦机工作原理见图 2-31，主要工作部件是由高速旋转的打击机构与静止装置的工作圆筒组成。

物料进入机筒内将受到一定的强度打击、碰撞和摩擦的综合作用下得到表面清理。工作区内的物料在打板的推动下，沿筛筒内表面作螺旋状运动，形成一定长度的运动轨迹，得到多次清理机会。

其特点为：打板线速越高，打击、碰撞等作用就越强烈；工作间隙越小，麦粒受打击的机会增多，受到的挤擦作用增强；筛筒表面越粗糙，摩擦作用越强烈。

（1）结构与工作过程　卧式打麦机的结构主要由打板轴、筛筒、传动机构、吸风机构及机架等组成。见图 2-32。

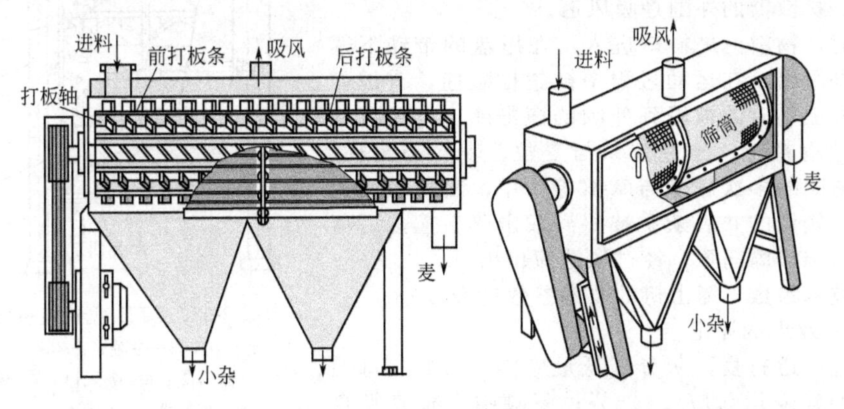

图 2-32　卧式打麦机的结构

① 打板轴　打板安装在轴上，并相互错开呈圆筒形，径向装置的打板叶与垂直轴线的平面有一定的夹角，以保持适当的打击与推进能力。一般情况下，前段板叶与物料的相对速度较大，磨损较快，使之推进能力减弱，因此在维护设备时前后打板条不可对换，以防出现堵塞。打板条由螺栓紧固在打板轴上，工作面磨损后应予更换。

② 筛筒　为提高粗糙度及排杂能力，筛筒由两块半圆形编织筛面围成，筛面的编织材料为 65Mn 弹簧钢丝与不锈钢丝，筛孔大小为 1mm×20mm。

③ 传动机构　打击强度的调节是根据工作转速的高低来调节的。卧式打麦机的主轴采用 V 形皮带单级减速传动。通常是选择不同直径的传动皮带轮来调整转速。

④ 吸风机构 设备的顶部设有吸风口，通过吸风可防止机内灰尘外溢。

（2）技术参数 FDMW 系列卧式打麦机的技术参数见表 2-22。

表 2-22 FKMW 系列卧式打麦机的技术参数

项目 \ 型号		FDMW30×150	FDMW30×95	FDMW30×60
产量/(t/h)	第一道	8～12	5～8	5
	第二道	6～9	4～6	4
筛筒尺寸/mm		300×1500	300×950	300×600
工作间隙/mm		24.5	24.5	24.5
工作转速/(r/min)		800～1200	1000～1200	1000～1200
打板线速/(m/s)		10.5～15.8	13.1～15.8	13.5～15.8
吸风量/(m^3/h)		600	480	300
配用动力/kW		11	7.5	5.5

2. 撞击机

撞击机是一种工作转速很高、对物料具有较强烈打击碰撞作用的打麦设备。一般用于小麦水分调节后的重打。

（1）结构特点 撞击机的结构见图 2-33，主要由甩盘、撞击圈、吸风分离器、传动机构等组成。

主要工作机构是高速旋转的甩盘。甩盘有两层，上层为环形，物料由中部空间进入到下层盘上，两盘间通过边缘的销柱连接，销柱外面为耐磨套管，中间为紧固螺钉。销柱内外两圈交错排列。甩盘的外围是固定的撞击圈。撞击圈的下部连接有锥形筒，锥形筒的下部装有扩散器，撞击圈与锥形筒间隙可通过下部手轮调节。扩散器的外围是吸风道。

工作时，物料由进料口进入，在甩盘的带动下逐渐加速向外甩出，在运动过程中被销柱碰撞，有被弹到其他销柱上，有的被甩到外围的撞击圈上，还有的被甩到其他麦粒上。经过麦粒与麦粒、麦粒与销柱、麦粒与撞击圈的多次碰撞与摩擦等作用，麦粒表面的杂质及强度较低的并肩杂质被擦离或击碎。撞击后落入撞击圈与锥形筒间隙，经过风选流出出口。

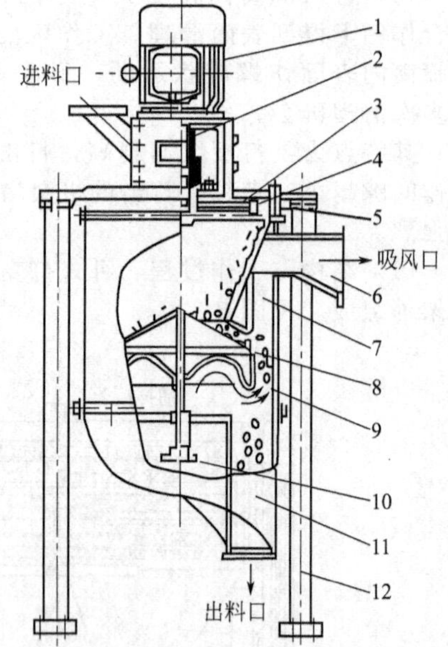

图 2-33 FTJL 型撞击机的结构

1—电动机；2—主轴；3—甩盘；4—销柱；5—撞击圈；6—吸风口；7—锥形筒；8—扩散器；9—风道；10—调节手轮；11—出料口；12—机架

（2）技术参数 撞击机的技术参数见表 2-23。

3. 打麦效果的评定

每经过一道打麦，灰分降低量应≥0.02%；每道打麦设备的碎麦增量应≤0.5%；下脚中完整麦粒含量应≤1%。

4. 影响打麦效果的因素

（1）原料因素 原料的品质对打麦机打击强度的控制有影响。当原料品质较差时，应适当降低打击强度，否则碎麦过多，将导致产品出品率及产品品质下降。

小麦着水以前只宜轻打，打击过重则碎麦增多，还可能打落麦胚而影响小麦着水后对水分的吸收。着水以后应实施重打，以尽量清理原料表面并充分实现打麦的综合作用。

（2）设备因素 卧式打麦机打板的工作线速及打板与筛筒工作间隙的大小是影响设备打击效果的主要因素。打麦机用于轻打或重打时，应在适用的转速范围内选择较低或较高的工作转速。

表 2-23　撞击机的技术参数

项目 \ 型号	FZJL56	FZJL82	项目 \ 型号	FZJL56	FZJL82
产量/(t/h)	10	12.2	吸风量/(m^3/h)	1680～2200	2200～2700
甩盘直径/mm	430	430	设备阻力/Pa	550～880	350～550
工作转速/(r/min)	1450	1450	配用动力/kW	7.5	11
工作线速/(m/s)	32.6	32.6			

(3) 操作因素　打麦机的工作流量过大，易造成设备堵塞、过度磨损，同时还因工作区内物料密集程度增大，还将导致打麦效果下降。流量偏小时物料在机内停留时间长也会造成过度打击，碎麦增多。

打麦机筛筒的筛选效率一般不高，撞击机的风选也不能去除小杂，打麦必须配置筛选结合风选的设备来处理。

5. 打麦机的操作与维护

第一，开车前应检查设备的进出口、筛面情况及机内积料情况；检查打击机构是否转动灵活，转向是否正确。

第二，启动打麦机后，确认打击机构运转正常，开始给料至正常工作流量，随即应检查进、出机物料表面状态的差别、碎麦情况及下脚情况，如有异常应及时进行调整。

工作过程中应经常查看电机的工作电流，若电流过大则可能机内堵料或工作流量过大；须观察传动皮带的张紧情况，若皮带晃动幅度大或闻到胶臭气味时，应及时检查、调节皮带轮的张紧机构，必要时应更换皮带。

第三，停车前应先切断进料，待打麦设备排空后停车，最后关闭风网。

第四，打麦设备的重点维护对象是打击机构和工作筛面，一旦发现破损应及时更换。更换打板时须注意整个旋转系统的动静平衡问题，一般不得单块更换，并注意打板角度与安装位置的关系。

在安装筛面时应注意检查筛面的圆整情况，防止出现工作间隙不均匀的现象。应经常清理筛面，使筛孔通畅，以利排杂。

三、碾麦

1. 碾麦的基本原理

小麦表面的灰尘等杂质与小麦的结合强度较低，小麦皮层有一定韧性，借助旋转的粗糙工作构件和圆筒可对小麦进行碾削和摩擦，使小麦表面的灰尘等杂质和部分皮层被碾去，以达到碾麦的目的。在碾削清理前，必须采用喷雾着水的方法给小麦加一定的水分，(着水量为 0.5%～1.0%)，使小麦部分膨胀，表皮韧性增强，皮层与胚乳结合力降低，有利于碾削过程中表皮与麦粒的分离。碾削后的麦粒部分胚乳外露，在润麦仓内易吸水板结，不能久留，最好采用动态润麦。

碾麦可较彻底地将小麦表面黏附的杂质碾去，还可碾去部分小麦皮层；同时对整个工艺来说，可缩短润麦时间，缩短粉路，降低面粉的灰分。

2. NZ18 型碾麦机

NZ18 型碾麦机和 PW300 型喷雾着水机组合使用，主要用于麦粒的喷雾着水、麦皮碾脱及刷光作业。也可满足其他谷物各种用途的喷雾着水、脱皮及精加工要求。

(1) 结构和工作原理　本设备由喷雾着水机及碾麦脱皮机组装而成。喷雾着水机架设在碾麦脱皮机上。

① 喷雾着水机　喷雾着水机由喷雾着水部分、输送螺旋润麦部分、传动部分等组成，其结构如图 2-34 所示。

a. 喷雾着水部分：包括进料口、上锥体、下锥体、超低量喷头（喷雾量 300ml/min）、玻璃转子流量计（使麦粒着水量控制在 0.6%左右）。

b. 输送螺旋润麦部分　包括上（下）输送螺旋、上（下）输送螺旋筒、端板等部分。由于输送螺旋旋转，使喷水后的麦粒在输送螺旋筒内翻转前进，达到润麦的目的。

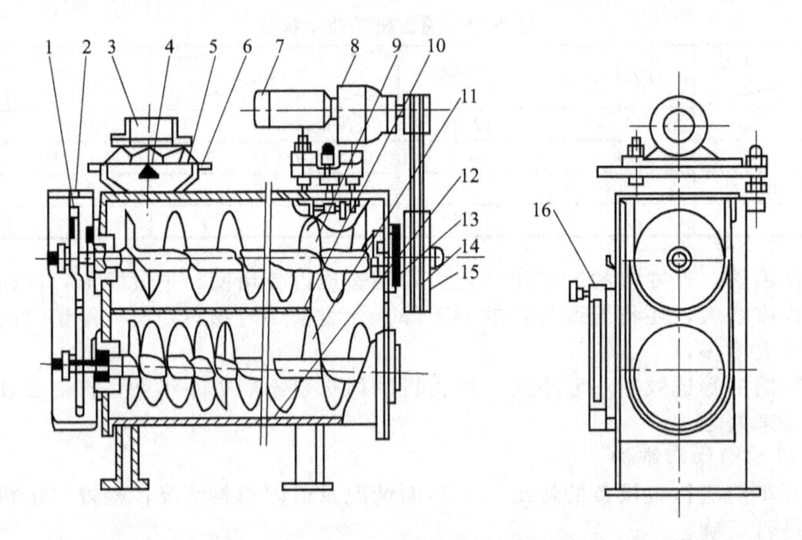

图 2-34 喷雾着水机机构图

1—齿轮；2—防护罩；3—进料口；4—喷头；5—上锥体；6—下锥体；7—轴承座；8—减速机；9—上输送螺旋；10—上输送螺旋筒；11—下输送螺旋；12—下输送螺旋筒；13—轴承；14—三角胶带；15—皮带轮；16—流量计

② 碾麦脱皮机 其原理和结构与碾米机相同。结构由进料斗、头道碾脱室、二道碾脱室、刷麦室、机体、传动部分组成，其结构如图 2-35 所示。

a. 碾脱室 包括头碾和二碾，由碾麦辊、筛网、横梁、压条、进出料端轴承座、压力门等组成。

碾麦辊由螺旋头和砂辊两部分组成。筛网由瓦片状筛板组成圆形筛筒，靠压条定位，装拆调换方便。压力门和压铊主要用于调节机内压力，控制小麦皮层的碾脱力。

b. 刷麦室 与碾脱室一样也采用切向进料，使进料畅通及避免与螺旋头撞击而引起增碎。刷麦辊由螺旋头和刷麦辊组成，其他结构与碾脱室相同，但碾辊为铁辊。

c. 传动 喷雾着水机、碾脱和刷麦分别单独传动，这样有利于电机的调整和传动带的张紧。

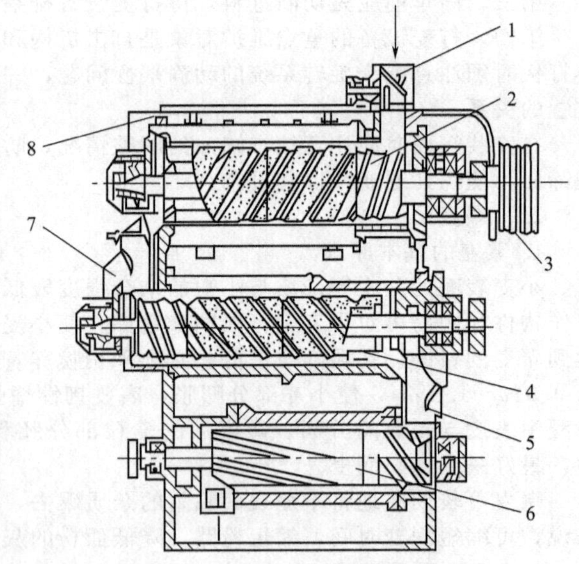

图 2-35 NZ18 型组合式碾麦机结构图

1—进料口；2，4—碾脱室；3—三角带；5，7—分路器压力门；6—刷麦室；8—机架

③ 工作过程 小麦从进料口进入，经喷雾着水后，由螺旋旋转搅拌，使水分均匀分布后，进入头道碾脱室（头碾），被螺旋头送到砂辊与筛片之间，经砂辊碾削，然后进入二道碾脱室进一步经砂辊碾削。最后，进入刷麦室进行外表刷光，形成洁净光滑的麦粒。

(2) 主要规格和技术参数 见表 2-24。

(3) 影响碾削工艺效果的因素

① 小麦水分过低，会使麦粒和皮层脆性增大，碾麦时容易将小麦碾碎，碾麦效果差，故碾麦前必须进行喷雾着水。一般使麦皮水分控制在 13%左右，水分过高，易发生黏结和

堵塞。

表 2-24　NZ18 型组合式碾麦机主要技术规格

项目		型号 NZ18
产量/(kg/h)		1500～2000
碾麦辊/mm		螺-砂 ϕ195×150～ϕ180×615
刷麦辊/mm		螺-砂 ϕ195×126～ϕ180×624
绞龙/mm		上 ϕ200×815，下 ϕ280×1000
转速/(r/min)	绞龙	40
	头碾	1410
	二碾	1810
	刷麦	1000
存气/mm	径向	10
	轴向进出料端	10
筛网孔径/mm		12×1.2
电动机/kW	着水机	XWD0.75-3，0.75kW，1470r/min
	碾脱	Y200L-4，30kW，1470r/min
	刷麦	Y100L_2-4，3kW，1420r/min
外形尺寸(L×B×H)/mm		1960×1300×2090
重量/kg	着水机	150
	碾脱机	1100

② 砂辊砂粒过粗，会使小麦表面刮痕较深，碾麦效果不均匀；砂粒过细，碾削作用不强，小麦皮层碾去较少，碾麦效果差。

③ 出料口压力过大，会使机内压力过大，小麦在碾白室内容易被挤碎，碾麦效果差；出料口压力过小，小麦在工作室内揉搓、摩擦作用小，碾麦效果也降低。

(4) 安装和操作

① 安装

a. 此设备必须安装在坚固的基础上（水泥或木地板），并需校正水平。

b. 电机转动方向必须符合螺旋头或绞龙输料的规定方向。

c. 为了维修的需要，在轴线方向，机体皮带轮一侧必须留有 3m 的空间，以便大检修时将碾脱辊整体抽出。

d. 碾麦脱皮机安装后，再把着水机用螺栓固定在其上方，着水机的出料端与碾麦脱皮机的进料端相对应。

② 操作

a. 小麦加水量一般为 0.6%左右，不得超过 1%，否则不符合工艺要求，易发生黏结和堵塞。

b. 开车前，用手转动皮带轮，检查机内有无异物及不正常声响，如有则应排除后方能开车。应先开碾麦机，后开着水机。

c. 开车后，待设备空转正常后方可进料。压力门的压铊要先挂轻些，然后根据小麦品种和碾脱精度要求再进行调整，在加强碾脱时，注意动力负荷不可超载。

d. 开车后，最先流出的一部分不符合碾脱精度要求的小麦，应回机重碾。

e. 停车时，必须先停止进料，等机内没有小麦出来时再停车。最后出来的小麦，应下次回机重碾。应先停着水机，后停碾麦机。

四、擦刷

擦刷设备是利用刷毛的擦刷作用清理谷物表面，即通过刷毛与麦粒的接触及相对运动对麦粒表面进行净化处理。

刷麦是在打麦、碾麦等表面清理之后，对小麦表面进行进一步清理，其目的是将附着在麦粒表皮和腹沟内的残余杂质刷掉，同时刷掉部分麦皮和麦胚等。刷麦所用的设备称刷麦机，一般在光麦清理之后、入磨之前进行刷麦，效果最佳。

【思考与练习】

1. 何谓小杂和并肩杂？应采用何种方法来清除这些杂质？

2. 毛麦中的并肩杂是否都是一样大？为什么？

3. 原料小麦中混杂有大石块、麻绳、并肩石、小并肩泥块、铁杂、荞子、大麦、麦粒表面的泥沙、麦皮及灰尘，在麦路中通常各由什么设备来清除？

4. 风选的基本原理是什么？影响风选设备工艺效果的因素有哪些？

5. 筛选设备筛面运动的形式有哪些？比较直线往复运动与平面回转运动的运动特点及筛理效果。

6. 比较平面回转筛、振动筛、平面回转振动筛的筛理特点及如何选用。

7. 为什么说在振动筛上安装筛面时，应注意检查筛孔的排列及筛面的安装方向，而在平面回转筛上安装筛面时却不必注意其安装方向？

8. 振动筛是如何使小麦在其除小杂筛面上的总行程长于筛面的长度的？

9. 如通过自衡振动筛的流量突然增大很多，这时筛体的振幅是变大还是变小？请说明。

10. 如发现 TQLZ 型振动筛在运行中横向两侧的振幅不一致，请说明其可能的原因及处理方法。

11. 某自衡振动筛工作时的振幅为 5mm，若将其偏重块的质量增加一倍，请判断与证明：该设备的振幅将大于 10mm、小于 10mm 或等于 10mm。

12. 若发现某清理设备的工作流量过大，能否通过关小其进料门的方法来减小流量？请说明理由及处理方法。

13. 若想要提高平面回转筛的振幅，在设备上应该采用什么调整措施？调整后筛体上物料相对于筛面的运动是加剧了还是减弱了？

14. 在面粉厂的麦路中，平面回转筛能否用于初清？请判断并解释。

15. 影响筛选设备工艺效果的因素有哪些？

16. TCQY 型圆筒初清筛的使用特点及主要结构是什么？

17. 如何选用筛面的种类、筛孔的形状与大小？

18. 筛选的基本条件是什么？

19. 重力分离的基本原理是什么？

20. 在工作过程中吸式去石机的进机物料忽然断流，在排除前方设备的故障之前是应该停止还是应该保持该去石机的运转？请给予判断和解释。

21. 若去石机在工作过程中，筛面上物料层的薄厚不均匀，在设备上会出现什么情况？

22. 某厂 A、B 两台去石机的吸风管并联，由一台风机吸风，通过调试，正常工作时状态良好。在生产过程中若 A 机工作流量忽然减小，这是 A、B 设备的工作状态各会出现什么变化？

23. 去石机的操作与调整应注意哪些方面？影响去石工艺效果的因素有哪些？

24. 若生产过程中发现石中含粮过高。请分析其原因。如何解决？

25. 在生产高等级面粉时，为什么要清除原料中的荞子？荞子与小麦在粒度、密度、粒形及悬浮速度等方面有何差异？

26. 进入滚筒精选机的物料为小麦、大麦和荞子，分选出的两种物料分别为长料 A 与短粒 B。若采用该设备清除原料中的大麦时，A、B 物料的成分各是什么？若用来清除荞子时 A、B 又各是什么？并指出在两种工作状态下使用的滚筒有什么区别？

27. 当发现运行中的精选机上某块碟片分选出的物料不符合要求时，应如何操作设备？若发现滚筒选出的短粒中混有长粒，应如何操作？

28. 荞子抛车是根据小麦与荞子的什么差别来分离荞子？

29. 为什么说荞子抛车的工作流量宜小不宜大？

30. 在麦路中设置磁选的目的主要是什么？磁选能否除去毛麦中所有的金属杂质？请说明理由及处理方法？

31. 某批原料小麦比较干净，在清理时是否进行打麦？

32. FDMW 型打麦机工作轻打或者重打状态时，设备的工作参数有何区别？如何选用？

33. 对于卧式打麦机而言，出机物料中的小杂含量大于进机物料，这是否正常？为什么？

34. 卧式打麦机的实际工作流量大于其设计产量，这对设备的工作效果有什么影响？说明理由。

35. 某厂打麦机的碎麦增量为 0.2%（要求小于 0.5），这是否说明该设备工作状态良好？请判断解释。

36. 碾麦机的主要工作原理与作用是什么？此类设备对粉路的运行将产生什么影响？

37. 影响打麦工艺效果的因素有哪些？

38. 表面处理设备有哪些种类？如何选用。

【实验与实训】

[实验实训三] 小麦中杂质含量的测定与分析

取样 500g，分小样 50g，根据杂质的分类方式区分各种杂质，测定小麦中杂质的含量。

[实验实训四] 筛选设备的除杂效率分析及筛面、振幅的调节

测定平面回转筛大杂中含粮、小杂中含粮、小麦中含杂，计算并评定其除杂的效率；分别调整筛面、调整偏重块的大小，测定其除杂效率。

[实验实训五] 去石机工作效率的测评及去石机的调试

测定去石机石中含粮、小麦中含石，计算并评定其除去石的效率；分别调整去石工作面倾角、振动角、风量等参数，评定其对去石效率的影响。

第三章　物料的调质、搭配及流量控制

学习目的

了解调质类型、意义和方法；理解小麦和糙米水分调节的基本原理；熟悉主要水分调节设备的主要结构；掌握设备的操作要点和使用特点，会合理选用设备；理解影响水分调节的因素；了解原料搭配、原料流量测控的目的与常用方法；理解常用原料搭配设备与流量测控设备的结构及工作原理。

重点难点

水分的确定与控制；着水流量的计算与控制；润麦时间的控制；调质工艺的确定。流量测控与原料搭配的关系及处理方法；流量测控设备的工作原理，工作参数的选择与调整；流量测控与整个工艺过程的关系。

第一节　调质的作用与类型

谷物加工过程中，水分对工艺效果的影响十分明显。稻谷水分太高时耐压力差，水分太低时脆性增加，都会增加碎米；小麦水分太低时籽粒坚硬，不易磨细，水分太高时筛理困难。原粮水分的高低直接影响产品的出率及品质。对原料进行预处理，如水分调节、蒸汽调节等，使谷物的水分重新调整，改善其加工品质，使原粮能够满足谷物加工的工艺要求，有利于刮净表皮上的胚乳，减少碎米，脱净玉米的皮和胚等，从而实现更好的工艺效果，满足产品质量的要求，获得更高的效益。通过水、热处理改善谷物加工品质和食用品质的方法称为谷物的调质。

一、调质的意义

1．小麦调质

① 小麦水分的增加，使各麦粒有相近的水分和相似的水分分布，且分布有一定的规律。

② 易使皮层与胚乳分离。水分调节过程中，皮层首先吸水膨胀，糊粉层和胚乳继后吸水膨胀，由于三者吸水膨胀的先后不同，再麦粒横截面面的径向方向会产生微量位移，从而使三者之间的结合力受到破坏，所以，皮层和胚乳易于分离。

③ 皮层吸水后，韧性增加，脆性降低，增加了其抗机械破坏的能力。因此在研磨时便于保持麸片完整和刮净麸皮上的胚乳，有利于保证产品质量与提高产品出率。此外，麸片的完整也有利于筛理和刷麸工作的进行。

④ 胚乳的强度降低。胚乳中所含的淀粉和蛋白质是交叉混杂在一起的，蛋白质吸水能力强，吸水速度慢，淀粉吸水能力弱，吸水速度快。由于二者吸水速度和能力的不同，膨胀先后和程度的不同，从而引起淀粉和蛋白质颗粒位移，胚乳结构疏松，强度降低，易于磨细成粉，有利于降低动力消耗。

2．糙米调质

① 减少碎米，提高出米率。皮层得到充分的湿润，能使胚乳保持最高的机械强度，这样的糙米在进入米机碾白时，仅用较轻的碾白压力就能脱皮，从而大大减少了碎米，提高了成品白米的整米率。

② 糙米调质使米胚容易去除，碾白均匀，米色光亮。低水分糙米的胚芽与白米籽粒结合很紧，碾削时很难去除。糙米经调质后，在湿润状态下碾白、容易去除米胚；另一方面，在碾削过程中，内部湿润的米粒之间、米粒与碾辊和米筛之间的摩擦，能对大米起到抛光的作用，如能加上白米调质，则在米粒表面形成一层极薄的凝胶膜，使出机白米外观光洁如玉、晶莹剔透。

③ 糙米调质能减少米机电流，降低电耗，提高经济效益。调质后的糙米进入米机碾白，在相同碾削效果的条件下，调质糙米碾白米机所需的电流要比未经调质的糙米碾白米机所需的电流小约10%左右，吨米加工耗电量相应减少，成本降低；而米糠和碎米减少，大米的出米率相应提高。

④ 糙米调质能改善米饭食用品质。影响米饭食用品质的主要因素是大米的化学指标和物理指标，如：直链淀粉含量、水分含量、陈米化程度、大米的粒度、光泽及爆腰率、碎米含量等。当原料品种一定时，水分及碎米含量（包括爆腰率）对米饭的食用品质起极为重要的作用。这是因为含水高的大米在做米饭时，浸泡时吸水速度慢，不易产生水中龟裂，米饭食用品质好；碎米的吸水速度比整粒快，在制备米饭的过程中，淀粉α化使米表面成为浆糊状，碎米含量少的大米做饭时吸水速度均匀，淀粉α化稳定，米饭的咬劲好，外观质量好。由此可见，将糙米进行调质处理，适当增加大米水分，对改善米饭食用品质也会起明显的作用。

3．玉米调质

① 脱皮、脱胚容易进行，可降低电耗，提高经济效益。低水分玉米的胚、胚乳、皮层结合比较紧密，而且皮脆，不易脱掉，胚的韧性差，容易粉碎。玉米调质后，增加了玉米皮和胚的水分，造成皮、胚与胚乳的水分差异，使皮层韧性增加，与胚乳的结合力减小，容易与胚乳分离，胚乳结构疏松，强度降低，胚乳容易被粉碎，也有利于降低电耗；玉米胚在吸水后，体积膨胀，质地变韧，在机械力的作用下，易于脱下，并保持完整。

② 提高产品的食用品质。生产食用玉米制品为目的的玉米加工中，玉米脱皮和脱胚十分重要。在玉米加工时，如不调质要脱净皮、胚则比较困难。而玉米加工过程中是否能将玉米皮和胚脱干净，将直接影响玉米加工产品的利用。如果玉米糁、玉米粗粉和玉米粉的脂肪含量比较高，利用就会受到限制。玉米糁、玉米粗粉的脂肪含量在很大程度上取决于玉米皮和玉米胚的含量。

二、调质的类型

水分调节的方法主要有室温水分调节与加温水分调节两类。

1．室温水分调节

在常温条件下进行水分调节的工艺方法称为室温水分调节。常温水分调节又分为一次着水工艺与两次着水工艺。

2．加温水分调节

在水分调节过程中，将水温与原料温度提高到室温以上的方法称为加温水分调节。加温水分调节不但可以加快水分调节的速度，并可在一定程度上改善制品食用品质。

第二节　小麦水分调节

一、概述

小麦水分调节过程是着水、润麦。将适量的水加入原料小麦中的工艺手段称为着水。着水后小麦水分重新分配的过程就是润麦。着水后的小麦在密闭的仓内静置一定时间，称为润麦时间。小麦水分调节设备如着水机和润麦仓。

影响着水的因素有：小麦的原始水分和类型，小麦粉的水分要求，加工过程中水分的蒸发，小麦粉的加工精度等。

入磨小麦的水分较低时生产的小麦粉粉色差而灰分高，入磨小麦的水分较高时生产的小麦粉粉色好而灰分低。因此，加工质量较高的等级粉与专用粉时，采用较高的入磨小麦水分。

着水后的小麦，麦粒与麦粒之间的水分分布是不均匀的，即使在同一粒小麦中，由于各部分组成成分不同，水分分布也很不均匀。因此着水后的小麦，必须有一定的时间进行水分的重新分配，一方面要使各麦粒之间水分均匀分布，另一方面，麦粒的水分渗透到皮层和胚乳中，在麦粒内部进行分布，使麦粒发生物理和化学变化，使之达到制粉工艺的要求。

最佳入磨水分是指经过适当润麦后，研磨时耗用功率最少、成品灰分最低、出粉率和产量最高时的水分条件。最佳润麦时间是指润后的小麦工艺效果最好所需要的时间。如润麦时间过短，胚乳不能完全松软，胚乳结构不均匀研磨效果不易控制，会出现研磨不透、筛理困难的现象。润麦时间太长，会导致小麦表皮水分蒸发，使小麦表皮变干，容易破碎，影响制粉性能。

硬麦的最佳入磨水分为15.5%～17.5%，润麦时间为24～30h。软麦的最佳入磨时水分是14%～15%，润麦时间是16～20h。如采用两次着水工艺时，第一次为20h左右，第二次为16h左右。

二、着水机

1. 着水混合机

着水混合机是一种结构简单、性能可靠、连续高效的着水设备，着水搅拌充分，水在麦粒间分布均匀。着水混合机着水量较大，原料是硬麦时着水量为4%，软麦着水量可达5%。

（1）着水混合机的总体结构与工作过程　着水混合机的结构及配套的着水控制系统见图3-1，主要由着水控制系统、喂料机构、推进搅拌机构、传动机构等组成。着水流量由着水控制系统掌握，经水管导入着水机；原料由进料口经料流传感压力门进入着水机，接收着水后，由桨叶式绞龙进行搅拌、混合、推进至出口排出。

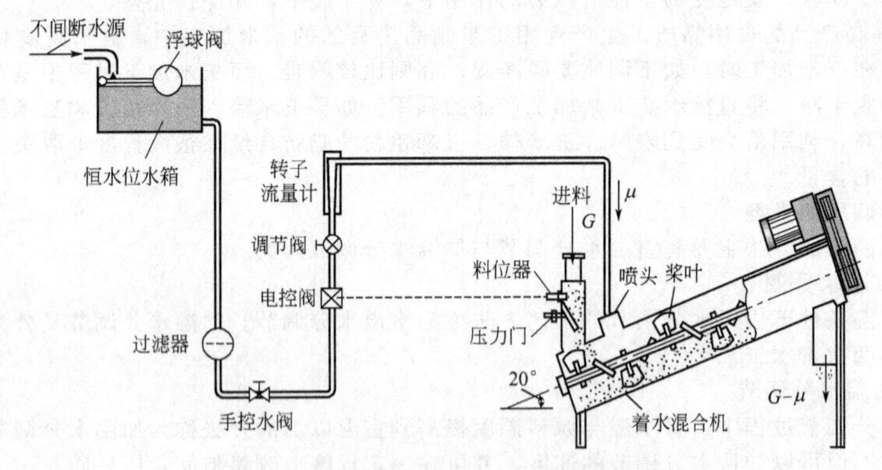

图3-1　着水混合机的结构与着水控制系统

（2）着水机的结构　① 喂料机构　喂料机构由进料筒及位于筒中的料流传感压力门组成。压力门由可调重锤来控制的关门压力，当进入的物料达到一定高度时，向下推开压力门，从而触动微动开关，接通供水系统着水；若进料中断，压力门关门，微动开关复位即中断给水。

② 推进搅拌机构　推进搅拌机构是桨叶式螺旋输送机。其倾斜度为20°，能较好地控制搅拌时间及着水能力。桨叶在轴上安装角度可在50°～70°之间调节，可控制物料的推进速度，在机内保持一定的料层厚度以得到较长的搅拌时间。

（3）着水控制系统　着水控制系统由恒压水源、转子流量计、手动调节阀、电控阀、截止阀等组成，见图3-1。

（4）着水混合机的技术参数　见表3-1。

表 3-1 FZSH 系列着水混合机的技术参数

项目 \ 型号	FZSH 24×160	FZSH 32×200	FZSH 36×230
产量/(t/h)	6	12	18
桨叶外径/mm	240	320	360
工作转速/(r/min)	103	90	86
配用动力/kW	1.5	2.2	2.2

2. 自动着水机

自动着水机其特点是自动化程度高，控制精度高，着水均匀，着水量较大（着水量可达5%左右）；设备较复杂，要求操作、维护水平高。图 3-2 所示自动着水机由 FZSQ 型强力着水机及 FZSK 型自动着水机控制系统配套组成。小麦先通过控制系统的检测装置，检测小麦的水分、容重、流量及料温，计算对应的着水流量，并对进入着水机的小麦加水，在着水机的强力搅拌下使水分分布均匀。

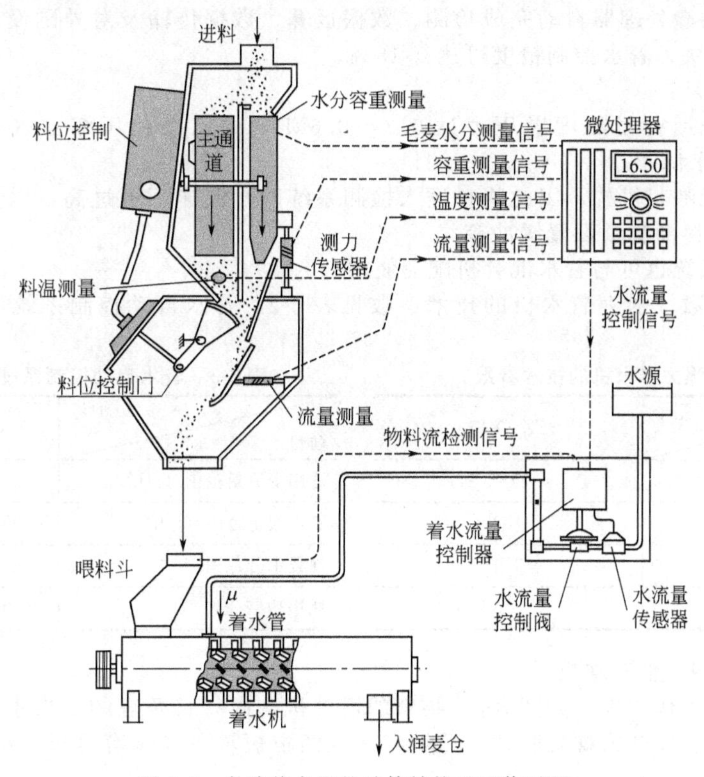

图 3-2 自动着水机的总体结构及工作过程

（1）强力着水机的结构及工作原理 着水机的结构由喂料斗、着水管、推进搅拌叶轮及传动装置组成。喂料斗上的料流检测装置将进料信号送给着水控制，当小麦进入着水机时即着水。推进搅拌叶轮类似卧式打麦机，工作转速较高，叶片线速率可达 16～19m/s。高速旋转的叶片在推进物料沿机筒作螺旋状运动的同时，使加入的水均匀地径向扩散、与麦粒充分接触，并对物料产生一定强度的打击作用，撕裂麦皮，有利于小麦对水分的吸收。着水量大，水分在麦粒表面分布均匀，附着较好。

（2）FZSK 型自动着水控制系统总体结构及工作原理 与着水机配套的 FZSK 型小麦自动着水控制系统由小麦的水分与容重检测、料温检测及小麦流量检测等几个单元组成，如图 3-2 所示。工作过程如下。

① 进料前，须先通过键盘将指定的入磨水分作为预置水分输入控制器。

② 小麦进入检测装置后，分出约 10％的麦流流过水分及容重测量筒，由筒内的电容测试板得到模拟原料水分的电信号。

③ 大部分麦流连续通过主料箱，箱内的物料料位由料位控制器检测，并在压缩空气驱动的料位控制门作用下保持稳定，因而使得水分容重测量筒内的小麦体积保持不变，由其下方的测力传感器通过称量测量筒的质量而获得模拟小麦容重的电信号。主料箱下方还设有温度传感器，由此得到模拟料温的电信号。

④ 由主料箱及水分测量筒中流出的料流合并后流经流量检测板，由出口排出检测装置，而与流量检测板相连的测力传感器则得到模拟小麦流量大小的电信号。

⑤ 由各检测元件测到的水分、容重、料温、流量信号都送至微处理器，通过运算，由料温、容重信号对水分数据加以修正，并参照给定的预置入磨水分数值求出对应的着水流量。

⑥ 根据计算出的着水流量，受微处理器控制的水流量控制器通过压缩空气驱动薄膜水流控制阀调节进入着水机的水流量；由水流量传感器检测实际水流量，由检测的数据比照计算值对实际着水量进行修正。

⑦ 由于采用微处理器自动完成检测、数据运算、数据传输及对外围设备的控制，系统测试准确、反应快，着水控制精度可达 0.15％。

需要注意的是：

① 控制系统运行时需配置压力达 0.2～0.6MPa 的已净化压缩空气及压力达 0.2～0.6MPa 的恒压水源。

② 该设备无喂料机构，因此物料进入检测系统时，流速不可过高，以免因过度冲击损坏料箱，应在进料溜管中设置缓冲箱。

③ 该控制系统也可与着水混合机配套使用。

(3) 技术参数　强力着水机的技术参数见表 3-2。着水自动控制系统的技术参数见表 3-3。

表 3-2　强力着水机的技术参数

项目 \ 型号	FZSQ-45
产量/(t/h)	18
工作直径/mm	450
工作转速/(r/min)	840
配用动力/kW	7.5

表 3-3　着水自动控制系统的技术参数

项目 \ 型号	FZSK-600	FZSK-900
适用麦流量范围/(t/h)	3～30	3～30
着水流量范围/(t/h)	0.06～0.6	0.05～1.6
预置水分范围/％	5～20	5～20
耗用功率/kW	0.1	0.1

3. MOZK 型三轴着水机

(1) 结构与工作原理　如图 3-3，物料的搅拌机构由一长两短的三根水平轴组成，靠近进料端长轴上装有桨叶式螺旋叶片，后端与其他两根短轴一样装有打板。小麦进机后着水，

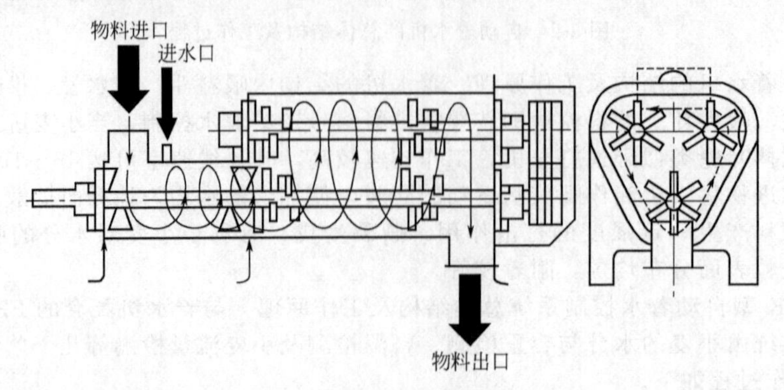

图 3-3　MOZK 型三轴着水机工作原理

首先由长轴的桨叶式螺旋叶片初步搅拌、混合，并逐渐向后输送，到达中部由三根打板轴同向同时搅拌、打击，由于空间的突然增大，可使物料轴向减速，并变得松散、产生涡流。物料在中后部利用打板对物料的打击力、物料之间产生的摩擦力、局部区域产生的离心力的作用，使物料得到充分搅拌混合，加入的水在物料中充分地扩散，水分分布均匀。

三轴着水机着水能力强，能有效减少润麦时间、提高加水量，一次加水量可达 7%。

（2）技术参数　MOZK 型三轴着水机的主要技术参数见表 3-4。

表 3-4　MOZK 型三轴着水机的主要技术参数

型　　号	MOZK-30/50	MOZK-30/100	MOZK-45/135
产量/(t/h)	5～12	7～24	17～48
加水率/(L/h)	250～600	350～1200	850～2400
电机功率/kW	5.5～7.5	11	18.5～30

4. MOZL 型双轴着水机

（1）结构特点与工作过程　双轴着水机的结构见图 3-4。其主要工作部件是两根轴，两根轴上布有打板，两轴倾斜排列，机筒截面呈倒三角形。谷物通过着水机前端进料口进入设备，水由另一个进口加入，谷物在着水机中受到双转子旋转系统的强烈混合作用，在上方转子打板的作用下，谷物被抛向另一侧，由于机筒呈倒三角形，另一侧的空间突然增大，有利于物料进一步的扩散、对流、混合，最后完全着水的谷物通过切线方向由出口排出。

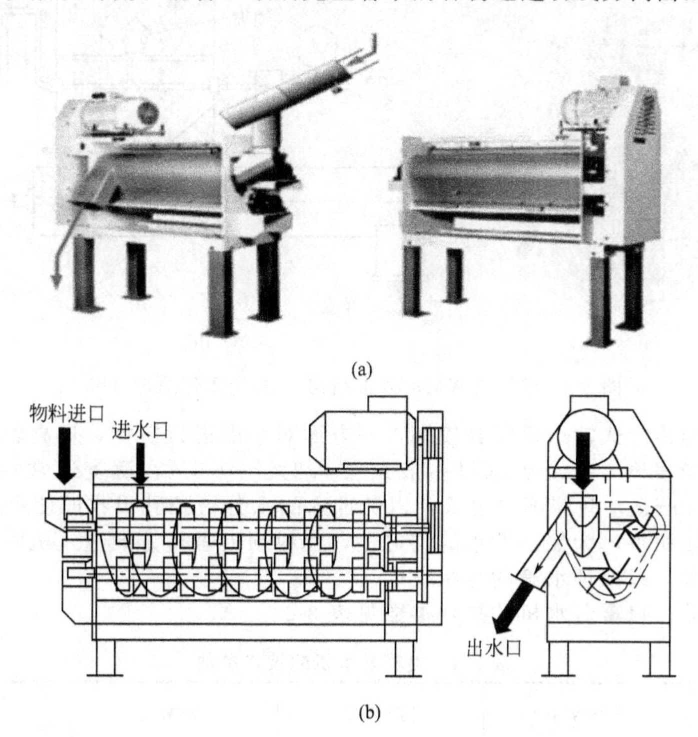

图 3-4　MOZL 型双轴着水机外形结构（a）和工作原理（b）

双轴着水机能对谷物强力着水，能够确保水分有效地渗透到谷物中并均匀分布，功率要求低，加水量可达 7%，着水过程中物料的损伤和破碎率非常低。

（2）技术参数　MOZL 型着水机技术参数见表 3-5。

5. 喷雾着水机

喷雾着水机用于小麦入磨前的表面微量着水，以增加小麦表皮韧性，改善碾磨效果，解决麦皮过早破碎的问题，从而提高面粉的质量，增加出粉率。该设备着水的均匀度高，设备的体积较小，易安装。

表 3-5 MOZL 型着水机技术参数

型 号	生产能力/(t/h)	电机功率/kW
MOZL-30/100	1～8	4.0
	8～12	5.5
MOZL-30/150	12～6	5.5
	16～24	7.5
MOZL-45/150	24～36	11.0
	36～48	15.0

(1) 结构与原理 喷雾着水机的结构与原理如图 3-5。其主要由喂料机构、雾化喷头、搅拌输送机和水气控制装置等组成。其工作原理为：由压力为 15～3kgf/cm^2 (1kgf/cm^2 = 98.0665kPa) 的气体通过雾化喷头，将定量进入雾化喷头的水喷出成雾，形成锥盘形雾区，进入着水机的小麦经过分料伞形成圆环均匀下落，通过雾区而着水。

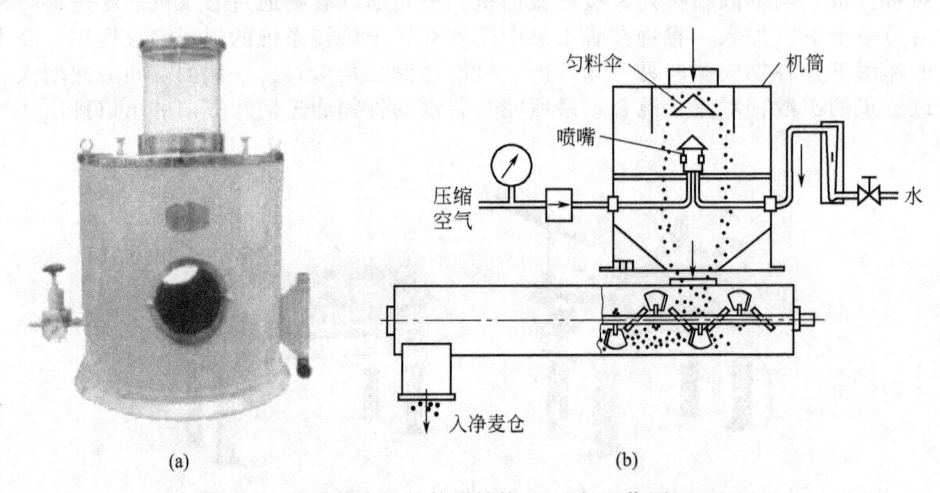

图 3-5 喷雾着水机的外形结构 (a) 与工作原理 (b)

喷雾着水机与桨叶式输送机配合使用，一方面对小麦进行搅拌，提高着水均匀度，另一方面将小麦送入净麦仓。小麦着水量一般只有 0.2%～0.5%，润麦通常在净麦仓中完成，润麦时间为 20～40min，时间不可过长，以免加入的水分被胚乳吸收而使皮层水分下降。

因喂料机构较简单，为保证着水的均匀性，物料须沿垂直方向进入机内；压缩空气的压力应达到设计要求，以保证水滴的雾状。

(2) 技术参数 喷雾着水机的技术参数见表 3-6。

表 3-6 喷雾着水机的技术参数

项 目 \ 型 号	FZSW17	FZSW22	FZSW25	FZSW34
产量/(t/h)	2	3	5	10
匀料伞直径/mm	170	220	250	340
工作气压/MPa	0.2～0.4			
工作水压/MPa	0.05～0.08			

6. 小麦升温器

小麦升温器是在着水前对原料小麦进行升温的设备。在高寒地区，由于冬季温度过低，物料常被冻结，致使水分调节无法正常进行，因此常用该设备加温。

(1) 结构及工作过程　小麦升温器的结构见图 3-6，主要由升温器、热交换器、通风机等几部分组成，设备为立式装置。通过进、出口的适当调节，小麦以较慢的流速自上而下通过升温器中部由编织筛网构成的夹层，经加热后由出口排出。由热交换器加热的空气连续地穿透物料，通过热交换使麦温逐渐上升至要求值，即完成升温过程。

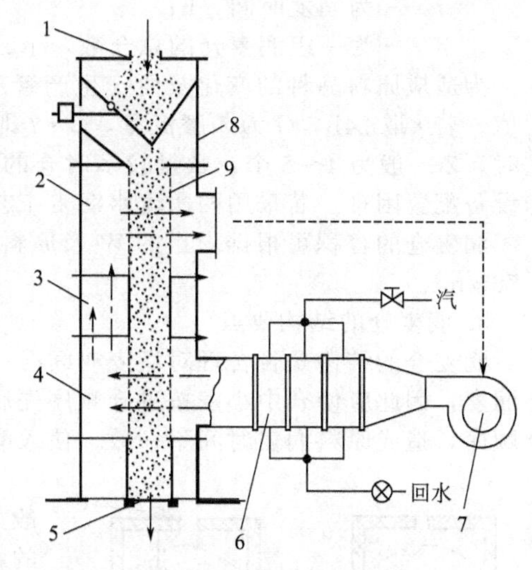

图 3-6　小麦升温器的结构

1—进料斗；2—预加热段；3—缓冲段；4—加热段；5—多孔出料插门；6—空气加热器；7—风机；8—机筒；9—筛面

(2) 技术参数　小麦升温器的技术参数见表 3-7。

7. 着水设备的操作要点

① 着水设备操作的关键是把握合适的着水量。应根据工艺要求准确选择、及时调整着水流量，并使小麦的流量适当、稳定。

② 注意检查设备的料流检测开关的运行情况，应保证有料加水、无料断水；转子流量计的锥管及转子应及时清理积垢，以使指示准确、清楚；定期检查水源的压力、流量情况、水箱的水位情况。

③ 停车前应先关水再断料，待设备内排空后再停车，除净设备内的积水。

表 3-7　小麦升温器的技术参数

项目＼型号	FSWL-10×20	项目＼型号	FSWL-10×20
产量/(t/h)	3～6	风机型号	4-72-11　NO. 3. 6
通风量/(m^3/h)	3600	配用动力/kW	3

④ 着水自控系统是精密的电子设备，须由受过专门培训的人员精心维护与操作，应按说明书要求定期对容量测量系统、水分测量系统、温度测量系统进行检测，如有误差应及时调整，若出现故障应由专业人员维修。

三、润麦仓

润麦是水分调节的主要手段之一，其关键是保证润麦时间。由于润麦仓前后都是连续性的生产过程，为使着水后的小麦能在密闭状态下静置一定时间，在着水设备之后须设置具有一定容量的润麦仓。

1. 润麦仓的仓容要求

连续的生产过程中，一般须在着水后的小麦达到规定的润麦时间后，方可开仓出麦，并启动光麦清理工序及制粉设备，所有原料在润麦仓中停留的时间都应达到规定的润麦时间。

通常采用一次着水润麦就需配置数个相同仓容量的润麦仓，在生产过程中逐仓装入着水后的小麦。因同一个麦仓不能在放料的同时进料，须待其中一个仓排空后才可进湿小麦，这样在一组润麦仓已开始同时进、出料时，其中空置的容积就相当一个仓的仓容，而仓中装入小麦的数量就为进仓流量 (G)×润麦时间 (t)。

2. 润麦仓仓容的确定

根据上述要求，并设进、出仓的流量一致，单个润麦仓的仓容量可由式(3-1) 计算：

$$W=\frac{Gt}{Z-1} \tag{3-1}$$

式中　W——单个润麦仓的仓容量，t/个；

G——为润麦仓的出仓流量，t/h；

t——为润麦时间，h；

Z——为一组润麦仓的总仓数，个；$(Z-1)$ 就为扣去运行过程中空置的仓容积。

为适应原料品种的变化及便于生产管理，计算时润麦时间（t）应针对本地具体情况取大值。若 t 取 24h，G 为入磨流量，$G \cdot t$ 即为工厂的小麦日处理量。当采用一次着水润麦工艺时，Z 一般为 4～6 个，数量较多时仓的空置容积相对较小，但仓数过多则使进、出仓输送设备配置困难。若采用两次着水润麦工艺，第一、第二组润麦仓的单仓仓容量通常相同。

润麦仓的容积可根据求出的 W 及原料的平均容重计算，原料的平均容重一般取 0.73～0.76t/m^3。

3. 润麦仓的结构要点

润麦仓的结构是否合理对润麦时间有一定的影响。在放料过程中，未出仓的小麦仍在进行润麦，因此应使仓中小麦按进仓顺序先后出仓，但由于仓结构的影响，可能打乱物料的出仓顺序，造成原料润麦时间不一致，使入磨小麦工艺状态不均衡。

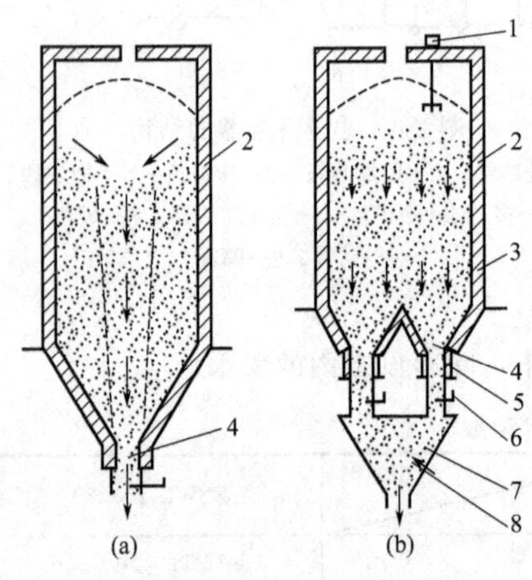

图 3-7 润麦仓的结构及仓内物料的运动
1—料位器；2—仓壁；3—小门；4—仓出口；5—玻璃筒；6—插门；7—汇集斗；8—下料位器

当润麦仓只有一个出口时，仓中物料的流动一般如图 3-7(a) 所示状态：仓出口打开后，出口上方的物料首先流出，其上方的物料也因失去承托而落下来，由此垂直向上发展而使仓中物料沿一条垂直通道流下。在仓中间的物料向下流动时，通道四周的物料将保持静止，中部物料先流下将导致料层表面下陷而呈漏斗状，故称这种流动方式为漏斗流。由于出口上方的仓中部物料将先流出，四周物料后流出形成润麦时间不均。

如图 3-7(b) 所示，为防止漏斗流的形成，最基本的方法是在仓下设置多个出口。多出口一起放料时，将牵动仓内的所有物料同时下沉，这种流动状态就称为均匀流。仓中物料形成均匀流后，可按进仓先后顺序出仓，使所有物料的润麦时间均衡。出口数目一般按一平方米仓截面设一个出口来考虑。

在仓的下端仓壁上应开设一个供人进出的小门，以便操作人员经常打扫仓斗、仓壁及清理出口，以保证仓内壁保持光滑。仓截面的长与宽相差不应过大，以利均匀流的形成，边长一般 2～3m 为宜，出口数目相应为 4 个或 9 个；每个出口料管上应串接玻璃筒，以便观察与调节各出口的物料流量并使其保持一致；出口边长一般应≥250～300mm，以保证对仓内物料的牵动范围。

润麦仓的上、中、下位置设置有料位器，便于掌握控制仓中的物料及仓中物料进出的操作控制。

四、净麦仓

在粉路与麦路之间应设置净麦仓，其主要目的是在两者之间起缓冲、衔接作用，控制流量，并保证入磨净麦流量稳定。如在净麦仓上方装置喷雾着水机，净麦仓还兼有润麦的作用。净麦仓的仓容量一般至少要保证 1B 磨粉机 1h 的流量。喷雾着水后润麦时间一般为 20～40min。

为防止漏斗流的出现，净麦仓的高度应大于其直径或边长，仓下应设置多出口，一般设置 4 个出口。

在生产过程中，应使净麦仓的进料流量略大于入磨流量，并在净麦仓的仓壁上装置料位器，当物料位到达上料位器时，即通过主控制室停止润麦仓下的供料设备；当料位低于下料位器时，应启动润麦仓下的供料设备向光麦清理工序供料。

五、小麦水分调节工序的控制

1. 着水流量与着水量

着水流量是着水设备单位时间内加入小麦中的水量，常用 kg/h 表示。可根据着水前后干物质不变的原理来推导着水流量与其他参数之间的关系。如式(3-2)。

$$\mu = G \cdot \frac{W_2 - W_1}{100 - W_2} \tag{3-2}$$

着水量是指加水质量与被加水原料的质量百分比。如式(3-3)。

$$Z_S = \frac{\mu}{G} = \frac{W_2 - W_1}{100 - W_2} \times 100\% \tag{3-3}$$

式中 μ——着水流量，kg/h；

G——着水前小麦的流量，kg/h；

W_1——着水前小麦的水分含量，%；

W_2——着水后小麦的水分含量，%；

Z_S——着水量，%(kg 水/kg 麦)。

在清理过程中小麦的水分有损耗；若采用喷雾着水，小麦的水分还将略有增加，而这些过程对小麦水分的增减量一般为 0.1%～0.4%，因此刚着水后小麦的水分与入磨时的水分有区别。但入磨水分一般为 15%～17%，损耗与喷雾对水分的综合影响可以忽略，同时刚着水的小麦水分也不便测量，故在实际生产中，认为 W_2 为入磨水分。由此可采用式(3-2)计算出着水流量并以此指导着水设备的操作。

Z_S 为着水量，用此来反映着水设备着水能力。实际生产中也可用（$W_2 - W_1$）的差值来描述着水机的着水能力，其单位为百分点。

2. 入磨水分的确定

根据制粉工艺的一般规律，入磨水分宜在 15%～17%之间，而考虑到具体制粉工艺流程的类型、原料状态、产品的水分要求、产品的品质及产量、研磨过程中的水分损耗、气候及操作习惯等因素的影响，小麦的最佳入磨水分也有所不同。

在正常状态下，入磨水分越高，产品的品质越高，灰分低、色泽好，但物料的流动性变差，相应产品的水分增加、保质贮存期缩短；当入磨水分超过一定数值时，还将导致产量及面粉出品率明显下降。一般情况下，硬麦的最佳入磨水分：15.5%～17.5%，软麦的最佳入磨水分：14.0%～15.0%。

3. 着水流量的控制

自动着水机其着水流量由自动着水控制系统实现。若采用手动着水控制系统，必须在毛麦流量一定的前提下，将毛麦流量波动值控制在 1%以内，根据要求的入磨水分及当前的毛麦水分，算出对应着水流量，操作调节水阀，使转子流量计指示刻度等于要求着水流量。为及时得到当前的毛麦水分以指导着水流量的计算，应采用快速水分测定仪每小时测定一次毛麦水分。为方便操作，可根据本厂的实际情况制作着水卡片以指导操作。

4. 润麦时间的控制

当采用一次着水工艺时，润麦时间一般控制在 16～30h，当原料中硬麦较多、原料水分偏低、气候寒冷干燥时，润麦时间应为 24～30h；原料为软麦时，润麦时间应为16～24h。

采用二次着水工艺时，通常第一次着水量大于第二次着水量，相应第一次润麦时间为 20h 左右，第二次润麦时间为 16h 左右。

5. 润麦仓的管理

(1) 保证润麦时间　没有达到润麦时间的原料不应放出使用，因提前出仓的原料其水分主要集中在皮层中，皮的水分很高，流动困难，很易堵塞设备；原料中水分分布不均衡，胚乳中水分还未渗透。水分调节的主要目的均未达到。

(2) 保证润麦入仓流量　毛麦清理工序的流量即润麦仓的入仓流量应是小麦入磨流量的 1.2 倍，这样使得润麦仓中存有足够使用的小麦，也就不会放出未到润麦时间的原料。生产过程中要经常检查润麦仓中物料的数量，每个生产班须在规定时间内使润麦仓中的总存麦量达到要求后才可停止毛麦清理工序的运行。

(3) 加强润麦仓料位的监控　在润麦仓内的上、中、下位置应设置料位器，既可对仓内物料数量的监控，同时也便于及时开仓进料、关仓停料。

(4) 加强物料出仓监视　润麦仓在放料过程中，应经常观察其料层表面，若中心下陷、表层小麦有横向移动的现象时，应及时检查仓各多出口的出口物料流量确保持一致情况，及仓壁的物料情况，防止出现漏斗流。

(5) 防止结拱和发热变质　当气温高、着水量较大时，若后续设备发生故障，难以及时处理已着水的小麦时，为以防止原料发热变质，须采用倒仓的方法来降温除湿、防止结拱。

6. 小麦水分调节工艺流程的确定

小麦的原始水分较低，应选择二次着水工艺；室内气温较低，应加温水分调节工艺流程。

(1) 一次着水工艺　一次着水工艺流程见图 3-8(a)，其中设有倒仓拨斗。这是目前应用最广泛的水分调节工艺。

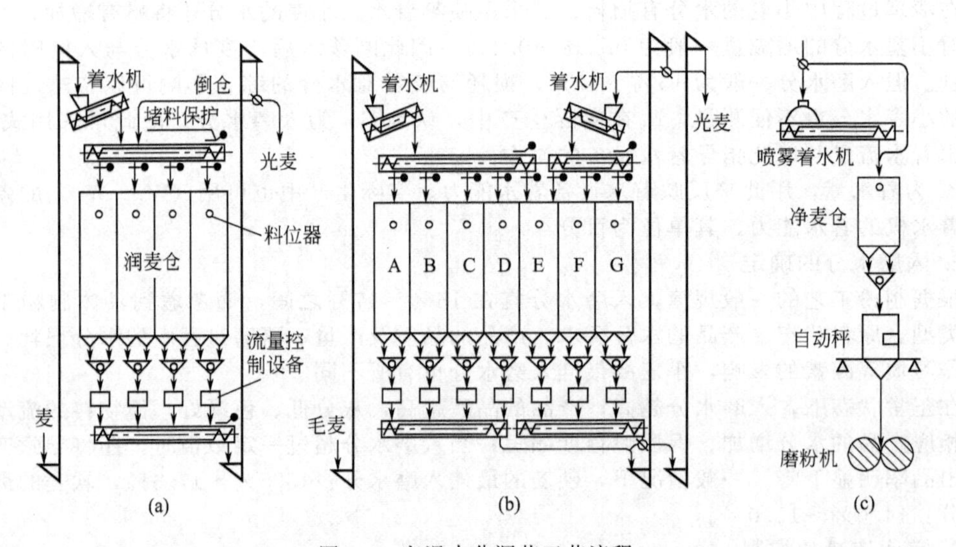

图 3-8　室温水分调节工艺流程

(2) 二次着水工艺　二次着水工艺流程见图 3-8(b) 所示，视情况可对原料进行一次着水润麦、二次着水两次润麦或一次着水两次润麦。

二次着水工艺要求润麦仓数目多、仓容大，投资较高，管理也较复杂，但工艺流程的适应性强，能较好地控制原料的工艺品质，在产品的等级较高时常采用这种工艺。

采用一次着水但着水量较大时，可对原料进行一次着水两次润麦，因在润麦期间倒一次仓，有利进一步改善原料中水分的均匀性。

二次着水工艺流程还可应用于生产麦心粉（亦称为颗粒粉），分两次着水，每次的着水量小，且每次润麦 4～6h，这样胚乳水分较低，以利提取颗粒粉。

(3) 喷雾着水工艺　图 3-8(c) 为入磨前喷雾着水的工艺流程。

(4) 加温水分调节工艺流程　加温水分调节流程见图 3-9 与图 3-10。

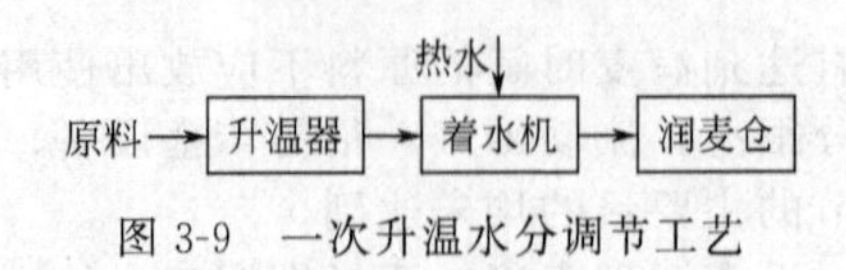

图 3-9　一次升温水分调节工艺

二次升温工艺适用于原料易冻结、流动困难的高寒地区。

六、影响水分调节工艺效果的因素

1. 原料的因素

(1) 胚的影响　小麦胚乳吸收外界水分的主要途径是麦胚，保留完整的麦胚可使水在麦

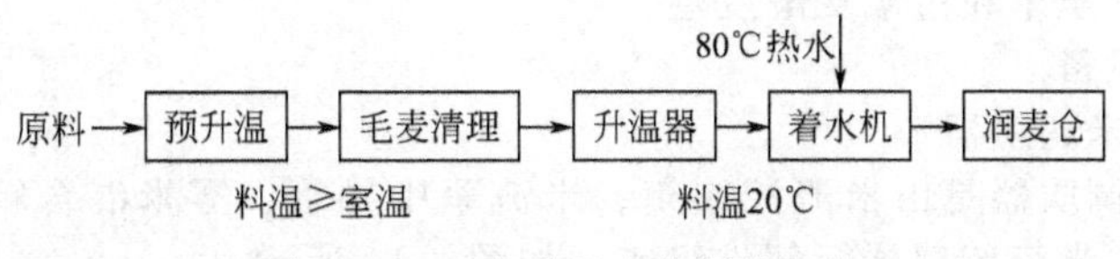

图 3-10 二次升温水分调节工艺

粒内部的扩散渗透速度加快。

(2) 皮层完好破损的影响 若在着水前碾去部分麦皮、撕裂糊粉层或压裂麦粒，使水直接接触胚乳，水分在胚乳中的渗透速度将大幅度提高，缩短润麦时间。

(3) 小麦品质 水分在硬麦中的渗透速度明显慢于胚乳结构较松散的软麦，硬麦需要的润麦时间较软麦长。硬麦的胚乳强度高，难以破碎，且因其蛋白质含量较高，胚乳吸水量较大，通过水分调节后硬麦的水分应比软麦高一些。当原料为低水分硬麦且要求着水量较大时，应考虑采用二次着水工艺。

2. 设备的因素

(1) 设备着水能力的大小 不同的设备着水能力不同，将影响着水工艺的选择。

(2) 着水设备着水量稳定性 小麦的流量与着水机着水量流量应能较好配合，保证有稳定的着水量，才能达到稳定的入磨小麦水分。

3. 操作的因素

(1) 润麦时间 刚加入的水主要集中在麦粒表面，对于原料整体来讲，水分的分布也不均衡，因此着水后的小麦须密闭静置一定时间，通过传导、渗透作用使表面的水在小麦籽粒内部及原料整体中才能分布均匀。

(2) 温度调控 原料温度与水温将影响小麦吸水的速度，温度越低，吸收越慢，水分调节耗用的时间越长。当料温低于 0℃时，麦粒表面上的水易冻结而使水分调节无法正常进行。对原料进行加温处理时，麦温不可过高，以防胚乳中蛋白质变性而使产品的焙烤性质恶化。当小麦水分＞17％时，麦温应≤46℃；当小麦水分＜17％时，麦温不应超过 54℃。

第三节 糙米调质

一、概述

糙米调质就是在一定的温度下对糙米进行喷雾着水，并将着水的糙米在糙米仓内进行一定时间的湿润，使得糙米皮层和胚软化的过程。糙米调质的目的：糙米皮层吸水膨胀柔软，形成外大内小的水分梯度和外小内大的强度梯度，使皮层与胚乳结构产生相对位移，糙米外表面的摩擦系数增大。

糙米调质是对糙米加湿，但不是简单地往糙米中加水。采用简单的滴水加混合式的糙米调质方式，其结果是部分糙米因着水量过小，达不到着水调质的目的；部分糙米因着水量过大而引起糙米生产裂纹，碎米率增加。糙米一般采用喷射雾状水，以极细微的雾水珠附着在糙米表面，其中关键是雾水珠的大小以及喷雾的均匀性，雾水中的雾珠须适中，雾珠太细则湿度不够，导致着水时间延长；雾珠太粗，则着水不均匀，使得受雾多的糙米米质疏松，碎米增加。

糙米调质工序一般设在谷糙分离机后、头道碾米机前。其过程包括着水和润糙，设置糙米调质机和润糙仓。谷糙分离机分选出的净糙米经过糙米调质器着水，然后进入润糙仓润糙，再进入碾米机碾白。糙米调质器的位置一般是放在润糙仓上面。

糙米调质的工艺效果与着水量、加湿均匀性、润糙时间等多个因素有关。加湿均匀性与调质设备有关，着水量和润糙时间是人为可控的因素。糙米着水一般采用雾化着水，使极细微的水雾附着在糙米粒上。糙米调质中要严格控制着水量和润糙时间，避免由于着水量过小达不到着水调质的目的，着水量过大又引起糙米产生裂纹，即水分渗入胚乳造成胚乳强度降低，碎米率增加，甚至米粒过潮变酥变烂。

二、水分调节设备

1. MCT-6 型糙米调质器

MCT-6 型糙米调质器是由米流控制箱、米流聚中导管、雾米混合箱、控制箱、水雾发生器、伞形散料器、米流传感器等部件组成。如图 3-11 所示。

工作时，糙米进入米流控制箱，经由米流控制箱压力门的米流在流过米流聚中导管时，被聚中在导管的中心，落在雾米混合箱顶部的伞形散料器上，使米流在箱内呈幕帘状均匀散落，从而保证雾米均匀混合。伞形散料器下方的水雾发生器发生出散开角度大于 60°的水雾，使均匀散落的米流从水雾中穿过，与水雾充分接触，糙米表面形成一层薄而均匀的水膜，加湿的糙米从雾米混合箱的出料口进入后设的润糙仓。

水雾发生器是糙米调质的一个关键部位。能产生散开角大于 60°的超微水雾粒子，只有当水雾散开角足够大时，才能保证水雾与米粒充分接触，否则即使有足够的润糙时间，也不能使所有的米粒达到相同的水分。MCT-6 型糙米调质器的水雾发生器设有水雾粒度、雾量、雾散开角的可调机构，以保证产出高质量的水雾。水雾发生器需要的净化水和压缩空气由控制箱内的水汽路系统提供。

在水汽路系统中设有水调压阀过滤器，水电磁阀、放水阀、水流量计和气调压阀。如图 3-12 所示。如当糙米进入米流控制箱时，米流控制箱的压力门被压下，装设在压力门传动机构上的米流传感器将自行开启控制箱内的水电磁阀，从而开始喷雾；停机断料时，则米流传感器将自行关闭控制箱内的水电磁阀。操作员也可扳动控制箱面板上的料闸开关，关闭米流控制箱上的压力门，从而切断米流，停止喷雾。当水路系统发生故障，有米流而无水雾时，控制面板上的红色信号灯将发出声光报警信号；当润糙仓内糙米达到报警仓位或发生停电时，料闸将自动关闭并停止喷雾。

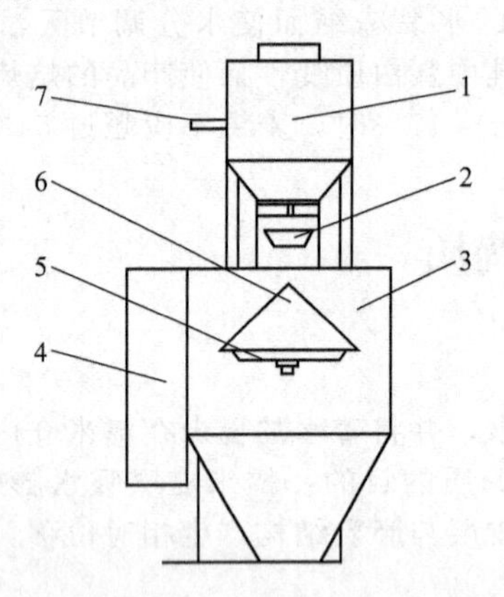

图 3-11　糙米调质器结构示意图

1—米流控制箱；2—米流聚中导管；3—雾米混合箱；4—控制箱；5—水雾发生器；6—伞形散料罩；7—米流传感器

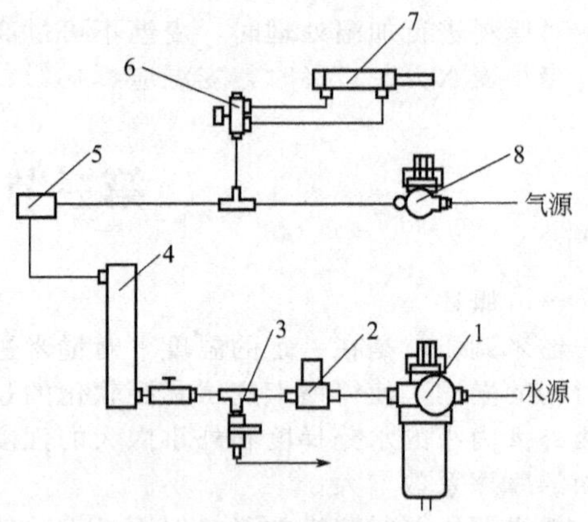

图 3-12　水汽路系统

1—水调压阀过滤器；2—水电磁阀；3—放水阀；4—流量计；5—水雾发生器；6—气电磁阀；7—汽缸；8—气调压阀

MCT-6 型糙米调质器的特点是：来料自动喷雾，停料自动停雾，停电自动停料，仓满自动停料，有料无雾报警，雾料混合均匀。其技术参数见表 3-8。

表 3-8　MCT-6 型糙米调质器技术参数

项　目	参　数	项　目	参　数
物料流量/(t/h)	3～6	水流量可调范围/(kg/h)	0～60
加水量/(kg/h)	1～60	气压可调范围/MPa	0～0.5
耗电量/kW	0.2	耗气量/(L/min)	200～500
水压可调范围/MPa	0～0.3		

2. 润糙仓

糙米润糙一般采用润糙仓。静态润糙可在净糙仓中进行，此时净糙仓有调质及储存两个功能。润糙仓内的糙米应做到先进先出、后进后出，糙米润糙时间大致相同。为防止后进仓的糙米先出仓，造成润糙时间不等，影响调质工艺效果，润糙仓应采用多出口形式。

润糙仓必须有一定仓容。糙米受雾后须在仓内静置一段时间，以使皮层水分调整。仓容一般能满足润糙为20～40min存量。润糙仓一般采用钢板制成，仓的上部可以做成任何形状，下部做成漏斗形。润糙仓做成四边形时，仓的四角应做成弧形，以减少糙米籽粒膨胀结块的机会。糙米湿润后的流动性差，因此漏斗壁与水平夹角应达到55°～65°。

三、影响糙米调质的因素

1. 环境条件、原粮水分

糙米在调质过程中，糙米籽粒吸水速度受环境温度、湿度的影响。糙米吸水过程中，环境湿度大，糙米籽粒内的蒸汽压低于周围空气中的蒸汽压，从而加快了糙米籽粒从外界吸水的速度。环境温度高，分子运动速度加快，也会加快糙米籽粒从外界吸水的速度。

同一温度、湿度条件下，稻谷水分越低，增加其糙米水分所需的时间越短。在温度为20℃、湿度为85%、稻谷水分含量为13.12%时，其糙米增加1%的水分所需的润糙时间为106min；稻谷水分含量为10.96%时，其糙米增加1%的水分所需的润糙时间为78min。

2. 着水量

糙米籽粒水分增加，糙米的抗压强度、抗弯强度、抗剪强度均随之降低。

糙米调质着水量与糙出整精米率密切相关。着水量必须以糙米的原始水分和糙米入碾的适宜水分为依据。所谓适宜入碾水分是指在此水分下，糙米碾白时的糙出白最高，碎米率最低，电耗最省、产品质量最好。糙米碾白的适宜水分一般为13.5%～15%。如果脱壳后的糙米的水分已经达到糙米碾白的适宜水分，只需加极少的水，目的是使糙米表皮湿润，增加糙米表面的摩擦系数，以便降低碾白压力，减少碎米率。脱壳后的糙米的水分距糙米碾白适宜水分差距较大，则应选择适宜的着水量。一般情况下着水量为0.2%～0.6%。

稻米加工中最重要的是保持米粒的完整性。因此，在糙米调质过程要严格控制着水量，避免由于着水量过大而引起胚乳强度降低，碎米率增加。糙米调质着水量受环境条件、原粮的品种、原粮的水分、着水水温等多个因素的影响。

3. 润糙时间

糙米着水后必须有足够的润糙时间来保证糙米籽粒吸水，使糙米的水分按水分梯度分布，使糙米皮层的水分高于胚乳的水分，同时保证糙米籽粒之间的水分均匀分布。润糙时间也与着水量、着水水温、环境条件、稻米品种、稻米原始水分等多方面因素有关。润糙时间一般为20～40min。

第四节 玉米的水分调节

一、水分调节的目的和要求

水分调节是利用水、水蒸气湿润玉米籽粒，为玉米脱皮、脱胚提供最佳的工艺条件，是玉米联产加工不可缺少的工序。

水分调节主要是调节玉米皮层和胚的水分，使其水分增加，控制水分向胚乳内部渗透，软化皮层和胚，增强皮层韧性，减小皮层与胚乳的结合力，使胚体膨胀，弹性增加，以减少玉米脱皮、脱胚过程中对胚的损伤，提高脱皮和脱胚效率。水分调节分为着水和润玉米两个过程。

玉米水分为20%时，脱皮、脱胚效率高，但成品水分高，较适宜的加工水分为16%～17%。当水分不符时应采取水汽调节。玉米含水分较高（18%以上）时，可不经水汽调节工序，清理后直接脱皮破糁。

水温是影响玉米籽粒和胚的吸水量的主要因素，温度不同时采用不同的水汽调节方式。水温在20℃以上时，只用水调节而不用蒸汽调节，以节省能源；水温较低时，则同时采用水和水蒸气进行调节，着水时喷入蒸汽，提高料温和水温，加速水分向玉米皮层和胚的渗透速度。

着水后的玉米入仓进行润玉米，使水分均匀地渗透至玉米的皮层和胚。润玉米时，胚吸水膨胀，增强韧性与弹性。但润水时间过长，将使水渗透到胚乳部分，皮与胚乳水分差异过小或皮的水分低于胚乳水分，将会造成脱皮困难；时间过短，则胚吸水不足，胚体膨胀小，在加工时易使胚受到损伤，脱胚效率显著下降。玉米的润玉米时间一般为8～10min，硬质玉米润玉米时间较长。

润玉米时间相同，水温越高，吸水量越大；水温相同时，吸水量随时间增加而上升。

二、水分调节设备

1. 着水机

(1) 结构与工作过程　常用着水机为水汽调节机，结构如图3-13所示。该机的主要工作机构为三条不同功能的绞龙。喂料绞龙由减速电机带动，喂料均匀、稳定，并形成料封防止蒸汽外溢。水通过喷头流入湿润绞龙，同时蒸汽管也喷入水蒸气。在湿润绞龙的搅拌下，使水在玉米粒上大致均匀分布，并将玉米推送到调和绞龙中，湿润的玉米在其中得到较充分的搅拌，使水分布均匀。

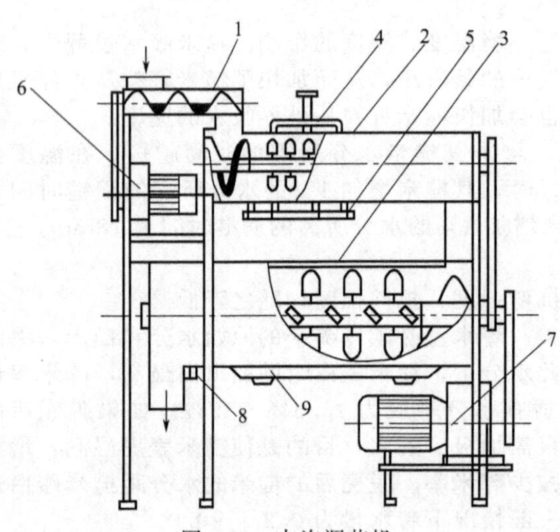

图3-13　水汽调节机

1—喂料绞龙；2—湿润绞龙；3—调和绞龙；4—水喷头；5—蒸汽管；6—减速电机；7—调速电机；8—泄水口；9—加热气包

物料在机内停留时间为2～3min，出口料温为40～50℃。湿润绞龙和调和绞龙的外筒各设置加热气包，可根据季节、气温情况通入间接蒸汽，以保持绞龙内的料温。调和绞龙尾部设有泄水口，排出绞龙内的冷凝水。

该机的技术参数见表3-9。

表3-9　FSTW36×200水汽调节机技术参数

项　目		参　数
产量/(t/h)		3～4
湿润绞龙(直径×长度)/mm		36×200
绞龙工作转速/(r/min)	喂料绞龙	54
	湿润绞龙	12
	调和绞龙	6
喂料绞龙动力/kW		1.1
湿润调和绞龙动力/kW		5.5
直接蒸汽消耗量/(kg/h)		60～90
直接蒸汽压力/MPa		0.3±0.02
间接蒸汽消耗量/(kg/h)		100～110
间接蒸汽压力/MPa		0.08±0.01

(2) 操作要点

① 开车时须空车启动。如气温低，则开启加热汽包的进汽阀门，预热绞龙；排出绞龙内冷凝水；投料后打开直接蒸汽阀门，然后打开各支汽管阀门。

② 调整料流、水流、气流，使三者处于相对稳定状态，保持出料温度为40～50℃。

③ 经常清理泄水口，以排出机内的积水。

④ 机器长期停用时，彻底清除水管、气管、气包内残留的水，轴承要换润滑油，搭扣、铰链涂防锈油。

2. 润玉米仓

用于玉米润仓的仓形一般为圆形仓，仓容小，仓底为漏斗形，仓底倾角为60°～65°。

第五节　原料的搭配

原料的搭配一般常用于面粉的生产，在稻谷和玉米的加工过程中运用较少。根据要求，将几种不同类型的小麦在入磨前按一定比例配合在一起的工艺方法称为小麦的搭配。

一、概述

不同类型原料其工艺性质存在差异，对制粉工艺及产品质量的影响也有区别。为了达到一定的工艺目的，获得所要求的产品质量，通常将不同品质的原料进行搭配加工。

1. 搭配的目的

(1) 合理利用原料，保证产品质量　将不同类型、不同等级的多批小麦采用适当的比例进行搭配加工，使其性能优势互补，充分利用现有库存原料，生产出符合用户要求的产品，既保证了产品的质量，又提高了原料的使用价值与经济价值，降低了生产成本。

(2) 使入磨小麦加工性能一致，保证生产过程相对稳定　不同类型和等级的小麦在制粉生产过程中，因其加工特性不同，得到的中间产品比例不同，要求相应的操作方法与设备的工艺参数选择也不同。若针对原料、产品的情况，按对应的比例进行原料搭配，可使加工原料在一定时期内保持相对稳定。在生产过程中，根据搭配后的原料情况进行相应的操作调整后，即可稳定生产。原料的稳定对于采用自动化控制的制粉厂尤为重要。

(3) 保证产品质量长期稳定　若通过正确的搭配处理，即使是更换了部分原料，也能使制粉生产采用原料的品质保持相对稳定，产品的品质也可在一定时间内保持稳定，不会因更换原料而造成产品质量频繁地波动。这对原料来源较广泛的工厂来讲是一个重要的问题。

2. 搭配的要求

第一，按产品的质量要求，选购相应品质的原料小麦。

第二，工厂的仓储条件须符合生产要求，并严格按原料的不同类型分别存放，若造成互混则无法再进行准确的搭配。

第三，工艺过程中须具备较完善的搭配设施。

第四，针对指定的产品，原料的搭配比例应保持相对稳定，若需调整时，应在完成后续设备的相应调整后才可更改搭配比例。

二、原料搭配的基本方法

小麦搭配可以在毛麦仓或润麦仓下进行，相应称为毛麦搭配或光麦搭配，其中毛麦搭配是最常用的方法。有的清理流程在毛麦仓和润麦仓均设有配麦装置。

1. 毛麦搭配

毛麦搭配的工艺流程见图3-14。在大中型面粉厂，一般紧靠主车间设置数个毛麦仓。毛麦仓的数量一般为4～6个，总仓容量至少应为车间36h的原料处理量。将进行搭配的小麦分类送至不同的毛麦仓中，按设定的搭配比例分别调整好对应原料出仓的流量，出仓后的多种小麦由仓下的螺旋输送机混合及输送。

毛麦搭配的优点是工艺简单，操作方便，一般情况下，毛麦清理工序不须经常调整，润麦时间也不必频繁改变，若原料的搭配比例选择适当，其工艺效果能满足目前生产的基本要求。

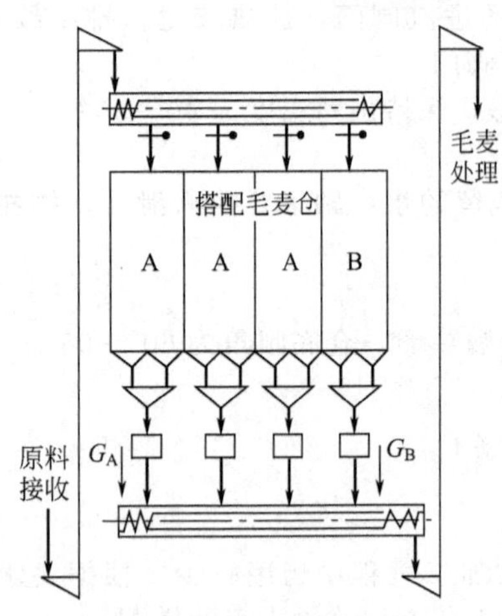

图 3-14 毛麦搭配的工艺流程

但对于水分不同、硬度不同的小麦，其理想的着水量和润麦时间可能不同；对含杂种类和含杂量不同的小麦，清理手段也应有所区别。将不同类型的小麦混合后处理，其着水量和润麦时间相同，采用的清理手段相同，故难以使各类小麦的工艺特性均达最佳状态。

2. 光麦搭配

在润麦仓下搭配，可将原料小麦分类进行毛麦清理和水分调节，在小麦从润麦仓出仓时按比例进行搭配。

光麦搭配的优点是可以对不同的小麦分别进行水分调节与清理，但需要数量较多的润麦仓，品种更换和润麦时间的掌握比较麻烦。且毛麦清理须采用两条平行的清理流程。当只有一条清理流程时，原料变换频繁，操作管理难度较大。

光麦搭配目前很少应用。若常年处理的原料硬度差异较大，可考虑进行光麦搭配。

第六节 原料流量控制

在工艺流程中须对原料的流量加以控制，以使各类设备在最佳状态运行。工艺过程中的流量控制与搭配有一定的内在联系。

一、流量测控的基本方法

流量测控包括对原料流量大小的控制及对原料实际流量的检测计量，需采用相应的流量控制设备和流量检测计量设备。

一般在清理工序及对流量变化敏感的设备的前端设置流量测控设备。流量测控设备一般设置在各种仓下，以控制原料的流量大小。其目的主要是使后续各类设备的工作流量保持稳定、适当，是工艺效果达到最佳状态的基础。

要达到控制流量的目的，供给流量控制设备的物料就不可间断，且其供料流量在一定范围内大小无限制，这样流量控制设备输出的物料流量才可稳定，并可以根据工艺需要在一定范围内进行调节。将流量控制设备的进口直接与具有一定容量仓的出口连接即可实现这样的要求，因此流量控制设备通常设置在车间毛麦（谷）仓、润麦（糙）仓、净麦（谷）仓、净糙仓等各种中间仓下。

流量控制设备一般由控制单位时间内通过设备的物料容积或物料质量来实现控制流量的目的，相应的控制设备为容积式配料器和重力式配料器、插门等。容积式配料器和重力式配料器是较为精确的流量控制设备，插门是对流量大小进行简单控制，控制精度低，不准确。电子自动称是计量较为精确的流量检测设备。

如图 3-15 所示，在毛麦仓下的配麦器是流量控制设备。麦仓的出口与流量控制设备之间由截面足够大的溜管连接，仓中装有足够多的物料，使流量控制设备可输出受控制的稳定流量 $G_定$，这种供料形式称为自由无间歇给料，是流量控制设备正常工作的基本条件。

如图 3-15 所示，自动秤是流量检测设备，能够对通过的物料进行自动称量、自动计数。根据称量值与指定时间内称量的次数，可得到

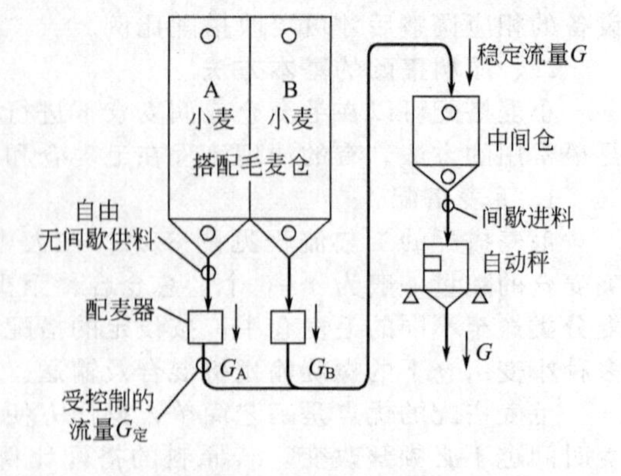

图 3-15 流量控制设备与检测设备的装置

相应时间内物料的处理量。由于自动秤的进、排料均为间歇状态，为与前方连续提供物料的设备衔接，须在秤前设置中间仓。为便于管理，在中间仓上应设置料位器，工作中，若中间仓物料过满，应立即报警并关停前方流量控制设备。为使后续设备的工作流量相对稳定，不致发生过大的波动，通常选择小称量值、高工作频率的自动秤。一般自动秤均自带有出料缓冲斗，通过适当的调节，可使后续设备得到较稳定的流量。

二、流量控制与原料搭配的关系

如在小麦清理工艺中，原料的搭配一般通过流量控制来实现。根据拟定的各种原料的搭配比例，通过调节对应麦仓下流量控制设备的流量大小，使输出各类原料的流量之比与拟定原料搭配比例一致。如图 3-15，根据所要求比例确定 A、B 小麦的流量 G_A、G_B，既使后续设备得到稳定的流量 G，又使原料中两种小麦的配比符合要求。

在不进行原料搭配时，如毛谷仓、净谷仓下的流量控制，流量控制设备一般单独运行，其单台设备的控制流量即为后续工艺设备的工作流量。

三、常用流量控制设备

1. TPLR 容积式配麦器

(1) 容积式配料器的工作原理　容积式配料器的主要工作机构由转子叶轮与机壳组成，如图 3-16 所示。工作时，叶轮以稳定的转速转动，物料由上方进口自由落入叶轮与机壳之间的工作空间内，随叶轮转动至下方出口排出。

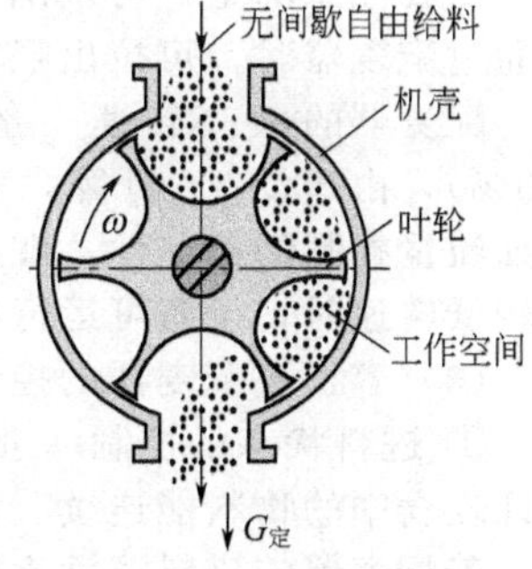

图 3-16　容积式配料器的工作原理

工作空间的总容积即叶轮转一圈的总排量，称为工作容积 i；由于叶轮在转动，物料难以完全充满工作空间，因此规定叶轮转一圈，通过配料器的物料的容积就为 $i \cdot \phi$，其中 ϕ 为物料在叶轮中的充满系数。相应叶轮转一圈，通过物料的质量就为 $i \cdot \phi \cdot \gamma$，其中 γ 为小麦的容重。

经换算可得到容积式配料器控制流量 $G_{定}$ 的表达式：

$$G_{定} = 0.06 n i \phi \gamma \tag{3-4}$$

式中　$G_{定}$——容积式配料器的控制流量，kg/h；

n——叶轮在一定范围之内的工作转速，r/min；

i——配料器的工作容积，L/r；

φ——配料器的充满系数，对小麦一般取 0.8 或采用测试值；

γ——物料的容重，g/L。

工作中配料器的转速 n 一般不变，正常状态下处理一种物料时，ϕ、γ 也可保持稳定，因此通常由调节配料器工作容积 i 的大小来选择其控制流量 $G_{定}$。

(2) TPLR 型配麦器的结构　TPLR 型配麦器是一种结构比较简单而工作效果稳定可靠的流量控制设备，其外形与结构见图 3-17，主要由喂料选择推门、控制插门、组合叶轮、可调刮刀、机壳及传动机构等组成。

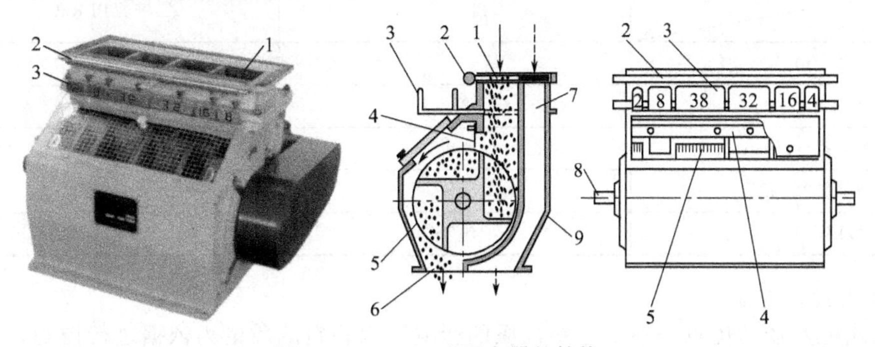

图 3-17　TPLR 型配麦器的结构

1—进料口；2—喂料选择推门；3—控制插门；4—刮刀；5—组合叶轮；6—出料口；7—旁路通道；8—主轴；9—机壳

组合叶轮是由6个共轴装置且具有不同工作容积 i_n 的叶轮组合而成，各叶轮的容积 i_n 与设计总容积 i_0 的比值分别为：2%、8%、32%、38%、16%与4%，每个百分数即为对应插门上的刻度值。选择完全打开或关闭对应设在各叶轮上方的控制插门，能以2%为基数来选择设备的合计工作容积百分比$\Sigma\%$，$\Sigma\%$就是所有完全打开插门的合计刻度值，由此可得配麦器的工作容积：

$$i=i_0\cdot\Sigma\% \tag{3-5}$$

代入式(3-4)后整理得：

$$G_{定}=0.06ni_0\phi\gamma\Sigma\% \tag{3-6}$$

正常状态下，式中的 $n\phi\gamma i_0$ 为常数，$G_{定}$ 与$\Sigma\%$成正比，由此可见通过打开插门的合计刻度值$\Sigma\%$，就可较直观地调节配麦器的控制流量 $G_{定}$。为使设备的进料状态稳定，单个插门在操作时只能选择全开或全关两种状态。

需要注意的是，可调刮刀应紧贴叶轮，以防止漏麦保证控制精度；当叶轮不转动而小麦要通过配麦器时，可拉出喂料选择推门，打开旁路通道使小麦从中通过。

配麦器的最高转速一般为40～50r/min，若以此转速工作且6个插门全开（$\Sigma\%=100\%$），由式(3-4)计算，TPLR20型最大控制流量可近10t/h，TPLR30型可近30t/h。为保证流量控制的稳定性，在满足控制流量要求的前提下，配麦器的工作转速应较低为好。选用较低转速时，设备可运行在较大工作容积状态，对工作稳定及设备调节有利。

(3) 容积式配麦器的控制与操作

① 进料状态的控制　进料状态对容积式配麦器的工作效果影响很大，其关键就在于须保证麦仓中的物料能连续、稳定地进入配麦器，且不受配麦器调节的影响。

若配麦器的进料溜管直径过小、进料角度太小或料斗较矮，均可致使进入配麦器的物料流量不能保持连续稳定，配麦器也就失去了控制流量的作用，在使用配麦器进行搭配时，还将造成搭配比例不稳定，因此应经常检查麦仓各出口的出料状态是否正常，仓斗内物料是否结块堵塞，配麦器的叶片槽中物料的装满状态是否正常，必要时应加大麦仓仓斗的出口或进料溜管尺寸。

在设计、安装配麦器时，就应注意进料溜管、进料角度及料斗尺寸的问题。

② 流量的控制　配麦器的主要操作机构为控制插门，通过完全打开或关闭对应的插门来控制配麦器的通过流量。当6个插门全开时，通过的物料容积为最大值。当部分插门开启时，i/i_0 即为配麦器的合计开门刻度值$\Sigma\%$，按此刻度值选择打开配麦器对应的插门，即可完成对配麦器控制流量的调节。

③ 设备的维护　设备维护的重点是配麦器的工作叶轮，应定期清扫叶轮中的黏附物，以保证工作容积的稳定。经常检查可调刮刀与叶轮之间的间隙，防止漏麦。

(4) 容积式配麦器的技术参数　TPLR型容积式配麦器的技术参数见表3-10。

表3-10　TPLR型容积式配麦器的技术参数

项目＼型号	TPLR20	TPLR30
设计容积/(L/r)	5	17
叶轮直径/mm	200	300
最大工作转速/(r/min)	50	40
最大控制流量/(t/h)	10	25
配用动力/kW	0.75	0.75

2. 重力式配麦器

重力式配麦器的优点是不受原料性质的影响，以物料的质量为依据进行控制，自动化程度高，但设备结构较复杂，维护要求较高。

(1) GZK型重力式配麦器

① 工作过程及原理　GZK 型重力式配麦器主要由微处理器、料门控制系统和流量检测装置等组成。结构见图 3-18。

原料进入设备后，通过自控料门自由落下，冲击在感应板上，流量越大，因冲击传递给感应板的压力越大。流量的大小就由与感应板相连的传感器转换成对应的模拟电信号送入处理器，由微处理器将瞬时流量值与人工设定的流量数值进行比较，若发现实际流量偏大或偏小，即由步进电机（或气动装置）驱动自控料门进行调节，按要求修正给料流量。

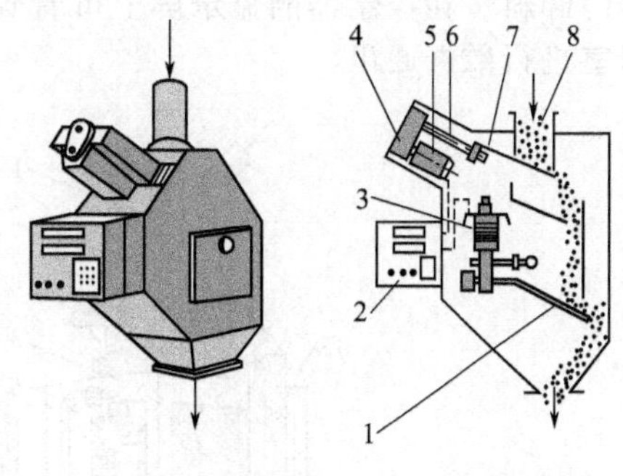

图 3-18　重力式配麦器的结构

1—冲击感应板；2—微处理器；3—传感器；4—减速器；5—步进电机；6—传动螺杆；7—自控料门；8—喂料斗

采用自动控制的面粉厂，常使用重力式配麦器控制流量与原料搭配，总控制系统可得到配麦器传送的多种信息。不设自动控制的面粉厂，一般采用容积式配麦器。

② 技术参数　重力式配麦器的技术参数见表 3-11。

表 3-11　重力式配麦器的技术参数

项目＼型号	GZK-1
控制范围选择/(t/h)	0.2～11 或 0.4～22
控制精度/%	≤0.5
功耗/kW	0.04

（2）重力式配麦器的操作维护

① 设备的启动　开机后设备首先自检，自检通过后才可接收操作指令。进料之前由操作人员将流量设定值输入控制器。

② 进料状态　设备对进料状态的要求类似容积式配麦器，进料应保持稳定连续，以免自控料门频繁动作，造成设备的过度损耗。

③ 设备的维护　因生产过程中感应板一直接受物料的冲击，易磨损，如发现感应板破损要及时更换。传感器及相关机件须经常用刷子清扫，以免聚积的粉尘结块，影响传感器的测量精度。

应定期检查机内及进出料口是否有物料堵塞，冲击感应板上不应积料，特别是对润麦仓下的配麦器应重点检查。

重力式配麦器为较复杂的电子设备，对其须精心地操作与维护，以保证设备的工作精度。

四、常用流量检测设备

自动秤是常用的流量检测设备。自动秤有机械自动秤与电子自动秤两类，因机械秤的密闭性能差、称量机构易磨损、工作稳定性较差，目前麦路中常采用电子自动秤。

1. 电子自动秤的总体结构及工作原理

电子自动秤的外形与总体结构见图 3-19。秤斗由三只测力传感器吊挂在支架上，秤斗及秤斗中物料的质量全部通过吊杆传递给测力传感器，传感器将秤斗的总质量数据送入微处理器。控制系统的工作原理见图 3-20。上、下料斗中的料位分别由料位器检测，上、下料位信息是控制秤运行的依据之一。

设备启动后，若秤斗内无料，进料门在汽缸的推动下打开，开始进料。秤斗中的物料增加，测力传感器输出的电压也随之增高，微处理器一旦检测到秤斗中物料的质量达到设定值，就立即关闭进料门，此时若下料斗中无料，则分别由秤斗两侧的汽缸推动，打开两扇排料门卸料。在控制器的显示屏上可看到设备检测的数据。控制器还设有通讯接口，可与总控制室进行数据通讯。

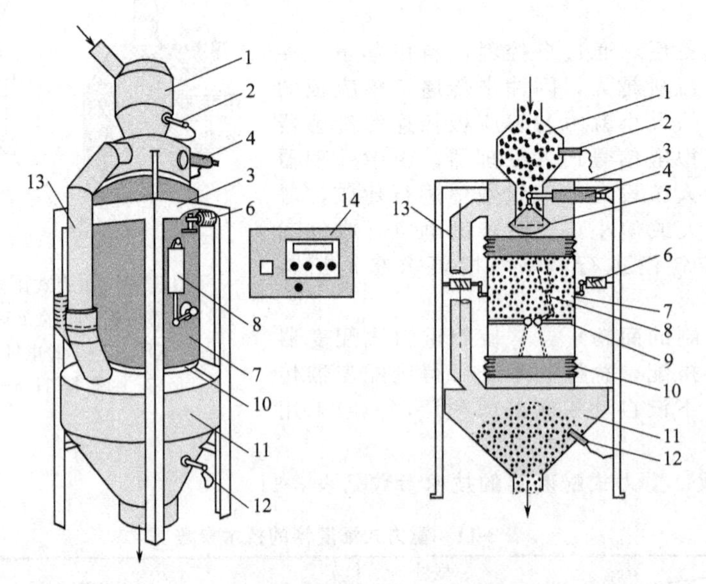

图 3-19 电子自动秤的外形及总体结构

1—进料斗；2—上料位器；3—机架；4—进料门驱动汽缸；5—进料门；6—称重测力传感器；7—秤斗；8—卸料门驱动汽缸；9—卸料门；10—橡胶套；11—下料斗；12—下料位器；13—导流管；14—微处理器

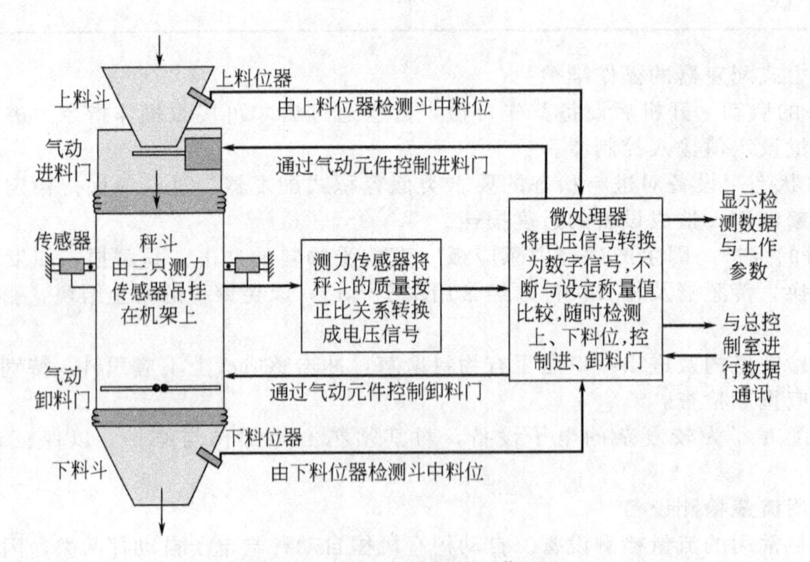

图 3-20 电子自动秤的工作原理

若秤斗排料的速度较快，瞬间流量较大，物料一涌而下可能导致下料斗中气压骤然增大，使粉尘溢出；另外，进料时秤斗上、下气压不平衡则可造成称量误差，因此在秤斗上方与下料斗之间设有供气流流动的导流管，以起到引导气流及平衡气压的作用。

下料斗对秤斗的间歇排料有一定的缓冲作用，通过对后续设备进料门的适当调节，使下料斗出料流量与秤前物料流量基本一致，就可使后续设备的流量较稳定。

电子自动秤的工作特点为间歇式称量，每次称量值相同。常用电子自动秤的一次称量值为 50kg，每次称量的时间与通过流量的大小有关，为保证计量精度，进料速度不可过快，一秤称量的时间不得少于 10s，相应可推算出该设备的最大通过流量为 18t/h。

2. 电子自动秤的操作要点

电子自动秤测量精确、操作方便；但设备复杂，对维护水平要求较高。

为消除秤间歇排料对后续设备带来的影响，在清理流程中，紧接自动秤的设备一般为筛选设备，利用筛体的振动作用可使物料流量趋于稳定。

为保证自动秤能可靠工作，通过自动秤的最大流量必须小于自动秤的设计最大通过流量。通过自动秤的原料流量一般由前方的流量控制设备控制，要使工作流量稳定，仍须注意前方的流量控制设备工作状态。

来料流量大则称量工作频率高，在操作时可直接由额定称量值及单秤的称量时间来推算当前的工作流量。如采用 50kg 自动秤，当前单秤称量的时间为 20s，则通过流量为 9t/h。

五、原料搭配与流量控制的常用工艺流程

采用毛麦搭配时，搭配原料须分类选择毛麦仓存放，通过配麦器控制出仓流量来完成，其工艺过程如图 3-21 所示。

1. 原料的进仓

不同种类的小麦分别存放是实现搭配的前提。由于工厂中搭配毛麦仓的数目一定，而搭配的原料是经常变化的，因此在原料进仓时，应注意合理安排不同原料的进仓顺序、用仓数量；为保证后续生产的稳定性，应控制好原料的进仓流量。

一般应根据指定原料的搭配比例来分配原料用仓，如图 3-21 所示，A 原料比例较大，占用 1 号、2 号、3 号仓。

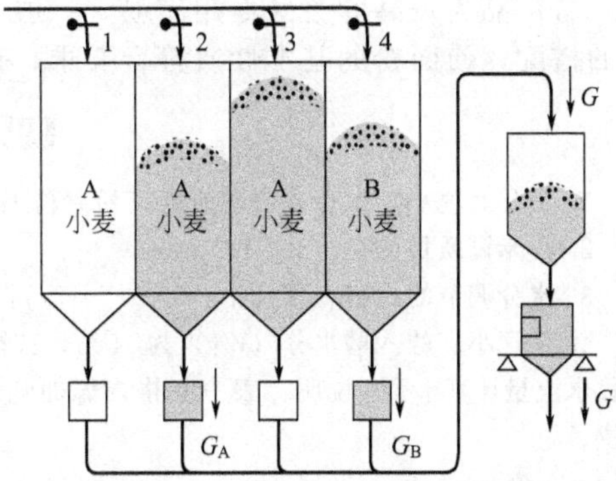

图 3-21　毛麦搭配与流量控制工艺

2. 原料的出仓

为便于设备和麦仓的操作与管理，存放同类原料的多个麦仓应逐仓放料，相应同类原料的控制设备的工作参数可一致。如图 3-21 所示，三个存放 A 小麦的仓轮流放料，三台对应配麦器的工作参数一致。对于 A 原料，放空 1 号仓后，再放 2 号仓；因 B 原料只占用一个仓，仓下持续放料，参加搭配。

3. 配麦器的调节

仓下配麦器控制流量 G_A、G_B 须根据搭配的比例需要进行调节。通过调节，使 G_A+G_B 之和等于后续工序所要求的工作流量 G，这是流量控制的要求；使 G_A/G、G_B/G 分别等于对应原料的搭配比例，即可实现小麦搭配的要求。

在不进行原料搭配时，仓中为一种原料，但仍须进行流量控制。这种情况下配麦器一般单独运行，并使配麦器的控制流量均等于 G。

4. 配麦器的检测

在运行过程中，应定期采用后续自动秤的检测值对配麦器的控制流量进行校核，若发现问题，应及时对配麦器的工作状态进行检查。自动秤工作在较稳定的状态时，单秤称量时间稳定，生产过程中若发现自动秤的称量时间出现明显的波动，则说明来自配麦器的流量不稳定。

对于容积式配麦器，可定期通过测试其充满系数来检测配麦器的工作状态。在配麦器下方料管上加装一个拨斗或暂时卸开下料管，接取配麦器运转已知转数时排出的物料，用标准量具测得物料的容积，便可得到配麦器每转一圈排出的物料容积，与已知配麦器的工作容积比较，即可得到充满系数，若该系数稳定不变则说明配麦器的工作状态较好。由此得到的充满系数值，就可作为计算对应配麦器控制流量的参数。

5. 搭配方案的确定

常搭配方案以产品的某个指标作为搭配依据，可考虑采用计算法确定原料搭配比例。如涉及的因素较多，可采用试验法来得到原料的搭配比例。

(1) 计算法　如在制定通用小麦粉的搭配方案时，一般首先考虑满足小麦粉的面筋质含量要求，根据各种小麦的库存情况，选择不同面筋质含量的小麦进行搭配。若选用两种原料，计算模型为二元一次方程组，计算表达式如下：

$$\begin{cases} X_1 + X_2 = 1 \\ A_1 X_2 + A_2 X_2 = A \end{cases} \tag{3-7}$$

式中，X_1、X_2分别为两种原料的搭配比例，A_1、A_2 分别对应为两种原料的面筋质含量，A 为所要求的入磨小麦面筋质的含量。一般情况下，$A_1 \neq A_2$，且 A 的大小必须在 A_1、A_2 之间才有解。

(2) 试验法　如面粉厂，通常采用 2～3 种小麦进行搭配生产。在无配粉条件的工厂中，这是常采用的一种工艺手段。采用试验制粉机组将拟搭配原料制成面粉，再使用粉质仪、降落数值仪等检验设备测出样品的有关曲线与参数，与指定专用粉的典型曲线、参数对照，并对样品进行烘焙试验，以此来选择原料小麦的合理搭配比例。

若产品为较高等级的专用面粉，一般须具有配粉工序才能生产出合格的产品，但做好原料的搭配，使面粉的基本性质符合要求，仍是专用面粉生产的重要基础。

【思考与练习】

1. 为什么说小麦水分调节对研磨筛粉制粉工艺很有利？
2. 糙米调质目的是什么？
3. 水分调节的过程有哪几个？
4. 某厂小麦的入磨水分（W_1）为 15%～17%，毛麦的水分 W_2 为 11%～13%。请为该厂制作一张吨麦着水流量计算卡。（说明：表中空格内添加吨麦着水流量，其单位是 kg/(h·t)，数值保留至小数点后一位。）

W_2/% \ W_1/%	15	15.5	16	16.5	17
11					
11.5					
12					
12.5					
13					

该厂的毛麦处理流量为 5t/h。请根据着水流量计算卡片确定：

(1) 当要求入磨水分为 16%，实测毛麦水分为 11.5%时，由着水机控制的着水流量应该为多少(kg/h)？

(2) 当要求入磨水分为 16.5%，实测毛麦水分为 11.0%时，由着水机控制的着水流量应该为多少(kg/h)？

5. 在对小麦进行水分调节的过程中，为什么着水后要进行润麦？试论述确定润麦时间的根据。
6. 为什么说小麦在进行水分调节之前应尽量保证胚部的完整性？在进行设备操作时，应该注意哪些问题？
7. 小麦入磨水分如何确定？在常年生产过程中是否应保持不变？为什么？
8. 比较强力着水机与着水混合机特点。
9. 分别试述三轴着水机、双轴着水机的结构特点与工作过程。
10. 设置入磨前的喷雾着水其目的是什么？在操作中应注意哪几个问题？
11. 润麦仓中的小麦形成漏斗流后，对生产有什么不利影响？在润麦仓放料过程中如何判断该仓的麦流是否为漏斗流？
12. 润麦仓下设置多个出口是防止仓内物料形成漏斗流的主要手段，而确定指定润麦仓下出口数目的原则是什么？

13. 影响小麦水分调节的因素有哪些？

14. 影响糙米调质的因素有哪些？

15. 玉米调质的目的与要求是什么？

16. 在小麦制粉过程中为什么要进行原料搭配？原料搭配与粉路的正常运行及操作有什么关系？

17. 原料小麦运入制粉厂后应如何存放？在制粉之前，应主要了解原料小麦的一些什么情况？

18. 确定原料搭配比例的依据是什么？

19. 某厂毛麦流量为10t/h，拟采用A、B两种小麦进行搭配，采用设计容积为17L的容积式配麦器进行控制，原料小麦的最小容重为750g/L。请确定配麦器的工作转速。若A麦的搭配比例为70%，容重为780g/L；B麦配比为30%，容重为810g/L，各配麦器应如何操作？

20. 某制粉厂的四个毛麦仓下均装有TPLR型可调容积式配麦器，以实现对毛麦流量的控制及毛麦搭配。当前的搭配安排为：白麦80%，装三个仓；红麦20%，装一个仓。仓下四台配麦器的主要工作参数哪些应一致、哪些不一致？若控制白麦的配麦器的合计开门刻度为76%时，其控制流量即满足要求，控制红麦的配麦器的插门应如何操作？（设红麦、白麦的容重相等。）

21. 小麦搭配的方式有几种？比较其优缺点，常用的是哪种？

22. 在制粉工艺中采用电子自动秤的作用是什么？

【实验与实训】

【实验实训六】工厂中毛麦水分、入磨水分的测定与着水设备工作效果的评价

从毛麦仓出粮口取500g毛麦，分小样采用50g，105℃恒质法（具体方法参考粮油检测中的水分测定）测定毛麦水分；从净麦仓出粮口取50g净麦，分小样采用50g，采用105℃恒质法（具体方法参考粮油检测中的水分测定）测定入磨小麦水分，通过实际入磨水分确定着水设备对原料的着水量并和理论着水量相比较，从而分析出着水设备的工作效果。

【实验实训七】润麦时间的掌握及润麦仓出口流量的控制

参观工厂，观察空润麦仓的结构，掌握各部分作用。了解工厂润麦时间的确定与控制。

【实验实训八】观察工厂中原粮搭配的方法，并对搭配比例进行分析

观察工厂小麦搭配的方法、小麦搭配的位置及配麦的设备。从净麦仓出口取500g净麦，分小样采用50g，分析测定其搭配比例。

模块二　制米工艺与设备

第四章　砻谷与谷壳分离

学习目的

了解脱壳的目的、要求、原理和方法。了解谷壳的分离与收集。掌握砻谷及砻下物分离的设备及影响其工艺效果的因素。能分析设备常见故障，正确选择工艺指标、工作参数和评定工艺效果。

重点难点

砻谷机的结构及工艺参数的确定；设备的操作与工艺效果的关系。

第一节　砻谷的原理

常规的稻谷加工主要包括：清理、砻谷及砻下物分离、糙米碾白、成品处理及副产品整理等工段。稻谷经过清理后，脱去稻谷颖壳的工序称为脱壳，也称为砻谷。砻谷是根据稻谷籽粒结构的特点，对其施加一定的机械力破坏稻壳而使稻壳脱离糙米的过程。脱去稻谷颖壳的机械称为砻谷机。

砻下物分离就是将稻谷、糙米、稻壳等进行分离。由于砻谷机本身机械性能及稻谷籽粒强度的限制，稻谷经砻谷机一次脱壳不能全部成为糙米，因此，砻下物含有未脱壳的稻谷、糙米、谷壳等。通过谷壳分离、谷糙分离等工序，分离出的糙米送往碾米机碾白，分出未脱壳的稻谷称为回砻谷，回砻谷须返回到砻谷机再次脱壳，而分离出的稻壳则作为副产品加以利用。

一、砻谷的目的与要求

稻谷直接进行碾米，不仅能量消耗大、产量低、碎米多、出米率低、含谷多、大米的精度低、成品米光泽度差，且谷壳碾碎与米糠混合，副产品的综合利用受到影响。因此，现在碾米工艺是先将稻谷颖壳去掉，分出较纯净的糙米，再进行碾米。

砻谷工艺效果的好坏不仅直接影响后继工序的工艺效果，而且与成品质量、出品率、产量和成本都有密切的关系。因此，砻谷时，应保持较高而稳定的脱壳率，尽量保持米粒完整，减少米粒的破碎和爆腰，以利于提高出米率，同时要求尽量避免糙米的表面起毛与损伤，以利于提高谷糙分离的效果。从而达到砻谷机产量高、动力少，物料的消耗少，降低生产成本，提高工艺效果和经济效益。

二、砻谷的基本原理与方法

1. 稻谷的工艺特性

① 粳稻的稻壳比籼稻的稻壳薄而松；

② 稻壳为两瓣，呈互相钩合状包裹着糙米；

③ 稻壳与糙米间没有结合力；

④ 稻谷两顶端稻壳与糙米间存在空隙。

2. 砻谷的基本原理与方法

根据稻谷脱壳时的受力状况和脱壳方式，稻谷脱壳方法通常可分为挤压搓撕脱壳、端压搓撕脱壳和撞击脱壳三种。

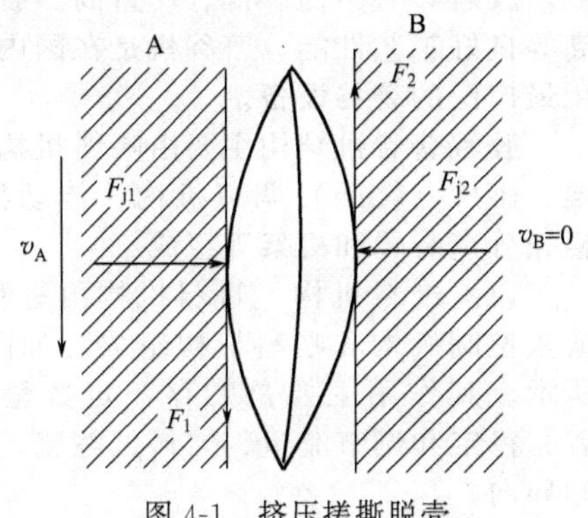

图 4-1　挤压搓撕脱壳

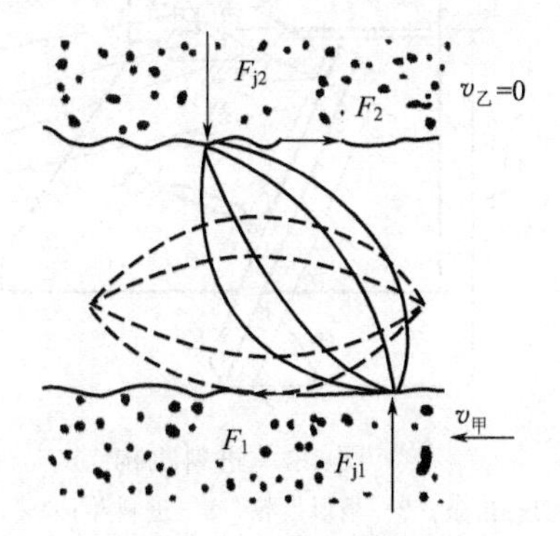

图 4-2　端压搓撕脱壳

（1）挤压搓撕脱壳　挤压搓撕脱壳是指稻谷两侧受两个具有不同运动速度的工作面的挤压、搓撕作用而脱去颖壳的方法。如图 4-1 所示，谷粒两侧受到 A、B 两物体的挤压力为 F_{j1}、F_{j2}。B 物体静止不动，A 物体以一定速度向下运动，A 物体则对谷粒产生向下的摩擦力 F_1，使谷粒向下运动，而 B 物体对谷粒产生向上的摩擦力 F_2，阻碍谷粒随 A 物体一起向下运动。在挤压力和摩擦力的作用下，谷壳产生拉伸、剪切、扭转等变形作用，这些变形作用统称为搓撕效应。当搓撕效应大于谷壳的结合强度时，谷壳就被撕裂而脱离糙米，从而脱壳。

挤压搓撕脱壳设备主要有对辊式砻谷机。

（2）端压搓撕脱壳　端压搓撕脱壳是指谷粒两顶端受两个不等速运动工作面的挤压、搓撕作用而脱去颖壳的方法。如图 4-2 所示，谷粒横卧在甲物体上，当甲物体作高速运动，而乙物体静止，此时谷粒受到两个力的作用，一是甲物体对谷粒产生的摩擦力，另一个是谷粒运动所产生的惯性力，并形成一对力偶，从而使谷粒斜立。当斜立后的谷粒顶端与乙物体接触时，谷粒的两端部同时受到甲、乙两物体对其施加的压力 F_{j1}、F_{j2}，并同时产生一对方向相反的摩擦力 F_1、F_2。在压力和摩擦力的共同作用下，稻壳被脱去。

典型的端压搓撕脱壳设备是砂盘砻谷机。

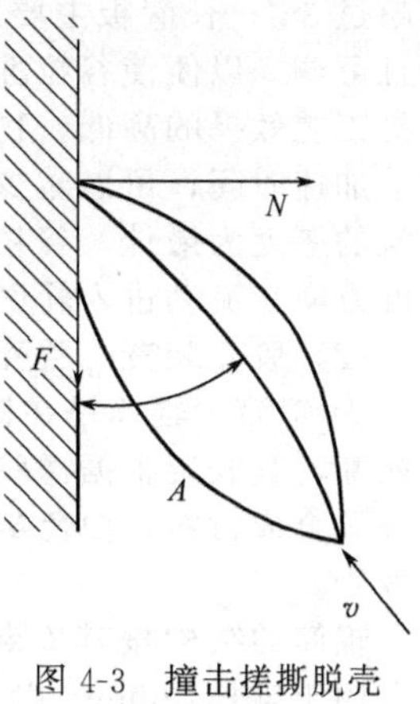

图 4-3　撞击搓撕脱壳

（3）撞击脱壳　撞击脱壳是指高速运动的谷粒与固定工作面撞击而脱壳的方法。如图 4-3 所示。借助于机械作用力加速的谷粒，以一定的角度（A）冲向静止的粗糙面，在撞击的一瞬间，谷粒的一端受到较大的撞击力（N）和摩擦力（F），当这一作用力超过稻谷谷壳的结合强度时，谷壳就被破坏而脱去。

典型的撞击脱壳设备是离心式砻谷机。

第二节　胶辊砻谷机

目前，我国使用的砻谷设备主要是胶辊砻谷机。

一、胶辊砻谷机基本结构与工作原理

1. 胶辊砻谷机基本结构

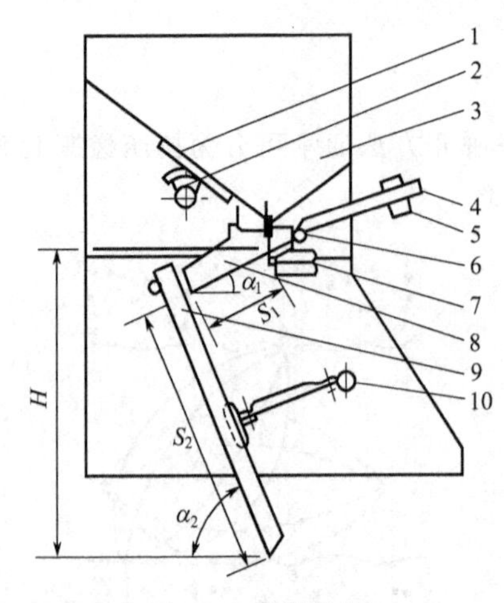

图 4-4 进料机构

1—齿条；2—扇形齿轮；3—进料斗；4—支杆；5—平衡重砣；6—短淌板轴；7—微动开关；8—短淌板；9—长淌板；10—双向螺杆

胶辊砻谷机的主要工作构件是一对并列的、富有弹性的胶辊。两辊异速相向旋转。稻谷进入两辊间，受到胶辊的挤压和摩擦所产生的搓撕作用，稻壳破裂，与糙米分离。由于胶辊富有弹性，不易损伤米粒，胶砻具有出糙碎低、产量高、脱壳率高等良好工艺性能。砻谷机是在国内外使用最广泛的砻谷设备。

胶辊砻谷机结构主要由喂料机构、胶辊、辊压（轧距）调节机构、传动机构、稻壳分离装置和机架等组成。

（1）进料机构　进料机构由进料斗、流量控制机构和喂料机构组成。如图 4-4 所示。其作用主要是贮存一定数量的稻谷、稳定和调节流量、匀料、整流、加速和导向。

常用的流量调节机构有手动闸门、齿轮齿条传动闸门和气动闸门等。手动闸门结构比较简单，直接通过控制出料口开度的大小改变流量；齿轮齿条传动闸门通过闸门与压力门相互配合来控制和调节流量；气动闸门则是通过汽缸的伸缩控制进料斗的闭合及流量的大小。

喂料机构包括短淌板、长淌板和淌板角度调节机构。短淌板用于匀料，倾角较小，一般不超过 35°；长淌板主要对谷粒起整流、加速、导向等作用，倾角较大，一般为 64°～67°，而且可调，以便使谷粒准确喂入两胶辊间的工作区。喂料机构工作状况的好坏将直接影响砻谷机工艺效果的高低。物料进入轧区的速度要大，以减少谷粒与胶辊之间的线速差，缩短谷粒的加速时间，可以减少动力消耗和降低胶耗，还可提高进机流量。谷粒的料层厚度以单层谷粒的厚度为最佳，谷粒不重叠有利于提高脱壳率，减小糙碎和胶耗。谷粒作纵向（稻谷的长度方向）流动进入轧区，有利于提高砻谷机的脱壳率和产量。

（2）脱壳装置　脱壳装置主要包括辊筒和辊间压力调节及松紧辊系统两大部分组成。

① 辊筒　辊筒是在铸铁辊筒上覆盖一层弹性材料而制成的。常用的弹性材料有橡胶和聚氨酯，其胶辊根据橡胶颜色的不同分为黑色胶辊、白色胶辊和棕色胶辊等。聚氨酯是一种高分子合成材料，白色半透明，既具有橡胶的高弹性，又具有塑料的高强度，其物理性能优于橡胶。

辊筒的结构按其安装形式的不同分为双支承座式（图 4-5）和悬臂式（图 4-6）两种。前者用于辊长 360mm 以上的辊筒，后者则用于辊长 250mm 以下的辊筒。

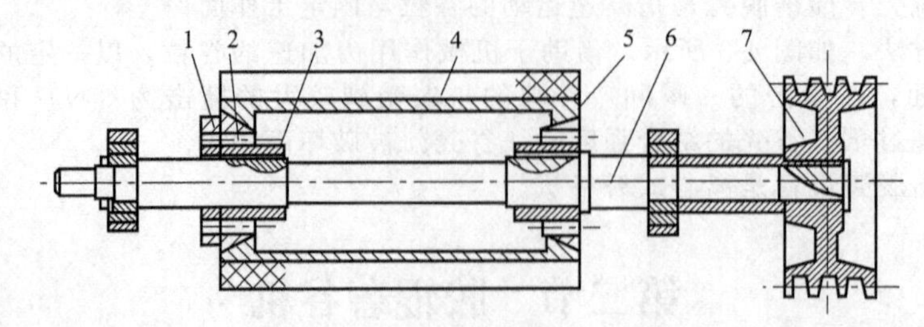

图 4-5 双支承座式辊筒的结构

1—锁紧螺母；2—锥形圈轴承；3—紧定套；4—辊筒；5—锥形压紧盖；6—轴；7—皮带轮

一对胶辊中其中一只是固定辊，一般也是快辊，安装在固定机架上；另一只是活动辊，一般也是慢辊，安装在机架的移动轴承上。两只辊筒的排列形式有两种：倾斜排列和水平排

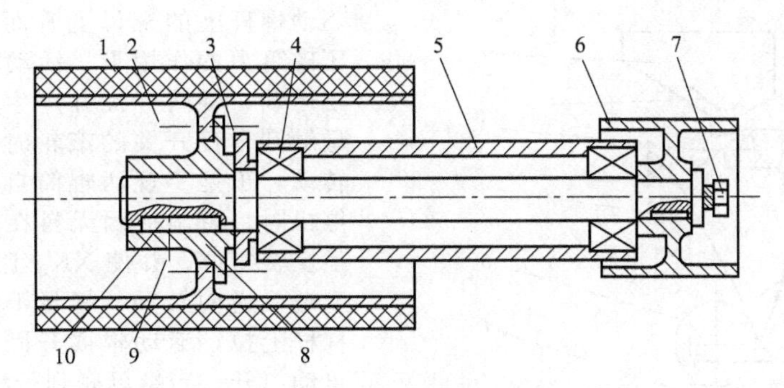

图 4-6　悬臂式辊筒的结构

1—辊筒；2—螺栓；3—挡板；4—轴承；5—轴承座；6—皮带轮；
7—螺栓；8—法兰；9—紧定螺母；10—键

列。不同排列方式对砻谷机的工艺效果有影响。通常，在其他条件相同的情况下，倾斜排列的工艺效果普遍比水平排列的要好，如具有较高的脱壳率和产量、较低的胶耗等。造成其工艺效果差别的原因主要由于其喂料方式的差异，倾斜排列的辊筒都是与淌板倾斜喂料方式相适应的，这种喂料方式具有物料扩散少、进入轧区的速度高等特点。

② 辊间压力调节及松紧辊装置　辊间压力调节及松紧辊装置也称轧距调节机构。辊间压力的调节方式有三种：一种是手轮调节机构；一种压砣辊压调节机构；一种是液（气）动自动调节机构。

胶辊砻谷机是压砣辊压调节机构。如图 4-7 所示。工作时，压砣使横杆 1 绕 A 点作顺时针转动，连杆 2 被向下拉，带动横杆 3 绕 B 点作逆时针转动，从而使活动辊压向固定辊，并始终保持一定压力。要改变辊间压力，可以通过改变压砣重量来实现。松辊时，只要拉起横杆 1 即可。活动辊支点 B 的位置可通过调节手轮 C 来实现。这种辊压调节机构简单，操作方便，辊间压力稳定，脱壳率也相对稳定。但是当突然断料时，会使两辊发生摩擦，增加胶耗甚至会损坏机件。使用这种机构，要求当操作工人在突然断料时，应迅速将横杆 1 抬起，使两辊松开。由于人工操作难以适应突然变化，因而影响胶辊使用寿命。为此，砻谷机采用了自动松紧辊装置，从而可以做到来料自动紧辊，断料自动松辊。

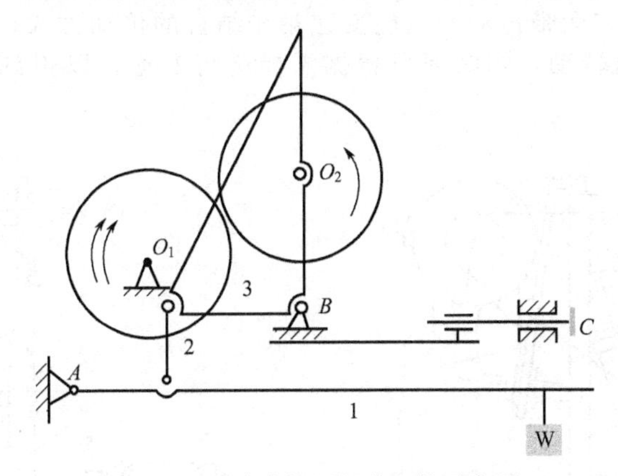

图 4-7　压砣式辊压调节机构示意图

胶辊式砻谷机能自动松紧辊，自动松紧辊和喂料机构动作是连锁的。进料时，辊筒能自动合拢，使稻谷得到及时的脱壳，以避免未脱壳稻谷进入后道工序。相反，在断料时辊筒也应能自动脱离分开，以防止辊筒相互摩擦造成不必要的损失和瞬时高温。目前，常用的自动松紧辊系统有机械自动松紧辊和气压自动松紧辊两种。

a. 机械自动松紧辊系统　其结构如图 4-8 所示。工作时，进料闸门开启，物料重力克服平衡砣压力使短淌板向下转动，并使 XK_1 下接触动作，电路接通，微型电机开始顺向转动，

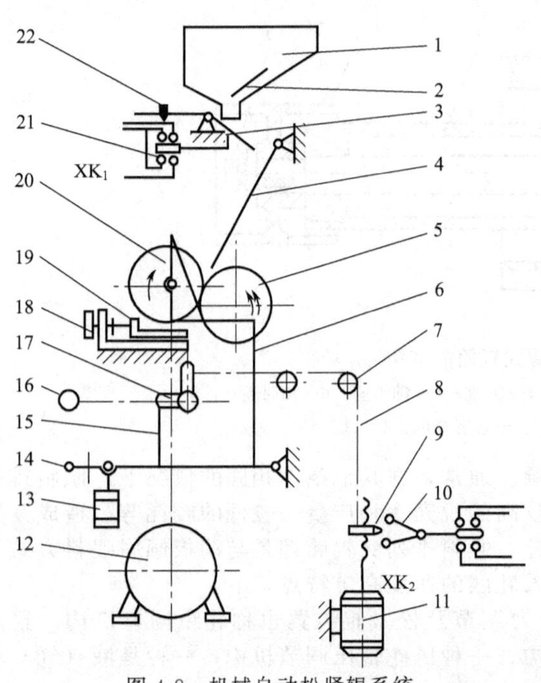

图 4-8 机械自动松紧辊系统

1—进料斗；2—闸门；3—短淌板；4—长淌板；5—固定辊；6，15—连杆；7—滑轮；8—链条；9—螺母；10—行程开关；11—微型电机；12—电机；13—重砣；14—指示杆；16—手动松紧辊操作杆；17—摇臂；18—手轮；19—滑块；20—活动辊；21—微动开关；22—平衡砣

驱动螺杆上的螺母上升而使链条放松，在压砣重力的作用下，活动辊绕支点向固定辊运动，辊筒合拢并产生辊间压力，当螺母触到行程开关的滚轮时，微型电机停止转动，于是实现两辊筒自动合拢。停料或停机时，短淌板因无料在平衡砣压力作用下反转复位，并使 XK_1 上接触动作，使微型电机逆向转动，螺母下降，通过链条使杠杆上拉，活动辊离开固定辊，实现胶辊自动离开。当螺母碰到行程开关的下滚轮，电路断开，微型电机停转。

b. 气压自动松紧辊系统结构见图 4-9 所示　紧辊汽缸的活塞杆一端通过铰链轴与固定辊连接，其底端和可摇动框架铰接，可摇动框架安装于活动辊的轴承座和支承轴上。当松紧辊汽缸的活塞杆产生伸缩运动时，就形成由以下两部分组成的一对作用力，即：可摇动框架、电动机、导向轮和汽缸的总重力与松紧辊汽缸活塞杆的推力，其中总重力是固定的，而汽缸推力是可调的。

进料时，料位器输出信号，通过继电器和电磁阀使进料汽缸动作，使活动料斗开启下料门，同时松紧辊汽缸也动作，使辊筒合拢。断料时，松紧辊汽缸复位。辊间压力大小通过松紧辊汽缸的表压大小来调节。

(3) 传动装置　辊式砻谷机差速转动的功能是：使两辊筒相向转动，提供合理的线速差、线速和。一般采用三角带传动与齿轮变速箱相结合的传动方式，如图 4-10 所示。该传动能保证快、慢辊定速转动，同时还可根据需要进行变速，以得到合理的线速差和搓撕长度。

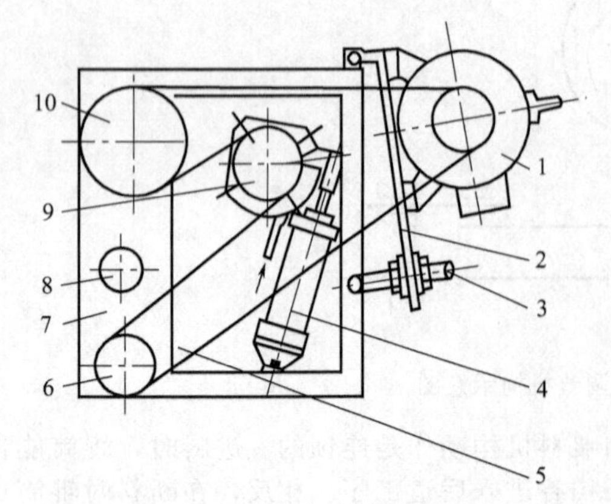

图 4-9 气动自动松紧辊结构

1—电机；2—电机安装底座；3—螺杆；4—松紧辊汽缸；5—双面平皮带；6—导向轮；7—可摇动框架

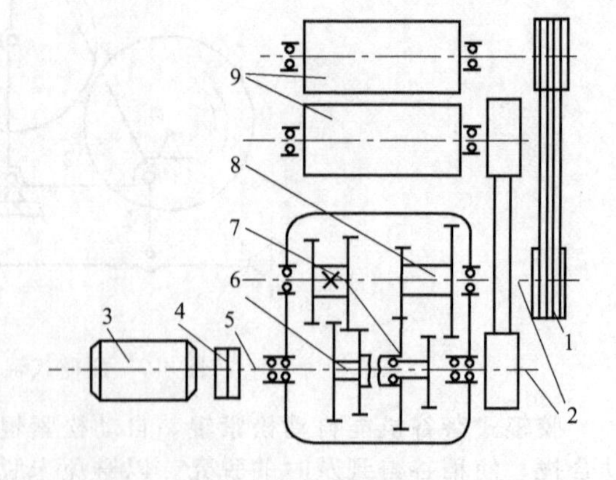

图 4-10 带传动与齿轮变速箱结合的传动装置

1—传动带轮；2—输出轴；3—电动机；4—连轴器；5—输入轴；6～8—滑动双联齿轮；9—辊筒

2. 胶辊砻谷机的工作原理和主要工作参数的确定

(1) 谷粒被夹入胶辊间的条件　当谷粒由喂料装置进入胶辊间时，谷粒受到重力 G，胶辊对稻谷的正压力 p_1、p_2，胶辊对稻谷的摩擦力 F_1、F_2 的作用。

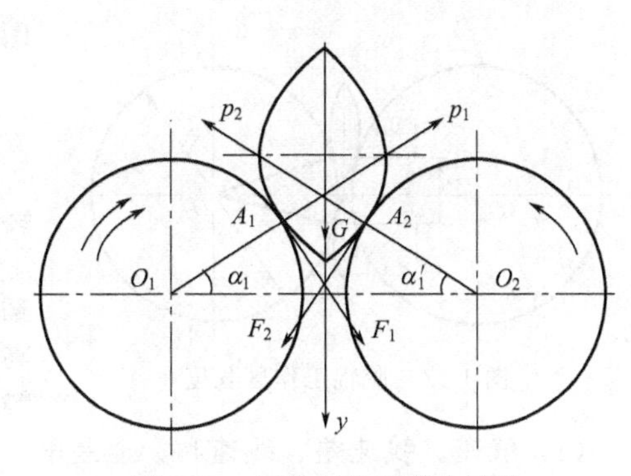

图 4-11　稻谷起轧时受力示意

如图 4-11 所示。稻谷与胶辊的接触点 A_1、A_2 为起轧点。胶辊圆心与起轧点的连线 O_1A_1、O_2A_2 与 O_1O_2 构成的夹角 α_1、α_1'为起轧角。

如果要使稻谷夹入工作区，就应满足下式条件：

$$p_1\sin\alpha_1+p_2\sin\alpha_1'-F_1\cos\alpha_1-F_2\cos\alpha_1'-G\leqslant 0$$

因为 $\alpha_1=\alpha_1'=\alpha_q$，$F_1=F_2=pf$，$p_1=p_2=p$。

式中，f 为摩擦系数，等于摩擦角的正切，即 $f=\tan\varphi$。

所以 $2p\sin\alpha_q-2pf\cos\alpha_q-G\leqslant 0$

当 G 忽略不计时，则可得下式：

$$\alpha_q\leqslant\varphi \tag{4-1}$$

由此可以得出结论，欲使稻谷进入工作区，起轧角不得超过稻谷与胶辊的摩擦角。因此，稻谷入辊的方向必须对准两辊轧距中点并位于两辊中心连接的垂直线上。只有这样，才能迅速被轧住。

(2) 脱壳作用过程分析　当谷粒被轧住后，由于快慢辊的两个摩擦力一个向下，一个向上，将对谷粒产生一旋转力矩。若稻谷横进，则可能转动；若稻谷直进，则偏转一定角度。谷粒愈细长，偏转角度也愈小。

一旦稻谷被夹入辊间后，在快慢辊的摩擦力作用之下，稻谷速度很快加速至慢辊线速而小于快辊的线速。此时快辊对谷粒的摩擦力使谷粒继续加速，而慢辊对谷粒的摩擦显然阻止加速。在一般情况下，动摩擦角小于静摩擦角，动摩擦系数小于静摩擦系数。所以，在一定的辊压下，谷粒相对快辊滑动时的动摩擦力小于谷粒相对慢辊滑动要克服的静摩擦力。因此谷粒在脱壳前被慢辊托起，并随慢辊一起运动，而相对快辊滑动。

随着谷粒的继续前进，轧距愈来愈小，胶辊对谷粒的挤压和摩擦力不断增加。当稻壳薄弱部分的结合力小于挤压搓撕力时，稻壳将被压裂和撕破，接触快辊一边的稻壳首先开始脱壳，如图 4-12(a) 所示。

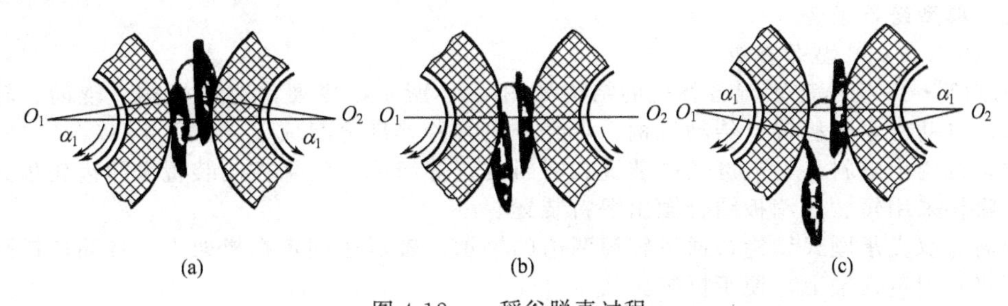

图 4-12　稻谷脱壳过程

如图 4-12(b) 所示，当谷粒通过轧距中心点（两辊中心连线）时，谷粒的速度介于快慢辊的线速度之间，谷粒对快慢辊都要发生相对滑动，使谷粒两侧的稻壳同时撕裂，并与两辊一起前进，达到脱壳的最大效能。

如图 4-13(c) 所示，当谷粒通过工作区的下段时，快辊与糙米接触，使糙米加速，并很快与快辊接近。糙米相对快辊静止而与慢辊相对滑动，使接触慢辊一侧的稻壳离开糙米，完成整个脱壳过程。

(3) 胶辊工作区长度　胶辊对谷粒从起轧点到终轧点的距离，叫作胶辊工作区长度，如

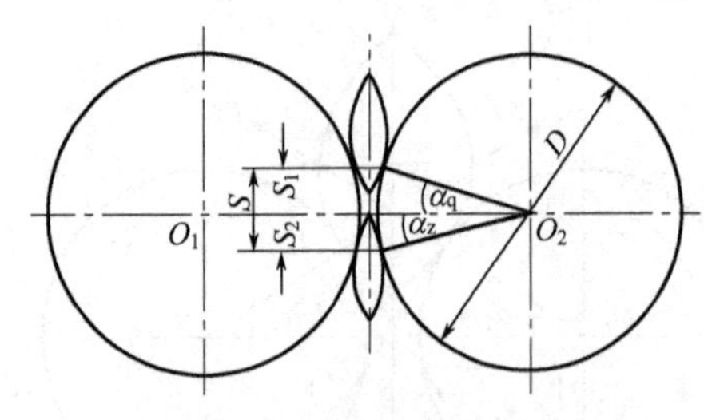

图 4-13　胶辊工作区长度

图 4-13 所示。

该长度 S 由上轧区 S_1 和下轧区 S_2 组成。

$$S=S_1+S_2=R(\sin\alpha_q+\sin\alpha_z) \tag{4-2}$$

式中，α_q 为起轧角；R 为胶辊半径，m；α_z 为终轧角。

上式表明，胶辊直径越大，工作区长度越大，稻谷经受胶辊脱壳作用的距离也越长，脱壳率会提高，但单位产量能量消耗和胶耗增加，同时也会使糙米表面拉毛、染黑。

（4）线速、线速差、线速和、速差率

① 线速　线速是指胶辊的圆周速度，可用下式计算：

$$v_1=\frac{\pi n_1 D_1}{60}=\omega_1 R_1=0.15n_1R_1 \tag{4-3}$$

$$v_2=\frac{\pi n_2 D_2}{60}=\omega_2 R_2=0.15n_2R_2 \tag{4-4}$$

式中，v_1 为快辊线速，m/s；v_2 为慢辊线速，m/s；n_1、n_2 为快、慢辊转速，r/min；R_1、R_2 为快、慢辊半径，m；D_1、D_2 为快、慢辊直径，m。

我国胶辊砻谷机快辊线速一般都在 18m/s 以下，而慢辊线速一般为 13～15m/s。

② 线速差　线速差即指快、慢辊的线速之差，用 v_c 表示：

$$v_c=v_1-v_2$$

我国胶辊长度在 300mm 以上的砻谷机，当慢辊线速在 13～14m/s 时，线速差为 2.6～3.2m/s。一般采用的线速差为：

大粒粳稻谷　　1.8～2.0m/s；
一般粳稻谷及易脱壳籼稻谷　　2.3～2.6m/s；
一般籼稻谷　　2.6～2.8m/s；
细长籼稻谷　　2.9～3.2m/s。

③ 线速和　线速和是指快辊线速和慢辊线速之和，用 v_h 表示，即：

$$v_h=v_1+v_2$$

随着胶辊直径逐渐变小，若慢辊线速保持不变，快辊线速则应有所增加。这就是说，生产中随着胶辊直径逐渐磨耗，当保持慢辊线速不变时，线速和应有所增加，至少不应当减少。否则在同样流量下脱壳率就降低，快慢辊线速和宜在 30m/s 左右。

二、典型砻谷设备

1. MLGT・36 型砻谷机

MLGT・36 型压砣紧辊砻谷机的结构如图 4-14 所示，主要由进料机构、辊筒、辊压调节机构、自动松紧辊机构、传动机构、谷壳分离装置等部分组成。

进料机构由进料斗、流量控制装置和喂料装置等组成。流量控制装置采用齿轮齿条闸板形式。喂料采用短、长淌板结合倾斜喂料装置。

辊筒为双支承座式结构，通过辊筒两边的轴承、轴承座固定在机架上。辊筒用锥形压盖紧定套将其固定在轴上，便于拆装更换。

辊间压力调节及松紧辊是采用机械自动松紧辊系统，由压砣式辊压调节机构和自动松紧辊机构组成，通过改变压砣的重量改变辊间压力。

传动装置为齿轮变速箱和三角带相结合的多级变速传动机构，可根据原料的加工品质改变线速差，以获得合理的搓撕长度。

2. MLGQ・25.4 型气压紧辊砻谷机

MLGQ・25.4 型气压紧辊砻谷机具有产量高、能耗低、噪声低、辊压调节准确、便于自动控制、辊筒结构简单、拆装方便等特点。MLGQ・25.4 型气压紧辊砻谷机的结构如图 4-15 所示，主要由进料机构、辊筒、传动机构、气压松紧辊机构、谷壳分离装置等部分组

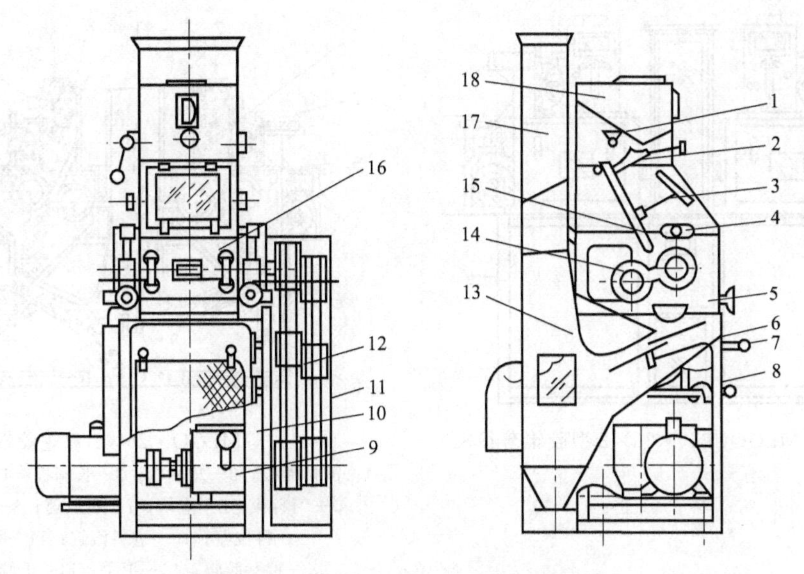

图 4-14 MLGT·36 型压砣紧辊砻谷机
1—流量调节机构；2—短淌板；3—长淌板角度调节机构；4—松紧辊同步轴；5—活动辊支撑点调节手轮；6—砻下物淌板角度调节机构；7—手动松紧辊操作杆；8—重砣；9—变速箱；10—机架；11—传动罩；12—张紧轮；13—稻壳分离装置；14—辊筒；15—长淌板；16—检修门；17—吸风管；18—进料斗

成。进料机构由进料斗、流量控制机构、进料汽缸、进料导向装置等组成。进料导向装置可随辊筒的磨耗自行调整位置，从而使谷流始终对准辊筒工作区。辊筒为悬臂式支承结构，拆装方便、迅速。更换辊筒时，只需松开紧定螺栓，便可将辊筒连同法兰一起抽出。另外，辊筒两端面不封闭，有利于辊筒散热。

传动机构与气压松紧辊机构组成一体。电动机安装在可摇动机架上，通过聚氨酯双面平胶带及导向轮带动两辊筒旋转。电动机安装底座可由螺杆进行调节，从而张紧平胶带。活塞杆在正常工作时，一直处于受拉状态，具有较好的稳定性。辊间压力是通过可摇动框架及电动机的自重与汽缸压力一同来控制的，正常生产时，表压控制在 0.2～0.3MPa。

3. MLGQ（T）·25×2 双座胶辊砻谷机

如图 4-16、图 4-17 所示，该机采用双机体，两对胶辊同时工作，产量大，占地面积小，进料闸门由汽缸驱动，并受料位器控制，当进料斗物料到达规定料位时，自动开闸并延时紧辊，辊间压力可以根据来料不同通过气动系统的控制单元换向调节，在工艺上，可利用该机将净谷与回砻谷分开加工，当加工回砻谷时，可降低气压，减小辊间压力以降低糙碎，从而提高脱壳率。

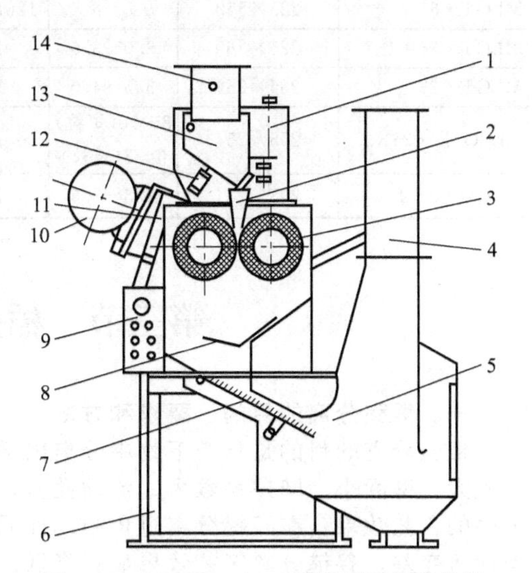

图 4-15 MLGQ·25.4 型气压紧辊砻谷机
1—流量调节机构；2—进料导向板；3—辊筒；4—吸风道；5—稻壳分离装置；6—底座；7—砻下物淌板；8—缓冲斗；9—气动控制箱；10—电机；11—可摇动框架；12—进料汽缸；13—活动料斗；14—料位器

该机传动系统采用双面同步带（或六角带）传动，取代常规齿轮箱，传动平稳且噪声小，无漏油污染且操作维修方便。

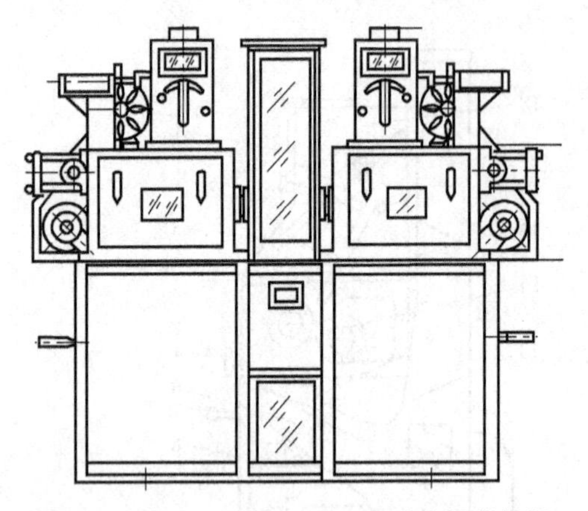

图 4-16　MLGQ(T)　·25×2 型胶辊砻谷机

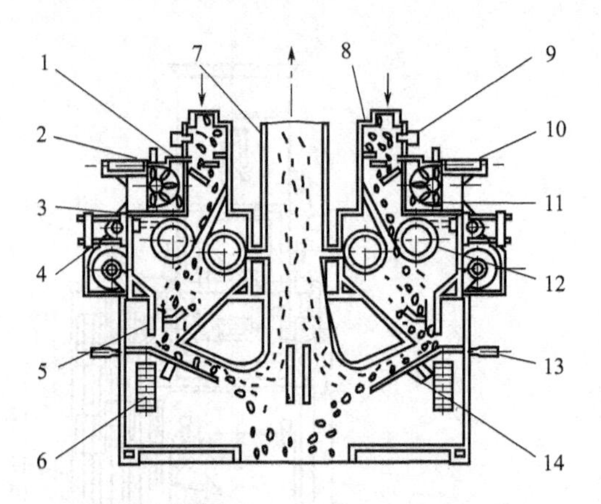

图 4-17　MLGQ·25×2 双座胶辊砻谷机
1—流量插板；2—短淌板；3—长淌板；4—压辊汽缸；
5—匀料板；6—重块；7—吸风道；8—进料座；
9—料位器；10—进料汽缸；11—手轮；
12—胶辊；13—把手；14—下淌板

4. 主要技术参数

见表 4-1。

表 4-1　典型砻谷机主要技术参数

项　目	胶辊规格（直径×长）/mm	产量(稻谷)/(t/h)	快辊转速/(r/min)	慢辊转速/(r/min)	功率/kW	风量/(m³/h)	外形尺寸（长×宽×高）/mm
MLGT·51	225×510	5～6	1267～1334	1031～1086	11	4800～5000	1300×1260×2100
MLGT·36	225×360	3.0～3.6	1309	1065	7.5	3600～4200	1255×1125×2315
MLGT·25	255×254	3.5～4.0	1200	900	5.5	3000～3600	1100×1075×2095
MLGQ(T)·25×2	255×254	8～10(短粒) 6～8(长粒)	1270	1020	5.5×2	5800～6500	2060×850×1840
MLGQ·25.4	255×254	2.3～2.5	1270	1020	5.5	2500～3200	1240×800×2370

第三节　稻壳的分离与收集

一、稻壳分离的目的、要求和方法

稻壳分离的目的是从砻下物中分离出稻壳。砻下物是糙米、稻谷、稻壳的混合物。稻壳体积大、密度小、摩擦系数大、流动性差，如不及时将其从砻下物中分离出来，会影响后道工序的工艺效果。在谷糙分离过程中，如果谷糙混合物中含有大量的稻壳，谷糙混合物的流动性将变差，谷糙分离工艺效果显著降低。同样，回砻谷中如混有大量的稻壳，将会降低砻谷机产量、增加能耗和胶耗。

稻壳分离的工艺要求是：稻壳分离后谷糙混合物含稻壳率不应超过 1%、每 100 千克稻壳中含饱满粮粒不应超过 30 粒。

稻壳的悬浮速度与稻谷、糙米有较大的差别，因此可用风选法将稻壳从砻下物中分离出来。此外，稻壳与稻谷、糙米的密度、容重、摩擦系数等也有较大的差异，可以利用这些差异，先使砻下物产生良好的自动分级，然后再与风选法相配合，这样更有利于风选分离效果的提高和能耗的降低。

二、FL·14 型稻壳分离器

谷壳分离装置的结构如图 4-18 所示，主要由进料口、可调节淌板、调风门和吸风管等部分组成。砻下物由进料口通过缓冲槽落到淌板上进行自动分级。淌板为鱼鳞板，且可以根据要求改变其倾斜度。由于淌板表面粗糙，又有自下而上气流的作用，所以物料能形成良好的自动分级，使稻壳浮于上层，为稻壳分离创造了有利的条件。当物料进入谷壳分离区时，由于吸风口为喇叭形且具有较适宜的分离长度和风速，可达到完全分离的效果。此外还可双面进风，部分气流穿过物料，另一部分由背面进入，继续加速稻壳进一步分离，并阻止稻壳回流。FL·14 型稻壳分离器是我国最常用的、分离效果较好的一种稻壳分离装置。

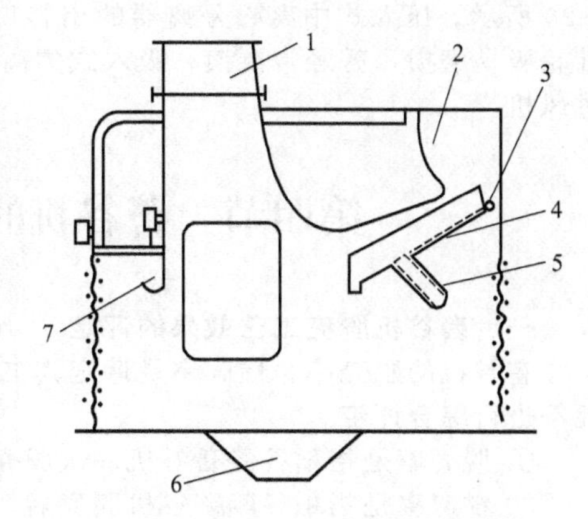

图 4-18　FL·14 型稻壳分离器结构
1—吸风管；2—进料口；3—缓冲槽；4—鱼鳞孔淌板；5—角度调节机构；6—出料口；7—调节风门

三、稻壳收集

经风选分离后，稻壳收集是稻谷加工中不可忽视的工序。稻壳收集，不但要求把全部稻壳收集起来，而且要求空气达标排放，以减小大气污染。稻壳收集的方法主要有重力沉降和离心分离沉降两种。

1. 重力沉降

重力沉降是使稻壳在随气流进入沉降室后突然减速的情况下，依靠自身的重力而沉降的方法。实际使用中，沉降室通常建成立方仓结构，如图 4-19 所示，俗称大糠房。带有稻壳的气流进入大糠房后，由于体积突然扩大，风速骤然降低，稻壳及大颗粒灰尘便随自重逐步沉降，气流则由大糠房上部气窗或屋顶排气管排出。

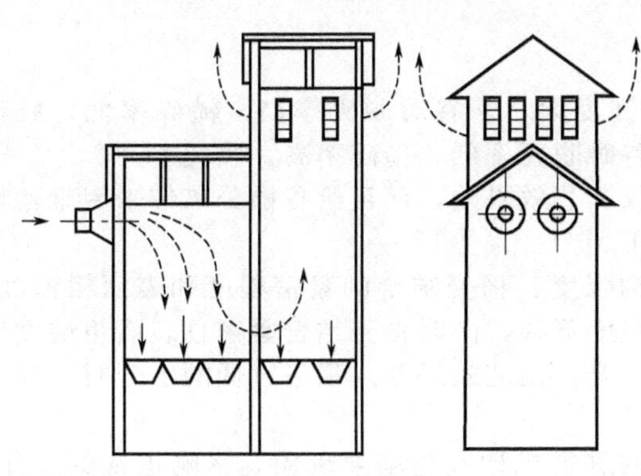
图 4-19　大糠房

该收集方法能耗低，但占地面积大、降尘效果较差、易造成糠尘外扬，因此使用时应考虑环境的要求。

2. 离心分离

离心分离是使带稻壳的气流直接进入离心分离器（刹克龙）内，利用离心力和重力的综合作用使稻壳沉降的方法。离心分离器对于粒径大于 $10\mu m$ 的物料颗粒有较高的分离效率。为了延长离心分离器的使用寿命，常用玻璃来制造离心分离器。该方法具有结构简单、价格低、维修方便等特点。

离心分离根据离心分离器在气路中所处位置的不同，可分为压入式和吸入式两种，如图

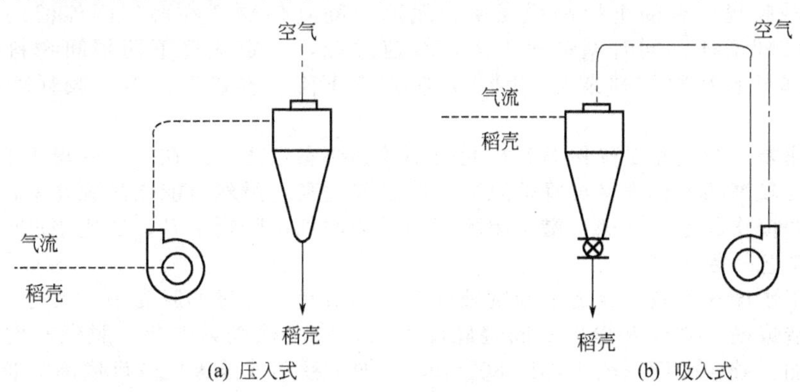

图 4-20　离心沉降法

4-20所示。压入式中离心分离器的出料口处可不设置闭风器，但因稻壳要流过风机，风机叶轮极易磨损，需经常更换；吸入式的离心分离器出料口处必须配用闭风装置，因稻壳不流过风机。

第四节　砻谷机的操作与工艺效果的评定

一、砻谷机脱壳工艺效果的评定

砻谷机的脱壳率、糙碎率是评定其工艺效果的主要指标，同时还应结合产量、电耗、胶耗等进行综合评定。

① 脱壳率是指稻谷经砻谷机一次脱壳后，脱壳的稻谷数量占进机稻谷数量的百分率。

② 糙碎率是指稻谷经砻谷机脱壳后，碎米粒占脱壳产品中整米和碎米总和的百分率。

③ 胶耗是指每加工100千克稻谷所消耗的橡胶克数或一对胶辊所加工的稻谷量。

④ 电耗是指砻谷机生产1t糙米所耗用的电量。

⑤ 产量是指砻谷机单位时间内加工成糙米的稻谷数量。

砻谷机工工艺指标：

① 胶辊砻谷机的脱壳率　粳稻80%～90%，籼稻75%～85%。

② 砻下物碎米含量　早籼稻谷不超过5%，晚籼稻、粳稻谷不超过2%。

③ 砻下物经稻壳分离后　每100千克稻壳中含饱满粮粒不应超过30粒；谷糙混合物中含稻壳量不应超过0.8%；糙米中含稻壳量不应超过0.10%。

二、影响砻谷机工艺效果的因素

1. 原料因素

(1) 品种　粳稻短而圆，壳薄，籽粒结构强度大，砻谷时脱壳率高，糙碎率低，胶耗少。籼稻细而长，壳厚，籽粒结构强度低，砻谷时脱壳率低，糙碎率高，胶耗上升。

粒度大小不一，混杂严重稻谷，砻谷时不仅工艺效果差，而且给谷糙分离带来困难，增加回砻谷的流量。加工时，宜大、小粒分级加工。

(2) 水分　水分的高低主要影响糙米的结构强度、稻壳结合的紧密程度和表面粗糙度。稻谷水分过高时，易造成糙米内部结构松散且强度下降，同时稻壳结合紧密且表面粗糙度增加，因此砻谷时糙碎增加、脱壳率下降、胶耗上升，工艺效果差。稻谷过低的水分时，糙米脆性增加，砻谷时糙碎也上升，工艺效果下降。

(3) 含杂量　含杂量过高，易造成砻谷机的进料机构发生堵塞现象，影响正常的工作，同时胶辊表面刮痕严重，胶耗上升。

2. 设备因素

(1) 线速　在一定流量下，线速主要影响两辊间物料的数量、物料在两辊间的停留时间、砻谷机的振动及噪声和胶耗。一定流量下，适当提高线速可降低两辊间物料的数量，增加物料接触胶辊，有助于提高脱壳率；线速过高则使物料在两辊间停留的时间短，脱壳率降低，胶耗增加，同时振动噪声大；线速过低，一定流量下两辊间物料增加，接触胶辊的机会降低且物料排列杂乱，因此，脱壳率下降，糙碎率上升，胶耗增加，工艺效果降低。

(2) 线速差　线速差是确保砻谷机脱壳率的必要参数之一。在一定的辊压下，合适的线速差既可保证较高的脱壳率又可降低胶耗；线速差过高，虽然可能提高脱壳率，但是也易造成糙米表面的损伤起毛和染黑，糙米爆腰率和糙碎增加，胶耗上升；线速差过低，脱壳率和产量较低，工艺效果下降。

(3) 胶辊硬度和安装　合适的胶辊硬度使砻谷机具有良好的脱壳率，胶耗也低；胶辊硬度过高，易造成糙米破碎和爆腰；胶辊硬度过低，胶辊橡胶易老化，脱壳时使糙米表面染黑，胶耗增加。胶辊硬度一般为邵氏80°～90°，加工粳稻或夏天应选硬度高的胶辊，加工籼稻或冬天应选硬度低的胶辊。

安装胶辊时要求两辊中心线平行、两辊端面要对齐，否则易产生大小头和飞边现象，造成胶辊利用率下降，胶耗增加，同时脱壳率和产量也降低。

3. 操作因素

(1) 流量 其他条件一定，流量主要影响砻谷机的脱壳率、糙米损伤、胶耗和糙米的产量。流量过高，两辊间稻谷的数量增加且排列无序，稻谷接触胶辊的机会低，所以，砻谷时脱壳率下降，糙碎增加，胶耗上升，产量可能降低；流量过低，辊间稻谷数量少，接触胶辊的机会多，虽然可提高脱壳率，但产量可能降低，胶耗增加。

(2) 辊压 在线速差一定时，合适的辊压，可保持较高的脱壳率，糙米表面损伤少，糙碎和爆腰低，胶耗少；辊压过高，则可能使脱壳率下降，糙米表面损伤严重，糙碎爆腰上升，胶耗增加；辊压过低，稻谷在辊间所受挤压力小，从而使搓撕力下降，脱壳率降低，工艺效果差。

(3) 吸稻壳风量 合适的吸稻壳风量既可保证较高的吸稻壳效率，同时减少跑粮现象发生。吸稻壳风量过高，虽然可提高吸稻壳效率，但也易造成粮粒被吸走；吸稻壳风量过低，则造成吸稻壳效率下降。

(4) 前后工序的配合 在工艺流程中，砻谷机位于清理工序之后、谷壳及谷糙分离工序之前。进入砻谷机脱壳的稻谷除经过清理之后的稻谷（净谷）外，还有经过稻壳与谷糙分离后的回砻谷，所以前后工序的工艺效果与砻谷工艺效果有密切的关系。净谷含杂过多，将会使砻谷机产量下降，胶耗、电耗增加。回砻谷中含糙米、稻壳过多时，一方面会减少谷粒进入两胶辊工作区的机会，使胶砻产量下降，胶耗、电耗增加，另一方面将因糙米在两辊间再次受到挤压而增加碎米，影响出品率。由此可见，提高净谷纯度，减少回砻谷中的糙米和稻壳，是提高砻谷工艺效果的重要条件。

三、砻谷机的操作与维护

1. 胶辊选择和安装

根据加工稻谷类型、品种和室温等条件合理选择胶辊硬度，并要求每对胶辊长度相差不过 1mm。胶辊与轴装配时，应校好轴和胶辊的同心度，检查静平衡。幅板式胶辊在安装前可在专用设备上检查幅板孔与胶辊外圆的同心度。胶辊装上砻谷机时，应使两辊端面齐平，淌板位于正中，即距胶辊两端面距离相等。淌板沿胶辊长度方向不应有倾斜，淌板的角度及位置应使淌板上下落的稻谷对准两辊切线方向。装有自动松紧辊机构的砻谷机，应调整好行程开关的位置及其他自动机构的灵敏度，以保证工作的可靠性。

2. 开机前的准备

① 检查各零、部件装置是否正常，净谷质量是否符合要求。

② 检查快、慢辊转速、线速和线速差是否符合要求。

③ 调整好轧距、预定的重砣重量，并使两辊平行。

④ 检查皮带松紧是否恰当，若皮带过松应张紧或调整，还要检查齿轮箱内油位是否正常，齿轮排档是否推足上好。

3. 开机中注意事项

① 用手拉动皮带，观察传动系统是否正常。运转正常无异声后，再开启进料闸门进行砻谷。开启闸门后，要检查下料是否均匀，流量是否合适；若有杂物堵住下料口时，应及时清除。

② 检查砻下物的脱壳率和碎米率情况。脱壳率应根据稻谷品质掌握，控制在：粳稻谷 80%～90%；籼稻谷 75%～85%。刚开机 5～10min 后，应检查一次。检查时，应注意砻下物出口两端和中间部位的脱壳率是否一致。在室温较低的冬季，刚开机的 5～10min 内脱壳率可低一些，要防止因胶辊温度低、硬度高而增加碎米。控制砻下物碎米含量，早籼稻谷不超过 5%，晚籼稻谷、粳（糯）稻谷不超过 2%。

③ 调整好风门和淌板，做到谷糙中稻壳含量不超过规定要求，稻壳中含饱满粮粒不超过 30 粒/100kg。附耳倾听吸糠管应无谷粒撞击管道声音。

④ 黑色胶辊耐温性差，在热天应尽可能使温度降低，要采取通风降温、轮流调换胶辊

使用等措施。

⑤ 根据加工稻谷的特点，正确地改变工艺操作条件。在加工高水分稻谷时，难脱壳、易碎、胶辊易起槽，可适当增加线速差，选用直径大、硬度低的胶辊，减小辊压，减小流量，降低脱壳率，脱壳率可掌握在65%～70%。

在加工存放多年的陈籼稻谷时，由于这种稻谷的特点是壳松、易碎，可选用直径大、硬度低的胶辊，适当减小辊压和线速差，流量可按正常籼稻谷流量或略有增加，但脱壳率应低于正常脱壳率，一般可掌握在70%～75%或更低。

⑥ 生产中如遇突然停机（包括事故停机），应将进料闸门关闭，将胶辊松开，并将积存在辊面上的稻谷全部清除。

4. 停机后的注意事项

① 检查胶辊使用情况。检查传动部分润滑情况。按规定更换或加润滑油。

② 胶辊保管与存放。新辊应立放在干燥阴凉的地方，下面用木板垫好，不要放在水泥地板上，尤其不要横放或重叠堆放。不放在有阳光直接照射处，禁止与酸、碱、油类或其他有机溶剂等相接触，并距离发热装置1.5m以上，以免发生胶辊被腐蚀、氧化、变形和变性等不良现象。

胶辊不宜长期贮存，一般贮存时间不应超过一年，以免胶层老化变质，影响使用寿命。

胶辊在搬运、装卸时应轻拿轻放，防止震动撞击。已装在轴上的胶辊，要用架子架好，轴承用油纸或塑料薄膜包好，切勿随地乱放。

四、胶辊砻谷机的常见故障及排除方法（见表4-2）

表4-2　胶辊砻谷机常见故障产生原因和排除方法

故　障	产　生　原　因	排　除　方　法
脱壳率过低	1. 重砣加得太轻，辊间压力不够 2. 快辊胶层磨耗过多，齿轮箱档位选择不当，引起线速差降低 3. 皮带严重打滑，引起线速差降低 4. 胶辊表面产生凹凸形状，起槽、失圆和产生大小头 5. 进料流量过大 6. 胶辊产生飞边	1. 适当增加压砣重量 2. 变换快慢辊转速，保持应有线速差 3. 张紧皮带 4. 参见以下与此产生原因相同的故障排除方法 5. 适当控制流量 6. 保证淌板导料准确，胶辊与淌板两边对齐
砻下含碎和爆腰增多，米粒染黑	1. 压砣加得太重，辊间压力太大 2. 线速差过大，脱壳率过高 3. 砻谷机震动过剧 4. 回砻谷含糙过多 5. 胶辊表面硬度过高 6. 原粮水分过高或过于干燥	1. 适当减轻压砣重量 2. 调整快慢辊线速，保证线速差，降低脱壳率 3. 参见以下与此产生原因相同的故障排除方法 4. 控制回砻谷含糙不超过10% 5. 调换硬度合适的胶辊，胶辊露铁后应及时更换 6. 根据原粮情况合理掌握脱壳率
稻壳含粮过多	1. 吸风量过大，引起吸口风速过高 2. 稻壳分离淌板安装不正，角度过平，板面不平整或后风门调节板过低 3. 匀料斗（板）磨穿	1. 适当减少吸风量 2. 仔细检查调整 3. 更换匀料斗（板）
砻下物含稻壳过多	1. 吸风量不够 2. 稻壳风管、稻壳间或稻壳收集器堵塞 3. 稻壳分离淌板角度过大或后风门调节板过高与过低 4. 吸口风管漏风 5. 匀料斗（板）磨穿	1. 适当增加风量 2. 检查清理风管、稻壳间及收集器 3. 仔细检查调整淌板角度或后风门调节板 4. 加强密封 5. 更换匀料斗（板）

续表

故障	产生原因	排除方法
胶辊表面起槽	1. 流层厚薄不匀或流量过大 2. 砻谷机震动过于剧烈 3. 原料含硬性杂质过多 4. 落料冲击胶辊 5. 线速过低或线速差过大 6. 原粮水分过高 7. 胶辊硬度选择不当	1. 保证淌板平整,清除落料中杂质等障碍,控制流量 2. 参见本表中与此产生原因相同的故障排除方法 3. 加强清理去石和磁选 4. 调整淌板角度,落料对准轧距 5. 合理调整线速和线速差 6. 控制进机原粮合理水分 7. 根据车间气温,合理选择胶辊硬度
胶辊产生大小头	1. 两胶辊轴线不平行 2. 闸门开启大小不一致,淌板两侧高低不一 3. 压砣一边重、一边轻 4. 胶辊保管不善 5. 回砻谷进机前与净谷掺和不匀 6. 两边手轮压紧弹簧弹性不一	1. 保证两胶辊轴线的平行度 2. 保证料门大小一致,淌板安装平整角度一致 3. 检查杠杆机构,调整压砣位置 4. 加强胶辊的维护 5. 使回砻谷与净谷掺和均匀 6. 更换弹性一致的弹簧
胶辊中部产生凹凸现象	1. 淌板下料不匀,有中间厚(薄)、两边厚(薄)的现象 2. 淌板宽度窄于胶辊 3. 两胶辊中心线不平行 4. 进料闸门磨损成月牙形	1. 检查淌板的平整度和角度调节机构的安装情况,进料闸门开启是否一致 2. 更换淌板 3. 检验胶辊,使中心线平行 4. 更换闸门
胶辊产生麻点或云斑	1. 稻谷中含硬性杂质过多 2. 回砻谷含糙过多 3. 压砣太重,使辊间压力太大而产生高温 4. 胶辊质量太差 5. 活动辊发生跳动 6. 胶辊表面沾油腐蚀	1. 加强清理 2. 降低回砻谷含糙率 3. 调整压砣重量 4. 更换较好质量的胶辊 5. 检查活动辊轴承或轴承附件是否松动 6. 加强管理,避免油污
砻谷机震动过于剧烈	1. 紧固零部件松动 2. 胶辊不平衡 3. 胶辊轴承损坏 4. 皮带过紧或过松 5. 线速和线速差过大	1. 检查紧固零部件 2. 校正胶辊偏重、失圆与轴同心度,或检查新辊校正时所加平衡物质是否脱落 3. 更换轴承 4. 调整皮带松紧度 5. 合理调整线速和线速差

【思考与练习】

1. 砻谷的原理与方法有哪些?
2. 胶辊砻谷机的工作原理是什么?为什么说线速和线速差是影响胶辊砻谷机工艺效果的主要因素?
3. 稻谷工艺品质对砻谷工艺效果有什么影响?
4. 胶辊砻谷机工作参数如何确定?
5. 砻谷机流量的大小对砻谷效果有哪些影响?辊压的大小对砻谷效果有哪些影响?
6. 简述脱壳率低的原因及排除办法。
7. MLGT·36 砻谷机进料机构的作用是什么?MLGT·36 砻谷机辊压如何调节?
8. 分析胶辊砻谷机的脱壳过程。
9. 脱壳工艺效果的评定指标有哪些?

10. 简述谷壳分离的目的与要求。

【实验与实训】

[实验实训九] MLGT·36 型砻谷机的操作与调整

观察工厂工人操作砻谷机，在指导老师的指导下调整辊压调整机构，调整辊间压力，并取样分析调整前后脱壳率及糙碎率的变化。

第五章　谷糙分离

学习目的

了解谷糙性质及其分离的依据与方法；掌握谷糙分离的设备结构与原理及影响其工艺效果的因素；能正确选择工作参数；能分析设备常见故障。

重点难点

重力谷糙机的结构及工艺参数的确定；设备的操作与工艺效果的关系。

第一节　谷糙分离的原理与方法

一、谷糙分离的目的

稻谷经砻谷后，砻下物为稻谷、糙米和稻壳的混合物。稻壳经吸风分离被风吸走，剩下的是糙米和少量未脱壳的稻谷。根据工艺要求，谷糙混合物须进行分离，分出纯净糙米送往下道碾米工段碾米。糙米中含有谷过多，会影响碾米工艺效果，降低成品质量。通常将谷糙分离出的稻谷叫回砻谷。回砻谷中含糙过多，也会影响砻谷机的产量、胶耗和动耗，而且会造成糙碎增加，出米率降低，糙米起毛、染黑，反过来影响谷糙分离。

二、谷糙分离的基本原理和方法

谷糙分离是稻谷加工艺中一个非常重要的环节，也是实际生产过程中出现问题较多部位，所以充分了解各方面的因素是确保良好谷糙分离效果的必要条件。

1. 谷糙混合物的工艺特性

① 稻谷与糙米在粒度上存在差异，稻谷的粒度大于糙米；

② 糙米的表面粗糙度小于稻谷；

③ 稻谷的弹性大于糙米；

④ 稻谷的悬浮速度、密度、容重小于糙米。

2. 谷糙分离的基本原理

谷糙分离的基本原理就是利用稻谷和糙米的粒度、密度、摩擦系数、悬浮速度等物理性质的差异，借助谷糙混合物在运动过程中产生的自动分级，即稻谷上浮糙米下沉，采用适宜的机械运动形式和装置将稻谷和糙米进行分离和分选。

3. 谷糙分离的基本方法

目前，常用的谷糙分离方法主要有筛选法、密度分离法两种。

(1) 筛选法　筛选法是利用稻谷和糙米间粒度的差异及其自动分级特性，配备以合适的筛孔，借助一定筛面的运动形式进行谷糙分离的方法。常用的设备是谷糙分离平转筛。

谷糙分离平转筛利用稻谷和糙米在粒度、密度以及表面摩擦系数等物理特性的差异，使谷糙混合物在做平面回转运动的筛面上产生自动分级，粒度大、密度小、表面粗糙的稻谷浮于物料上层，而粒度小、密度大、表面较光滑的糙米沉于底层。糙米与筛面接触并穿过筛孔，成为筛下物，稻谷被糙米层所阻隔而无法与筛面接触，不易穿过筛孔，成为筛上物，从而实现谷糙分离。

(2) 密度分离法　密度分离法是利用稻谷和糙米在密度、表面摩擦系数等物理性质的不同及其自动分级特性，在做往复振动的粗糙工作面板上进行谷糙分离的方法。常用的分离设备是重力谷糙分离机。其原理见图 5-1 所示。

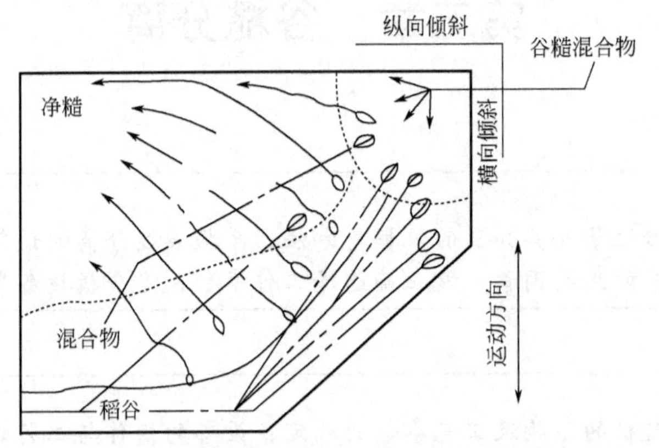

图 5-1　谷糙混合物在粗糙工作面上的运动状态

重力谷糙分离机利用稻谷与糙米的密度、表面摩擦系数等物理特性的差异，借助双向倾斜并做往复振动的粗糙工作面的作用，使谷糙混合物产生自动分级，稻谷“上浮”，糙米“下沉”。糙米在粗糙工作面凸台的阻挡作用下，向上斜移从工作面的斜上部排出；稻谷则在自身重力和进料推力的作用下向下方斜移，由下出口排出，从而实现谷糙的分离。

第二节　谷糙分离设备

一、谷糙分离平转筛

谷糙分离平转筛具有结构紧凑、占地面积小、筛理流程简短、筛理效率高、操作管理简单等特点，是稻谷加工厂广泛使用的谷糙分离设备。图 5-2 所示为谷糙分离平转筛的结构。主要由进料装置、筛体、筛面倾斜角调节机构、偏心回转机构、传动及调速机构和机架等部分组成。

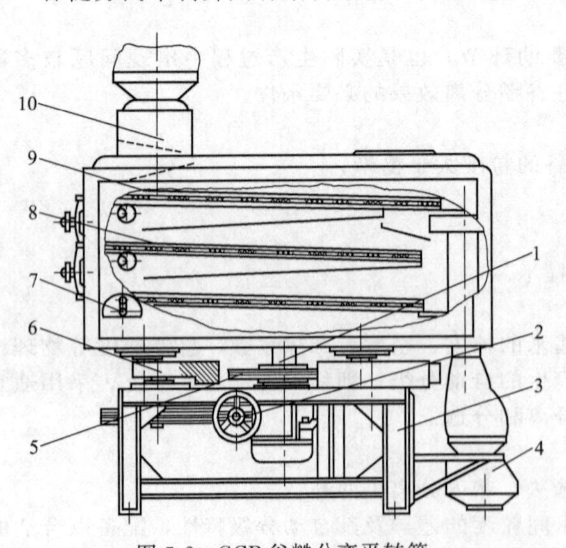

图 5-2　GCP 谷糙分离平转筛

1—调速机构；2—调速手轮；3—机架；4—出料机构；5—过桥轴；6—偏心回转机构；7—筛面倾斜角调节机构；8—筛面；9—筛体；10—进料装置

进料装置由盆形接料口和料箱组成。料箱内装有导料淌板，以确保喂料均匀及减小物料对筛面的直接冲击力。接料口与进料管之间常用帆布或软管连接，防止灰尘飞扬。

筛体内装有三层抽屉式筛格，每层筛面下均设有集料板，将筛下物导向下层筛面的进料端，以确保筛上物料的厚度，促进物料的自动分级。各层筛面的上方（进料端）均分别装有筛面倾斜角调节机构，通过偏心轮的改变来调节筛面的倾斜角。

筛体通过三组偏心回转机构支承在支承机架上，由传动机构带动其中一组偏心回转机构转动，筛体做平面回转运动，筛体运动惯性力与回转机构偏重块的运动惯性力相平衡，筛体回转半径为偏心回转机构的偏心距，转速取决于调速机构的传动比。

传动及调速机构包括减速装置和调速装置两部分。GCP・63×3 型谷糙分离平转筛的减速装置采用齿轮减速箱，而 GCP·80×3 型、GCP·100×3 型和 GCP·112×3 型谷糙分离平转筛的减速装置采用过桥轴减速机构。调速装置由调速机构和调速张紧机构两部分组成。调速机构如图 5-3 所示。调速时，转动调速手轮，调节主、从动轮之间的中心距，在弹簧压力的作用下，活动带轮上下移动，改变可分离带轮的工作半径，达到调速的目的。

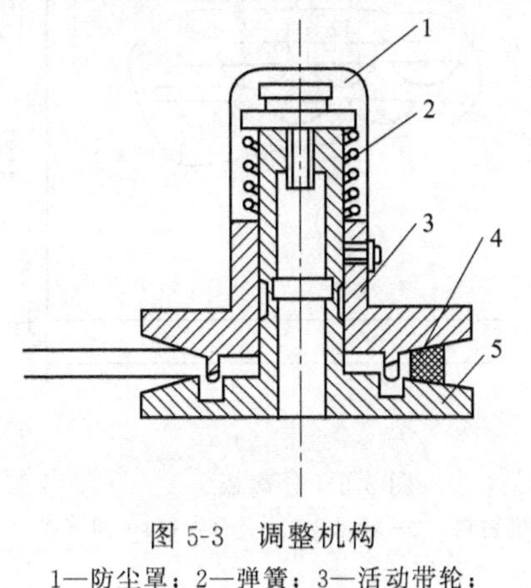

图 5-3 调整机构
1—防尘罩；2—弹簧；3—活动带轮；
4—三角带；5—固定带轮

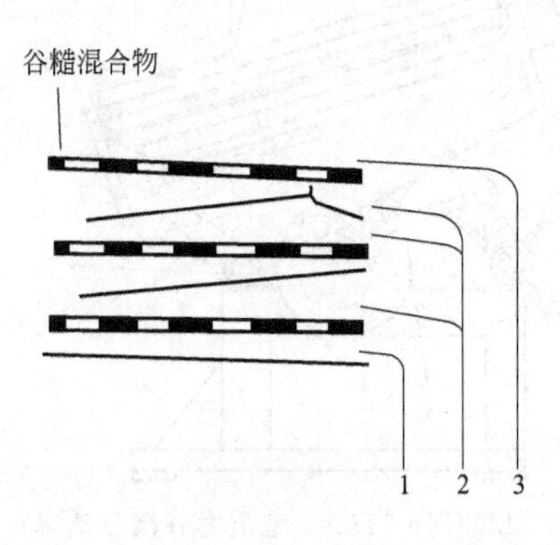

图 5-4 谷糙分离平转筛的筛理流程
1—净糙；2—回筛物；3—回砻谷

工作时，筛体做平面回转运动，倾斜筛面上的谷糙混合物在离心惯性力、自身重力和摩擦力等作用下做螺旋运动，经三层筛面的连续筛理，完成谷糙分离过程。其筛理流程如图 5-4 所示。

谷糙分离平转筛的主要技术参数见表 5-1。

表 5-1 谷糙分离平转筛技术参数

项 目	MGCP·63×3	MGCP·80×3	MGCP·100×3	MGCP·112×3
产量/(t/h)	1.5	2.4	3.6	4.8
转速/(r/min)	150±15	150±15	150±15	150±15
偏心半径/mm	40	40	40	40
筛面角度/(°)	1～3	1.5～3	1.5～3	1.5～3
功率/kW	0.55	1.1	1.1	1.1
外形尺寸(长×宽×高)/mm	360×740×1410	595×1000×1440	690×1100×1520	690×1230×1520

二、重力谷糙分离机

重力谷糙分离机的最大特点是对品种混杂严重、粒度均匀性差的稻谷原料加工有较强的适应性、谷糙分离效率高、操作管理简单等。图 5-5 所示为 MGCZ·115×5 型重力谷糙分离筛的结构，主要由进料机构、分离箱体、偏心传动机构、支承机构和机架等部分组成。

进料机构包括进料斗、流量控制闸门、大杂筛面和匀料装置，主要起调节流量、清除大杂和均匀分料的作用。

分离箱体由五层分离板、框架和出料装置组成。分离板如图 5-6 所示，是该机的主要工作构件，它是由薄钢板冲制而成，凸台呈马蹄形，其高度为 2．4mm。凸台的作用是增加工作面的粗糙度，促进工作面上物料的自动分级，并对与工作面接触的物料产生一定的下滑阻力。

出料装置设有出料调节板，用于调节出机稻谷、糙米及混合物的相对比例，从而控制净糙和回砻谷的纯度和流量。

分离箱由两组支承杆共同支承在机架上，分离箱体为双向倾斜，且横向倾斜角（横向与箱体振动方向一致）大于纵向倾斜角。箱体的横向倾斜角可由支承机构偏心升降装置来调节，以适应工艺及原料需要。

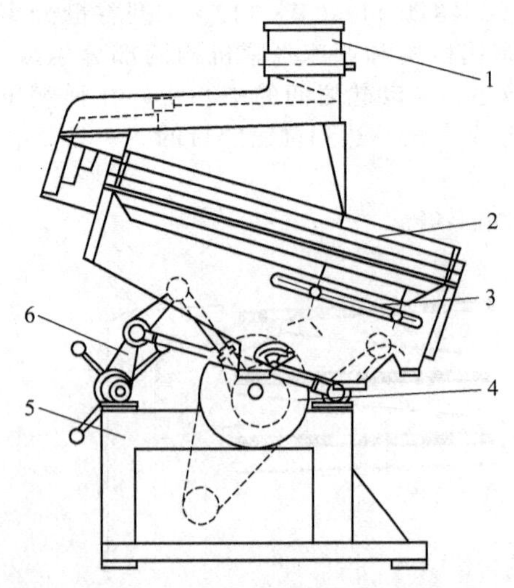

图 5-5 MGCZ·115×5 型重力谷糙分离筛
1—进料机构；2—分离箱体；3—出料口调节板；4—偏心传动机构；5—机架；6—支承机构

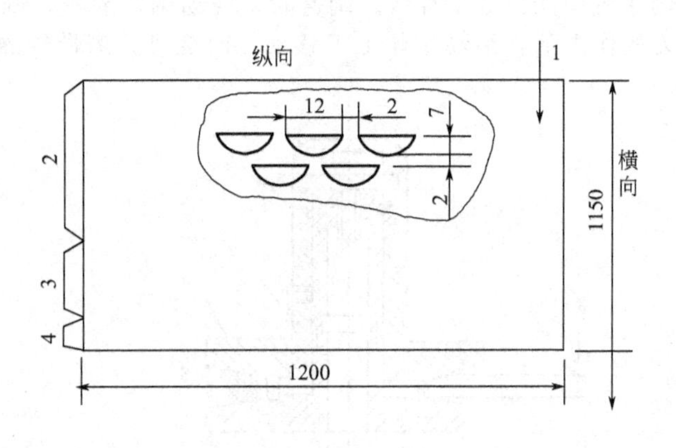

图 5-6 分离板
1—进机物料；2—糙米；3—混合物；4—回砻谷

重力谷糙分离机的技术参数见表 5-2。

表 5-2 重力谷糙分离机的技术参数

项 目	MGCZ·40×20×2	MGCZ·60×16×2	MGCZ·60×16	MGCZ·115×12	MGCZ·100×7	MGCZ·100×10
产量(糙米)/(t/h)	5.0～7.5	2.2～3.5	1.25～1.75	4.0～4.2	2.5～2.9	3.3～3.5
分离板数×层数	20×2	16×2	16	12	7	10
转速/(r/min)	300	280	280	228	250	228
倾角(纵向/横向)/(°)	10/3～10	6/6～14	6/6～14	6.5/12～18	6.5/14～18	6.5/12～18
功率/kW	4.0	3.0	2.2	1.5	1.5	1.5

第三节 谷糙分离设备工艺效果评定及影响因素

一、影响谷糙分离设备工艺效果的因素

1. 原料因素

原料品种、水分、脱壳率、稻壳含量、品种互混、糙米表面的损伤程度等均影响谷糙分离工艺效果。

(1) 水分 在一定进机流量下，过高的水分，物料在工作面上的运动速度下降，料层厚度变厚，糙米下沉难度增加、稻谷上浮不易，自动分级效果差，谷糙分离效果不佳。

(2) 糙米表面的损伤程度 糙米表面的损伤是指其表面起毛、染黑，光滑程度下降。这样就降低了糙米与稻谷在表面粗糙度上的差异，工作面上物料自动分级效果下降，回砻谷含糙过多，再回砻谷机脱壳势必造成糙米表面损伤更加严重。

(3) 稻壳含量 稻壳含量的高低主要影响工作面上物料的运动速度和自动分级效果。过高的稻壳含量，将导致工作面上物料运动速度下降，从而使自动分级效果降低，谷糙分离效果下降，同时，可能影响成品的质量和砻谷机的胶耗。

(4) 脱壳率 脱壳率过低，谷糙比过高，谷糙分离时稻谷接触工作面的机会增加，造成糙米含谷超标，分离效果下降。

重力谷糙分离机对原料互混适应性强。对于谷糙分离平转筛，原料品种不同、不同品种原料互混，因籽粒大小不一，会造成筛孔大小选配困难，小粒稻谷和大粒糙米不论对自动分级或穿过筛孔都极为不利，使净糙和回砻谷的质量都达不到要求，引起筛理效果的降低。为了提高谷糙分离平转筛的谷糙分离效果，要求稻谷品种的互混率小于10%，稻谷的脱壳率大于75%，谷糙混合物中的含稻壳率小于0.8%。

2. 设备因素

(1) 谷糙分离平转筛工艺效果的因素

① 转速与回转半径　筛体的转速和回转半径是影响谷糙分离平转筛工艺效果的两个重要因素。转速快，谷糙混合物在筛面上相对运动的速度就快，自动分级作用强，但物料穿过筛孔比较困难。转速过快会使糙米提取量减少；转速慢，物料在筛面上相对运动的速度就慢，自动分级作用较差，但物料穿孔机会较多，容易使稻谷穿过筛孔影响净糙质量。

回转半径的大小主要关系到物料在筛面上运动轨迹的大小，在转速恒定的情况下，回转半径大，则物料运动轨迹也大，相应的筛理路线较长，有利于混合物的自动分级和提高分离效果。回转半径小则会得到相反的结果。但是转速和回转半径是两个互相联系的因素，筛体的转速与回转半径的平方根成反比。为了保证混合物具有适宜的相对运动速度，小的回转半径应采用较快的转速；大的回转半径应选用较慢的转速。根据理论计算和生产实践经验，谷糙分离平转筛的转速和回转半径的对应值见表5-3。

表5-3　转速和回转半径的对应关系

转速/(r/min)	156	140	128	118	110
回转半径/mm	40	50	60	70	80

② 自动分级段长度　谷糙混合物良好的自动分级是使谷糙分离平转筛达到良好工艺效果的先决条件。因此，在各层筛面的进口端应设置一段自动分级面，其长度一般为筛面长度的1/4左右。分级面应选用摩擦阻力较大的粗糙面，如鱼鳞孔板、凹凸袋孔板、密孔粗钢丝网等，以促进物料的自动分级作用。

③ 筛孔大小的配备　筛孔的大小在很大程度上起着控制糙米穿孔难易的作用，并使之与物料自动分级的速度相适应。如筛孔过大，则物料容易穿过筛孔，使谷粒与糙米一起过筛，影响筛下物质量；如筛孔过小，则落料过慢，致使应该过筛的糙米仍留在筛面上，造成回流物料过多，同样影响分级效果。但在实际生产中，不可能随原粮粒度的变化配备多种筛孔规格的筛面，而常以调节转速和筛面倾斜角来控制物料穿孔的速度，一般筛孔配备应适当偏大。第一层筛面常用5×5孔/英寸[1]，第二层筛面用5×5.5孔/英寸，第三、四层筛面用5.5×6孔/英寸。分离粒形细长的晚籼稻谷时，筛孔可适当小一些。

④ 筛面倾斜角　筛面倾斜角是影响物料在筛面上前进速度、控制筛下物质量和产量的因素。角度增大，物料前进速度加快，在筛面上停留的时间缩短，穿孔的机会减少，糙米的选出率低，净糙质量较好；角度减少，则会得到相反的结果。一般可在0.5°～3.5°之间调节。

(2) 影响重力谷糙分离机工艺效果的因素

① 技术参数的配备　转速是重力谷糙分离机一个非常重要的参数，它主要影响工作面上混合物的运动速度和自动分级的效果。在一定流量下，转速过高易使工作面上混合物的运动速度过快甚至跳离工作面，破坏自动分级，造成谷糙分离效果下降；转速过低则使工作面上混合物的料层厚度变厚，运动速度降低，自动分级效果下降，谷糙分离效果差。

② 工作面横向角度的大小　在其他条件一定时，工作面的横向角度主要影响混合物的运动速度和糙米沿工作面上行的难易。过大的横向角度使物料下滑速度加快，糙米上行难度加大，因此回砻谷含糙过多，产量可能降低，谷糙分离效果下降；过小的横向角度虽然降低了糙米上行的难度，但物料料层厚度加厚，运动速度降低，自动分级效果下降，谷糙分离效果也差。

---

[1] 1英寸(1in)=0.0254m。

③ 出料口出料挡板的位置　在重力谷糙分离机的出料口设立了两块挡板，一块为糙米挡板，一块为回砻谷挡板。挡板的作用就是改变各出口物料的质量和数量。合适的挡板位置对确保糙米和回砻谷的质量和数量有利。因此，应根据工作面上物料的分离效果合适地选择两块挡板的位置。

④ 工作面表面的清洁程度　重力谷糙分离机工作面上设立了各种形状的凸点，其作用就是增加工作面的粗糙度以促进物料的自动分级效果和阻挡糙米的下滑。实际生产中由于砻谷机胶辊上橡胶的脱落和其他因素的影响，工作面上往往粘有许多的杂质，如不及时进行清理，则易造成自动分级效果下降和谷糙分离效果降低。因此应经常清理工作面。

3. 操作因素

流量是决定料层厚度的重要因素之一。进口流量愈大，料层愈厚。料层过厚会使位于料层底部的谷粒上浮困难，上层的糙米也不易沉于料层底部与工作面接触，降低分离效果。流量过小，料层太薄，不利于物料形成自动分级，同样达不到良好的分离效果。

除了以上因素外，对于重力谷糙分离机各层工作面上物料的流量是否一致、工作面的安装等因素也对谷糙分离效果有一定的影响。

二、谷糙分离工艺效果的评定

1. 谷糙分离设备的工艺指标

根据稻谷加工操作规程，谷糙分离设备工艺指标如下。

(1) 谷糙分离平转筛的主要工艺指标

① 回砻谷中含糙米量不应超过10%；

② 净糙含谷粒数不应超过40粒/kg；

③ 回筛物料流量为净糙流量40%～50%。

(2) 重力谷糙分离机的主要工艺指标

① 回砻谷含糙小于10%；

② 净糙含谷小于20粒/kg；

③ 回本机物料与净糙流量之比小于40%。

2. 谷糙分离设备工艺效果的评定

谷糙分离工艺效果的评定指标为：糙米的纯度、选糙率、回砻谷纯度、稻谷提取率。

(1) 糙米纯度　糙米纯度通常是用糙米含谷率表示，糙米含谷率越低，其纯度就越高，反之亦然。糙米含谷率是指经一次谷糙分离后所分离出的净糙中稻谷的质量占净糙总质量的百分比。计算方法如下。

$$P=\frac{m_g}{m_{c2}}\times 1005 \qquad (5\text{-}1)$$

式中，P为糙米含谷率，%；m_g为糙米试样中稻谷的质量，g；m_{c2}为净糙试样总质量，g。

因为糙米中含谷的数量极少，为方便、直观起见，一般不称稻谷的质量，而是以每千克糙米中含稻谷的粒数表示。

(2) 选糙率　选糙率是指单位时间内选出的糙米质量与进机物料中糙米质量的百分比，计算方法如下。

$$\eta_c=\frac{\omega_2(\omega_c-\omega_{c1})}{\omega(\omega_{c2}-\omega_{c1})}\times 100\% \qquad (5\text{-}2)$$

式中，η_c为选糙率，%；ω_c为进机物料中糙米含量，%；ω_2为净糙出口净糙流量，kg/h；ω为进机流量，kg/h；ω_{c1}为回砻谷糙米含量，%；ω_{c2}为选出的糙米中糙米含量，%。

(3) 回砻谷纯度　回砻谷纯度是指回砻谷中糙米质量的含量，计算方法如下。

$$\omega_h=\frac{m}{m_h}\times 100\% \qquad (5\text{-}3)$$

式中，ω_h为回砻谷中糙米的含量，%；m为回砻谷试样中糙米的质量，g；m_h为回砻谷试样质量，g。

(4) 稻谷提取率　稻谷提取率是指单位时间内提出稻谷的质量与进机物料中稻谷质量的百分比，计算方法如下。

$$\eta_g=\frac{(1-\omega_{c1})(\omega_{c2}-\omega_c)}{(1-\omega_c)(\omega_{c2}-\omega_{c1})}\times 100\% \tag{5-4}$$

【思考与练习】

1. 谷糙分离的目的是什么？
2. 谷糙分离的基本原理是什么？谷糙分离的方法有几种？
3. 分析采用筛选方法进行谷糙分离的利弊。
4. 谷糙分离平转筛的工作原理是什么？
5. 试绘出谷糙分离平转筛筛理流程。
6. 谷糙分离平转筛为什么在筛面进口要设自动分级段？
7. 谷糙分离平转筛筛孔的选择与配置对筛理效果有何影响？
8. 谷糙分离平转筛运动参数如何选择确定？
9. 重力谷糙分选机是利用什么原理将谷糙混合物分离的？
10. 分离板双向倾斜角度的大小对分离效果是怎样的影响？如何调整？
11. 如何保持重力谷糙分选的良好分离效果？
12. 怎样评价谷糙分离的工艺效果？

【实验与实训】

[实验实训十] 重力谷糙分离机的操作与调整

观察重力谷糙分离机的运行情况，调整控制流量，并使进料机构的物料均匀分配到各分离板上。调节出料装置的出料调节板，控制净糙和回砻谷的纯度和流量。

第六章　碾　　米

学习目的

了解碾米的要求、原理、方法和基本要素。熟悉碾米设备结构及影响其工艺效果的主要因素。会操作碾米设备，能分析设备常见故障，正确选择工艺指标和评定工艺效果。

重点难点

碾米的结构及工艺参数的确定；设备的操作与工艺效果的关系。

第一节　碾米原理与方法

一、碾米的目的与要求

碾米是应用物理（机械）或化学的方法，将糙米表面的皮层部分或全部剥除的工序。

碾米的目的主要是碾除糙米皮层。糙米皮层中含较多的粗脂肪、粗蛋白和少量钙磷及维生素等营养成分，但也含有较多的粗纤维，吸水性和膨胀性都比较差。如用糙米煮饭，不仅时间长、出饭率低、而且黏性差、颜色深，所以，糙米必须碾除皮层，才能提高其食用品质。

糙米去皮的程度是衡量大米精度的依据，糙米去皮愈多，成品大米精度越高。大米的色泽、白度都与糙米的去皮程度有关，一般去皮愈多，色泽愈白。

二、碾米的基本方法

碾米是整个稻谷加工工艺中非常重要的一个工序，它对成品质量、出米率都有着很大的影响，并且碾米工序的功率消耗占整个米厂功率消耗的50%左右。

1. 糙米的工艺特性

① 糙米的皮层强度小于胚乳的结构强度；

② 糙米中皮层与胚乳间的结合力小于胚乳的结构强度；

③ 胚与胚乳间的结合力较小，所以碾米时胚易脱落；

④ 糙米皮层颜色越深，其皮层结构强度越大，与胚乳的结合越紧。

2. 碾米的基本方法

碾米的基本方法可分为物理方法和化学方法两种。目前普遍采用物理方法碾米（亦称机械碾米）。

（1）物理碾米法　物理碾米法是运用机械设备产生的机械作用力对糙米进行去皮碾白的方法，所用的机械设备称为碾米机。碾米机的主要工作部件是碾辊。根据制造材料的不同，碾辊分为铁辊、砂辊和砂铁结合辊三种类型。而根据碾辊轴的安装形式，碾米机则分为立式碾米机和横式碾米机两种。按碾白作用力的特性，碾白方式分为摩擦擦离碾白和碾削碾白两种。

① 摩擦擦离碾白　摩擦擦离碾白是依靠强烈的摩擦擦离作用使糙米碾白。糙米在碾米机的碾辊与碾辊外围的米筛所形成的碾白室内进行碾白时，由于米粒与碾白室构件之间和米粒与米粒之间的相对运动产生摩擦力。当这种摩擦力增大并克服糙米皮层与胚乳结合力时，

便使皮层沿着胚乳表面产生相对滑动并将皮层拉断、擦除，使糙米碾白。

摩擦擦离碾白所需的摩擦力应大于糙米皮层自身的结构强度和皮层与胚乳间的结合力，而必须小于胚乳自身的结构强度，这样才能使糙米皮层沿胚乳表面擦离脱落，同时保持米粒的完整。以摩擦擦离作用为主进行碾白的碾米机主要有铁辊碾米机。此类碾米机的特点是：碾白压力大，机内平均压力为19.6～98kPa；碾辊线速度较低，一般在2.5～5.0m/s，离心加速度约370m/s^{2}左右。因此，摩擦擦离型碾米机又称压力型碾米机。

摩擦擦离碾白具有成品精度均匀、表面细腻光洁、色泽较好、碾下的米糠含淀粉少等特点。但由于米粒在碾白室内所承受的压力较大，局部压力往往超过米粒的强度，故在碾米过程中容易产生碎米。所以，摩擦擦离碾白适合加工结构强度大、皮层柔软的糙米。

② 碾削碾白　碾削碾白是借助高速旋转，且表面带有锋利砂刃的金刚砂碾辊，对糙米皮层不断地施加碾削力作用，将皮层碾削掉，糙米得到碾白。

碾削碾白的工艺效果主要与金刚砂表面砂粒的粗细、砂刃的尖利程度以及碾辊表面线速有关。以碾削作用为主进行碾白的碾米机有砂辊碾米机。这种碾米机的特点是：碾白压力小，一般为4.9kPa左右；碾辊线速较高，在15m/s左右。所以，碾削型碾米机又称为速度型碾米机。

碾削碾白碾制出的成品表面光洁度较差，米色暗淡无光，碾出的米糠片较小，米糠中含有较多的淀粉。但因在碾米时所需的碾白压力较小，故在碾米过程中产生碎米较少，因此碾削碾白适宜于碾制籽粒结构强度小、表面皮层较硬的糙米。

实际上糙米碾成白米的过程是十分复杂的，所受的机械物理作用是多种的、互相交叉的。摩擦擦离作用与碾削作用并不单一地存在于碾米机内，碾米过程是两种作用共同发生过程，差别只在于以哪一种为主而已。

长期实践证明，同时利用摩擦擦离作用和碾削作用的混合碾白可以减少碎米，提高出米率，改善米色。同时，还有利于提高设备的生产能力，降低电耗。目前，我国使用的大部分碾米机基本上都属于混合碾白的类型。这种碾米机的碾辊线速一般为10m/s左右，机内平均压力比碾削型碾米机稍大。

(2) 化学碾米法　化学碾米法包括纤维酶分解皮层法、碱去皮层法、溶剂浸提碾米法等，但真正付诸工业化生产的只有溶剂浸提碾米法。因投资费用和生产成本较高、对操作者技术要求较高等，化学碾米法一直得不到推广。

三、碾米的基本原理

1. 碾米四要素

碰撞、碾白压力、翻滚和轴向输送是来实施碾白的碾米四要素。

(1) 碰撞　碰撞运动是米粒在碾白室内的基本运动之一，有米粒与碾辊的碰撞、米粒与米粒的碰撞、米粒与米筛的碰撞。

米粒与碾辊碰撞可获得能量，增加了运动速度，产生摩擦擦离作用和碾削作用，使米粒变形，变形表现为米粒皮层被切开、断裂和剥离，同时米温升高（米粒所获得能量的一部分就消耗在这方面）。米粒与米粒碰撞，主要产生摩擦擦离作用，使米粒变形，除去已被碾辊剥离松动的皮层，同时动能减少，运动速度减小，运动方向改变。米粒与米筛碰撞主要也产生摩擦擦离作用，使米粒变形，继续剥除皮层，动能减少，速度减小，方向改变，从米筛弹回。在这三种碰撞中，米粒与碾辊的碰撞起决定作用。碰撞过程中，米粒的动能和速度是减少的，这些减少的动能和速度不断地从碾辊得到补偿，不断地将米粒碾白，直至达到规定的精度。在整个碾白过程中，由于各米粒所受到的碰撞次数和碰撞程度不同，因此各米粒的速度与变形情况也不同，致使各米粒最后的精度和破损程度也不同。

(2) 碾白压力　米粒在碾白室内受到的压力称为碾白压力。不同的碾白形式，碾白压力的形成方式也不尽相同。

摩擦擦离碾白压力。在进行摩擦擦离碾白时，碾白室内的米粒必须受到较大的压力，即碾白室内的米粒密度要大。碾白压力主要由米粒与米粒之间、米粒与碾白室构件之间的相互挤压而形成的。摩擦擦离碾白压力的变化集中反映在米粒密度的变化上。因此，通过调节米粒的密度，可以控制与改变碾白压力的大小。

碾削碾白压力。碾削碾白时，米粒在碾白室内的密度较小，呈松散状态，所以在碾削碾白过程中，碾白室内米粒与碾辊、米粒与米粒、米粒与米筛之间的多种碰撞作用比摩擦擦离碾白过程中的碰撞作用强，米粒主要是靠与碾辊的碰撞而吸收能量，并产生切割皮层和碾削皮层的作用。碾削碾白压力的大小，随着米粒密度和米粒平均速度的增大而增大。其中，速度对碾削碾白压力的影响较大，米粒密度虽然也影响碾削碾白压力的大小，但不如影响摩擦擦离碾白压力那样显著。碾削碾白压力的大小主要取决于米粒的平均速度。

（3）翻滚　米粒在碾白室内碰撞时，本身有翻转，也有滚动，即为米粒的翻滚。除碰撞运动外，还有其他因素可使米粒翻滚。米粒在碾白室内的翻滚运动是米粒进行均匀碾白的条件，米粒翻滚不够时，会使米粒局部碾得过多（称为“过碾”），造成出米率降低，也会使米粒局部碾得不够，造成白米精度不符合规定要求。米粒翻滚过分时，米粒两端将被碾去，也会降低出米率。因此，需对米粒的翻滚程度加以控制。

（4）轴向输送　轴向输送是保证米粒碾白运动连续不断的必要条件。在碾白室的各个部位，米粒在碾白室内的轴向输送速度是不相同的，速度快的部位碾白程度小，速度慢的部位碾白程度大。影响轴向输送速度的因素有多种，它同样可以加以控制。

在研究设计碾白室时，要对以上四个因素加以综合考虑，才能得到最佳的碾白效果。

2. 喷风碾米

碾米过程中不断地向碾米机碾白室内喷入气流碾米方法，即是喷风碾米。喷风碾米有助于改善碾白作用，降低米温，提高大米的外观色泽和光洁度，提高出米率等。喷风碾米的作用归纳起来主要是降温除湿、增加米粒翻滚和促进排糠。

（1）降温除湿　糙米碾白时，由于米粒受到强烈的摩擦擦离、碰撞、碾削作用，使米粒温度升高、水分蒸发。米温适当升高不仅对去皮有利，而且可以改善米色。但米温过高，会使米粒强度下降，而产生较多的碎米。米温的高低与成品米精度、操作方法以及碾白路线长短有密切的关系。当碾白路线较短而加工较高精度的大米时，去皮作用强烈，必然会产生大量的热量，这些热量如得不到及时散发，就会使米温急剧上升。碾制大米的精度越高，米温上升越多。随着米温的急剧升高，米粒的水分大量蒸发，不仅影响出米率，还会影响碾米机的排糠性能，使碾米机的负荷加重，碾白不匀。当加工高水分糙米时，还容易发生米糠糊筛、碾白室堵塞等事故。为此，在碾米过程中向碾白室喷入适量的室温空气，可及时将产生的热和水汽带出碾白室，不使米温上升，防止水汽产生集结，这样可以改善和提高碾米的工艺效果。

（2）增加米粒翻滚　气流从碾辊的喷风孔或喷风槽喷出时具有一定的压力和速度，当气流一进入碾白室时，体积突然扩大，压力随之降低，气流的运动方向也由单一方向改为三维方向，形成涡流。涡流的强烈程度与喷风孔或喷风槽内外压力差成正比。米粒进入涡流后，便产生强烈的翻滚、碰撞运动。此外，米粒一旦与气流混合，不仅随碾辊做周向运动，而且随气流做与米粒流动方向相垂直的径向运动，进一步促使米粒翻滚，从而使米粒得到均匀碾白。

（3）促进排糠　喷向碾白室的气流具有一定的动能，当气流沿径向穿过米粒流层时，一部分动能供给米粒，辅助米粒碾白，另一部分动能将米糠带走，穿过米筛排出碾白室。所以喷风的结果可使米糠迅速排出机外。

第二节　碾米机

一、碾米机的主要构成部件

碾米机主要由进料装置、碾白室、排料装置、传动装置、喷风装置以及机架等部分组成。

1. 进料装置

进料机构由进料斗、流量调节机构和螺旋输送器三部分组成。

(1) 进料斗　进料斗的主要作用就是缓冲、存料，以确保连续正常的生产，目前有正方形和圆柱形两种，一般存料量为 30～40kg。

(2) 流量调节机构　碾米机的流量调节机构主要有两种形式，一是闸板式调节机构，利用闸板开启口的大小，调节进机流量的多少。另一种由全启闭闸板和微量调节两部分组成的调节机构，是目前广泛采用的一种，如图 6-1 所示。这种流量调节机构的全启闭闸板供碾米机开机供料和停机断料使用，要求能迅开关。微量调节活门主要用于调节进入碾米机的物料流量，以控制碾白室内米粒密度、调节碾白压力，要求灵活准确、操作方便。微调活门的外部装有指针和标尺，用以显示流量的大小。

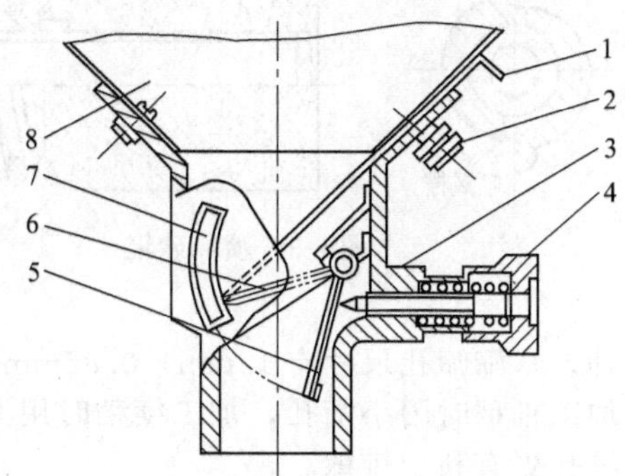

图 6-1　流量调节机构示意
1—进料斗；2—调节螺钉；3—进料斗座；4—调节手轮；5—微调活门；6—指针；7—标尺；8—料斗

调节时，旋进调节螺钉，将微调活门推进，使流量减小；旋出调节螺钉，则在扭簧的作用下，微调活门紧贴调节螺钉一并退出，从而使流量增大。正常工作时，由丝杆自锁压簧顶紧旋转手轮，使流量保持稳定。这种流量调节机构稳定可靠，操作方便，为目前各种碾米机所广泛使用。

(3) 螺旋输送器　碾米机进料机构中的螺旋输送器主要是将物料从进料口推入到碾白室内，提高碾米机进口段米粒密度，从而产生轴向压力。螺旋输送器根据螺齿数目的不同，可分为单头、双头、三头、四头螺旋等，在实际生产中采用双头和三头居多。

为保证螺旋输送器正常的输送量和轴向压力，要求被输送物料在其中只能前进不能后退。为此，螺旋输送器与外壳的间隙必须小于米粒的厚度，一般要小于 2.5mm。

2. 碾白室

碾白室是碾米机的关键工作构件，它主要由碾辊、米筛、米刀或压筛条三部分组成。米筛装在碾辊外围，与碾辊间的空隙即为碾白间隙。碾辊转动时，糙米在碾白室内受机械力作用而得到碾白，碾下的米糠通过米筛筛孔排出碾白室。

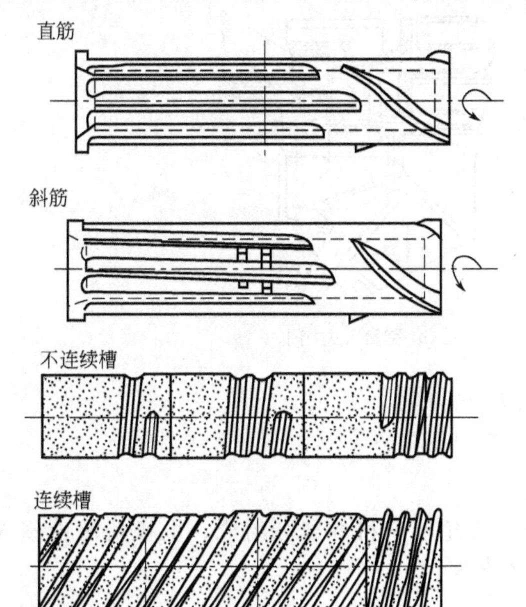

图 6-2　碾辊

(1) 碾辊　目前国内外使用较多、效果较好的碾辊有铁辊、砂辊两种。碾辊的表面突起的称为筋，凹进去的称为槽。筋高一般在 4～8mm，槽深一般在 8～12mm。如图 6-2 所示。

铁辊用于摩擦擦离碾白，碾白压力大，降低压力后可用于擦米和抛光。铁辊表面分布有凸筋，凸筋分为直筋和斜筋两种，它主要起碾白、输送和搅动米粒翻滚的作用。

砂辊主要用于碾削碾白或以碾削碾白为主、摩擦擦离碾白为辅的混合碾白。砂辊表面有开槽的，也有带筋的。砂辊表面的槽有直槽、斜槽和螺旋槽三种。直槽主要起碾白和搅动米粒翻滚的作用，斜槽和螺旋槽除了起碾白和搅动米粒翻滚的作用外，还有轴向推进米粒的作用，以连续螺旋槽的碾白效果为最好。槽的深度一般为 8～12mm。砂辊表面的筋多为直筋，如图 6-3 所示。直筋一般用于喷风砂辊，筋位于喷风口的前边，既起碾

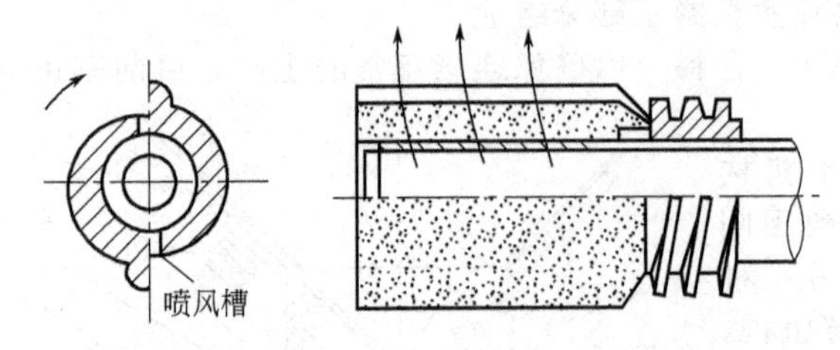

图 6-3 喷风砂辊

白和搅动米粒翻滚的作用，又有利于气流的喷出。

（2）米筛 米筛的作用主要有两个：一是与碾辊一起构成碾白间隙；二是将碾白过程中碾下的米糠及时排出碾白室。当米筛内表面冲有无数个半圆凸点时，它还有增加翻动、增强碾白压力的作用。米筛用薄钢板冲制而成，有半圆弧形米筛、半六角形米筛、平板式米筛和扇状弧形米筛几种。米筛筛孔尺寸有12mm×0.85mm、12mm×0.95mm、12mm×1.10mm几种规格，一般加工籼稻时用小筛孔，加工粳稻时用大筛孔。米筛筛孔的排列方式有直排和斜排两种，斜排筛孔更有利于排糠。

（3）米刀 米刀（压筛条）用扁钢或橡胶块制成，一般固定在碾白室上下横梁或筛框架上。其作用除了用来固定米筛外，还起收缩碾白室周向截面积的作用，以增加局部碾白压力，促进米粒碾白，是碾白室内的一种局部增压装置。

米刀（压筛条）与碾辊之间的距离可以通过米刀调节机构或是改变米刀（压筛条）厚度进行调节，一般进料端距离为3～6mm，出料端距离为8～9mm。其原因是进料端需较大压力进行开糙，出料端需保持畅通，减少碎米。米刀（压筛条）的数量反映碾辊旋转一周时的增压次数。

3. 排料装置

排料装置位于碾白室末端，一般由出料口和出口压力调节机构组成。横式碾米机的出料方式有径向出料和轴向出料两种。轴向出料时，碾辊出料端必须有一段带斜筋的拨料辊，一般为铁棍，筋的斜度为5°～10°，筋数为4～8根。

出口压力调节机构的作用主要是控制和调节出料口的压力，以改变碾白压力的大小。因此，要求出口压力调节机构必须反应灵敏、调节灵活，并能自动启闭，以便在一定的碾白压力范围内起到机内外压力自动平衡的作用。

出口压力调节机构也称压力门，有压砣式压力门和弹簧式压力门两种，如图6-4所示。

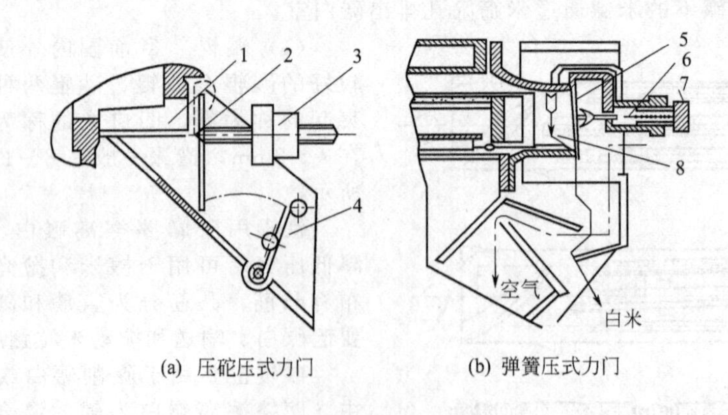

(a) 压砣压式力门　(b) 弹簧压式力门

图 6-4 出口压力调节机构

1—出料口；2—压力门；3—压砣；4—取样门；5—压力门；6—压簧；7—压簧螺母；8—出料口

4. 传动装置

碾米机的传动装置基本上都是由窄V形带、带轮及电机等部分组成。电机功率由窄V形带通过带轮传递给碾辊传动轴，从而带动碾辊转动。

5. 喷风装置

喷风装置是喷风碾米机独有的装置，它主要由风机、进风套及喷风管道组成。风机多为中高压风机，风压一般为2～3kPa，风量一般为100～150m^3/h。进风套是连接风机和喷风管道的构件，喷风管道则由碾辊空心传动轴或碾辊与传动轴间隙充当。目前一般采用轴向进风，主要利用碾辊与传动轴间隙的轴端面进风方式。轴向进风还分为顺向进风与逆向进风。顺向进风与逆向进风对碾米工艺效果没有明显的影响，主要是根据碾米机的总体结构，确定是顺向进风还是逆向进风。

碾辊表面的喷风槽一般位于碾辊表面筋或槽的后向面一侧，这种结构形式可在喷风槽处形成负压区，如图 6-5 所示。空气从这一区域喷出时的压力差较大，形成气流涡流的区域广且剧烈，加剧了米粒的翻滚运动，有利于提高碾米的工艺效果。

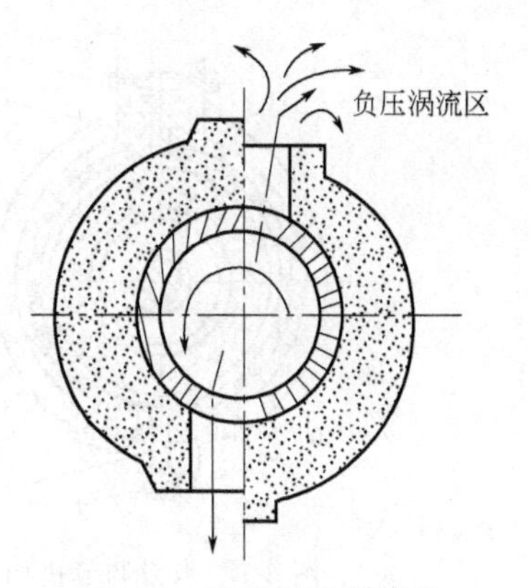

图 6-5　碾辊喷风槽截面

二、典型的碾米机

1. MNMS 型砂辊碾米机

MNMS 型砂辊碾米机设计合理、结构紧凑、操作方便，造型美观大方，具有碾米和擦米双重功能。

(1) 结构　MNMS 型砂辊碾米机由进料机构、碾白室、擦米室、传动装置和机座等部分组成，其总体结构见图 6-6 所示。

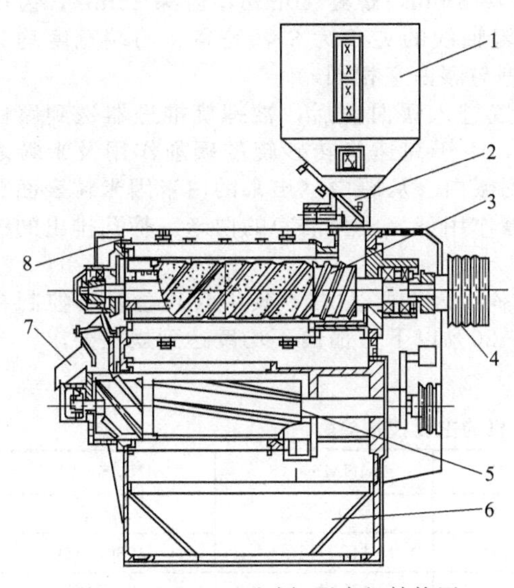

图 6-6　MNMS 型砂辊碾米机结构图
1—进料斗；2—流量调节机构；3—碾白室；4—三角带轮；5—擦米室；6—接糠斗；7—出料机构；8—机架

① 进料机构　进料机构由进料斗和流量调节装置组成。流量调节装置主要由两部分组成：全启闭闸板，用于开车及停车；流量调节板，用于微调控制流量，料斗座侧面装有标牌和指针，可以反映流量大小。

② 碾白室　碾白室由碾白辊、米筛、米刀、排料机构等部分组成，其结构参见图 6-7。

a. 碾辊　碾辊由螺旋推进器、砂辊及拨料铁辊组成。螺旋推进器有三个螺头，增强了输送能力。螺头磨损后可调头使用。砂辊为圆柱形，共有 2～3 节，前节砂辊沙砾较粗，有利于开糙；后节砂辊沙砾较细，有利于精碾。砂辊表面开有三头等距变槽螺旋。螺旋槽从碾白室进口端至出口端逐渐由深变浅，由宽变窄。这种变槽砂辊碾白进口至出口逐渐收缩，符合碾米过程中米粒体积逐渐减小的变化规律，米粒流体密度在整个碾白过程中保持不变，使碾白压力保持平衡，有利于米粒的均匀碾白，减少碎米，提高出米率，降低米温、保持精度均匀。拨料铁辊表面凸筋为可拆式，共 4 根，便于磨损后更换。

b. 米筛　砂辊四周由 4～6 片半圆形米筛围成圆筒，靠米筛压条定位，并有对开的米筛托架固定。米筛和压筛条均能调头使用，松开米筛托架上的螺栓即可更换米筛。米筛的筛孔有 12mm×0.85mm 和 12mm×1.0mm 两种规格，加工籼米时用小筛孔，加工粳米时用大筛孔。

c. 米刀　在碾白室上下横梁部位装置两把可以调节的米刀，如图 6-7 所示。米刀通过螺母进行调节，以达到径向截面变化的目的。米刀一般在加工高精度大米时使用。压筛条起到固定米刀的作用，其厚薄也是调节碾白室径向截面变化的因素之一。

d. 排料机构　排料机构由压力门、取料门和分路器组成，其结构如图 6-8 所示。压力门和压砣用来调整机内压力，控制白米精度。本机采用轴向排料，排料通畅，不易结糠。为便于取样，在出口处装有分路器。

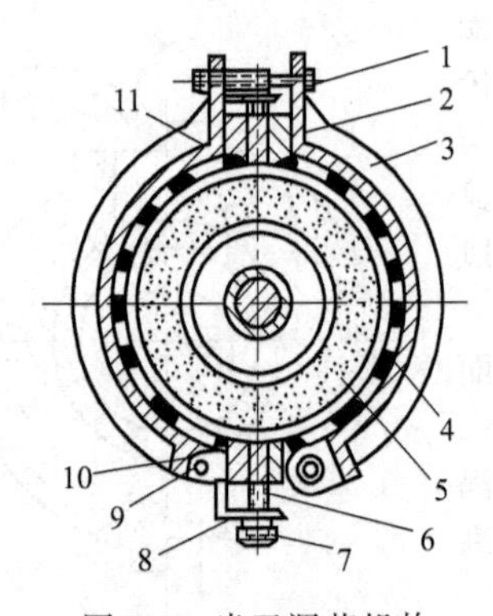

图 6-7　米刀调节机构

1—螺栓；2—筛架横梁；3—米筛托架；4—米筛；5—砂辊；6—丝杆；7—米刀调节螺母；8—支撑角铁；9—铰链接头；10—米刀；11—压筛条

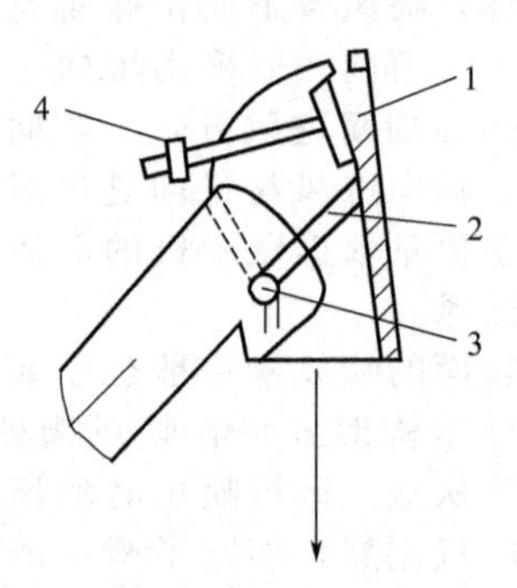

图 6-8　排料机构

1—压力门；2—取料门；3—手柄；4—压砣

③ 擦米室　擦米室主要由螺旋推进器、擦米铁辊、米筛等组成。

螺旋推进器为双头螺旋，外径比擦米辊大 10～15mm，螺距 40mm，齿深 25mm，齿厚 6mm，擦米铁辊表面有 4 条擦米铁筋，铁筋与铁辊轴线的夹角为 8°，筋高和筋端宽度均为 8mm，擦米室其他结构如米筛托架、支座、米筛等与碾白室相同。

（2）工艺过程　糙米由进料斗经流量调节装置进入碾白室后，被螺旋推进器送到碾白室，在砂辊的带动下做螺旋运动。在前进过程中，由于高速旋转砂辊的碾削作用及米粒之间，米粒与碾白室构件间的擦离作用，使糙米得到碾白。从碾白室出来的白米因米粒表面贴附有糠粉，继续进入擦米室，在擦米辊的缓和摩擦作用下，成为洁净的白米。筛孔排出的糠粞混合物，由接料斗排出机外。

（3）工艺效果评定　碾制标二籼米的糙出白率可达 94％左右，其中含碎总量可控制在 25％以下，小碎可控制在 2％以内，米机增碎率在 20％以下，糙白不均度达到规定要求，米机单位吨米电耗为 8 度。

表 6-1　MNMS 型砂辊碾米机的主要技术参数

项　目		MNMS·15	MNMS·18	MNMS·21.5
产量/(t/h)		1.25～1.38	2.1～2.3	3.3～3.6
碾白室	螺旋推进器(直径×长度)/mm	ϕ165×120	ϕ195×150	ϕ230×160
	砂辊(直径×长度)/mm	ϕ150×380	ϕ180×560	ϕ215×750
	拨料铁辊(直径×长度)/mm	ϕ150×45	ϕ180×55	ϕ215×75
	转速/(r/min)	1460	1200～1300	1000～1400
	米筛(弧半径×长度)/mm	R85×204 (4 片)	R100×197 (6 片)	R117.5×260 (6 片)
	筛孔(长×宽)/mm	12×0.85 12×1.0	12×0.85 12×1.0	12×0.85 12×1.0
擦米室	螺旋推进器(直径×长度)/mm	ϕ165×125	ϕ195×126	ϕ195×165
	擦米辊(直径×长度)/mm	ϕ150×425	ϕ180×440	ϕ180×583
	转速/(r/min)	720	720	720
	米筛(弧半径×长度)/mm	R85×204 (4 片)	R100×197 (4 片)	R117.5×160 (6 片)
	筛孔(长×宽)/mm	12×0.85 12×1.0	12×0.85 12×1.0	1×20.85 12×1.0
外形尺寸(长×宽×高)/mm		1166×500×1446	1445×540×1664	1697×540×1758
动力配备/kW		17～22	22～30	40

(4) 技术参数　MNMS型砂辊碾米机的主要技术参数见表6-1。

2. NF·14型旋筛喷风碾米机

NF·14型旋筛喷风碾米机是目前使用非常广泛的一种碾米机。它最大的特点就是其碾辊可砂、铁更换，工艺组合灵活性强，而且碾白效果及均匀性好。如图6-9所示，NF·14型旋筛喷风碾米机的结构主要由进料装置、碾白室、糠粞分离器、出料机构、喷风机构和机架等部分组成。

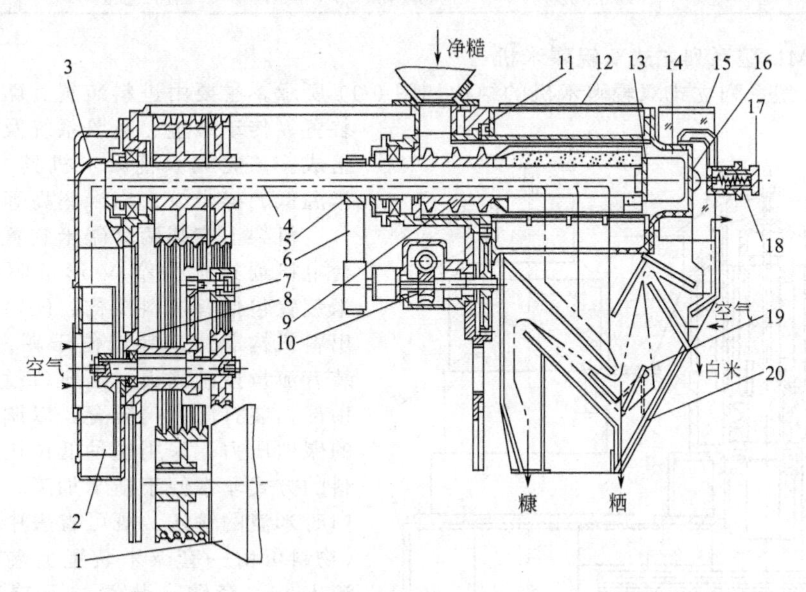

图6-9　NF·14型旋筛喷风碾米机结构示意

1—电机；2—风机；3—进风套管；4—主轴；5—减速箱主动轮；6—平皮带；7—压轮；8—机架；9—螺旋输送器；10—涡轮；11—齿轮；12—碾白室上盖；13—拨米器；14—精碾室；15—挡料罩；16—压力门；17—压簧螺母；18—弹簧；19—调风活门；20—可拆隔板

碾白室为悬臂结构形式，伸出在机架箱体之外。碾白室的结构如图6-10所示。碾辊为具有偏桃子形的砂辊或铁辊，辊表面有两条宽18mm、长200mm的喷风槽，喷风槽位于凸筋的后向面，有利于气流的喷出。旋转六角筛筒由六角筛架、六根压筛条和平板筛组成，筛筒以5r/min的速度旋转，转向与砂辊转向相同。筛板上冲有斜度为20°的筛孔，孔间有凸点。筛架和压筛条有三种规格，供加工不同品种、精度及砂辊磨耗后直径减小时选择使用，以达到调节碾白室间隙的目的。出料机构的出米口与主轴同心，呈圆形，出口压力调节采用压簧压力门，通过压簧螺母可以调节压力门的压力。碾白室下部有一糠粞分离室，利用风选原理将碾白室排出的糠粞混合物进行分离，并进一步吸除白米中的糠粉、降低米温。

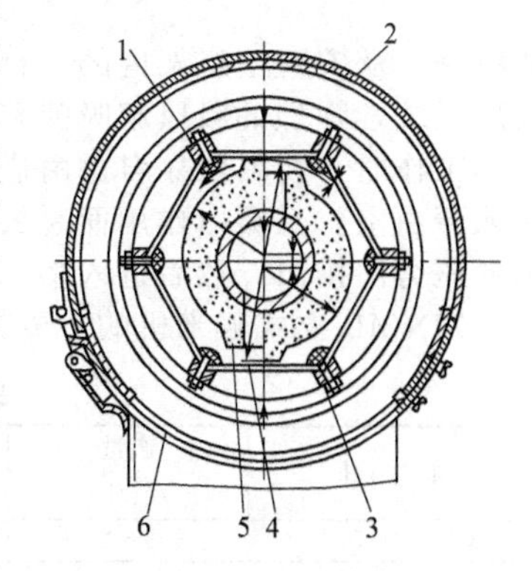

图6-10　碾白室截面

1—米刀；2—碾白室上盖；3—筛架；4—米筛；5—砂辊；6—碾白室罩

喷风装置由风机、方接圆变形弯头套管和空心轴组成。风机吹出的气流通过变形弯头套管由轴端进入空心轴，然后经轴面喷风孔喷出，再由砂辊表面的喷风槽喷入碾白室进行喷风碾米。

工作时，糙米经进料斗由螺旋输送器送入碾白室，在碾白室内米粒呈流体状态边推进边碾白。喷风砂辊上的凸筋和喷风槽以及六角旋筛使米粒翻滚运动较剧烈，米粒受碾机会多，碾白均匀。白米经出口排出碾白室后，再通过糠粞分离室进一步去除粘附在米粒表面的糠粉，米筛排出的糠粞混合物也进入糠粞分离室进行分离。

NF型旋筛喷风碾米机主要技术参数见表6-2。

表 6-2 NF 型旋筛喷风碾米机主要技术参数

项 目	产量/(t/h)	转速/(r/min)	碾辊规格(直径×长度)/mm	螺旋输送器(直径×长度)/mm	功率/kW
NF·18	2.0～2.5	1296	180×610	195×158	18.5～22
NF·14	1.2～1.5	980	140×250	144×150	18.5～22
NF·30	4.2～5.0	900～920	300×160×5	316×208	30～45

3. MNML 型系列立式双辊碾米机

MNML 型系列立式双辊碾米机的结构如图 6-11 所示，主要由进料装置、碾白室、出料装置、传动装置、吸风系统及机架等部分组成。该立式双辊碾米机具有碾白均匀、米温低、碎米少、出米率高等特点。

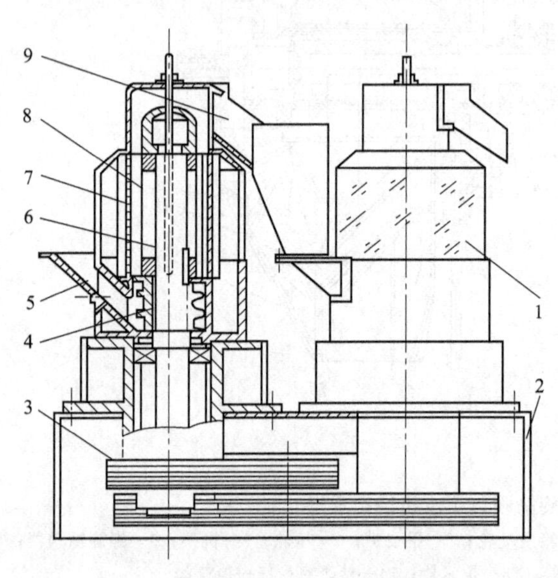

图 6-11 MNML 型系列立式双辊

1—机壳；2—机架；3—皮带轮；4—螺旋输送器；5—进料口；6—主轴；7—米筛；8—碾白室；9—出料口

机架上安装两套碾米装置，它们由一台电机通过强力窄 V 形带驱动。每套碾米装置包括有进料机构、碾白室、机壳及出料机构等。进料口位于碾白室的底部，装有流量控制插板。出料口设在碾白室的顶部，装有压力门装置，以调节碾白室内的碾白压力。采用这种低位进料、高位出料的方式非常便于精米加工、多机组合碾白时米流的输送，既可省去中间输送设备（物料可由一套碾米装置上端排出后直接流入另一套碾米装置的下端进料口中），又可避免中间输送设备对米粒的损伤。碾白室由螺旋输送器、碾辊、主轴及六角形米筛组成。除配置砂辊外，还可根据工艺需要配置铁辊和抛光辊，当配置抛光辊时，则为 MPGL 立式双抛光辊。

碾白室外围是钢板和有机玻璃板组成的机壳。从安置于机架内的一台风机引出两根吸风管，分别与两套碾米装置的机壳相连组成吸风系统，强烈的吸风起吸糠和降低米温的作用。

工作时，物料依靠自重由进料口流入机器内，在螺旋输送器连续向上推力的作用下，被送入碾白室，受碾白作用而脱去糠层，米糠穿过米筛由高压风机吸出机外。米粒则通过上端出料压力门排出，然后进入第二套碾米装置中完成上述工作过程。

MNML 立式碾米机的主要技术参数见表 6-3。

表 6-3 立式碾米机主要技术参数

项 目	产量/(t/h)	碾辊直径/mm	碾辊转速/(r/min)	功率/kW	外形尺寸(长×宽×高)/mm
MNML·21.5/18	3.3～3.6	215/180	1168/823	30～37	1700×1300×1200
MNML·18/18	2.3～3.0	180/180	1168/823	22～30	1700×1300×1200
MNML·15/14	0.8～1.8	150/140	1460/823	18.5～22	1400×1000×1000

第三节 糠粞分离

一、糠粞分离的目的与要求

从碾米及成品处理过程中得到的副产品是糠粞混合物，里面不仅含有米糠、米粞（粒度小于小碎米的胚乳碎粒），而且由于米筛筛孔破裂或因操作不当等原因，往往也会含有一些完整米粒及碎米。米糠具有较高的经济价值，不仅可用其制取米糠油，而且还可从中提取谷维素、植酸钙等产品，也可用来做饲料。米粞的化学成分与整米基本相同，因此可作为制糖、制酒的原料。整米需返回前路米机碾制，以保证较高的出米率。碎米可用于生产高蛋白米粉，制取饮料和酒，制作方便粥等。为此，需将米糠、米粞、整米和碎米逐一分出，做到物尽其用，此即糠粞分离，亦称为副产品整理。

副产品整理的要求：米糠中不得含有完整米粒和相似整米长度 1/3 以上的米粒，米粞含量不超过 0.5%，米粞内不得含有完整米粒和相似整米长度 1/3 以上的米粒。

二、糠粞分离的设备

糠粞分离所用的设备有糠粞分离器、高速糠粞分离筛、糠粞分离平转筛。糠粞分离平转筛的结构与白米分级平转筛和谷糙分离平转筛结构基本相同。

1. KXF 型糠粞分离器

KXF 型糠粞分离器的结构如图 6-12 所示，它由转向器、上分离室、中间分离室、下分离室四部分组成。

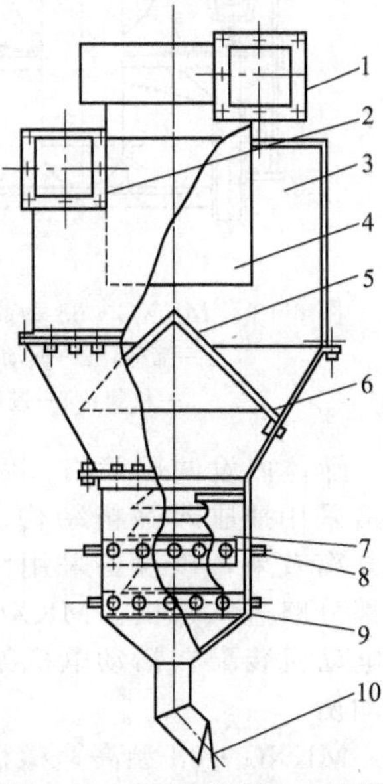

图 6-12　KXF 型糠粞分离器

1—转向器；2—进口；3—上分离室；4—内胆；5—圆锥盘；6—中间分离室；7—下分离室；8—调节手柄；9—风量调节圈；10—压力门

转向器是米糠出口的导流装置，为蜗形壳体，底面有一套管，活动地套装在上分离室的内胆上，其出口通过风管与集糠器相连。上分离室由大圆柱体、内胆、法兰组成。中间分离室由一截圆锥筒和圆锥盘构成。下分离室为一漏斗状圆筒体，由风量调节口、上中下圆锥盘、法兰和压力门组成。下分离室圆筒体的外表面开有两圈圆孔，用以进风，进风量的大小可通过调节手柄进行控制。各分离室都是完成糠粞分离的工作机构。

KXF 型糠粞分离器工作时处于负压状态。糠粞混合物随气流沿分离器切线方向进入上分离室，其速度逐渐降低，部分米糠被气流带走。经初次风选的混合物由于受重力和离心力的作用，降落到中间分离室，在环形截面处受到由下分离室进入的上升气流的风选作用，进行第二次分离。

分离出的米糠通过内胆被吸走，尚含有少量米糠的米粞沉降至下分离室，再次受到气流作用，进行风选，米糠被吸走，米粞及碎米降至分离室底部由压力门排出，从而达到糠粞分离的目的。

KXF 型糠粞分离器能分离出小于 1mm 的米粞和大于 1mm 的胚芽，因此有利于提高米糠纯度，提高米糠的出油率。

KXF 型糠粞分离器的主要技术参数见表 6-4。

表 6-4　KXF 型糠粞分离器主要技术参数

型号规格	产量/(kg/h)	风量/(m^3/min)	压力损失/Pa	进口风速/(m/s)	除粞率/%	外形尺寸(长×宽×高)/mm
KXF·80	300	1540	845	6	99	ϕ852×2330
KXF·63	200	925	620	5	98	ϕ682×1980
KXF·50	100	700	550	4.4	96	ϕ550×1660

2. MKXG·63 型高速糠粞分离筛

MKXG·63 型高速糠粞分离筛是利用偏重块高速旋转产生的离心惯性力，使筛体产生水平与垂直双向振动。由于转速高，物料在筛面上做强烈的起伏性跳跃运动，加上两层筛格增设了橡皮球清理机构，使筛孔不易堵塞，因而使米糠、米粞和碎米得到有效分离。

MKXG·63 型高速糠粞分离筛的总体结构如图 6-13 所示，它主要由筛体、振动机构、分料机构、机架等主要部件组成。

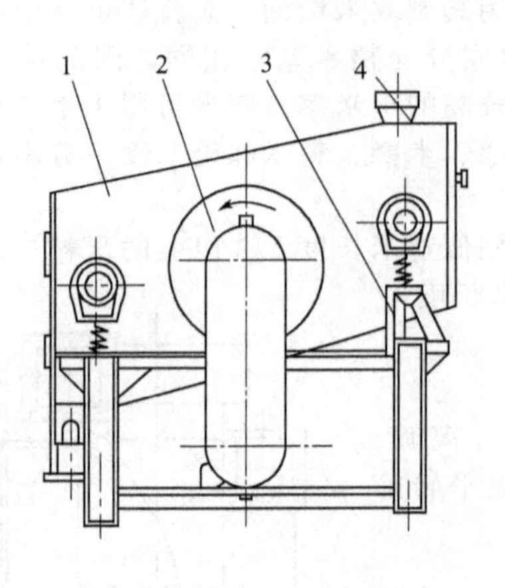

图 6-13 MKXG·63 型高速糠粞分离筛

1—筛体；2—振动机构；

3—机架；4—进料斗

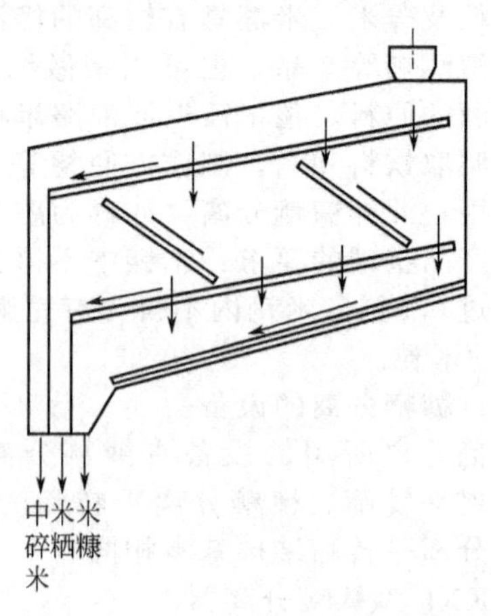

图 6-14 MKXG·63 型高速糠粞分离筛筛理路线

筛体内设两层筛格，两侧前后共有四只支承弹簧，使筛面成 10°倾角支承于机架上。筛格采用抽屉式筛格结构。两层筛格分别固定，采用偏心块压紧。为保证进料均匀、提高分离效果，该设备采用阶梯式下料方式，即物料进入进料斗后，能横向通过阶梯式匀料板分路进入筛面。MKXG·63 型高速糠粞分离筛的三角带张紧，采用电动机自压法，即电动机装配在活动电机架上，依靠电动机自重张紧三角带，保证工作过程中皮带张紧力均衡。

MKXG·63 型高速糠粞分离筛的筛理路线如图 6-14 所示，物料由进料斗经阶梯式匀料板进入上层筛面筛理，筛上物为中碎米。上层筛筛下物直落下层筛继续筛理。下层筛筛上物为米粞，筛下物为米糠。其除粞率大于 95%，糠中含粞小于 3%，粞中含糠小于 5%。MKXG·63 型高速糠粞分离筛的主要技术参数见表 6-5。

表 6-5 MKXG·63 型高速糠粞分离筛主要技术参数

产量/(t/h)	筛孔大小/(孔/25.4mm)		筛面尺寸(长×宽)/mm	振幅/mm	转速/(r/min)	功率/kW	外形尺寸(长×宽×高)/mm
	上层	下层					
200～400	12,14,16	28,28,30	1020×630	1.5	1200	0.75	1195×923×1260

第四节 碾米机操作及工艺效果的影响因素

一、影响碾米机工艺效果的因素

1. 糙米的工艺品质

(1) 品种　粳糙米籽粒结实，粒形椭圆，抗压强度和抗剪、抗折强度较强，在碾米过程中能承受较大的碾白压力。因此，碾米时产生的碎米少，出米率较高。籼糙米籽粒较疏松，粒形细长，抗压强度和抗剪、抗折强度较差，只能承受较小的碾白压力，在碾米过程中容易产生碎米。同时，粳糙米皮层较柔软，采用摩擦擦离型碾米机碾白时，得到的成品米色泽较好，碎米率也不高；而籼糙米皮层较干硬，故不适宜采用摩擦擦离型碾米机。粳糙米的皮层一般比籼糙米的皮层厚，因此，碾米时碾米机的负荷较重，电耗较大。

同一品种类型的稻谷，早稻糙米的腹白大于晚稻，早稻糙米的结构一般比较疏松，故早稻糙米碾米时产生的碎米比晚稻糙米多。

(2) 水分　水分高的糙米皮层比较松软，皮层与胚乳的结合强度较小，去皮较容易。但米粒结构较疏松，碾白时容易产生碎米且碾下的米糠容易和米粒粘在一起结成糠块，从而增加碾米机的负荷和动力消耗。水分低的糙米结构强度较大，碾米时产生的碎米较少。但糙米皮层与胚乳的结合强度也较大，碾米时需要较大的碾白作用力和较长的碾白时间。水分过低的糙米（13%以下），其皮层过于干硬，去皮困难，碾米时需较大的碾白压力，且糙米籽粒结构变脆，因此碾米时也容易产生较多的碎米。糙米的适宜入机水分含量为14.5%～15.5%。

（3）爆腰率与皮层厚度　糙米爆腰率的高低直接影响碾米过程中产生碎米的多少。一般来说，裂纹多而深、爆腰程度比较严重的糙米碾米时容易破碎，因此不宜碾制高精度的大米。糙米的皮层厚度也与碾米工艺效果有直接关系。糙米皮层厚，去皮困难，碾米时需较高的碾白压力，碾米机耗用功率大，碎米率也较高。

除此以外，稻谷生长情况和收割早晚以及贮藏时间长短，对碾米工艺效果也有一定的影响。稻谷生长不良、收割过早或遇病虫害，都会增加糙米中的不完善粒，碾米时这些不完善粒容易被碾成碎粒和粉状物料。贮藏时间较长的陈稻糙米，其皮层厚而硬，碾白比较困难，动力消耗较大，也容易产生碎米。

（4）含稻壳量和含谷量　含稻壳量和含谷量主要影响碾米时碾米压力的控制。碾米时为保证成品的纯度，过高的含稻壳量和含谷量，操作中必须增加碾米压力以去除稻壳和谷，这样就使碎米增加，出米率降低。同时，粉碎后的稻壳具有较强的黏附力，使出机白米的外观色泽差。

2. 碾白室的结构

（1）碾辊的直径和长度　碾辊的直径和长度直接关系到米粒在碾白室内受碾次数及碾白作用面积的多少。用直径较大、长度较长的碾辊碾米时，产生的碎米较少，米温升高较低，有利于提高碾米机的工艺效果。为了保证碾米机的工艺性能，碾辊的长度和直径应成一定的比例。

（2）碾辊的表面形状　碾辊表面凸筋和凹槽的几何形状及尺寸大小，对米粒在碾白室内的运动速度和碾白压力有较大的影响。碾辊表面的筋或槽在碾米过程中对米粒具有碾白和翻滚的作用，斜筋、斜槽和螺旋槽对米粒还具有轴向输送的作用。一般情况下，高筋或深槽的辊形，其米粒的翻滚性能好，碾白作用较强。但筋过高或槽过深都会使碾白作用过分强烈而损伤米粒，影响碾米效果，所以，一般筋高控制在4～8mm，槽深控制在8～12mm。筋、槽的斜度主要影响米粒的轴向运动速度及碾白室内米粒流体的密度。斜度增大，米粒的轴向运动速度加快，有利于提高碾米机的产量，但米粒流体密度降低，而且径向作用力也减弱，对米粒的碾白和翻滚作用相应减小。斜度一般在60°～70°。碾辊表面螺旋槽的前向面与碾辊半径之间的夹角对米粒的碾白、翻滚和轴向输送也都有一定的影响。夹角增大，碾白和翻滚作用加强，但轴向推进速度减小。夹角一般在0°～70°选择。

（3）碾白室间隙　碾白室间隙是指碾辊表面与碾白室米筛之间的距离。碾白室间隙大小要适宜，不宜过大或过小。过大，会使米粒在碾自室内停滞不前、产量下降、电耗增加。过小，易使米粒折断，产生碎米。碾白室间隙应大于一粒米的长度。

米粒在碾制过程中，随着皮层不断地被碾落并从米筛筛孔排出，米粒的体积也在不断减小，所以，从碾白室进口到出口的每一个截面上，米粒流体的流量是逐渐降低的。如果碾白室截面积保持不变，则米粒流体密度逐渐减小，从而碾白压力也随着逐渐降低。但碾白需要一定的碾白压力。因此，碾白室的轴向截面积应是逐渐收缩的，以使碾白室内的米粒流体密度基本不变，保持碾白压力的均衡稳定。如螺旋槽型砂辊碾米机碾白室轴向截面积的收缩是利用碾辊表面的三头等距螺旋槽槽形尺寸从碾白室进口端至出口端逐渐由深变浅、由宽变窄，达到碾白室轴向截面积逐渐收缩的目的。碾白室截面积收缩平缓时，碾白压力变化小，产生的碎米也就少。如果碾白室截面积急剧收缩，则易产生较多的碎米而影响碾白效果。

碾白室圆周方向的截面积有一定的变化，以使米粒在碾白室内充分翻滚，增强碾白作用。碾白室圆周向截面积的变化形式也有局部变化和整体变化两种。局部变化大都是通过在碾白室内沿轴向方向设置米刀或压筛条，来实现改变碾白室圆周向截面积的。整体变化则是通过将碾辊中心偏过碾白室外壁中心一定的距离，使碾白室圆周方向具有不同的间隙来实现的。圆周向截面积局部变化的碾白压力增加速度急剧，如果米刀结构设计不当，容易产生较多的碎米。圆周向截面积整体变化的碾白压力增加速度缓和，产生的碎米较少。有的米筛内表面冲有半圆形凸点使圆周截面也发生变化，每个凸点与碾辊之间都成为增压区，从而提高碾白效果。

(4) 米刀的厚度　米刀的厚度主要影响碾白室内局部的碾白压力。适当地增加米刀厚度，有助于提高碾白效果、促进米粒的翻滚，增加出机米的精度和碾白均匀度；过厚的米刀，使局部碾米压力过大，碎米多；米刀过薄，使局部碾米压力过小，碎米少，但出机米精度低。米刀厚度的调节是控制出机米精度的最佳方式。

(5) 米筛筛孔大小　合适的米筛筛孔大小既有助于米糠的排出，又可防止跑粮现象的发生。过大的米筛筛孔虽然有利于米糠的排出，增加出机米外观色泽，但易发生跑米现象；筛孔过小使米糠排出不畅，出机白米含糠严重，色泽差。

3. 碾米机的工作参数

碾米机的主要工作参数有碾白压力、碾辊转速等，它们是影响和控制碾米工艺效果的重要参数。

(1) 碾白压力　碾米工艺效果与米粒在碾白室内的受压大小密切相关。不同的碾白形式具有不同的碾白压力，而且碾白压力的形成方式也不尽相同。摩擦擦离碾白压力主要由米粒与米粒以及米粒与碾白室构件之间的互相挤压而形成，并随米粒流体在碾白室内密度大小和挤压松紧程度的不同而变化。碾削碾白压力主要由米粒与米粒以及米粒与碾白室构件之间的相互碰撞而形成，并随米粒流体在碾白室内密度大小和米粒运动速度的不同而变化，尤以米粒的运动速度影响最为显著。碾白压力的大小决定了摩擦擦离作用的强弱和碾削作用的深浅，因此，碾白室内必须具有一定的碾白压力，才能达到米粒碾白的目的。而当碾白压力超过了米粒的抗压及抗剪、抗折强度时，米粒就会破碎，产生较多的碎米，反而使碾米工艺效果下降。无论碾白压力的形成方式如何，通常的碾白压力是指碾白室内的平均压力，而实际上米粒在碾白室内各部位的受压大小是不均匀的。一般情况下，凡是碾辊表面筋或槽中断、螺旋槽螺距加大、碾白室截面积缩小等，均会导致米流密度增大，从而使局部碾白压力上升，米粒往往在这些部位破碎。在碾米过程中，随着米粒皮层的逐步剥落和米温的升高，米粒的结构强度也随之下降，所以，在碾白室的中、后段即使碾白压力不上升，仍会有碎米产生。因此，应合理配置碾白室构件，选择适当的工作参数，尽量保持碾白压力均匀变化，并在操作中防止碾白压力突然变化，同时注意适当减轻碾白室后段以及出口处的碾白压力，以减少碾米过程中碎米的产生。

(2) 碾辊转速　碾辊转速的快慢对米粒在碾白室内的运动速度和受压大小有密切的关系。在其他条件不变的情况下，加快转速则米粒运动速度增加，通过碾白室的时间缩短，碾米机流量提高。对于摩擦擦离型碾米机而言，由于米粒运动速度增加，碾白室内的米粒流体密度减小，使碾白压力下降，摩擦擦离作用减弱，碾白效果变差。特别在加工高水分糙米时会导致大米精度不稳定，米色发花。对于碾削型碾米机，适当加快碾辊转速，可以充分发挥碾辊的碾削作用，并能增强米粒的翻滚和推进，提高碾米机的产量，碾白效果比较好。但如果碾辊转速过快，会使米粒的冲击力加剧，造成碎米增加，碾米效果反而下降。若转速过低，米粒在碾白室内受到的轴向推进作用减弱，米粒运动速度减小，使碾米机产量下降，电耗增加。同时，米粒还会因翻滚性能不好而造成碾白不匀，精度下降。

碾米机类型不同，碾辊的转速控制范围也不同。摩擦擦离型碾米机的转速一般在1000r/min以下，碾削型碾米机的转速一般控制在1300～1500r/min。

4. 碾白道数和排糠比例

各类碾米机加工标一精度以下大米时，可采用一机出白；加工标一精度以上大米时，应视碾米机的性质采用二机或二机以上出白；加工高精度大米时，宜采用三机出白。当采用二机或三机出白时，各道碾米机的出糠白分率可参考表6-6。

表 6-6 各道碾米机的出糠百分率 单位：%

道数		特粳	标二粳	特籼	标二籼
二道碾白	第一道	55～60	50	50～55	50
	第二道	40～45	50	45～50	50
三道碾白	第一道	35	30	30	30
	第二道	35	40	40	40
	第三道	30	30	30	30

二机出白加工标二精度大米时，头机和二机的出糠量各占50%；加工高精度大米时，头机的出糠量应高于二机，一般头机可为55%左右。三机出白的各机出糠率比例，不论加工精度高低，头机和二机的出糠量应占总出糠量的70%左右。上述出糠比例分配，目的是减轻后道碾米机或碾白室后段的碾白作用力，提高碾米工艺效果。

5. 碾米机的操作

(1) 流量 在碾白室间隙和碾辊转速不变的条件下，适当加大物料流量，可增加碾白室内的米粒流体密度，从而提高碾白效果。但流量过大，不仅碎米会增加，而且还会使碾白不均，甚至造成碾米机堵塞；相反，如果流量过小，则米粒流体密度减小，碾白压力随之减小，不仅降低碾白效果，而且米粒在碾白室内的冲击作用加剧，也会导致碎米增加。适宜的流量应根据碾白室的间隙、糙米的工艺性质、碾辊转速和动力配备大小等因素决定。

(2) 出料机构的控制 出料机构的控制是指压力门压砣质量或弹簧弹力的控制，其作用就是改变整个碾白室的碾米压力。质量过大或弹力过大，整个碾白室的碾米压力上升，米流密度增大，米粒翻滚性能下降。所以，碾米时碎米多，均匀性差；质量过小或弹力过小，则碾米压力降低，出机米精度难以保证。

(3) 喷风风量 过大的喷风量有利于米糠的排出，出机白米含糠少，米温低，但米粒翻滚剧烈，碎米多和爆腰严重；喷风量过小使喷风碾米的优点不能体现。

二、碾米机的操作与维护

1. 碾米机的操作方法

① 运转前，应检查碾米机各连接紧固件是否牢固，各调节机构和传动机构是否灵活可靠，机内有无影响运转安全生产的物件，然后关闭进料门，开放出料门，并根据加工糙米的品种、水分、质量以及加工精度等情况，调整合适的碾白室间隙，配备好适当筛孔的米筛，以待开车。

② 启动后，待碾米机运转正常，再开启进料闸门。调节流量时，必须注意电流表指针，根据电流指针的额定位置，将碾米机流量调节至额定数值，并观察出机大米是否达到精度要求。当精度偏高或偏低时，可以调节出料压力门的重铊或微量调节米刀。调节压力门重铊应先挂轻铊，并靠近压力门，然后再根据米粒的精度来调节重铊的重量和位置。调节正常后，应先固定重铊位置，以防止它因米机振动而移位。米刀应尽量少调，以防止增加碎米。开车时最先流出的部分不符合精度要求的白米，应回机重碾。

③ 在碾米机运转过程中，应随时观察和检查白米精度是否均匀，碎米是否增加，米糠中是否含有整米，产量是否稳定。若发现问题，应及时找出原因，加以解决。采用二机或多机碾米时，注意各道碾米机的去皮比例，及时对照各道碾米机的碾白程度，对于一道有数台碾米机同时碾白时，应保持各机去皮率互相一致。

④ 停车前，应首先关闭进料闸门，停止进料，并将出料压力门轻轻抬起，让最后不符合精度要求的一部分米粒流出机外或回入糙米仓。

2. 碾米机的维修与保养

① 碾米机的功率较大、转速较高，安装时必须保证传动轴的水平或垂直，注意底脚螺钉的牢固，以保证碾米机的安全运转。

② 为保证碾米机运转平稳、减少震动，碾辊使用前必须进行静平衡试验。砂辊如有裂纹，严禁使用。

③ 装配米筛时，要使米筛保持平整。米筛连接应采用平接，防止搭接，更不允许倒搭接。使用一定时间后，应及时调头或调换位置，以延长其使用寿命。米筛磨损后应及时更换。新旧米筛可搭配使用，以提高排糠性能。

④ 碾白室内各机件装配处应保持平整光滑，不能有明显凹凸不平的现象。压筛条和米刀均应保持平整，不能有锋利刀口，以防止损伤米粒。

三、碾米机的常见故障及排除方法（见表 6-7）

表 6-7 碾米机的常见故障及排除方法

故障	产生原因	排除方面
产量显著下降	1. 螺旋输送器严重磨损 2. 砂辊严重磨损 3. 螺钉松动或安装差错；进料衬套产生转动，使碾白室进口截面减小 4. 螺旋输送器和碾辊松动	1. 更换螺旋输送器（有的可调头使用） 2. 加厚压筛条或更换砂辊 3. 调整进料衬套 4. 停车装紧
成品含碎过多	1. 米刀进给量过大 2. 米筛间连接不平整 3. 砂辊与螺旋输送器连接不好 4. 砂辊表面出现严重的高低不平 5. 碾白室间隙过小 6. 机身震动 7. 出口压力太大或出料门开启太小 8. 转速过高或过低 9. 产量过大或过小	1. 适当退出米刀 2. 调整米筛 3. 修整砂辊，使其与螺旋输送器连接平整通畅 4. 修整砂辊表面，使其平整 5. 调节间隙 6. 检查零部件是否松动或损坏，砂辊是否偏重，并及时修整或调换之 7. 调整出口压力，合理开大出料门 8. 调整合适转速 9. 调整合适产量
单位电耗过高	1. 压砣过重或外移量过大 2. 砂辊严重磨损 3. 出米口积糠过多或米筛堵塞 4. 压筛条严重磨损	1. 适当减轻压砣重量或将压铊内移 2. 更换砂辊 3. 清理出米口，排除筛孔堵塞或更换大筛孔 4. 更换压筛条
成品糙白不匀现象严重	1. 米刀、压筛条严重磨损 2. 拨料铁辊凸筋严重磨损 3. 砂辊严重磨损 4. 进料太少、太大或出口压力太小	1. 适当推进米刀或更换米刀 2. 调换拨料辊凸筋 3. 更换砂辊 4. 调整合适进料量和出口压力

四、碾米机工艺效果的评定

碾米工艺效果的评定主要从精度、碾减率、增碎率、产量、电耗等方面评定。

1. 精度

大米精度是评定碾米工艺效果最基本的指标，如果大米精度达不到规定标准，那么碾米的质量就不符合要求。

评定大米的精度应以统一规定的精度标准或标准米样为准，用感观鉴定法观察碾米机碾出的米粒与标准米样在色泽、留皮、留胚、留角等方面是否相符。

2. 碾减率

糙米在碾白过程中，因皮层及胚被碾除，其质量均有所减少，减少的百分率称之为碾减率。

一般碾减率约 5%～12%，其中皮层及胚约 4%～10%，胚乳碎片约 0.3%～1.5 %，机械损耗约 0.5%～1.0%，水分损耗约 0.4%～0.6%。米粒的精度越高，碾减率越大。

3. 碎米率、增碎率与完整率

碎米率是指出机白米中含碎米的百分率。

增碎率是指出机白米中的碎米率比进机糙米的碎米率所增加的比率。

完整率是指出机白米中完整无损的米粒占试样质量的百分率。

4. 糙出白率与糙出整米率

糙出白率是指出机白米占进机（头道）糙米的重量百分率。

糙出整米率是指出机白米中，完整米粒占进机糙米的百分率。

加工精度越高，碾减率越大，糙出白率就越低。因此，要在精度一致的条件下评定糙出白率。完整米粒越多，则碾米机的工艺性能越好。

5. 含糠率

含糠率是指在白米或成品米试样中，糠粉占试样的百分率。

6. 产量、电耗

产量是指每台米机每小时加工出白米的重量。

电耗是碾米机碾制 1t 成品大米所消耗的电量。

【思考与练习】

1. 机械碾米是利用什么原理将米皮从糙米籽粒中剥离下来？根据机械作用力的不同碾米可分几种类型？分析各种碾米方法的优缺点？
2. 碾米的四要素是什么？
3. 喷风碾米的作用有哪些？
4. 擦离碾白与碾削碾白的特点各是什么？
5. 碾米机有哪几部分组成？它们在糙米去皮中各有什么作用？
6. 碾辊表面状况对碾白效果有什么作用？
7. 米筛在碾白过程中的作用是什么？
8. 米刀刀设置有何作用？
9. 碾白压力的调节可从哪几个方面着手？产生的效果怎样？
10. 试分析单位产量碾白运动面积对评价碾米机工艺性能的作用和效果。
11. 试分析喷风碾米对提高碾米工艺效果的作用。
12. 评述影响碾米工艺效果的工艺因素。
13. 怎样评定碾米效率？
14. 米机的操作应注意哪几个方面？
15. 糠粞分离设备有哪几种？简述高速糠粞分离筛的传动特点。

【实验与实训】

[实验实训十一] 碾米机碎米率和增碎率的测定

从米机的进口与出口分别取样，测定并计算碎米率和增碎率。

[实验实训十二] 米机的操作与调节

观察的米机结构，动手操作调整喂料机构、出口压力门，比较分析调整前后工艺效果变化情况。

第七章　白米分级与后处理

学习目的

了解凉米、配米、白米精选的原理与方法。掌握白米分级平转筛、白米抛光机、色选机设备的结构。会合理选用设备，能正确选择工作参数，能分析设备常见故障，正确选择工艺指标和评定工艺效果。

重点难点

白米分级平转筛、白米抛光机、色选机设备的结构及工艺参数的确定；设备的操作与工艺效果的关系。

第一节　白米分级

按大米的质量标准将白米中超过标准的碎米分离出来的工序称为白米分级。白米分级主要设备有白米分级平转筛。

一、MMJP 白米分级平转筛

1. 结构

MMJP 白米分级平转筛结构如图 7-1 所示。白米分级平转筛结构与谷糙分离平转筛基本相同。

2. 筛理路线与特点

MMJP 白米分级平转筛的筛理路线如图 7-2 所示。进机白米通过导流板在筛面上筛理

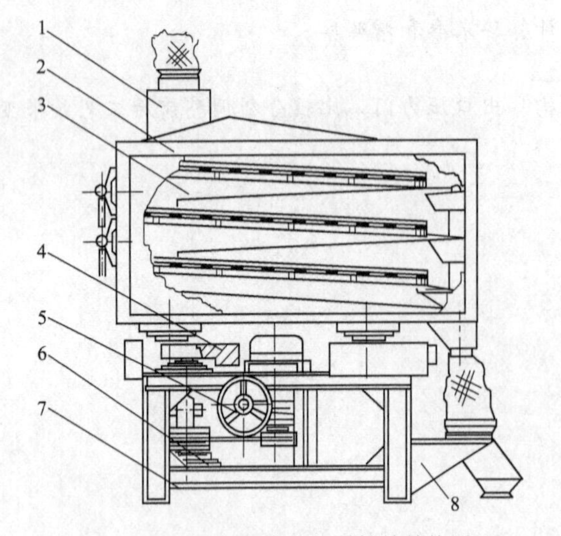

图 7-1　MMJP 白米分级平转筛结构图

1—进料斗；2—筛船；3—筛格；4—偏心回转机构；5—无机调速机构；6—齿轮箱；7—机架；8—出料斗

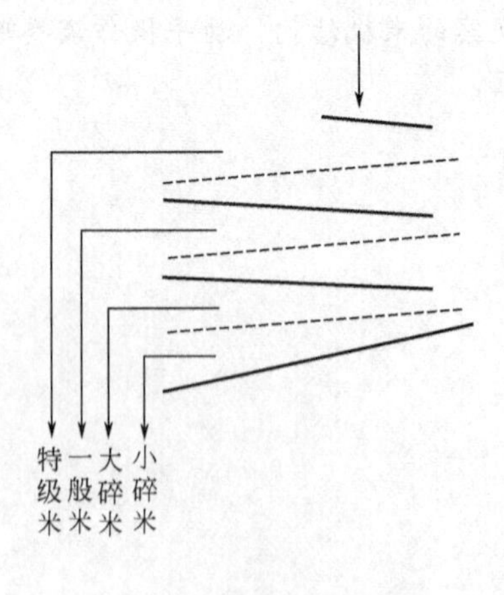

图 7-2　MMJP 白米分级平转筛理路线

后，将其分成特级米、一般米、大碎米、小碎米四种物料。每层筛面筛孔配置如下。

第一层：采用编织筛网时，筛孔为 14～16 目/50mm，当成品粒度较大时选低值，反之选大值，一般常采用 16 目/50mm。若采用冲孔筛时，筛孔为 3.5～3.7mm。

第二层：采用编织筛网时，筛孔为 16～18 目/50mm，采用冲孔筛时，筛孔为 2.6～2.8mm。

第三层：采用编织筛时，筛孔为 23～25 目/50mm 采用冲孔筛时，一般为 2～2.2mm。

该设备的工艺性能良好。当进筛白米含碎小于 35%时，经分级后可分出含碎小于 5%的特级米和含碎小于 25%的一般米。大碎米中的含整米可小于 20%，小碎米中可不含整米。因此，该设备适用于米厂分离白米中的超量碎米，使成品达到国家规定要求，同时也可用于生产出口大米。

二、MMJM 白米分级回转筛

1. 结构

MMJM 系列白米分级回转筛用于对出机白米进行分级，亦可用于对其他颗粒进行分级。其结构与平面回转振动筛基本相同。如图7-3所示。

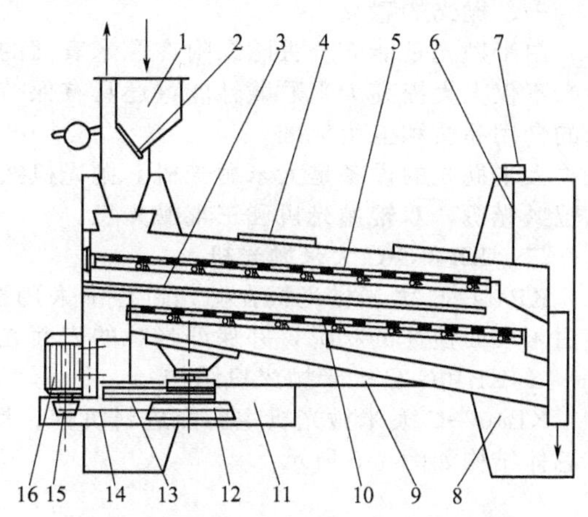

图 7-3 MMJM 白米分级回转筛结构图

1—吸糠、凉米装置；2—压力门；3—压筛拉杆；4—观察窗；5—上层筛格；6—钢丝绳；7—钢丝绳调节螺母；8—机架；9—筛船；10—下层筛格；11—防护罩；12—大塔形带轮；13—偏重块；14—三角带；15—小塔形带轮；16—电动机

2. 工作过程

物料进入料斗后，由于压力门的作用，在筛宽方向均匀流出，经过吸风道吸出米糠，降低米温，然后进入筛体。由于筛体前部做大椭圆形运动，白米产生自动分级，碎米能够迅速穿透较厚的物料层与筛孔接触，提高了分级速度；随着筛上物逐渐进入出料端，其运动轨迹变成直线往复运动，有利于大碎米的穿孔；第一层筛的筛上物为特级米，前级筛面筛孔为 3.2～3.7，后级筛面筛孔 3.0～3.5，筛下物落入第二层的前级筛面，筛孔为 2.0～2.2，同样由于自动分级，小碎米迅速下沉与筛孔接触，筛下物为小碎米，筛上物为大碎米与一般米的混合物，流入后级筛面，筛孔为 2.6～2.8，用孔径精确的冲孔筛板把大碎米分出，其筛理流程如图 7-4 所示。

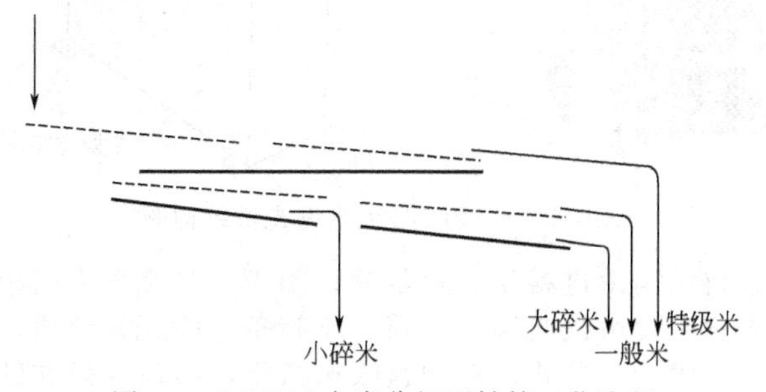

图 7-4 MMJM 白米分级回转筛工艺流程

三、凉米

凉米的目的是降低米温，以利于贮藏。尤其在加工高精度大米时，米温一般比室温要高 15～20℃，如不经冷却，立即打包进仓，容易使成品发热、品质劣变。所以，在环境温度较高，出机米温也高的情况下，应考虑采用凉米工序或设备。凉米一般都在擦米后进行，并把凉米和吸糠有机地结合起来。凉米的常用设备有凉米箱、流化床、风选器等。目前，我国大部分米厂使用去石机在去石的同时来降低米温。

去石机具有去石降温、散湿、除糠等作用，是一种比较理想的凉米设备。

四、白米精选

在白米精加工过程中，通过白米精选设备进行白米分级，有利用于分级加工，同时分离出白米中的碎米后，利于提高整米的碾白均匀度，提高碾米时产量，降低碾米耗电量，又能利于对碎米的充分利用。白米精选常用的设备是滚筒精选机。

第二节　白米抛光

一、抛光的意义

白米抛光是能充分去除黏附在白米表面的糠粉，从而使米粒表面清洁光亮；经抛光后的大米不仅大大提高大米贮藏性能，还具有保持大米的口味和新鲜度的特殊功能，从而提高大米的食用品质和卫生标准。

大米抛光的设备是大米抛光机。抛光机按工作方式可分为卧式抛光机和立式抛光机。有单辊抛光机、双辊抛光机和三辊抛光机。

二、KB40G-C 大米抛光机

KB40G-C 大米抛光机在抛光过程中采用控制空气湿度的方法，改善和解决了抛光过程中白米表面损坏的状况，并保证米粒的表面光滑洁净。大米经抛光后光洁度好、晶莹透亮。

1. KB40G-C 大米抛光机结构

KB40G-C 大米抛光机主要由进料机构、抛光室、供水系统出料机构、米糠收集等组成，其总体结构如图 7-5 所示。

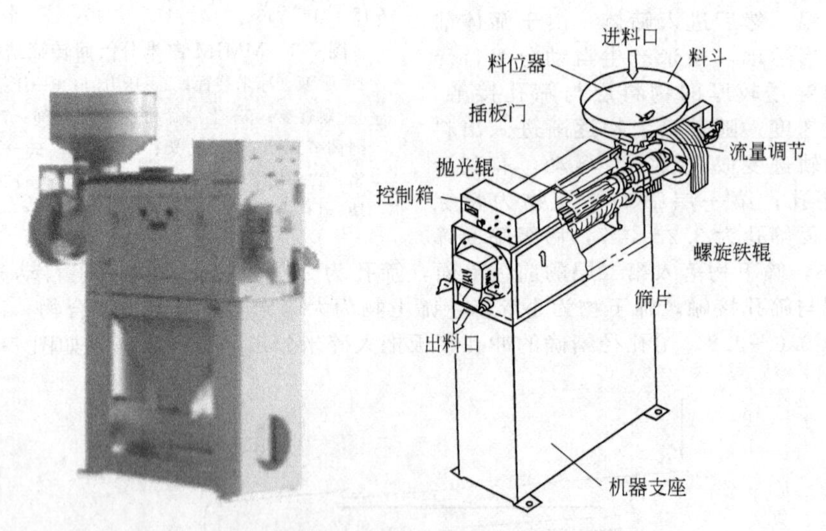

图 7-5　KB40G-C 大米抛光机结构图

(1) 进料结构　进料结构由进料斗、料位筒、闸板、弹簧压力门组成。

(2) 抛光室　抛光室主要由抛光辊、米筛、压筛条、筛托架组成，主轴采用开孔的空心轴，用于高压喷雾。抛光辊为二节式，双凹盘喷风铁辊，喷风孔设在凹筋后。共有 4 片米筛组成二段式八角形米筛筒。

(3) 出料机构　采用压砣式压力门。

(4) 供水系统　采用压缩空气与水产生雾化后能入轴心内部，利用高压喷雾在白米表面。

(5) 米糠收集　在机器底部，有米糠收集斗，通过外接风网收集米糠，吸风量为 35～40m^3/min。

2. KB40G-C 大米抛光机技术参数

KB40G-C 大米抛光机技术参数见表 7-1。

表 7-1 KB40G-C 大米抛光机技术参数

型 号		KB40G-C
配备功率/kW		30～37
进机产量	正常抛光/(t/h)	3～4
	最佳抛光/(t/h)	2～2.5
主轴转速/(r/min)		850

三、CM 型大米抛光机

CM21 大米抛光机主要由进料机构、供水系统抛光室、出料机构、米糠收集等部件组成如图 7-6 所示。

CM 系列抛光机是新一代大米精加工设备。抛光机采用多次喷雾、着水抛光，在具有较高精度的铁辊运转过程中产生摩擦热、水热的综合作用，使米粒表面的淀粉形成胶质层，从而使大米晶莹透亮，提高大米等级和商业价值，胶质层还能提高大米的抗氧化能力，延长大米保鲜期。

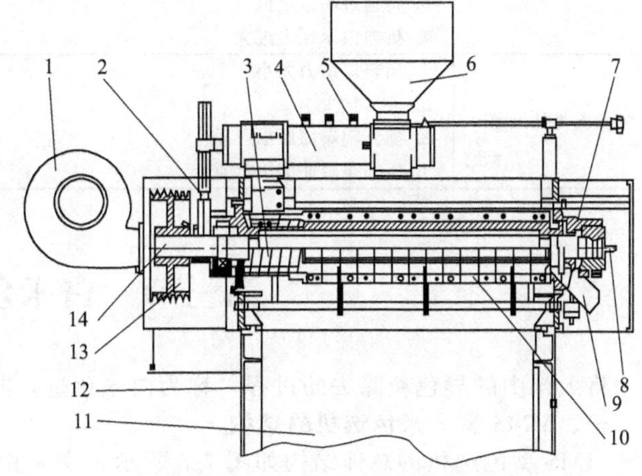

图 7-6 CM21 抛光机结构图

1—喷风风机；2—V 形带；3—抛光辊；4—绞龙；5—着水装置一；6—进料斗；7—出料轴座；8—着水装置二；9—压力门；10—筛架、筛板；11—集糠斗；12—机座；13—大带轮；14—主轴

1. 进料结构

进料结构由进料和流量调节机构组成。

2. 供水系统

供水系统由自动加水恒温装置、多位喷雾装置和螺旋式搅拌器组成。自动加水恒温装置可根据需要对水温进行调节并保持恒温。多位喷雾装置有气泵和水泵加水可供选择，通过对螺旋式搅拌器内白米进行喷雾着水，通过喷雾和搅拌使水分均匀地分布到米粒表面，使米粒表面的黏附的糠粉湿润。水滴只有充分雾化后才能增加表面积，以使米粒表面均匀湿润。

3. 抛光室

抛光室主要由镜面抛光辊、不锈钢米筛、压筛条、筛托架组成。针对大米的形状、长短、水分、品质，制定不同的抛光方案，提高抛光机的专业性能。

表面湿润的米粒在抛光辊的作用下，通过与抛光室的构件及米粒与米粒之间翻滚及摩擦作用，将黏附在米粒表面的糠粉去除干净，成为光洁透亮米粒。

4. 出料机构

采用压力方式出料装置，微调机风压力。

5. 米糠收集

外接风网吸运米糠。

CM 单辊系列大米抛光机技术参数见表 7-2。

表 7-2 CM 单辊系列大米抛光机技术参数

型 号	处理量/(t/h)	主机动力/kW	风机动力/kW
CM14×1	1.0～1.5	22～30	5.5
CM16×1	1.5～2.0	30～37	7.5
CM18×1	2.5～3.5	37～45	7.5
CM21×1	3.5～4.5	45～55	11
CM16×2	2.5～3.2	37～55	7.5
CM18×2	2.8～3.5	45～55	11
CM21×2	3.5～5.0	55～75	11

四、抛光机的常见故障和排除方法

抛光机常见故障、产生的原因和排除方法见表 7-3。

表 7-3 抛光机常见故障、产生原因和排除方法

故　障	产 生 原 因	排 除 方 法
增碎过多	1. 抛光辊与米筛或压筛条之间间距过小 2. 米筛连接不整 3. 米筛的筛孔过大或过小 4. 排糠风量太小 5. 着水量太大或太小 6. 转速过高或过低 7. 机内白米压力过大	1. 调节抛光辊与米筛或压筛条间距 2. 调整米筛间搭接 3. 更换合适筛孔的米筛 4. 调整吸风量 5. 调节着水量到合适程度 6. 调整转速 7. 调节进出口流量或出料口压力
大米表面光洁度差	1. 出料口压力太小 2. 着水量太小 3. 抛光辊碾筋磨损严重 4. 压筛条碾筋磨损严重	1. 调节出料口压力 2. 调节着水量 3. 更换抛光辊 4. 更换压筛条

第三节 白米色选

将大米中的异色粒除去的过程，称为白米色选，其设备称为色选机。

一、MMS 型大米色选机的结构

MMS 型色选机的总体结构如图 7-7 所示，主要由进料斗、振动喂料器、料槽通道、分选室、喷射器驱动箱、气动系统和信息处理箱等组成。

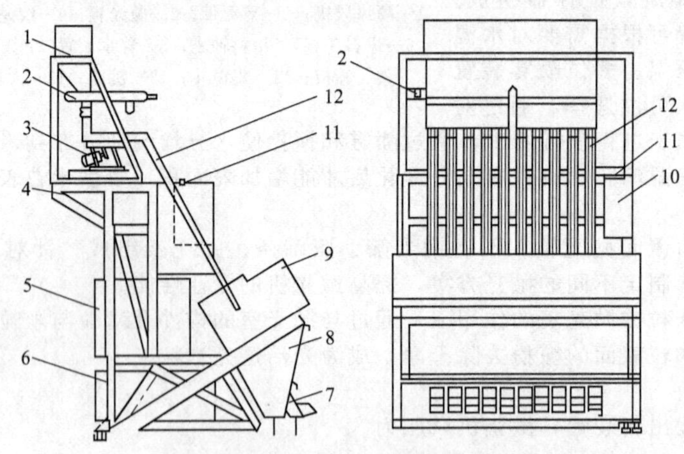

图 7-7 MMS 型色选机的总体结构

1—进料斗；2—压缩空气进口；3—振动喂料器；4—机架；5—信息处理室；6—电源/喷射器驱动箱；7—接收斗；8—剔除斗；9—色选分离室；10—控制柜；11—电源开关；12—料槽通道

1. 进料斗

进料斗位于色选机的最上方，大多由不锈钢制成，其大小由色选机的宽度、产量等有关因素决定；其数量由色选次数决定，进料斗主要用于贮存一定量的物料，并由阀门控制以保证各通道供料均匀，流量稳定。

2. 振动喂料器

振动喂料器位于进料斗与斜槽通道之间，由相互独立的振动簸斗组成，主要作用是将料斗中的物料按一定厚度均匀供给各斜槽通道，并确保各斜槽通道内的物料流量、流速稳定一致。每组喂料量的大小由控制柜上的电位器分别调整。

3. 斜槽通道

斜槽通道是按产量的不同而设计的、数量一般在20～120通道之间。斜槽通道的作用主要是将物料以一定的速度，一定的厚度均匀、有序地送入色选分离室，以达到最高异色粒剔除率和产量。色选机产量不仅与通道数量有关，而且与通道形状有关。目前，色选机通道形状主要由三种，即“V”形通道、“U”形通道和“⊔”形通道。“V”形通道产量最小，“⊔”形通道产量最大。“V”形通道的优点是色选精度高，当原粮含杂1%左右时，经色选后含杂可降至0.3%左右，精度可达99.7%左右。异色粒和正常粒出带出比小，一般1∶3左右。原料含杂1%时，单通道流量约为60kg/h左右。“⊔”形通道产量大，色选精度高，但色选带出比大，一般1∶7以上。含杂1%时，通道流量约为80～100kg/h；当含杂1～2%时，使用“⊔”形通道就不经济。“U”形通道介于两者之间，因此，应视本地实际情况合理选择色选机。

4. 色选分离室

色选分离室是色选机的核心部分，它工作的好坏直接关系到色选效果的好坏。主要包括照明灯管组合箱、基准背景箱、喷气嘴清扫装置及接收斗和剔除斗等。工作时，各通道中的物料以一定的速度通过光照系统进行色差检测，并通过电子系统判断，然后在一定时间内自动控制喷气嘴工作。被喷出的异色料进入剔除斗被分离。对不含异色的白米，因没有受到喷离，直接按原运动方向进入接收斗。为了保证良好的分离效果，该系统必须始终保持清洁，使通过物料的光照度始终保持一致；光电检测判断到喷嘴工作的时间等于物料从光照区进入喷嘴喷离区的时间，绝不允许出现异步动作。

5. 喷射器

喷射器驱动箱位于机器的下方，色选分离室的后部，主要作用是控制喷射系统是否工作。

6. 操作箱（控制柜）

操作箱由总振荡器开关、总电源开关等组成，是操作人员经常使用的部分。一般位于设备的中右部位，便于操作。

7. 气动系统

气动系统由进气嘴、过滤器、喷嘴及管道等组成，是色选机完成喷射、清扫等工作不可缺少的系统。

8. 信息处理箱（电子中控室）

实际上就是色选机的中央处理室，完成信号放大，提供喷射器何时剔除不合格物料的信息，沟通振荡器、通道色选、基准背景控制之间的联系等一系列工作，起操纵、管理整个色选机的作用。

二、色选的基本原理

色选是根据物料间色泽的差异，将异色米粒和正常米粒进行分选的。当物料经振动喂料系统均匀的通过斜槽（或直板）通道进入选别区域时，光电探测器测得反射光和折射光的光量，并与基准色板的反射光量相比较，将其差值信号放大处理，当信号大于额定值时，驱动喷射系统吹出异色米粒，从而达到色选的目的。

三、色选机的工作过程

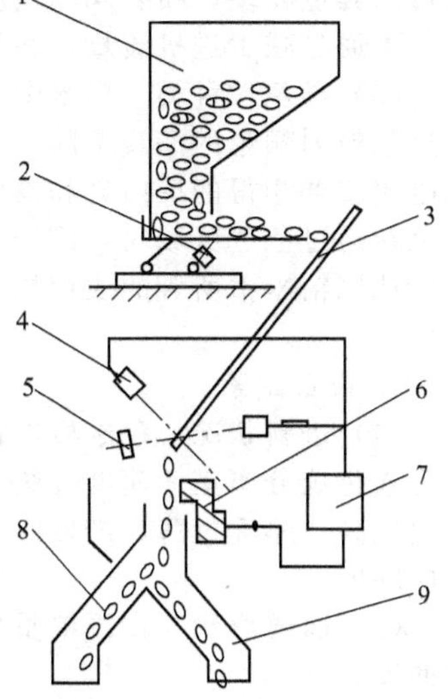

图7-8　色选基本原理图

1—进料斗；2—振动槽；3—斜槽通道；4—光电传感器；5—基准色板；6—气流喷射器；7—电子中控室；8—合格米；9—异色粒

色选机的基本工作过程如图7-8所示。当含有异色物质的白米由进料斗经振动喂料器输送到对应的通道，沿通道均匀下落；物质进入选别区域（色选室）时，被选物料在光电探测器、基准色板之间通过。当异色粮粒通过色选区域时，信号值超出基准色板的设定区域值，中控室命令驱动喷射系统驱动该通道的喷嘴动作，压缩空气将异色粒吹出，落入剔除斗，为不合格米；而正常米粒在通过色选区域时，信号差值在基准色板设定区域值内，驱动喷射系统喷嘴不动作，物料会沿原来方向继续下落进入接收料斗，成为合格米，完成色选过程。

四、色选机的主要技术参数

国内外部分色选机的主要技术参数见表7-4。

表7-4　色选机的主要技术参数

型　号	ASM120	MMS-24A	Sorte×9400	STATEKE(EM800)	CS480A	CS240	CA20
通道数	20	24	40	80	48	24	20
流量/(kg/h)	1200	1400	3000	6000	3600	1400	1200
功耗/kW	0.5	1.2	2.0	3.9	0.25	1.1	0.8
电源/(V/H_2)	220/50	220/50	220/50	220/50	220/50	220/50	220/50
耗气/(m^3/min)	0.5	0.6	1.5	2.0	1.7	0.6	0.5
气压/MPa	0.6	0.6	0.6	0.6	0.6	0.6	0.6
机重/kg	200	400					
产地	合肥	天津	英国	日本佐竹	台湾	台湾	日本东洋

表中的流量高低和耗气的多少与分选物料的通道宽度及异色粒含量的多少有关，变化幅度较大。

五、影响色选工艺效果的因素

1. 原料因素

色选机进机物料的含糠率、异色粒含量、异色粒的种类等都影响着色选工艺效果。

(1) 原料含糠情况　当原料白米中含糠粉过多时，易在色选机通道上结块，造成米粒在通道上跳动，另外糠粉积聚在分选室内，影响色选精度。因此，要求进入色选机的白米洁净，不含糠粉，流动性好。

(2) 异色粒的含量　色选机的选别率和带出比两项指标均是在额定流量和异色粒含量在2%以下确定的。当异色粒的含量在2%以上时，选别率将明显下降，带出比增大。这与色选机中喷射阀驱动随信号装置所发出的命令的反应灵敏度有关。当异色粒含量过高时，单位流量内异色粒多，喷射阀驱支反应要求快。在目前设备条件下，无法与之相对应。在此情况下，可通过减少进机流量，在设备允许范围内增大色选机灵敏度来提高色选机的色选效果。

(3) 异色粒种类　白米中异色粒有霉变粒、未成熟粒、稻谷、异种粮粒以及砂石等。这些异色粒因颜色的深浅不同，色选机的色选效果也不同，这是由于异色粒颜色的深浅不同，光电探测器测得的反射光和投射光的光量与基准板反射光光量的信号差值的范围较大，有些异色粒通过色选区域时，信号差值可能仍落在基准色板的设定区域值范围内而不被选出。因此要选别精米中所含的浅黄粒，必须选择光学系统分辨率高，控制系统放大信号失真小的色选机。

2. 设备因素

(1) 进料状况　色选机进行选别异色粒时，物料须以一定的速度、一定的厚度均匀有序地进入色选分离室。速度过快，选别率低；速度过慢，产量低。料层厚度过厚，选别率低，带出比高；厚度过薄，产量低。一般要求物料流速稳定，当原料含异色粒多时，采用较薄的料层厚度。

(2) 通道形状　在原粮质量较好，含杂量少时，可选用"⊔"形通道，相反则选择"V"形通道。

(3) 气源质量　色选机分选装置是利用高压空气将异色米粒吹出正常轨道。高压空气的质量将影响色选机精度和带出比。气源要求无油、无水、无尘、干燥、压力稳定，否则极易堵塞气路、喷射阀，影响喷射阀动作的灵敏程度，且易损坏喷嘴。一般要求在色选机前设置容量不小于 $1m^3$ 的贮气罐以稳定压力，最佳进气压力为0.6～0.7MPa，喷嘴压力在0.20～0.25MPa。

(4) 设备工况 色选机内设有分选室除尘装置、通道自动加热调温装置、出料口后腔吸尘等。除尘装置是利用不小于0.5MPa的压缩气体对分选室进行清灰，以便分选时不受粉尘干扰；通道加热装置能保证色选在35℃左右恒定温度下工作；出料口后腔吸尘设置可减少封闭腔体内的灰尘，否则将影响汽缸的寿命和色选效果。为了保证色选效果，这些装置必须正常有效地工作。另外，要保证荧光灯正常，调光板调整适当，色选机周围不应有地面振动，不得有强的电磁干扰，避免受阳光和照明设备的影响。

3. 操作因素

色选机流量大小是通过调节振动喂料器的振动频率和振幅来改变的。为保证色选精度，均要求在额定流量或额定流量以下工作。流量过大，通道内的料层过厚，影响光电探测器对异色颗粒信号的正常捕捉，降低色选精度；流量过小，物料不能铺满整个通道，使物料在通道内出现翻滚跳动，同样影响色选精度。一般而言，在额定流量范围内，小粒、细长形米粒选用小流量，圆粒、大粒形的米粒选用大流量。

4. 工艺因素

(1) 色选位置 色选机对进机物料的要求较高，色选位置可安排在白米抛光和分级之后较为合理。抛光后，白米表面光洁，含糠粉少，有利于提高色选效果；经分级后，一来筛下物不需再进入色选机，可提高色选机的产量；二来部分碎的异色粒成为筛下物，降低了异色粒的含量，有利于提高色选的精度。

(2) 色选流程 对于规模较小、资金不充足的精米厂，设置一道色选机，即可以进行一次色选，也可以进行二次色选。可将一次色选的选出物暂存于中间仓，待一定数量时再进行二次色选。

六、色选机的操作、维修与保养

1. 日常维护管理

① 根据需要全面彻底地清洁机器。

② 交接班时应注意以下问题：a. 清洁喂料系统；b. 检查操作控制设定值，必要时可以重新调整；c. 检查喷射器的空气压力；d. 确信所有的检测系统正常（指示灯都亮）。

③ 每周应进行一次检修：a. 所有的紧固件是否可靠；b. 所有的插头插座的联络是否可靠、正确；c. 检查气动系统每个过滤器中的元部件；d. 检查振荡器弹簧有无损坏；e. 检查荧光灯管。

2. 操作

① 严格执行操作规程。

② 操作人员应视原料的纯度（含异色粒的多少），正确地设置工作参数，使机器在最佳状态下工作。视原料的粒形确定流量参数，小粒、细长粒物料选用较小的流量，大粒形物料选用较大流量。

③ 不宜频繁更换灵敏度、扩展延时等参数。因这些参数变动后，机器自动调整需一定时间，过于频繁变动极易导致机器误动作。

④ 分选不同纯度原料时，尽可能接连分选同一或几乎同一纯度的原料，以减少变动参数的次数。

⑤ 经常检查振动喂料器及通道工作是否正常，如发现碎米或糠粉黏附在通道上，打开加热器即可。

3. 保养

① 为了提高工作效率，应降低空气含尘量，保持机器清洁。

② 保持振动喂料器、通道、喷射阀通畅，无异物、无积糠。

③ 注意分选室玻璃板有无未清除积糠，如有应用软布擦拭干净，严禁用水冲洗。

④ 开机前与停机后，用压缩空气喷吹机器。

⑤ 长期不使用时，应注意防虫、防鼠、防潮，定期开机除湿。其周期一般为：雨季15天左右，其他季节30天左右。

⑥ 每季度更换一次荧光灯管。

⑦ 每半年更换一次空压机油。

七、色选机的常见故障及排除方法（表 7-5）

表 7-5 色选机常见故障、产生原因及排除方法

故障现象	产生原因	排除方法
根本不分选	1. 灵敏度太低 2. 调光板调得不当 3. 荧光灯坏 4. 控制系统参数变化或发生故障	1. 灵敏度调整 2. 调节调光板 3. 更换荧光灯 4. 与设备生产厂家联系
机器单侧分选质量差	清灰汽缸运行不到位，清灰差	更换刮灰器板条或弹簧、更换汽缸
机器两侧通道分选质量差	1. 荧光厂两端发黑 2. 调光板变形	1. 更换荧光灯 2. 校正或更换调光板
一个班内分选质量越来越差	1. 分选室内前后玻璃板上粉尘挡住日光 2. 荧光灯老化 3. 灵敏度、调光板、流量有变化	1. 用干抹布擦去粉尘，检查刮灰器是否正常工作 2. 更换荧光灯 3. 重新调整
分选指标及喷嘴动作异常频繁	1. 荧光灯烧坏 2. 分选方式未选对 3. 荧光灯电源烧坏、熔断器断 4. 调光板卡住 5. 调光板调整色度不当，灵敏度太高	1. 更换荧光灯 2. 重新选择 3. 更换灯电源板及熔断器 4. 修理卡住的地方 5. 重新旋定调光板角度降低灵敏度

第四节 配制米的工艺技术

一、配制米的概念

所谓配制米是指将品种、加工品质、食用品质、营养品质等各异的大米按一定的要求或比例搭配混合而成的、满足消费者要求的成品大米。

二、配制米的目的意义

1. 提高大米食用品质、营养品质

配米技术是建立在充分掌握各种大米的特性、了解不同消费对象对大米食用品质不同要求的基础上，通过各种原料的品种、产地、年份等非量化指标和直链淀粉、蛋白质、脂肪酸、水分等量化指标进行配比组合，利用多种大米的品质互补作用，制成价廉物美的系列大米产品，从总体上提高大米的食用品质、营养品质，满足不同消费者的需要。

2. 保证大米品质的稳定性

配制米技术是依据一定的配方和加工工艺设备进行的，为大米品质的稳定性提供了保证。有了稳定的品质，消费者就可以根据自己的要求在不同地点、不同时间选择到品质一致的商品米。

3. 便于形成系列化产品

配米生产技术除考虑了国家标准中大米等级的分类外，还充分考虑了大米食用品质、营养品质和碎米含量等，通过调整这些方面的指标便能生产出系列化的商品米。

4. 充分提高经济效益

配制米充分考虑了大米食用品质、营养品质。利用好不同品种稻谷的食味和营养差异，用不同的配比生产出系列化大米，挖掘其内在的价值，提高经济效益；大米精加工过程中会产生较多的碎米，将这些碎米搭配到档次低一些的大米中去，则可收到比碎米更高的经济效益。另外由于储备的需要，经常会有陈米出现，如将不同程度的陈粮以不同的比例搭配到不同档次的大米中也不失提高经济效益的一个途径。

三、配制米的品种种类

1. 常规型配制米

成品大米含碎比例，对成品大米进行配制，即产生常规型配制米。目前市场上常规型配制米主要有：全整米（含总碎1%以下）、一级整米（含总碎5%以下）、二级整米（含总碎10%以下）、三级整米（含总碎15%以下），及其他按市场需求所配制的不同含碎总量的成品配制米。

2. 口感型配制米

根据大米的黏性及蒸煮时需水量多少将不同品质大米配制在一起的，以满足消费者口感需求的成品大米即口感型配制米。它可依据不同的消费群体而配制出米饭软、硬各异、黏性不同的成品大米。

3. 香型配制米

借助于天然香稻谷或高浓度增香大米与普通精制大米，按科学的配比，调制出的适合于消费者的香米即香型配制米。它具有价格适中、食用品质高、上口性好等特点。

4. 营养型配制米

营养型配制米就是采用高浓缩营养强化米，按科学的配方，与普通精制米配制在一起的大米。目前主要有高维大米、高蛋白大米及加碘大米、加锌大米、富硒大米、富钙大米等。

5. 功能型配制米

特种稻米营养丰富，还含有特殊的药物成分，通过与普通精制大米配制，生产出功能型配制米，具有滋阴补肾、补血益气、补脑健胃、增强新陈代谢、乌发抗衰等功效。

6. 专用型配制米

① 不同制作要求的专用米，如家庭用电饭锅煮饭用专用米、食堂饭店蒸饭用专用米、炒饭用专用米等。

② 食品工业专用米。如米粉（米线）专用米、方便米饭专用米。如米线专用米要求直链淀粉和支链淀粉有一定的比例，复水时间要短，又有米线的口感，滑溜，有弹性，有黏柔感，还要保持米线不断。另外还有如营养米糊专用米、特色水磨糯米粉专用米等。

③ 方便粥专用米。膨胀而不能表面开裂，食用品质黏糊又有颗粒感。

④ 米果专用米。

⑤ 发酵工业专用米，包括啤酒用米、黄酒用米、味精用米等。

四、配制米所用原料资源

1. 普通稻米资源

普通稻米是最基本的配制原料用米，常作为配制米中的“基本米”。

2. 色稻米资源

色稻米，包括绿米、黄米、红米、褐米、紫米和黑米，是我国稻种资源中极具特色而又名贵的类型。它集天然的色、香、味、营养食疗于一体，其特殊的营养价值和药用价值已引起世人的极大关注。经分析，红米和褐米含铁和锌丰富，紫米和黑米含天然黑色素丰富，色泽黝黑诱人。与白米相比，色米含有丰富的蛋白质和氨基酸，较多的微量元素，诸如铜、铁、锰、硒、锌、钙、钼、磷及维生素 B_1、维生素 B_6 维生素 B_{12}、胡萝卜素等，因而具有较高的营养价值和经济价值。

3. 香稻米资源

我国香稻资源极度丰富，产地遍及大江南北。如陕西渭水河畔的洋县香谷，所制米饭清香，滋润软亮，做成元宵，芬芳味佳；再如贵州的白毛各禾、把塘禾、大香禾、红毛香禾等，香气浓郁。

4. 留胚米

留胚米是指留胚率在80%，每100克大米其胚芽质量在2g以上的大米。大米的胚芽是谷物的精华，营养丰富，营养价值高，食用留胚米有助于增进人体健康，防止因吃精白米而患疾病，特别是脚气病。

其加工方法与普通大米基本相同，需经过清理、砻谷、碾米三大过程。为了使留胚率在80%以上，碾米时必须采用多机轻碾，即碾白道数要多，碾米机内压力要低。

5. 营养强化米

营养强化米是在普通大米中添加某些缺少的营养成分或特需的营养成分而制成的成品米。

强化米生产方法多种多样，可分为外加法、内持法两种。外加法是将各种强化剂配成溶液后，由米粒吸进去或涂覆在米粒表面。内持法是通过水热处理，将糙米皮层和胚的营养素转移到胚乳内部，蒸谷米的生产即为内持法营养强化米的生产。

6. 人造营养米

人造营养米是用维生素、氨基酸、锌等营养素与淀粉制成与米粒相似的颗粒。

将碎米或者大米磨成粉后，再添加丰富的维生素和矿物质等营养素，通过特殊的挤压工艺（制粒机）使淀粉分子重新排列组合，生产出和普通大米相同形状的大米颗粒。人造营养米在淘洗还是在蒸煮过程中营养都不易流失。

7. 免淘洗米

不淘洗米也称清洁米，是指符合卫生要求、不必淘洗就可直接炊煮食用的大米。生产不淘洗米的方法主要有渗水法、湿润法、膜化法三种。

渗水法是将白米掺水精碾，冷却和分级制成精米，精米光洁度好，粒面光洁如洗，且呈晶莹如珠光光泽。生产工艺中，碾白工序、擦米工序与加工普通大米相同，增加了渗水碾磨、冷却、分级等工序。

湿润法是在糙米或白米湿润状态下，利用擦离作用加工不淘洗米的方法。湿润法加工不淘洗米分两道工序进行：第一道工序是碾白除糠，主要目的是将糙米着水湿润后，利用皮层容易从胚乳上剥离下来的性质，施以较小的压力进行擦离碾白，使白米达到所要求的精度。第二道工序是添加有黏着力的糖类、蛋白质类的水溶液润湿米粒的表面，利用其摩擦系数显著增加的性质，进行摩擦轻碾，进一步提高除糠效率。

膜化法是将大米表面的淀粉通过预糊化作用转变成包裹米粒的胶质化淀粉膜，从而生产出不淘洗米。目前我国膜化法生产不淘洗米大都是在原有加工普通大米的基础上，增加部分设备进行的。如去糠上光设备，去糠上光设备是大米抛光机。其工艺流程如下：

标一米 → 精选除杂 → 碾白 → 去糠上光 → 分级 → 不淘洗米
（上光剂 → 去糠上光）

五、配制方案设计

在评价各类大米品质的基础上，对各品种赋予不同的评价值，包括食味的感官值及与食味相关的主要化学成分，如蛋白质、直链淀粉、胶稠度、脂肪酸、水分的测定值转化成的评价值，以及根据产地、生产年份确定的相应分数值等，并以此为依据设计配米方案。除此以外，在工艺中还须考虑各种大米在粒形、粒色、加工精度、碎米等方面的差异，一般粳米比较短，呈椭圆形，蜡白色；籼米细长，呈灰暗色；糯米为乳白色，应尽可能保证配制米外观均匀一致。此外还应兼顾香米与非香米、新米与陈米、硬米与软米、以及不同产地等的差异，尽可能使配制米的气味、色泽、柔软性、黏度等适宜互补。

但在实际操作中，不可能考虑全部因素，只能遴选几个有代表性的因素综合评价作为配米用的参考或指标，这些指标既要能反映大米的食用品质，又能准确测定、测定便于操作，现在用得较多的指标通常是直链淀粉含量、胶稠度、粒色、粒形、香味等。根据考察指标和计算结果确定方案后，检验配米成功与否最终仍然是对配米的食味进行感官评定，看是否达到了预期的要求，如有差距，再做进一步调整。

六、配制米加工工艺

配制米一般是在普通成品米加工完成之后进行的。其工艺流程为：

普通成品米 → 配米仓 → 配米器 → 混合机 → 配制米

作为配米仓，以能满足配制时种数即可，一般选用 3～4 个。目前较为典型的配米系统如图 7-9 所示。

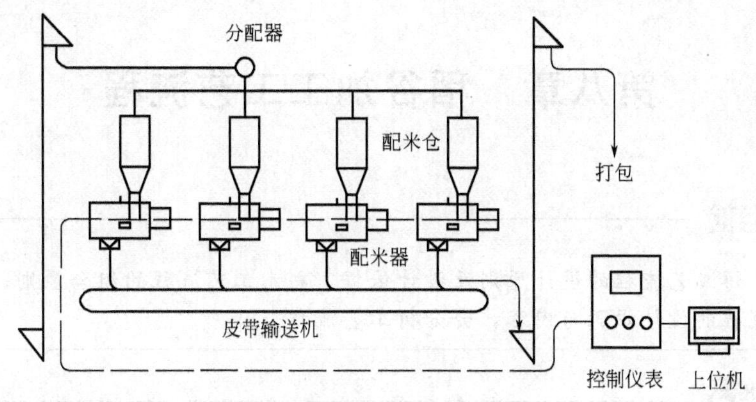

图 7-9　皮带输送自动配米系统

【思考与练习】

1. 简述白米分级筛的筛理路线与特点。
2. 简述 MMJM 白米分级回转筛的工作过程。
3. 为何要进行凉米?
4. 为何要进行白米精选?
5. 比较 KB40G-C 大米抛光机和 CM 系列抛光机的结构特点。
6. 分析抛光后大米表面光洁差的原因。
7. 简述 MMS 型色选机工作原理与工作过程。
8. 简述影响色选机工艺效果的因素。
9. 简述配米的目的与意义。
10. 配制米种类与特点为何?
11. 什么是营养强化米?其生产方法有几种?
12. 配制米的一般加工工艺流程如何设计?包括哪些内容?

【实验与实训】

[实验实训十三] 白米分级筛的筛理特点与筛理流程

观察的白米分级筛的结构，观察物料的运动路线，画出筛理流程图。

第八章　稻谷加工工艺流程

学习目的

了解工艺流程的设计原则及设计依据，熟悉工艺流程的组合原则，掌握工艺流程的设计步骤与内容，会分析工艺流程。

重点难点

工艺流程的组合原则，工艺流程的设计步骤与内容，工艺流程的分析。

第一节　工艺流程概述

一、概述

将稻谷（小麦制粉）加工的设备按工序顺序组合起来，对原料按一定的产品质量标准进行加工处理的生产工艺过程称为稻谷（小麦制粉）加工工艺流程。其中小麦制粉加工工艺流程又可分为小麦清理工艺流程（或称麦路）和制粉工艺流程（或称粉路）两部分。

工艺流程设计是整个建厂设计的基础。工艺流程设计的先进与否，不仅直接影响产品质量、产品成本、生产能力等各项经济技术指标，而且还关系到工厂的安全和文明生产等一系列问题。工艺流程设计必须遵循国家有关方针政策，最合理、最有效地利用粮食资源，积极采用科学技术上的最新成就，使设计达到技术上先进、经济上合理的要求。

工艺流程设计的主要任务是：根据原粮的工艺性质、成品的等级要求，按经济合理的原则，研究确定生产工序，选择加工机械设备，科学地组织工艺流程，拟定操作指标，确定设备的型号、规格，计算所需的设备数量，并确定各个设备的技术参数等。

二、工艺流程的设计原则与设计依据

1. 工艺流程的设计原则

① 根据原粮情况和成品要求，积极采用先进技术、先进经验、先进设备，使生产过程连续化、机械化、自动化。

② 遵循同质合并、循序后推、减少回路的原则，在保证产品质量的前提下，尽量简化工艺流程，发挥各工序最大效率。

③ 确保生产稳定和工序间的流量平衡，并充分考虑到生产中可能发生的临时故障，以免影响整个工厂的生产。

④ 优先选用国家定型的、生产效率高的设备，以发挥最大的加工效能，减少动力消耗，降低生产成本。

⑤ 工艺流程要有一定的适应性、灵活性，满足不同原料和产品的要求。

⑥ 设备布局合理，尽量减少物料输送环节，同类设备尽量安排同一楼层，便于操作管理。

⑦ 充分利用原粮，提高产品的出率，考虑下脚处理与利用，提高综合效益。

⑧ 一风多用，加强除尘，防火防爆，保证安全生产。

2. 工艺流程的设计依据

（1）设计任务书　设计任务书是由建设单位编制的设计文件，这是设计工作的主要依

据。设计任务书一般包括以下具体内容：生产规模、原粮质量情况、对产品的要求、物料的输送方式、建厂投资和主要经济指标等。

（2）设计标准 有关单位和业务部门，在长期生产和设计实践的基础上，制定了各种有关的设计标准。按照这些标准进行设计，有利于设计工作顺利进行，有利于设备的选用与购置。

（3）有关资料或文件 上级单位或主管部门下达的与工艺流程设计工作有关的文件，或建厂地区提供的与设计工作有关的符合实际情况的各种资料，都可作为设计工作的依据。

三、工艺流程图

用规定的设备图形符号，再用各种线条把它们连接起来，这种图便称为工艺流程图。工艺流程图是整个工艺流程设计的主要技术文件，是工厂其他各项设计的主要依据。绘制工艺流程图的方法应符合以下要求。

① 流程图上各种设备及其技术特性，用统一的图形符号和文字加以表示。

② 流程图根据需要，应在设备图形符号的附近注明设备的名称、型号、规格、数量和主要技术特征。

③ 工艺流程图应按工艺先后的顺序，从左向右、自上而下绘制，并根据主要设备在各楼层的相互位置，合理安排设备图形符号的上下次序。

④ 在流程图上，一般以粗实线表示主流，以细实线表示副流，以虚线或细实线表示下脚、副产品，除尘网路以细点划线表示。

⑤ 标题栏的作用是表明图名、设计单位、设计人、制图人、审核人签名，以及图号、日期等，其位置一般在流程图的右下角，其格式可参考表 8-1。

表 8-1 标题栏格式

<table>
<tr><td colspan="2">（设计单位）</td><td rowspan="2">（设计工程名称）</td><td>比例</td><td></td></tr>
<tr><td>设计</td><td></td><td>图号</td><td></td></tr>
<tr><td>制图</td><td></td><td rowspan="3">工艺流程图</td><td>共 张</td><td>第 张</td></tr>
<tr><td>插图</td><td></td><td rowspan="2">日期</td><td rowspan="2"></td></tr>
<tr><td>审核</td><td></td></tr>
</table>

第二节 稻谷制米的工艺流程

一、制米工艺流程的工序组合原则

在工艺的整个过程中，完成一个阶段生产任务的单元叫作工段，仅完成一项工艺任务的单元叫作工序。为了保证成品质量，提高产品纯度，减少粮食在加工过程中的损失，提高出米率，碾米必须经过清理、砻谷、碾米三个工段。

1. 清理工段工艺流程组合原则

清理工艺过程的主要任务是：以最经济、最合理的工艺流程清除稻谷中的各种杂质，以达到砻谷前净谷质量的要求。

在稻谷含杂较多的情况下，清理流程按“主流撇净谷，副流除净杂，稀释回流，同质合并”的原则进行组合，较为经济合理。

2. 砻谷工段工艺流程组合原则

砻谷工段的主要任务是：脱去稻谷颖壳，谷糙分离，为碾米工段提供纯净糙米。

组合砻谷工艺流程时，应积极创造条件将大小粒稻谷分开加工。回砻谷应单独脱壳；或并入小粒谷仓，进入小粒砻谷设备；或单独设置回砻谷暂存仓柜，利用原机定时分段加工。如果条件不许可，也应做到回砻谷与净谷充分混合后再进入砻谷设备脱壳，严防回砻谷在砻谷机中（胶辊砻谷机）走单边。加强谷糙混合物中稻壳的分离，保证谷糙分离效果。谷糙分离流程应遵循同质合并原则。

3. 碾米工段工艺流程组合原则

碾米工段的主要任务是：根据成品等级标准，碾去糙米的皮层，除去糠粉，尽量降低碾米过程中的增碎率，提高出米率，并将成品大米按其含碎米的多少分成各种等级，以适应不同的用途。

一般加工低精度米时采用单机出白，加工高精度米时采用多机轻碾。碾米、白米分级与凉米工序的流程应机动灵活，应能根据不同要求，生产不同标准大米，并分出不同粒度和数量的碎米。

二、制米工艺流程的设计方法与步骤

1. 资料的收集和整理

接受设计任务后，须研究设计任务书，领会设计意图，构思设计初步方案，列出收集资料提纲。收集的资料主要包括以下内容。

(1) 建厂地区的原粮情况及加工产品等

① 原粮的品种、类型及近几年生产中各种类型的原粮数量和所占总量的百分比。

② 原粮的等级和含杂情况，包括出糙率、杂质的种类及质量分数等。

③ 原粮、杂质及其加工产品的工艺特性，包括粒形、粒度、容重、千粒重、爆腰率、水分、硬度、悬浮速度等。

④ 稻谷出糙率、糙出白率、出米率。

⑤ 产品的种类、等级和数量。

(2) 建厂地区现有厂的生产情况　包括工艺流程、选用设备、经济技术指标、产品质量等

(3) 先进厂的工艺流程、经济指标、技术参数、产品数量、下脚和副产品整理等

(4) 与设计有关的各种机械设备的生产能力、主要结构尺寸、技术参数、工艺指标、工艺流程等

(5) 技术资料　如设备的使用说明书、各种生产测定资料、技术档案等

(6) 标准化设计文件、碾米厂操作规程、粮食加工厂设计手册、产品样本、有关的专业教科书等

2. 确定工序、组合工艺流程

(1) 确定工序

① 清理工段　清理工段一般包括初清、称重、去石、磁选及下脚整理等工序。

a. 立筒库、毛谷仓　原粮进入工厂后，先存入仓。立筒库主要起存料作用，仓容量大，一般可供车间一个月使用。毛谷仓有一定存料作用外，主要起调节物料流量、保证连续生产的作用；其仓容量可供车间 2～3 班使用。毛谷仓数量应根据生产规模决定，一般以两座以上为好，以便适应不同原粮品种的暂存。大型加工厂一般既有立筒库，又有毛谷仓。中小厂一般只设毛谷仓，其仓容稍大。

b. 初清与筛选　初清安排物料进入立筒库（或毛谷仓）之前，使原粮经初清后入仓。采用的设备比较简单，常用一道圆筒初清筛或再设一道振动筛，清除稻穗和部分大杂，称为初清。大型厂，初清后，稻谷从毛谷仓进入车间后，再增加一道振动筛作进一步清理。小型厂的初清一般设在毛谷仓之后，或原粮送入车间后，直接进入振动筛，除去大、小、轻杂。这种设计简单，但当原粮中含稻穗较多时，物料在筛面上堆积，将会严重影响振动筛的清杂效果和米厂的正常生产。

c. 称重　称重设备设置最好是初清后。如设置在原粮进入车间未经清理之前，可以正确地反映出原粮的加工数量。但原粮中含杂较多，如未经初清而直接进入称量设备，将会影响称量的准确性，严重时，将使称量设备无法正常工作。

d. 去石　去石工序一般设在清理流程的后端，这样可避免去石机工作面的鱼鳞孔被杂质堵塞，以保证良好的去石效果。

e. 磁选　磁选安排在初清之后，摩擦或打击作用较强的设备之前。这样，一方面可使

比稻谷大或小的磁性杂质先通过筛选除去，以减轻磁选设备的负担；另一方面可避免损坏摩擦作用较强的设备，也可避免因打击起火花而引起火灾。

当原粮大多数为长芒稻谷时，也可设置打芒工序，用以增加稻谷的散落性减少筛孔的堵塞，提高除杂的效果。

② 砻谷工段 砻谷工段一般包括砻谷、谷壳分离、稻壳整理、谷糙分离、糙米除碎、糙米精选、糙米调质等工序。

a. 砻谷 将清理工段得到的净谷首先进入砻谷机脱去颖壳。

b. 谷壳分离 将砻下物中的稻壳分离出来。稻壳体积大，密度小，散落性差，如不首先将其分离，将会影响后继工序的工艺效果。如在谷糙分离过程中混有大量稻壳，将妨碍谷糙混合物的流动性，降低谷糙分离效果。回砻谷中如混有较多稻壳，将使砻谷机产量下降，动力及胶耗增加。所以，稻壳分离工序必须紧接砻谷工序之后。

c. 稻壳整理 谷壳分离工序中分出的稻壳往往带有一些完整粮粒。设置稻壳整理工序，可把混入稻壳中的粮粒、未熟粒、大碎分选出来，回机或生产饲料；同时也可将瘪稻、糙粞、小碎分出，用作饲料、酿酒、制醋、制糖的原料，以免浪费粮食。

d. 谷糙分离 从谷糙混合物中分选出来的净糙送入碾米工段碾白，分选出来的稻谷则重新回到砻谷机进行脱壳。谷糙分离工序设在谷壳分离工序之后。

e. 糙米除碎 稻谷经砻谷后，不可避免地会产生糙碎。如糙碎混入糙米中一同碾米，会使糙碎碾成粉状。这不仅影响出率，而且让其混入米糠后，还会引起米糠榨油时出油率的降低。因此，在糙米碾白之前，将糙碎从糙米中分出来。

为了提高分离糙碎的工艺效果，常将筛选设备的筛孔稍放大些，同时还应对分出的糙碎进行整理，将完整粒、未熟粒选出回机，并将小碎和糙粞（糙米胚乳碎粒）进行分级，做到物尽其用。

f. 糙米精选 上述工序中得到的糙米中，往往还含有少量杂质（如谷壳、石子等），如不清除，将严重影响大米质量，因此，必须采用筛选、风选等方法将其除去。

g. 糙米调质 就是通过对糙米加水或蒸汽，使其皮层软化，并使皮层与胚乳之间结合力降低，糙米表面摩擦系数增加，从而达到减少碎米、提高出米率、优化碾米效果，改善大米蒸煮品质和食用品质。

砻谷工段除了上述工序外，为了保证生产中的流量稳定和安全生产，在砻谷工段之前、之间和最后，还需设置一定容量的仓柜及磁选设备。

③ 碾米工段工序 碾米工段一般包括碾米、擦米、凉米、白米抛光、色选、白米分级、白米精选、配米、计量包装、糠粞分离等工序。

a. 碾米 碾米的目的是部分或全部去除糙米皮层。一般设 2～3 道碾白。

b. 擦米 擦去米粒表面的糠粉。擦米工序一般采用柔性材料制成的擦米机，也可采用铁辊擦米机。在加工光洁度要求较高的米时，可采用着液碾擦，提高成品米外观，这样有利于贮藏和米糠回收。

c. 凉米 经碾擦之后的白米温度较高，且米中还含有少量的米粉、糠片，一般用室温空气吸风处理，以利于长期贮存。

d. 白米分级 是从白米中分出超过大米质量标准规定的碎米。对含碎高的米，可采用溜筛除去超量的小碎米和部分中碎米；对含碎规定严格的米，要采用精选设备组成较复杂的流程，既要保证各种等级大米所含碎米的量和粒度，又要对提出的碎米进行分级；如出机米含碎不超过规定标准，也可不专门设置白米分级工序。必要时，可将不同等级的碎米配入大米中，使其质量控制在标准规定范围之内，以保证经济效益。

e. 白米抛光 白米抛光有干法抛光和湿法抛光两种，其中湿法抛光效果较显著。湿法抛光是加入水、水雾或蒸汽使表面湿润，同时在较大摩擦力的碾磨作用和一定的温度作用下，不仅可消除黏附在米粒表面上的糠粉和划痕，而且还可使米粒表层的淀粉糊化，从而获得色泽晶莹光洁的外观质量。白米抛光工序一般设在白米分级工序之后。

f. 色选 米粒经光电色选机精选后，可有效地剔除出异色米粒和带有异色疵点的米粒及异颗粒状杂质。经光电色选机精选提纯后，可以获得完好的、纯净的、透明度和品种纯度高的、具有本品种大米固有的正常色泽的米粒，因而米粒的品质得以显著提高。一般设置在白米分级工序之后，可根据加工成品档次和数量，确定是全部色选还是部分色选。

g. 白米精选　通过白米精选机后，可以做到整米中不含碎米，碎米中不含整米，从而为配米生产提供原料。

h. 配米　配米是将不同品种或不同含碎率的大米按一定的比例配合均匀，以改变成品米的食用品质、营养品质或等级。配米可提高大米品质的稳定性，便于形成系列化产品，充分提高经济效益。

配米的设备一般设置3～4个配米仓，在每个仓下方设置配米计量装置，按配制米的配方进行配料。完成全部配料任务后，即可进行混合，然后输送到成品仓计量包装。

i. 成品米的计量包装　计量误差尽量控制在0.2%以内，包装上做到能保持成品的品质，便于运输保管、贮存和销售。

j. 糠粞分离　由于米糠富有黏性，中小型米厂一般采用带有橡皮球清理筛面机构的糠粞分离平转筛进行分离；砂辊碾米时，糠粞中含有相当部分粒度相同的糠和粞，可利用其密度不同采用风力分离；着水碾米生产的米糠中淀粉含量较高，且水分较大，应和其他米机生产的米糠分开处理。

碾米工段除了上述工序外，为了保证连续生产，在碾米过程及成品米包装前应设置仓柜，同时还需设置磁选装置，以利于安全生产和保证成品米质量。

(2) 组合工艺流程

① 清理工段工艺流程组合介绍　去石流程。目前，碾米厂一般采用主流去石、下脚整理的去石流程。在保证主流基本无石时，下脚量一般不会超过进机流量的3%。因下脚数量少，可用人工整理或用一小容量的仓柜暂存，停机后再用去石机反复处理这部分下脚，去除含粮粒不超过规定标准的石子，稻谷经反复清理后可并入主流［如图8-1(a)］。大型碾米厂可在副流中单独设置一台小型去石机，用以整理下脚［如图8-1(b)］。在原粮含石较高的情况下，也可采用主流经两道串联的去石流程，以提高净谷质量［如图8-1(c)］。

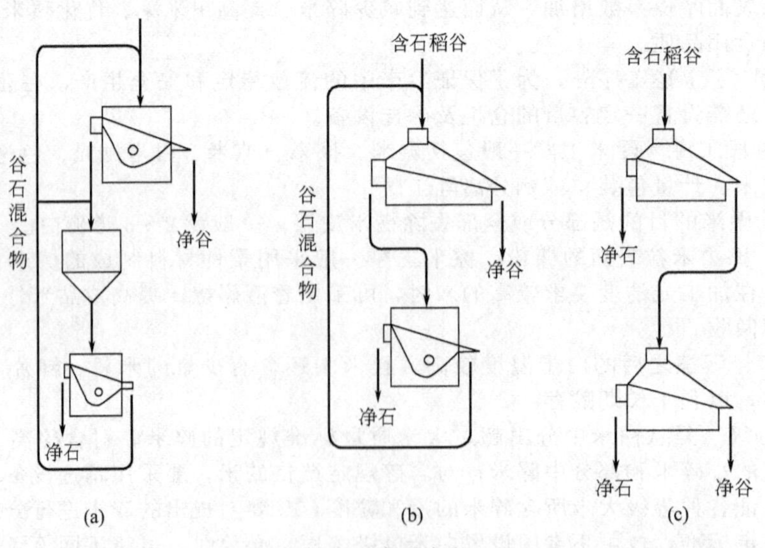

图8-1　去石流程

产量较高的米厂还可采用TQSF型分级重力去石机。该机有两层筛面，第一层为分级筛面，第二层为去石筛面。轻质稻谷浮于第一层筛面上继而排出。重质稻谷与石子则穿过第一层筛面落到第二层筛面上进行去石。分出的轻质稻谷约占进机流量30%，实际进行去石的物料只占进机流量的70%，因此产量相应提高。

② 砻谷工艺流程组合介绍

a. 砻谷流程　由于回砻谷数量较少，并因经过挤压和撕搓，颖壳已经松动，也有一部分谷粒已爆腰，不能承受较大的压力。所以，再次脱壳时所需线速差、辊间压力等都应与净谷有所不同，而应进行单独脱壳。在图 8-2 中，(a) 为小型厂的砻谷流程，(b) 为中型厂的砻谷流程。

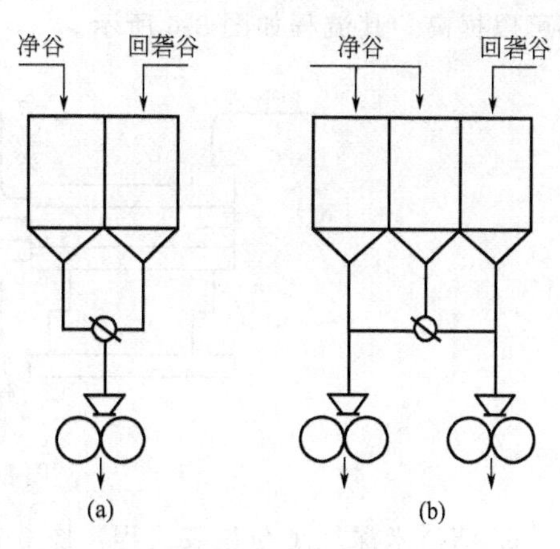

图 8-2　砻谷流程

b. 稻壳整理流程　如图 8-3，从砻谷机吸出的稻壳经离心分离器收集，后经分离器二次分离，分出粮粒和稻壳，稻壳再由风机吹送至稻壳房。

c. 谷糙分离流程　由于稻谷的粒形、粒度复杂，所以采用两道分离有利于提高谷糙分离效果。组合形式有两种，一种是谷糙平转筛、重力谷糙分离机串联谷糙分离流程（图8-4），另一种是两道均用重力谷糙分离机串联谷糙分离流程。

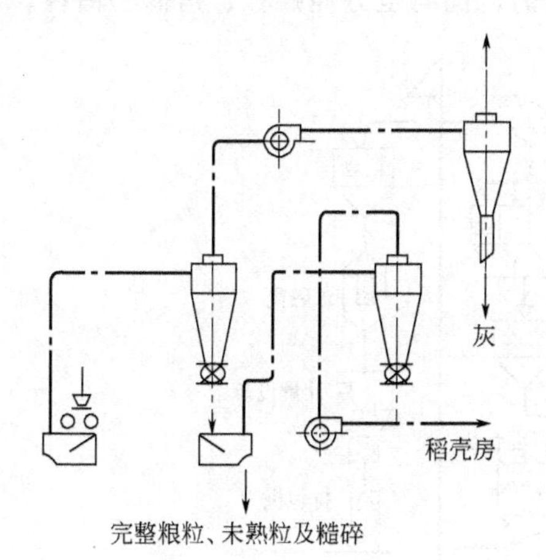

图 8-3　稻壳整理流程

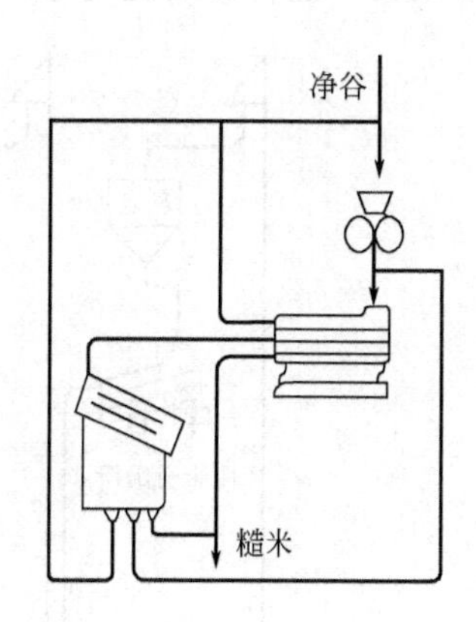

图 8-4　谷糙分离流程

图 8-4 为谷糙平转筛、重力谷糙分离机串联谷糙分离流程。这种流程对品种混杂、粒形大小不一的稻谷适应性较强，它既能满足产量要求，又能提高谷糙分离效果。

③ 碾米工段工艺流程组合介绍

a. 碾米流程　碾米流程如图 8-5 所示。加工低精度米时，采取一机或两机出白；加工高精度米时，采取两机或三机出白。在实际生产中可根据原粮情况及成品要求，通过分流闸板进行灵活组合。

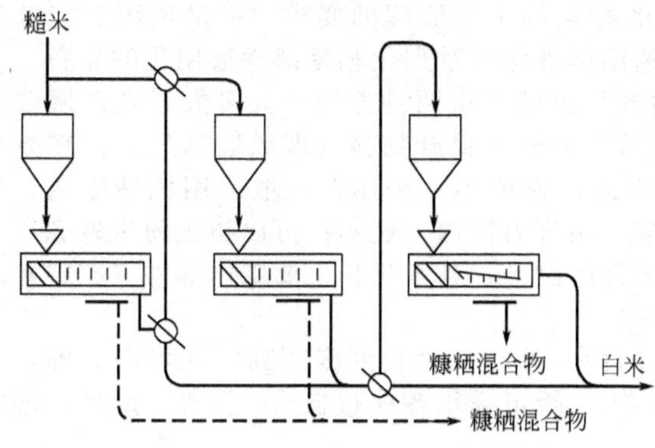

图 8-5　二砂一铁碾米流程

b. 白米分级流程　由于加工的稻谷品种、品质不可能完全一样，加工大米的精度等级也不可能完全相同，因此出碎率、出米率以及对大米含碎的要求也不一样。根据不同的情况和要求，白米分级流程要机动灵活。

平面回转筛用于白米分级时，产量高，同时具有除粞和除糠的功能。但其分离精度低，须用滚筒精选机对一般整米和碎米继续整理。如用滚筒精选机处理平面回转筛的出口物料，则整米的质量和数量都可以提高，其流程如图 8-6 所示。

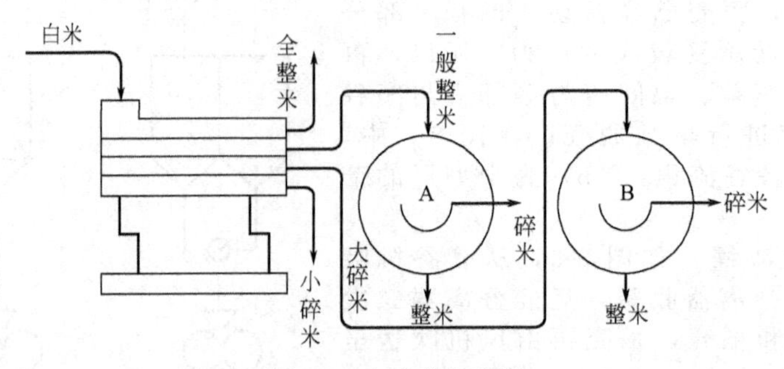

图 8-6　白米分级流程

c. 清洁米深加工与包装流程　图 8-7 是清洁米深加工与包装流程，经抛光达到清洁米要求的米，提升到白米分级筛，去除大、小碎米及糠粉，后进入精选机进一步精选，然后再进入色选机，色选后分成两路。一路直接打包，成为小包装清洁米，一路进入配米仓进行配制，或进入混合机喷涂溶液，从而生产出配制米、强化米、调质米、增香米。再经过磁选，进入定量包装机，进行真空充气包装，达到保鲜目的，同时也方便贮存、运输、销售。

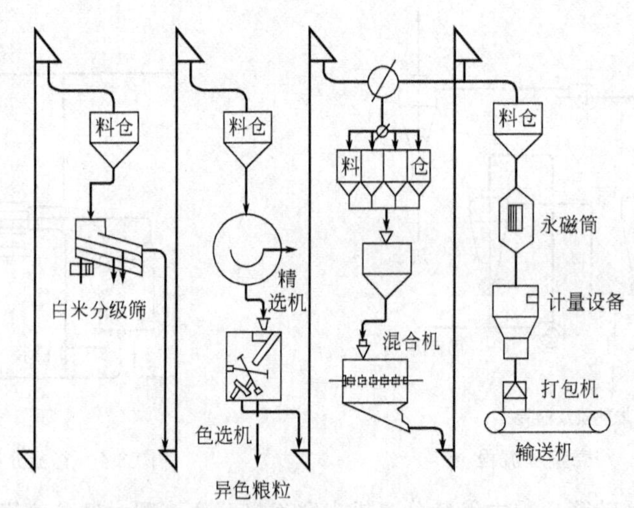

图 8-7　清洁米深加工与包装流程

3. 选择设备，确定设备技术参数、流量定额与操作指标

（1）设备选择

① 加工设备的选择　设备选择是否恰当不仅直接影响工艺效果，而且也影响碾米厂各项经济技术指标。在选择设备时，根据原粮的特点和工艺流程的要求，尽量选用工艺效果好、结构简单、操作方便的先进设备，优先选用标准化、系列化和零部件通用化的设备。

② 输送设备的选择　输送形式有气力输送与机械输送两种方法。大多数厂是多层建筑（3～5 层），物料自上而下输送采用溜管。采用气力输送提升物料（即风运米厂）存在电耗高、碎米多、管件易磨损、噪声大等弊端。因此，目前不宜采用，一般采用机械输送。但是，对于稻壳的收集、糠粞混合物的输送，应采用气力输送。这不仅可以防止粉尘外逸，而且能降低机器（砻谷机、碾米机）主要工作部件的温升，利于延长主要工作部件（胶辊）的使用寿命，降低材料、物料消耗，提高出米率。

③ 通风除尘设备的选择　为了使生产车间内、外空气含尘浓度达到国家规定标准，一般都采用二级除尘。第一级采用离心除尘器，第二级可采用各种布袋除尘器等。此外，还应选用高效率的风机。

（2）确定设备技术参数　确定技术参数时，可参阅相关章节有关内容，结合设备的设计资料和同类工厂同类设备的实际生产中测定的记录，确定设备的单位流量、筛孔大小、转速、偏心距、振幅等。

(3) 设备操作指标　操作指标包括：各清理设备筛下物的提取率、清理效率，砻谷机的脱壳率、稻壳的分离效率，谷糙分离筛的净糙提取率、回砻谷百分率、净糙质量指标、回砻谷含糙率，碾米设备的碾减率及碎米的提取量等。确定操作指标时，既要根据定型设备的规定，也要考虑原粮类型、品种、水分、含杂量等情况，这样确定的操作指标才能切实可行。

4. 流量、设备数量及仓容的计算

(1) 流量计算

① 毛谷实际用量　以碾米厂日产大米量为依据进行计算的。计算公式如下：

$$Q=\frac{Q_m\times 1000}{24\times M_g} \tag{8-1}$$

式中，Q 为毛谷实际用量，kg/h；M_g 为毛谷出米率，%；Q_m 为碾米厂日产大米量，t/d。

② 各工段的生产能力

a. 清理工段生产能力　一般考虑在实际毛谷用量的基础上扩大20%的贮备余量。其原因如下。

第一，由于稻谷含杂情况的变化较大，如稻谷含杂可能超过设计规定，在稻谷清理过程中，为了保证净谷质量，除应加强清理过程中的操作管理以外，还可能通过适当降低清理设备单位流量，以提高清理设备的清理效率。

第二，当原粮工艺性质得到改善和成品精度要求降低时，砻谷和碾米工段的生产能力将会得到提高，如清理工段生产能力不能相应提高，就会影响产量的提高和生产成本的降低。

第三，清理设备如有一定的贮备余量，为提前获得净谷创造了条件，即使清理因故障停机短时间维修，不影响后续砻谷工段连续性的正常生产。

清理工段的生产能力按下式进行计算：

$$Q_q=KQ \tag{8-2}$$

式中，Q_q 为清理工段的生产能力，kg/h；K 为毛谷用量的贮备系数，一般取 $K=1.1\sim1.2$。

b. 砻谷工段生产能力　可以以净谷为基准进行计算，也可以以净糙为基准进行计算。

以净谷为基准计算：

$$Q_s=Q(1-d) \tag{8-3}$$

式中，Q_s 为砻石工段的生产能力，kg/h；d 为毛谷总含杂量，%。

以净糙为基准计算：

$$Q_c=\frac{Q_m}{M_c\times 24} \tag{8-4}$$

式中，Q_c 为碾米工段的糙米生产能力，kg/h；M_c 为糙出白率，%。

c. 碾米工段生产能力　可按下式计算：

$$Q_n=\frac{Q_m\times 1000}{24} \tag{8-5}$$

式中，Q_n 为碾米工段生产能力，kg/h。

碾米工段所产生的糠粞混合物量，计算公式如下：

$$Q_k=Q_cH \tag{8-6}$$

式中，Q_k 为糖粞混合物的生成量，kg/h；H 为糙米的碾减率，%；加工标二米时，$H=6\%\sim8\%$；加工标一米时，$H=7\%\sim9\%$；加工特制米时，$H=10\%\sim12\%$；当采用多机碾白时，各道碾米机糠粞生成量应根据脱粮糠量分配比分别计算，以确定进入糠粞分离设备物料量。

③ 设备进出口流量计算　各道设备进出口流量的计算，应根据工艺流程设计图中的各

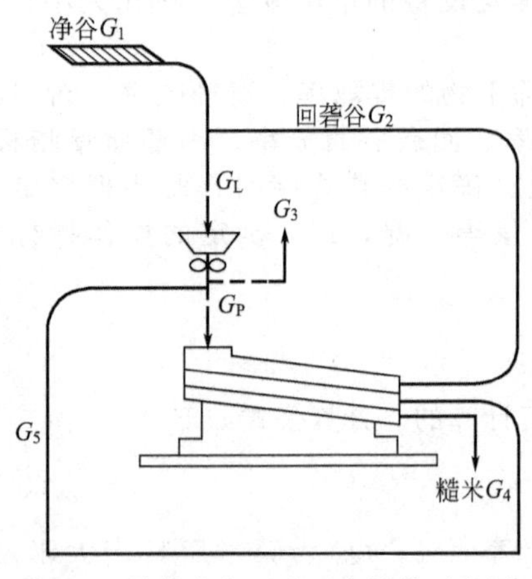

图 8-8 计算砻谷工段回流量的示意图

路物料的流向，计算出各道设备进口的实际流量，并以它为计算设备数量和输送设备输送量的依据。

但在实际工艺流程的设计中，为了保证除杂效果、净谷和净糙质量、砻谷工艺效果等，还不可避免地要使部分物料回流或合并。一般情况下，清理工段物料回流量较少，这里不作计算。回砻谷的量对工艺效果影响较大，现以图 8-8 为例，计算砻谷工段物料的实际流量。

已知 G_1 为净谷流量（kg/h），G_k 为稻谷的谷壳率，设 η_t 为砻谷机的脱壳率，u_0 为回砻谷含糙米百分比，d_s 为砻谷机进口物料中含糙米百分比，η_s 为平转筛谷糙混合物回筛量占净糙流量的百分比。则通过计算得到：

$$G_L=\frac{G_1(1-\eta_t u_0)}{\eta_t(1-u_0)} \tag{8-7}$$

$$G_P=G_2+G_4+G_5=G_1\left[(1+\eta_s)(1-G_k)+\frac{1-\eta_t}{\eta_t(1-u_0)}\right] \tag{8-8}$$

④ 流量平衡　在上述流量计算中，因考虑到原粮含杂情况的变化和为提高产量等将清理工段的生产能力扩大了 10%～20%，但在正常生产时，清理、砻谷、碾米各工段的流量是相互平衡的。即：

$$QM_g=Q_cM_c=Q_m \tag{8-9}$$

否则，就不能保证整个生产连续稳定地正常进行，也不利于发挥各设备的最大效能，不利于提高生产效率。

在实际生产中，当加工成品的精度每提高一个等级，其产量将下降 10%左右。如原设计加工成品的等级为标二米，而在实际加工需生产标一米时，则生产标一米的产量只有加工标二米的 90%左右；如生产特级米时，则产量为 80%左右。所以，生产时一般是通过流量调节，使之适应新的情况，使流量达到新的平衡。但这种平衡毕竟是在压缩清理、砻谷工段生产能力的情况下建立起来的，不仅使清理、砻谷工段的设备效率没有得到充分发挥，而且使有些必须在额定产量下才能保证其工艺效果的设备（如去石，谷糙分离等设备）也降低了工艺效果，从而影响到成品米的质量。另外，还会因产量下降使电耗增加，降低了经济效益。

在设计计算时必须考虑各工段的流量平衡。如减少清理、砻谷工段的生产时间，而碾米工段是连续生产，这就要借助设置糙米仓来加以调节。如糙米仓仓容能满足碾米工段一个班次的生产量，则可采用清理、砻谷工段少开班次或碾米工段增开班次的办法，来解决整个生产过程的流量平衡问题。但这种办法需要有大容量的糙米仓，且碾米工段需要单独进行生产。较好的办法是在设计计算时，考虑到因成品米精度等级的变化，引起米机产量变化较大，可采用增加米机设备来解决流量平衡问题。

（2）设备数量计算

① 选择并确定设备的型号规格　选择设备时，首先为了减少并联台数，节省安装空间，便于安全防护和操作管理，应尽可能选用型号大的设备，在满足处理量的前提下，减少台套数。其次尽可能选用相同的规格，以减少备用零件和材料、物料的数量，也可使设备的布置和安装整齐、美观。

② 计算设备台数

$$n=\frac{G}{G_0} \tag{8-10}$$

式中，n 为台数，台；G 为进口总流量或产量，kg/h；G_0 为每台设备的额定产量或流量，kg/(台·h)。

按台计算时，计算结果可能会出现小数，需要圆整。

③ 核实实际产量

$$G_{os}=\frac{G}{n_s} \tag{8-11}$$

式中，G_{os}为实际台时产量或流量，kg/h；n_s为实际台数，台；

(3) 仓容计算　仓柜具有保持和稳定整个米厂连续性生产的作用，同时可以调节清理、砻谷、碾米三个工段之间的流量平衡，因此又叫工艺仓、缓冲仓、中间仓。仓柜在不同工段又有不同叫法，如毛谷仓、净谷仓、糙米仓、成品仓等。仓柜仓容积应适当，仓容过大，不仅增大占地面积，而且增加制造仓柜的费用；仓容过小，将使操作人员忙于协调设备之间的流量，影响正常生产。

仓容计算公式如下：

$$V=\frac{Gt}{rK^2} \tag{8-12}$$

式中，V为仓柜容积，m^3；K^2为装满系数，一般取$K^2=0.8$；t为物料贮存时间，h；r为所装物料的容量，kg/m^3。式中r、t可参照表8-2选取。

表 8-2　不同仓柜所装物料的容量与贮存时间

毛谷仓			净谷仓	回砻谷仓	净糙仓	成品仓
贮存时间/h			1～2	0.25～0.5	1～2	0.25～0.5
物料容量/(kg/m³)	粳	560	560	580	770	800
	籼	580	580	600	750	780

注：贮存时间有以下几种情况：a. 采用机械输送设备连续性进粮时为0.5～1h；b. 采用半机械化人工连续性进粮时为2～3h；c. 日夜连续生产，夜班8h不进粮时为10～12h；d. 日夜连续生产，单班进粮时为24h。

(4) 设备一览表　设备的型号规格与数量确定以后，参照表8-3的形式编制设备一览表，以便购置和制造。

表 8-3　设备一览表

序号	设备名称	型号及主要规格	设计产量/(kg/h)	实际产量/(kg/h)	台数/台	用途	设计及生产单位	参考价格	备注

5. 绘制工艺流程图

工艺流程图是整个工厂设计的总结，也是其他各项设计的基础。根据上述确定的工序和设备的选型与计算，根据工艺设计的要求，用统一的符号和文字绘制工艺流程图。

6. 编写工艺流程设计说明书

工艺流程设计说明书是流程设计的最终文件，可作为下一阶段其他各项设计的依据。其主要内容包括下列各项。

(1) 前言　简要说明流程设计的指导思想、设计依据、设计原则，以及工厂的生产规模、投资金额、原粮情况、产品质量和经济效果等。

(2) 工艺流程的确定　简述所设计流程的工艺路线，论证所设计流程的合理性，说明其特点，同时指出为了确保有较好的工艺效果所采取的必要措施与注意事项，对流程中尚不能克服的不足之处也需加以说明。

(3) 设备的选择与计算　简述选择确定各种型号设备的理由，列出各种设备的技术参数与操作指标，以及各种设备的计算步骤和计算结果。

(4) 流程设计对其他设计的要求　简述对设备布置、通风除尘、监测、管网联系、传动、照明、厂房建筑方面的要求。

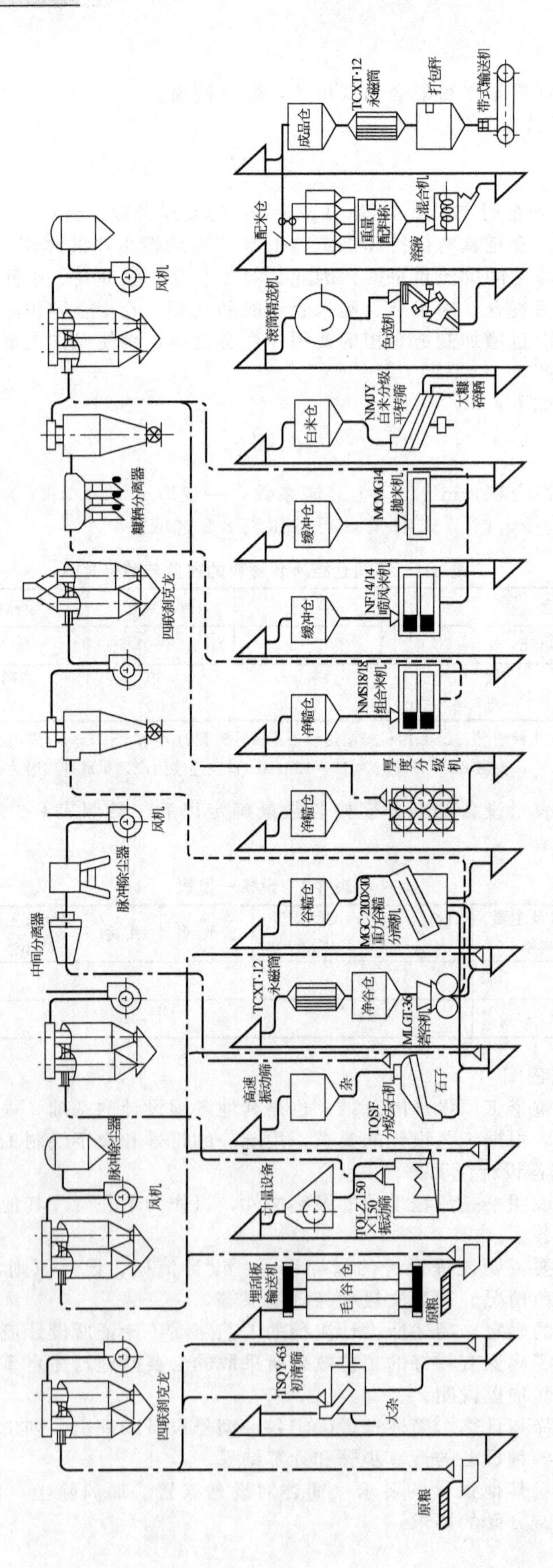

图 8-9 日产 80t 大米厂工艺流程图

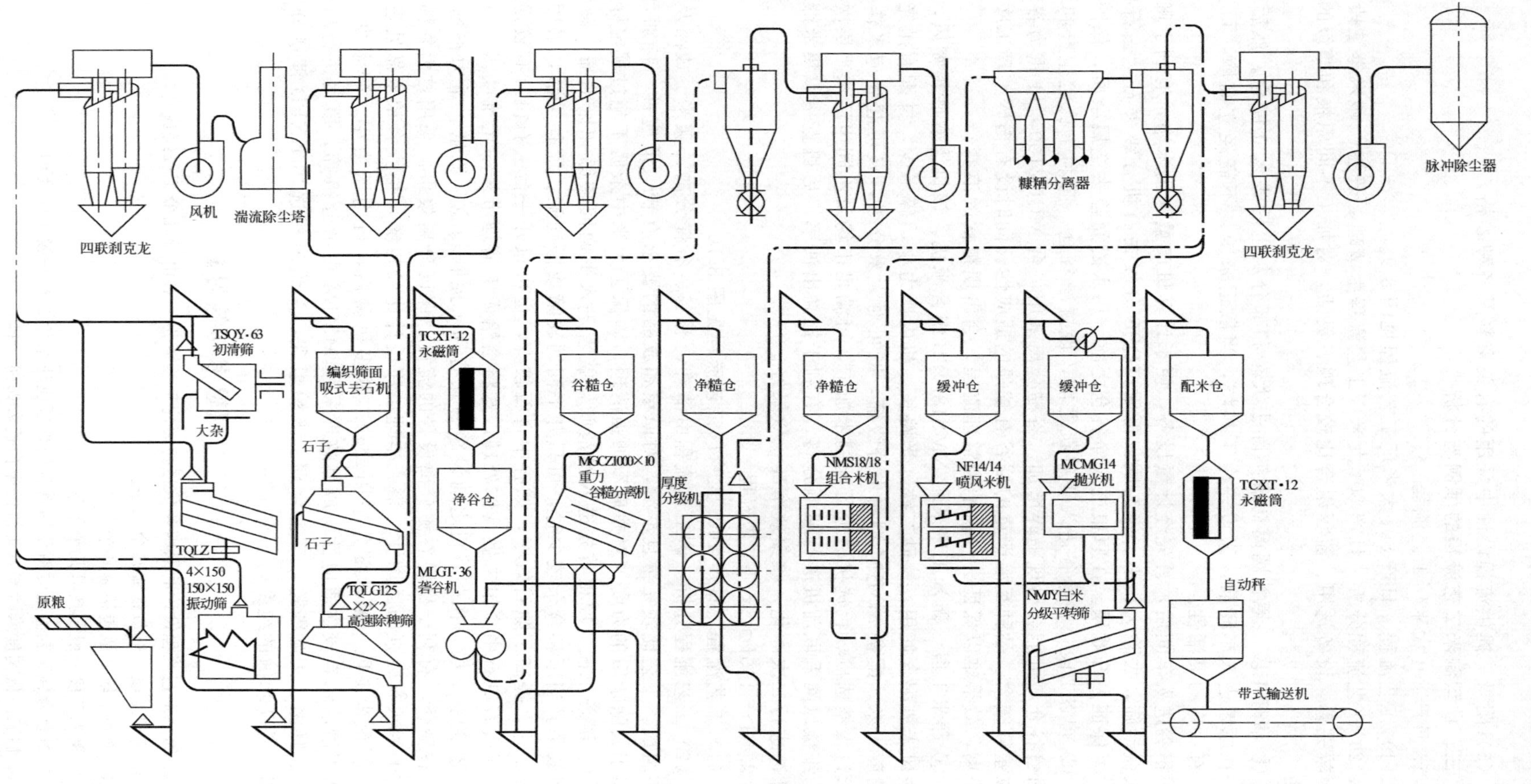

图 8-10 日产 160t 大米厂工艺流程图

（5）附录　提供流程设计中采用的有关资料及各种表格。

三、典型制米工艺流程的举例与分析

1. 日产 80t 大米厂工艺流程

（1）工艺流程　日产 80t 大米厂工艺流程见图 8-9。

（2）工艺流程分析　日产 80t 大米厂工艺流程由清理、砻谷、碾米等工段组成。工艺设计比较完善，设备选用、流程组合比较合理、灵活，对加工不同原粮和等级的成品有一定适应性。

① 清理工段　原粮圆筒初清筛除去大杂和部分灰尘后进入立筒仓。然后进车间进行加工。在原粮进入车间前，又设一个下粮坑，当散运来粮，不需经立筒库，可直接进车间加工，有一定的灵活性。

稻谷进入车间后，首先经计量设备，便于计算班产量和出米率，有利于班组核算。然后进入振动筛，去除大、小、轻杂质，再用 TQSF 分级去石机分级去石。去石机采用独立风网，可保证去石效果。在原粮进入净谷仓之前，用永磁筒除去金属杂质，保护砻谷设备。

② 砻谷工段　在净谷进入砻谷机之前，设置净谷仓，有利于稳定生产和调节流量。未设回砻谷仓，可能会出现糙碎增加。谷糙分离采用一台 MGCZ100×11 重力谷糙分离机，对籽粒差异较大、品种互混严重的稻谷有较强的适应性。同时设有糙碎整理工序。稻壳采用一次分离，效果难以保证。未设稻壳整理流程，会出现粮食的浪费。

③ 碾米工段　碾米工序采用 NMS18/18B 组合米机，该机为双砂辊喷风，与 NF14/14B 型喷风米机配合使用，二砂二铁，米路长，机内压力小，碎米少，并配有抛光机，适合加工高精度大米。配备 MMJM 型白米分级筛，既可对大米分级，又可起到凉米作用，经分级的大米进入精选机、色选机后进行配制米加工，可满足市场及不同生活水平层次需求。

细糠风网采取前机进行糠粞分离，有利于提高出油率，后机直接收集米糠配制饲料。采用脉冲进行二次净化，收集效率高，效果好。

2. 日产 160t 大米厂工艺流程

（1）工艺流程　日产 160t 大米厂工艺流程见图 8-10。

（2）工艺流程分析　该工艺流程由清理、砻谷、谷糙分离、碾米、成品及副产品整理等工序组成。工艺比较完善且灵活，对原粮和成品的要求有较大适应性。特别是在清理工段，加强了去除杂质的力度，对并肩石加强清理，确保了大米中杂质不超过规定标准。

① 清理工段　原粮首先进入初清筛，接着进入平面回转筛和振动筛，确保稻谷中杂质清理效率。当原粮含杂较少时，可只开平面回转筛或振动筛，流程灵活，采用串联式去除并肩石工艺，提高了除石效率，如谷中含石较少，也可只开一台去石机，有较强的适应性。流程中对去石机石中含粮未做具体处理，这将会给人工清理带来一定难度。

② 砻谷工段　在砻谷机之前设净谷仓有利于控制和稳定流量。重力谷糙分离机之前增设一谷糙仓，有利于稳定谷糙分离设备的流量，保证分离效果。采用重力谷糙分离机对互混严重的原粮有较强的适用性。稻壳整理工序设计比较粗糙，稻壳含粮未做处理。

③ 碾米工段　碾米部分采用二砂二铁多机碾白，机内压力小，碎米少，配备抛光机，对加工清洁米有较强适应性。成品整理采用 MMJM 白米分级筛，既可进行白米分级，又可凉米、降温、去除糠粉，工艺合理。米糠整理，头道米机选用 KXFD 糠粞分离器进行糠粞分离，提高米糠的纯度。

【思考与练习】

1. 简述工艺流程设计的原则和依据。简述工艺流程一般由哪几个工段组成？
2. 清理工段一般包括哪几个工序。
3. 砻谷工段一般包括哪几个工序。
4. 碾米工段一般包括哪几个工序。
5. 组合砻谷工艺流程时对于回砻谷的处理应注意什么？一般如何处理？
6. 加工高低精度米时碾米工段的碾白道数如何安排？

7. 设计白米分级流程时，采用平面回转筛能一定程度上去除碎米，但要进一步减少大米的含碎，效果不显著，这时应考虑采用什么方法来去除碎米？其原理是什么？

8. 在确定清理工段的生产能力时，一般要比实际的产量高还是低，其原因是什么？

9. 在正常生产过程中清理、砻谷、碾米各工段流量是平衡的。但生产成品的精度的提高将引起碾米工段的下降，要达到新的流量平衡要采取什么措施？

10. 工艺流程的设计的主要步骤是什么？

11. 确定设备的台数要考虑哪些方面？

【实验与实训】

［实验实训十四］设计米厂的工艺流程

设计日产 100t 米厂的工艺流程，画出流程图，并写出设计说明书。

模块三　制粉工艺与设备

第九章　制粉概述

学习目的

了解制粉的基本规律，了解筛网的种类；熟悉制粉工艺系统的设置与作用及工作单元的组成；掌握在制品的分类。

重点难点

筛面的分类与选用，在制品的分类，制粉工艺系统的设置与作用及工作单元的组成。

第一节　制粉原理

一、制粉的基本规律

1. 制粉的概念

小麦制粉是通过研磨、筛理、清粉等工序，将净麦中的胚乳与麦皮、麦胚分开，并将胚乳磨成一定细度，经过面粉的处理，制成各种等级的面粉。

制粉的关键是如何将胚乳与麦皮、麦胚尽可能完全地分离，但小麦籽粒存在特殊的结构——腹沟，腹沟部分的胚乳与麦皮分离是较困难的。实际生产中，麦皮不可避免地或多或少混入面粉当中，因此，制粉要解决的首要问题是如何保证高的出粉率和小麦粉中较低的麦皮含量。这也是制粉的复杂与困难所在。

不同品种、不同产地的小麦以及小麦籽粒内部不同部位的胚乳，胚乳中的蛋白质含量和质量有差异，所以采用分系统分级提取的面粉质量有差异，可通过搭配混合和添加剂的修饰，生产适合不同食品需求的专用粉。

2. 制粉的基本规律

① 小麦经过每次研磨、筛分后除得到部分面粉外，还得到品质和粒度不同的各种在制品。

② 经研磨后的皮层平均粒度大于胚乳的平均粒度。一般情况下，经筛理分级得到的各种在制品，粒度小含皮少，粒度大含皮多。

③ 各种在制品按品质（含麦皮多少）和粒度大小不同分别研磨、筛理，有利于提高优质面粉出率和研磨效果。

④ 同一种物料，缓和研磨比强烈研磨得到的面粉质量好。同一系统前路的物料比后路的物料易于研磨、筛理。

⑤ 各系统各道提取的面粉质量不同，一般前路粉质量好于后路粉，心磨粉质量好于皮磨粉。

根据制粉的基本规律，小麦制粉时一般采用分系统逐道研磨筛分品质和粒度不同的物料的方法，轻研细分，逐道提取面粉。

二、制粉工艺系统的设置与作用

粉路中由处理同类物料的各种设备组成的工艺体系称系统。系统的设置一般有：皮磨系统、渣磨系统、心磨系统、尾磨系统，其中皮磨系统和心磨系统是两个基本系统。每一道系统都配备一定数量的研磨、筛理设备，组成基本的粉路工作单元。根据粉路的完善程度和面粉的用途等还配备有适宜的清粉系统、重筛系统、面粉处理系统。

① 皮磨系统　处理物料为含皮层较多的麸片。将麦粒剥开，逐道从麸片上剥刮下麦渣、麦心和粗粉，保持麸片不过分破碎，以便使胚乳和麦皮最大限度的分离，并得到少量面粉。

② 渣磨系统　处理皮磨及其他系统分出的带有麦皮的胚乳颗粒，轻研使麦皮与胚乳分开，从而提取质量较好比较纯净的麦心和粗粉送入心磨系统磨制成粉。

③ 心磨系统　将皮磨、渣磨、清粉系统取得的麦心和粗粉在心磨系统逐道研磨，研磨成一定细度的面粉，并把混入的麸屑尽量保持不过分破碎而分离出去。

④ 尾磨系统　主要是用来处理从心磨系统提出的含麸屑多质量较次的麦心，从中提出面粉。

⑤ 清粉系统　对在皮磨系统和其他系统获得的麦渣、麦心、粗粉进行进一步的提纯分级，使麸屑、连麸粉粒和纯胚乳颗粒分开，分别送往相应的系统处理。

⑥ 重筛系统　处理前中路皮磨系统因物料分级数量多，各种物料筛理路线短而未筛净高的物料。其作用是筛净面粉并进行物料分级。

⑦ 面粉处理系统　为了满足食品的要求，对面粉进行理化处理。其过程包括面粉的收集、配粉及包装。

三、制粉工艺中常用的图形符号

制粉工艺中常用代号见表 9-1。

表 9-1　粉路中主要工艺单元的代号

系统代号	含义	设备代号	含义	产品代号	含义
B	皮磨	BrF	打麸机	F	面粉
S	渣磨	ZJ	撞击松粉机	Br	麸皮
M	心磨	Bc	粗皮磨	G	麦胚
P	清粉	Bf	细皮磨	FBr	打麸粉
T	尾磨	Mc	粗心磨	XF	吸风粉
D	重筛(再筛)	Mf	细心磨	DF	打麸粉
		FJ	面粉检查筛		

四、粉路工作单元

制粉过程包含研磨、筛理、清粉等工序。

研磨是利用机械力量将小麦籽粒剥开，然后从麸片上刮净胚乳，再将胚乳磨成一定细度的小麦粉。常用的研磨设备是辊式磨粉机，辅助研磨设备是松粉机。

筛理是把研磨后的物料混合物按颗粒大小进行分级，并筛出小麦粉。主要的筛理设备是高方平筛，辅助筛理设备有圆筛和打麸机等。

清粉是通过气流和筛理的联合作用，将研磨过程中产生的麦渣和麦心按质量分成麸屑、带皮的胚乳和纯胚乳粒，以实现对物料的提纯。常用的清粉设备为清粉机。

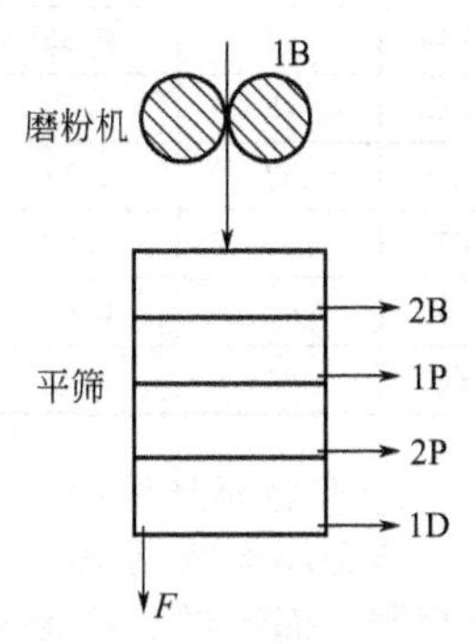

图 9-1　1 皮（1B）工作单元示意图

粉路的基本工作单元一般由研磨和筛理设备组成。如图 9-1 所示为 1 皮（1B）工作单元，1B 研磨设备破碎剥刮物料，1B 筛理设备筛理分级物料，分出的物料送至后续的工作单元进行处理。

多个处理同类物料的研磨筛理工作单元组成系统，如皮磨系统、心磨系统等。每个系统又分道数表示各单元处理物料的先后顺序。

第二节　筛网及在制品的分类

一、筛网

筛网是用以物料分级和提取面粉的主要工作部件，筛网的规格、种类及质量直接影响筛理效果。筛网按材料不同可分为金属丝筛网和非金属丝筛网，其纺织方法和筛孔的大小也有所不同。如图 9-2 所示。

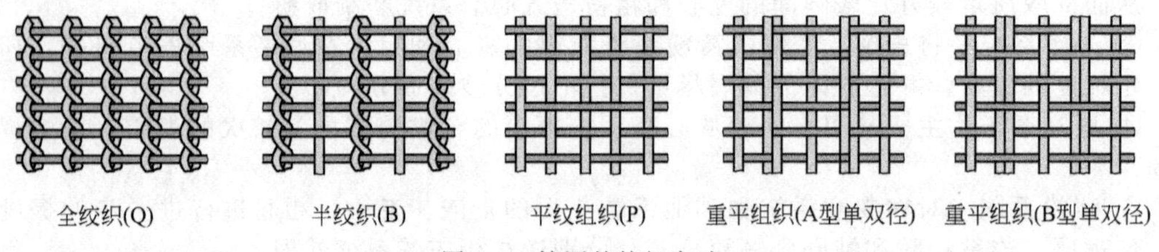

图 9-2　筛网的纺织方法

1. 金属丝筛网

金属丝筛网一般采用平纹组织。通常由镀锌低碳钢丝、软低碳钢丝或不锈钢钢丝制成。金属丝筛网的特点是：强度大、耐磨性好、不会被虫蛀，经久耐用，但金属丝筛网吸湿性差，容易生锈，筛孔易变形。金属丝筛网一般筛孔较大，用来筛理粒度较大的物料。

镀锌低碳钢丝筛网（Z）由于颜色光亮，常被称作白钢丝筛网，多用于粗筛和分级筛。软低碳钢丝筛网（R）由于丝黑而粗，强度大，常被称作黑钢丝筛网，用于刷麸机。筛网规格习惯常用 W 表示。如 32W 是指每英寸筛网长度上有 32 个筛孔的金属丝筛网。常用的金属丝筛网规格见表 9-2。

表 9-2　制粉厂常用金属丝筛网规格

筛网型号	孔数/50mm	筛孔宽度/mm	金属丝直径/mm	筛网规格/W	筛网型号	孔数/50mm	筛孔宽度/mm	金属丝直径/mm	筛网规格/W
Z20	20	1.95	0.55	10W	Z68	68	0.54	0.2	34W
Z24	24	1.63	0.45	12W	Z72	72	0.49	0.2	36W
Z28	28	1.44	0.35	14W					
Z32	32	1.21	0.35	16W	R68	68	0.46	0.28	34W
Z36	36	1.07	0.3	18W	R72	72	0.41	0.28	36W
Z40	40	0.95	0.3	20W	R76	76	0.41	0.25	38W
Z44	44	0.85	0.28	22W	R80	80	0.38	0.25	40W
Z48	48	0.76	0.28	24W	R84	84	0.38	0.22	42W
Z52	52	0.71	0.25	26W	R88	88	0.35	0.22	44W
Z56	56	0.67	0.22	28W	R92	92	0.32	0.22	46W
Z60	60	0.61	0.22	30W	R96	96	0.32	0.2	48W
Z64	64	0.58	0.2	32W	R100	100	0.30	0.2	50W

2. 非金属丝筛网

非金属丝筛网是指由非金属材料制成的筛网，目前面粉厂使用的非金属丝筛网主要有蚕丝筛网、锦纶丝、锦纶蚕丝合成纤维丝筛网。一般采用全绞织、半绞织或重平组织。

蚕丝筛网特点：弹性好，具有吸湿性，表面处理后有一定的抗静电能力。但较易磨损，用久后易起毛，价格也较贵。

锦纶丝筛网特点：表面光滑，强度高，耐磨性好，不受虫蛀，价格较低。

锦纶丝与蚕丝合成纤维丝筛网，具有锦纶与蚕丝的共同优点，即耐磨性好、强度高、延伸性小、筛孔清晰等特点，耐磨程度比蚕丝筛网提高50%～100%。在筛格上张紧时，可保证绷装后的筛面张紧不松弛，筛孔不变形，经久耐用。

非金属丝筛网的规格一般用字母和数字组合表示，用字母GG表示较稀的非金属丝筛网，数字表示一维也纳英寸（相当于1.0375in）长度上的筛孔数目。如50GG表示每一维也纳英寸上有50个筛孔。用XX表示粉筛筛绢，前面的数字只是表示筛网的号数，不表示筛孔的数量，数字越大筛绢越密，如10XX。国内的表示方法全绞织用Q表示，半绞织用B表示，单绞织用D表示，前面加上筛网材料的符号，蚕丝用C表示，锦纶丝用J表示，后面加上数字表示每1厘米筛网长度上的筛孔数。如CB30表示每厘米长度上有30个筛孔的蚕丝筛网；JCQ20表示每厘米长度上有20个筛孔的蚕丝锦纶全绞织筛网。全绞织蚕丝筛网的型号见表9-3，半绞织蚕丝筛网型号见表9-4。

表9-3　全绞织蚕丝筛网的型号

新型号	孔数/(个/cm)	孔宽/μm	有效筛理面积/%	旧型号	孔数/(个/维也纳英寸)	孔宽/μm	有效筛理面积/%
CQ7	7	1140	63.71	18GG	18	1132	60.76
CQ8	8	974	60.76	20GG	20	1041	6057
				22GG	22	922	58.11
CQ9	9	850	58.51	24GG	24	836	57.34
CQ10	10	752	56.49	26GG	26	755	58.14
CQ11	11	676	55.32	28GG	28	704	56.08
				30GG	30	652	55.48
CQ12	12	605	56.62	32GG	32	603	54.17
CQ13	13	548	50.74	34GG	34	567	54.31
				36GG	36	529	53.13
CQ14	14	505	49.88	38GG	38	494	51.69
CQ15	15	466	48.80	40GG	40	463	50.47
CQ16	16	437	48.92	42GG	42	449	51.34
				44GG	44	424	50.28
CQ17	17	408	48.06	46GG	46	403	49.69
CQ18	18	385	47.94	48GG	48	380	48.32
				50GG	50	366	48.90
CQ19	19	358	46.17	52GG	52	346	47.24
CQ20	20	336	45.28	54GG	54	331	47.00
CQ21	21	318	44.66	56GG	56	316	46.10
CQ22	22	302	44.14	58GG	58	303	45.45
				60GG	60	292	43.27
CQ23	23	284	42.73	62GG	62	282	44.69
CQ24	24	270	42.05	64GG	64	273	44.64
CQ25	25	258	41.56	66GG	66	264	44.30
CQ26	26	251	42.46	68GG	68	252	43.54
CQ27	27	242	42.64	70GG	70	246	43.57
CQ28	28	230	41.57				
CQ29	29	227	43.15	72GG	72	225	40.80

表 9-4 半绞织蚕丝筛网的型号

新型号	孔数/(个/cm)	孔宽/μm	有效筛理面积/%	旧型号	孔数/(个/维也纳英寸)	孔宽/μm	有效筛理面积/%
CB30	30	198	35.28	6XX	74	210	37.29
CB33	33	181	35.73	7XX	82	133	38.54
CB36	36	160	33.03	8XX	86	181	37.93
CB39	39	147	32.72	9XX	97	156	34.78
CB42	42	137	33.16	10XX	109	137	35.30
CB46	46	123	32.14	11XX	116	124	31.25
CB50	50	119	35.50	12XX	125	108	29.27
CB54	54	105	32.07	13XX	129	110	30.77
CB58	58	95	30.30	14XX～15XX	139～150	99～78	29.7～26.47
CB62	62	92	32.31	16XX	157	85	27.69

二、在制品的分类

在制品是指制粉过程中各系统分级出来还需研磨筛理的中间物料的总称。小麦经逐道研磨后的物料中含有粒度大小不同的颗粒，采用不同筛孔的筛网按颗粒大小进行分级，提取不同的在制品。在制品按粒度和品质的不同通常分为以下几种。

① 麸片　连有胚乳的片状皮层，粒度较大，且随着逐道研磨筛分，其胚乳含量将逐道降低。

② 麸屑　连有少量胚乳呈碎屑状的皮层，此类物料常混杂在麦渣、麦心之中。

③ 麦渣　连有皮层的大胚乳颗粒。

④ 粗麦心　混有皮层的较大胚乳颗粒。

⑤ 细麦心　混有少量皮层的较小胚乳颗粒。

⑥ 粗粉　较纯净的细小胚乳颗粒。

由于制粉厂分级物料都是利用不同大小筛孔的筛网按粒度分级的，因此粉路中所分级的麸片、麦渣、麦心、粗粉等都是各在制品的混合物，只是含某一类物料较多。

三、在制品的粒度、数量和质量的表示

物料的粒度常用分式表示，分子表示物料穿过的筛网号，分母表示物料留存的筛网号。如 1B 筛分出的在制品的粒度为 18W/32W 的物料，表示可穿过 18W 留存在 32W 筛面上的物料，属麦渣。

在测定资料中，在制品的数量和质量也用分式表示，分子表示物料的数量（占 1 皮流量的百分比），分母表示物料的质量（灰分）。如 2 皮分出的麸片 21.58/3.75，表示麸片数量为 1 皮的 21.58%，灰分为 3.75%。

四、筛面的分类

使用平筛筛理在制品时，按物料分级的要求，平筛的筛网可分为以下几种筛面。

① 粗筛　皮磨系统中筛孔较大，从皮磨磨下物料中分出麸片的筛面，一般使用金属丝筛网。

② 分级筛　将麦渣、麦心按颗粒大小分级的筛面，一般使用细金属丝筛网或 CQ 筛网。

③ 细筛　属于分级筛范畴，是对粗、细麦心进行分级的筛面，筛孔较小，一般使用 CQ 筛网。

④ 粉筛　筛出面粉的筛面，一般采用 JM 或 CB 型筛网。

通常平筛都由 1～4 种筛面组成，平筛中各类筛面的应用与所提取在制品的状态是对应的。1 皮筛筛面分类及在制品状态如图 9-3 所示。

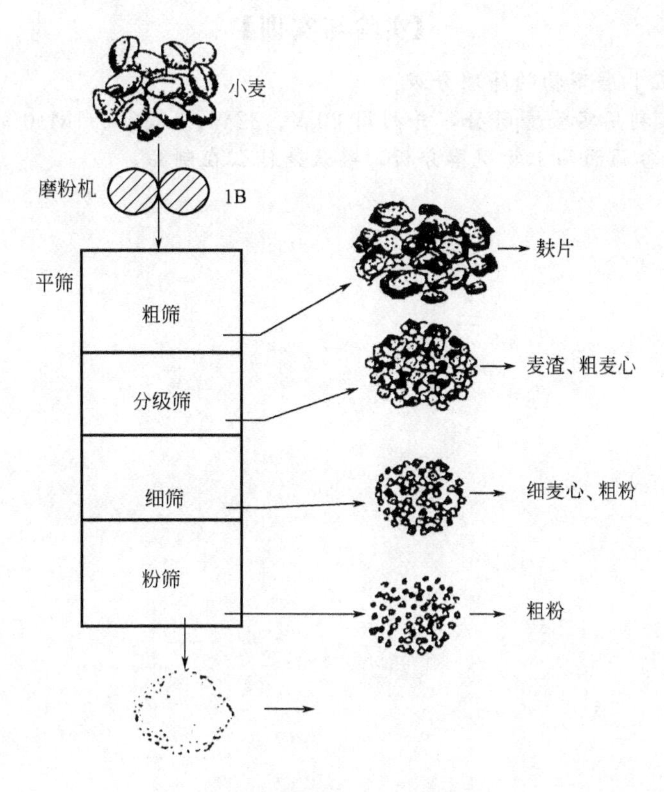

图 9-3 1 皮筛筛面分类及在制品状态

【思考与练习】

1. 简述小麦制粉概念。
2. 制粉的基本规律是什么？
3. 生产高档次面粉的制粉工艺需设置哪些系统？
4. 等级粉工艺的皮磨系统、心磨系统和清粉系统的作用是什么？
5. 粉路的基本工作单元的组成是什么？
6. 筛网的种类、特点及用途是什么？
7. 在制品有哪些，其质量如何？
8. 在制品的粒度是如何表示的？解释 1B 筛分出的 18W/32W 的物料的含意。
9. 在制品及面粉筛理的筛面分类有哪些？常用对应的是什么筛网？
10. 1B 筛路如下图，写出各物料的粒度表达式。

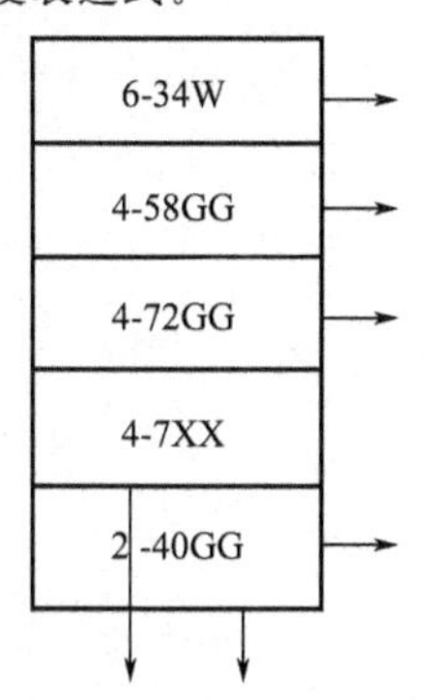

11. 在粉路中 1B、1M 的含义是什么？通常包括哪些设备？

【实验与实训】

［实验实训十五］磨下物的筛理分级

取净麦500g，利用实验磨研磨，并利用20W、32W、CQ20、JM10的筛网组成一组筛面，筛理分级，取各筛面筛上物观察分析，确认是什么在制品。

第十章　研　　磨

学习目的

了解磨粉机的分类；了解松粉机种类与作用。理解研磨的基本原理及研磨效果的评定方法；熟悉常用磨粉机的主要结构、操作方法、工艺参数的选用及主要影响因素。

重点难点

磨粉机的结构，磨辊技术参数的选配，影响研磨工艺效果的因素，磨粉机的操作与维护。

第一节　研磨的工作原理

利用机械作用将小麦剥开，把胚乳从皮层上逐道剥刮下来，并把胚乳磨细成粉，这个过程称为研磨。研磨是制粉工艺过程中最重要的环节，研磨效果的好坏将直接影响成品质量、出粉率、产量、电耗、成本等各项经济技术指标。

在逐道研磨筛分制粉工艺中，每道研磨设备应选择合理的研磨力度，在破碎胚乳的同时，尽量保持皮层的完整。与筛理设备配合，研磨作用的强弱还可控制各类在制品的分类状态及后续设备的工作流量，因此，对每一道研磨设备的研磨效果都应有相应的要求。

现代制粉厂常用的研磨机械为辊式磨粉机，同时以撞击机、松粉机作为辅助研磨设备。

一、研磨的工作原理

辊式磨粉机的工作原理是利用一对相向差速转动的等径圆柱形磨辊，对经过研磨区物料进行剪切、挤压、搓撕等综合作用，使物料逐步破碎。

辊式磨粉机的主要工作机构是磨辊，其中一只转速较高的磨辊称为快辊，另一只转速较慢的磨辊称为慢辊，快、慢辊的转速之比称为速比。两辊同时接触物料的工作区称为研磨区，由喂料机构将物料均匀地送入研磨区，研磨前的物料称为磨上物，研磨后的物料称为磨下物。如图 10-1 所示。

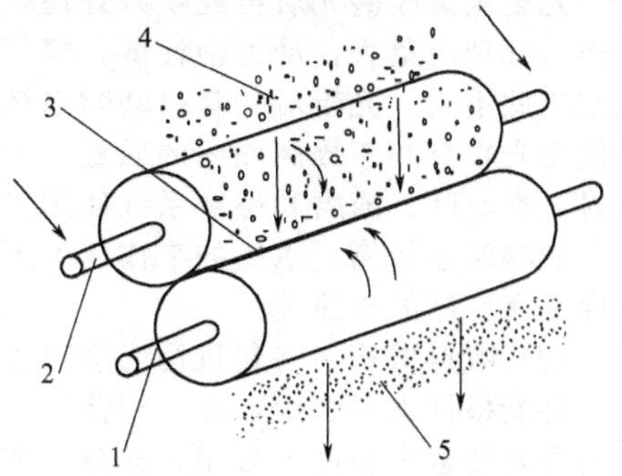

图 10-1　磨粉机的工作状态
1—快辊；2—慢辊；3—研磨区；4—磨上物；5—磨下物

物料落入研磨区且两辊恰好同时接触物料时，两辊夹住物料（图 10-2），并开始对物料进行破碎剥刮，此时物料所处的位置（A 点、D 点）称为起轧点。此后，物料所处的两辊间距越来越小，最后到达最小间距处（两辊中心连线上两磨辊表面之间的交点，B 点、C 点），此处称为轧点，两轧点之间的距离 BC（两辊中心连线上两磨辊表面之间的距离）为轧距。经过轧点后，物料不再受到研磨。起轧点与轧点之间的距离（弧长 AB）称为研磨区长度。

物料进入研磨区后，在两辊的夹持下快速向下运动，由于两辊的速差较大，快辊速度较高，使物料紧贴快辊的一侧加速较大，而慢辊速度较低，则对物料紧贴慢辊的一侧加速较

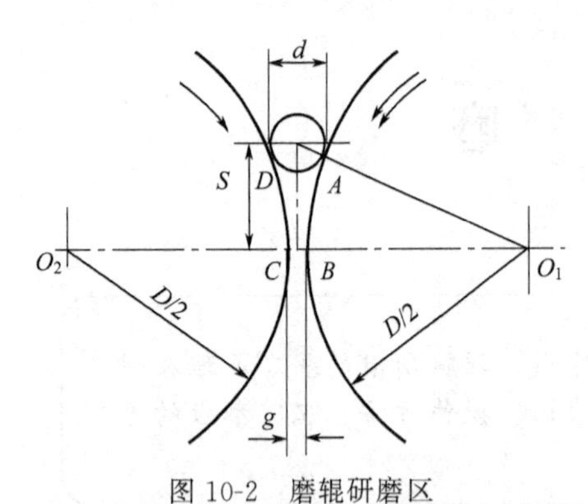

图 10-2　磨辊研磨区

D—磨辊直径；d—物料粒度（粒径）；g—轧距

小，相对快辊近似起阻滞作用。这样物料和两个磨辊之间都产生了相对运动，产生对物料的剪切、挤压、搓撕作用，使物料逐渐破碎，从皮层将胚乳刮离并磨细成粉。

二、辊式磨粉机

1. 磨粉机的分类

目前使用的磨粉机种类较多，需按不同的分类方法进行分类。

（1）按磨辊长度不同分为大、中、小型三种　磨辊长度为 1500mm、1250mm、1000mm、800mm 的为大型磨粉机；磨辊长度为 600mm、500mm、400mm 的为中型磨粉机；磨辊长度为 200mm、300mm、350mm 的为小型磨粉机。

（2）按机内装置的磨辊对数分单式、复式两种　单式磨粉机只有一对磨辊，复式磨粉机有两对及以上的磨辊。目前大中型磨粉机均为复式，有四辊磨和八辊磨两种。

（3）按磨辊布置方式分平置磨粉机和斜置磨粉机两种　平置磨粉机的每对磨辊轴心连线在同一水平面内；斜置磨粉机的每对磨辊轴心连线在同一倾斜面内，其倾斜角为 20°～45°。

（4）按磨辊离合闸的控制方式分为手动控制、液压控制、气压控制三种　小型磨粉机为手动磨粉机，现在大多数面粉厂使用的是气压磨粉机。

2. 磨粉机的一般结构

磨粉机的种类虽多，但其基本结构大致相同，一般由磨辊、喂料机构、轧距调节机构、磨辊清理机构及传动机构等几部分组成。

（1）磨辊　磨辊是磨粉机的主要工作部件。慢辊靠拢快辊，进入工作状态的过程称为合闸（亦称为进辊），开始对从两辊间通过的物料进行研磨；慢辊退开进入等待状态称为离闸（亦称为退辊），此时两辊间距大，物料得不到研磨。

面粉厂使用的磨辊有齿辊和光辊两种。齿辊是由磨齿齿数、齿角和斜度决定了磨齿的形状。光辊则是经磨光后再经喷砂处理，得到微粗糙表面。齿辊的特点是对物料的剥刮破碎能力强，处理流量大，动力消耗低，磨下物料温度低，水分损耗少，磨后物料松散易筛理。光辊则与此不同。光辊对物料研磨时以挤压为主，在粉碎胚乳的同时不易使麸皮过度破碎，所以使用光辊有利于提高面粉的质量。因此，目前多数面粉厂为提高面粉质量或生产高等级面粉时，在心磨、渣磨和尾磨系统使用光辊。

磨辊转速较高，承受的工作压力大，因此要求辊面有一定的强度、韧性、耐磨性，同时还要具有良好的导热性。

（2）喂料机构　喂料机构为磨粉机的重要组成部分，其主要作用是：控制并稳定入机流量，并能根据来料多少，在一定范围内自动调节入机流量，保持生产的连续性；使物料均匀地沿磨辊的整个长度上分布，充分发挥磨辊的作用；使物料准确而保持一定的速度进入研磨区，以提高产量和保证研磨效果；能与磨辊的离合闸动作连锁，进辊时先喂料后合闸，退辊时先离闸后停止喂料，以减少磨辊磨损，提高使用寿命。

磨粉机的喂料机构采用双辊喂料。内外两喂料辊倾斜排列，靠近操作者的喂料辊称为外辊，靠内侧的称为内辊。一个为定量辊，一个为分流辊。喂料活门位于定量辊的上方，可以上下活动，以改变其与喂料辊之间的给料间隙，控制入磨流量。

处于不同工作位置的磨粉机，喂料辊的状态不同，喂料活门的安装位置也不同。如图 10-3 所示。

对于物料散落性好的一皮磨粉机，内辊可采用光辊，喂料活门安装在内辊上方，控制进机物料流量；外辊采用较大的梯形齿。心磨、渣磨研磨的物料呈粒状，粒细而重、黏附力强、不易散开。内辊采用较细的梯形齿，喂料活门安装在内辊上方，控制进机物料流量；外辊易采用密而细的双向螺纹齿槽，以增加拨动能力，并使物料由中间向两端推进，其作用主

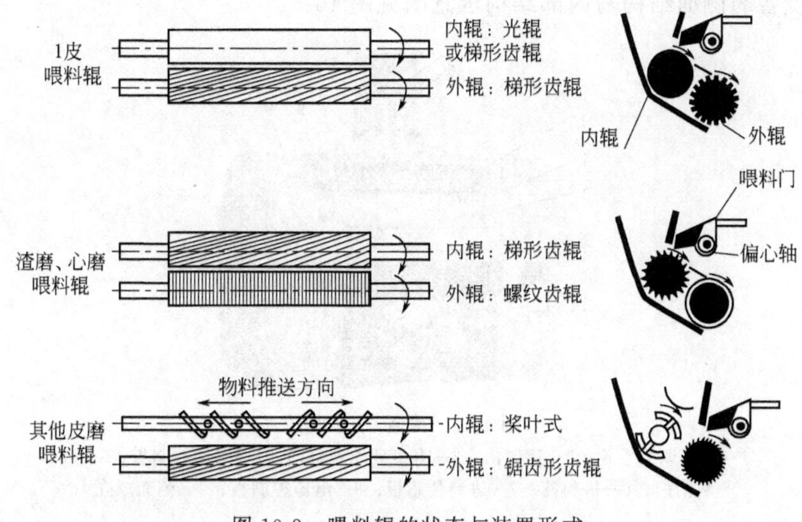

图 10-3 喂料辊的状态与装置形式

要是使物料加速和进一步匀料。对于 2 皮磨及后续各道皮磨，因物料散落性较差，内辊为分流辊，采用桨叶式，起拨料和松散物料的作用，以保证喂料的均匀性，喂料活门安装在外辊上方，控制进机物料流量。

喂料机构的自动控制方式常用气压控制和无级调速电机控制。喂料机构的自动控制可以保证磨粉机工作的稳定性及粉路运行的连续性，当来料流量增大时适当开大料门，不致因进料筒内堵料而导致前方设备堵塞；当来料流量较小时适当关小料门，以维持进料筒内起码的积料量。当来料流量过小不足以维持正常工作时，停止喂料并离闸。但若来料流量过大，超出设备的最大工作流量时，将引起物料向上堵塞，此时须进行人工处理。

(3) 轧距调节机构 轧距调节机构是磨粉机的主要操作机构，其主要作用是：有料或无料时，能快速使磨辊合闸或松闸；能按工艺要求，灵活、方便、准确地调整两辊整个长度的轧距和调节两辊任何一端轧距；工作中，若流量突然增大，或有一定大的硬物进入时，能允许其通过，并迅速恢复正常工作。

快辊是固定辊，慢辊是活动辊，轧距的调节是依靠改变慢辊相对快辊的距离来实现的。

(4) 传动机构 传动机构分动力传递和差速传动两部分。

动力传递：给磨辊、喂料辊传递动力，一般采用皮带传动。

差速传动：设置在快辊、慢辊之间，保持两辊间准确、稳定的传动比。一般采用齿轮、链条、双面圆弧齿同步带、齿楔带等四种。齿楔带是一种新型传动方式，能适应中心距的变化要求，噪声低、震动小、且不会跑偏。

(5) 磨辊清理机构 装置在磨辊的下方，贴近磨辊表面，使用刷帚（刷帚应用于齿辊）或刮刀（刮刀应用于光辊），清除黏附在磨辊表面的粉层，保证磨辊正常研磨。

(6) 吸风装置 磨粉机吸风装置的作用一是吸除磨辊工作时产生的热量和水汽，提高筛理设备的筛理效率；二是降低磨辊温度，降低料温，提高其使用寿命和研磨效果；三是避免机内粉尘外扬，改善工作环境；四是消除“泵气”，有利于提高喂料效果。

(7) 控制系统 喂料机构和轧距调节机构控制系统的作用是实现自动喂料和自动离合闸，实现磨粉机操作的自动化。

第二节 磨粉机

一、MDDK 型磨粉机

MDDK 型磨粉机是现在面粉厂应用较多的一种气压复式平置磨粉机。设备的外形如图

10-4 所示。设备的侧面结构与内部结构示意图见图 10-5。

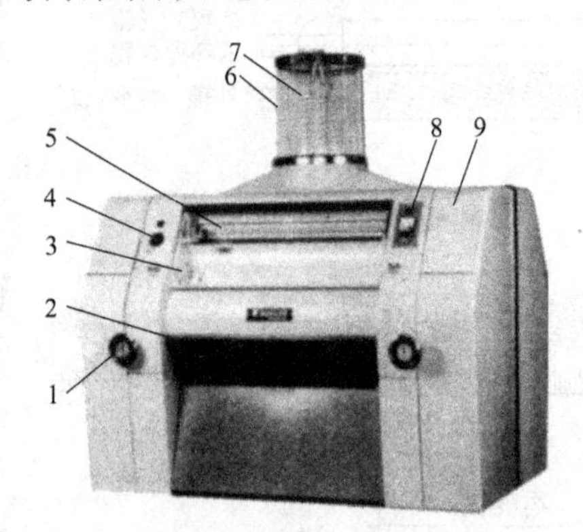

图 10-4 磨粉机的外形

1—轧距调节手轮；2—磨膛门；3—有机玻璃观察门；4—气动控制板；5—喂料活门；6—进料筒；7—进料传感板；8—电源控制板；9—侧面罩壳

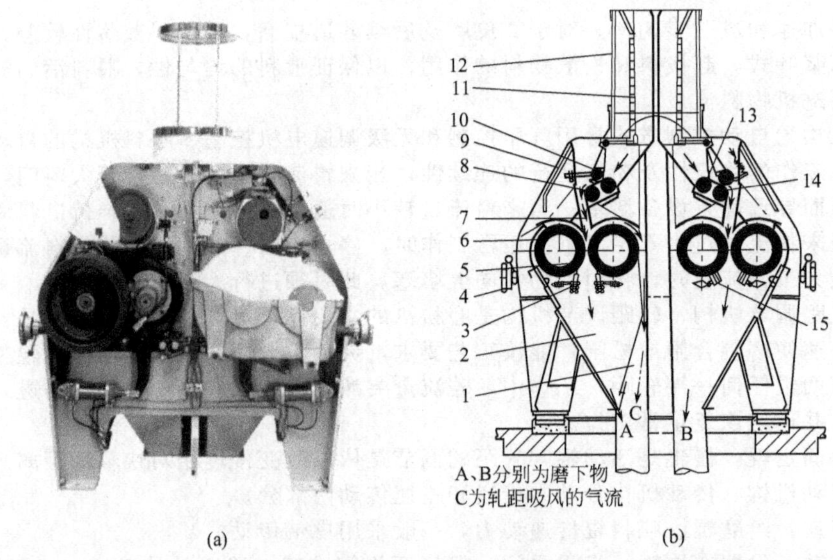

图 10-5 磨粉机的侧面结构（a）与内部结构（b）示意图

（b）图的左半部分是装有光辊的磨粉机；（b）图的右半部分是装有齿辊的磨粉机

1—轧距吸风装置；2—磨膛；3—磨辊清理刮刀；4—轧距调节手轮；5—慢辊；6—快辊；7—喂料通道；8，14—喂料辊；9—有机玻璃观察门；10—喂料活门；11—料位传感板；12—进料筒；13—喂料绞龙；15—磨辊清理刷

1．喂料机构

（1）喂料机构的自动控制 MDDK 型磨粉机采用气压控制的喂料机构，其结构如图 10-6所示。

当物料进入进料筒，筒内的积料达到一定高度时，进料筒内堆积的物料压力迫使料位传感板 1 下降，通过绞支板 2、绞支轴 3 转动使转臂 4 克服可调弹簧 5 的拉力逆时针方向摆出，转臂的摆出将压住机控换向阀 8，机控换向阀内的阀芯发生动作，使控制气源进入伺服汽缸 6 的后端，伺服气缸内活塞的两面的受力大小发生变化，使伺服气缸的活塞外移，活塞杆伸出，通过杠杆 9 克服弹簧 12 的阻力带动喂料活门 11 上抬，增大喂料活门与喂料辊之间的间隙。喂料门开启，同时喂料辊转动开始喂料。

若进料筒内料位过低或无料时，可调弹簧 5 将拉着转臂使其退回到起始位置，机控换向阀内的气路发生变化，控制气源消失，伺服汽缸的活塞杆缩回，通过杠杆的传递和弹簧 12

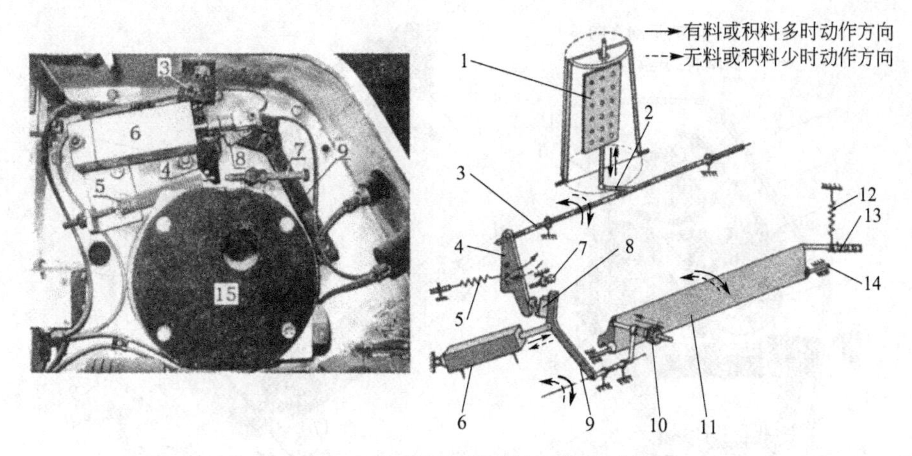

图 10-6 气压控制的喂料机构的结构

1—料位传感板；2—绞支板；3—绞支轴；4—转臂；5—可调弹簧；6—伺服汽缸；7—限位调节螺栓；8—机控换向阀；9—杠杆；10—活门调节螺母；11—喂料活门；12—弹簧；13—拉杆；14—喂料活门偏心轴；15—喂料辊传动齿轮变速箱

的拉力带动喂料活门下压，使喂料门关闭。同时喂料辊停止转动。

正常运行过程中，进料筒的料位稳定在一定范围内，喂料活门开启的大小随进料筒内料位的上升或下降而自动调节。

改变可调弹簧 5 在转臂上的挂孔位置和弹簧 12 在拉杆 13 上的挂孔位置，可调节系统动作的灵敏度及进料筒内的积料量。

（2）喂料活门的人工调节 调节活门调节螺母 10，可实现手动控制喂料活门开启的大小，手动调节喂料流量。

喂料活门不能接触喂料辊，其最小间隙，皮磨为 1mm，心磨为 0.3mm，由活门调节螺母 10 控制。限位调节螺栓控制喂料活门的最大给料间隙，皮磨一般为 6mm 左右，心磨为 2mm 左右。

喂料活门转动的支点为两端的偏心轴 14，可使喂料活门沿整个喂料辊长度的间隙均匀一致。

（3）喂料辊的传动 喂料辊的传动方式如图 10-7 所示。

喂料辊的小传动带轮 5 固定在快辊轴上，随快辊 16 转动而转动，通过窄三角带 2 带动喂料辊大传动带轮 1 转动，齿轮离合器轴转动，转速降低。齿轮离合器 11 的啮合通过传动杆 9 的上升或下降来控制。

当进料筒内积料达到要求时，气动控制系统工作，离合闸驱动汽缸 6 的活塞杆伸出，曲臂 7 转动带动固定在其上的传动杆 9 下降，使齿轮离合器啮合。齿轮离合器啮合，带动喂料辊的外辊 14 转动，再由另一端的内外辊传动齿轮 15 带动内辊 13 转动。同时相关机构动作，喂料活门开启，开始喂料。随后，离合闸驱动汽缸的活塞杆伸出到位，磨辊合闸，进入研磨状态。当进料筒内积料较少或无料时，气动控制系统发生变化，离合闸驱动汽缸的活塞杆缩回，磨辊离闸。曲臂带动传动杆上升，齿轮离合器退出啮合，喂料辊停转，停止喂料。

由于各道磨粉机所研磨物料的粒度、性质不同，喂料辊应配置不同的转速。通过选择不同直径的喂料辊传动带轮、喂料辊两端不同传动比的齿轮，可得到不同的喂料辊转速。各道磨粉机喂料辊的参考转速见表 10-1。

表 10-1 喂料辊的参考转速 单位：r/min

名称	1B	2B	3B～5B	1S	1M、2M	3M、4M	5M、6M	7M、8M
外辊	73	117	119	170	170	170	160	152
内辊	102	85	85	87	87	71	71	71

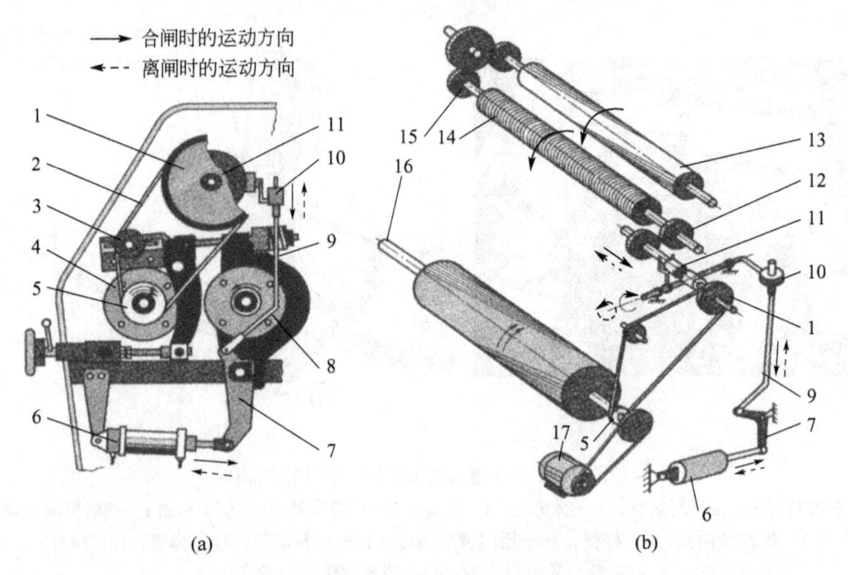

图 10-7 喂料辊的传动

1—喂料辊大传动带轮；2—窄三角带；3—张紧轮；4—快辊轴承；5—喂料辊小传动带轮；6—离合闸驱动汽缸；7—曲臂；8—慢辊轴承；9—传动杆；10—压帽；11—齿轮离合器；12—外辊传动齿轮；13—内辊；14—外辊；15—内外辊传动齿轮；16— 快辊；17—传动电机

2. 轧距调节机构

常用气压磨粉机轧距调节机构的结构与工作原理见图 10-8。

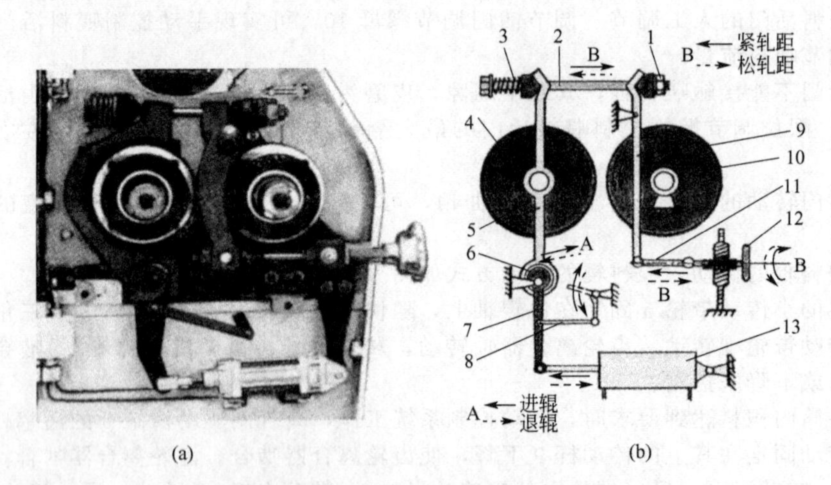

图 10-8 轧距调节机构的结构与工作原理

1—调节螺母；2—拉杆；3—保护弹簧；4—慢辊；5—慢辊轴承臂；6—偏心支轴；7，9—曲臂；8—磨辊清理机构控制连杆；10—快辊；11—调节杆；12—轧距调节手轮；13—离合闸驱动汽缸

（1）离合闸的控制 磨粉机处于进辊状态时，气动控制系统使工作气源进入离合闸驱动汽缸 13 的后端，离合闸驱动汽缸的活塞杆伸出，推动曲臂 7 转动，带动慢辊轴承臂 5 和慢辊 4 靠近快辊 10，并保持稳定，即磨辊合闸进入工作状态。曲臂 7 和慢辊轴承臂 5 相当于一个杠杆，偏心支轴相当于偏心支点，其作用是下端的活塞杆伸出较长距离而偏心支轴上端的慢辊轴承臂和慢辊移动较小的距离，近似于慢辊沿导轨水平移动较小距离与快辊靠拢。如图 10-8(b)。

当料筒内料位低于料位下限或操作人员通过控制元件发出退辊指令时，气动控制系统使工作气源进入离合闸驱动汽缸的前端，使离合闸驱动汽缸的活塞杆缩回，推动磨辊离闸。

（2）轧距的手动调节 磨辊的轧距手动调节是在完成进辊后，设备处于工作状态时进行的，此时慢辊轴承臂下端的位置由离合闸驱动汽缸锁定。在设备运行过程中，通过轧距调节手轮可对轧距进行精确调节，并可通过手轮中的刻度盘了解轧距的调节情况。如图 10-8(b)，手轮转动一圈，轧距变动量约为 0.2mm。

轧距调节手轮中有刻度盘可指示轧距调节情况。刻度盘中有黑、红两个指针，分别指示最小轧距和工作轧距的对应位置。最小轧距在安装磨辊时，不启动电机，接通气源使设备处于合闸状态，通过拉杆 2 末端的调节螺母 1 和轧距调节手轮进行调节，调节后固定黑指针的位置。各系统粗调轧距可参考下列数据调整：1B(0.7mm)、2B(0.4mm)、3～5B(0.3mm)、光辊 (0.3mm)。通过磨辊轧距调节手轮调节轧距时，应注意观察刻度盘中的红、黑指针之间的关系，避免轧距过小而造成两辊接触，损坏设备。

(3) 磨辊保护装置 装置在拉杆上弹簧和两磨辊轴承臂之间的弹簧可实现对设备的保护，当有大硬物进入研磨区时，辊间压力急剧增加，通过慢辊轴承臂压缩弹簧，使两辊的间距增大，放过硬物，以保护设备。待硬物通过后，弹簧和进入离合闸驱动汽缸的压缩空气又能使轧距迅速自动恢复，返回到正常的工作状态。

3. 快慢辊传动机构

MDDK 型磨粉机采用的齿轮差速传动机构如图 10-9 中所示。

图 10-9 快慢辊齿轮差速传动机构

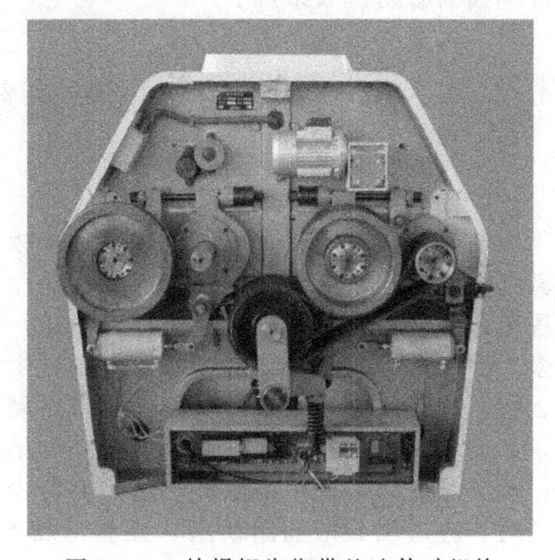

图 10-10 快慢辊齿楔带差速传动机构

齿轮传动是较早的传动方式之一，噪声大，需用液态油润滑，而且要配备多组不同规格的齿轮以适应不同的速比要求和磨辊直径的变化。

双面圆弧同步齿型带传动能满足两磨辊中心距变化的要求，无需传动箱和润滑油，运转时噪声低，震动小。但当磨辊启动过快或超负荷时，同步齿型带有时会磨损打滑，正常运转时有时会跑偏。

齿楔带传动除具备同步齿型带传动的优点外，避免了正常运转时的跑偏现象，是一种新型的应用较多的传动方法。如图 10-10 所示。

4. 气动控制系统

磨粉机的气动控制系统主要控制磨辊的离合闸和喂料机构。

气动控制系统一般主要由气源、管道和气动控制元件、气动执行元件等组成。磨粉机中的气动控制元件主要为喂料控制系统中的机控换向阀和控制进退辊驱动汽缸的气控换向阀。气动执行元件为控制喂料活门的伺服汽缸和进退辊驱动汽缸。

5. 技术参数

MDDK 型磨粉机的主要规格和技术参数见表 10-2。

二、MDDL 型磨粉机

MDDL 型磨粉机是八辊磨，相当于两台 MDDK 上下串联而成，由一套喂料机构给料并控制进退辊，但各对磨辊可单独进行轧距手动调节。

表 10-2 MDDK 型磨粉机的主要规格和技术参数

规格	MDDK6×2	MDDK8×2	MDDK10×2	MDDK12.5×2
磨辊(直径×长度)/mm	250(300)×600	250(300)×800	250(300)×1000	250(300)×1250
快辊转速/(r/min)	350～800,常用 450,500,550,600			
快慢辊速比	齿辊(1.5～3.0):1,光辊(1.05～1.5):1			
磨辊直径使用范围/mm	250～225,300～275			
快辊传动带轮直径/mm	335			
工作压力/MPa	0.5～0.7			
空气耗用量/(m^3/h)	2～3			
功率/kW	皮磨最大 50,心磨最大 22,常配 7.5、11、15、18.5、22、30、37			

MDDL 型磨粉机常用于前路皮磨与心磨，一般用于 1B、2B 磨以及 1M、2M 磨。使用 MDDL 型磨粉机可简化粉路，减少筛理设备与输送设备，节省占地面积，但研磨效果不如两台单独的磨粉机效果好。

第三节 影响磨粉机工艺效果的因素

一、进机物料的性质

原料中软麦较多时，由于软麦质地松软，在同样条件下，出渣心较少、粉较多，皮层与胚乳结合力较强，剥刮较困难，因此在操作时，前路研磨应适当放松，控制取粉率，保证各系统流量的平衡，后路则应适当加强研磨，以保证对麸皮的剥刮。硬麦磨下物中颗粒状物料较多，面粉较少，麸片易碎。在前路皮磨中，硬麦的粗麦渣品质要比软麦好，而细麦渣、麦心、粗粉的品质都较软麦差。因此，采用硬麦磨制等级粉时，前路皮磨的轧距应适当放松。

入磨小麦水分过高时，麸片上的胚乳不易刮净，使出粉率降低，产量下降，动力消耗增加；水分过低时，产生的渣、心多，面粉少，麸片易碎，面粉质量变差。因此，当原料水分较高时，应适当放松前路研磨，控制出粉率，后路皮磨应适当加强研磨，保证对麸皮的剥刮，防止麸皮中含粉较多。必要时应关小 1B 磨的料门，降低产量。同时要加强磨辊的清理作用，防止出现缠辊现象。

原料中红麦较多时，为保证成品质量，防止麸皮破碎混入面粉，各道皮磨的剥刮率应适当降低，轧距应适当放松。

原料质量较差时，各道皮磨的轧距应适当放松。同时，由于麸多粉少，在流量相同的情况下，面粉出粉率自然就下降。如果强求成品产量不变而增加设备的流量，将可能导致磨粉机研磨不透。

入磨物料粒度的均匀程度和含粉情况对磨粉机的工艺效果和操作影响较大，特别是对心磨，因此应注意检查各道磨粉机的入磨物料情况。

二、磨辊技术特性

1. 齿辊技术特性

(1) 齿数 齿数是指磨辊圆周单位弧长上的磨齿数，以每厘米弧长磨齿数来表示，即齿/cm。也可用齿/in 表示。

磨辊齿数的多少与研磨物料的粒度、流量大小和要求达到的粉碎程度有关。如入磨物料粒度较大或流量较大或要求磨出物较粗时，齿数就应较少；反之齿数就应较多。在其他条件相同的情况下，磨辊齿数越少，两磨齿间的距离越大，齿沟越深，只适宜研磨颗粒大的物料。如用它研磨细小的物料，会使其嵌入齿沟而得不到研磨。磨辊齿数越多，两磨齿间的距离越小，齿沟越浅，只适宜研磨颗粒小的物料。如用它研磨颗粒大的物料，流量少时，麦皮易磨得过碎；流量多时，物料的中间部分研磨不充分，磨齿易磨损，动力消耗高而产量低。

由于在整个粉路中，物料的粒度和流量均是前路大后路小，皮磨大心磨小，所以磨辊齿数的配备通常是：1B磨齿数最少，后续皮磨相应增加。渣磨、心磨若采用齿辊时，齿数要比皮磨的多。

在其他条件相同的情况下，齿数较多时，物料接收剥刮的次数多，对物料的破碎能力增强，剥刮率、取粉率相应较高，但动力消耗较高、产量较低。齿数过密还会使麦皮易碎，影响面粉质量。齿数稀比齿数密省动力、磨温低、磨辊使用寿命长、能适应高流量、麸皮易保持完整，出渣粒比例较多，面粉较少。在其他条件相同的情况下，剥刮率和取粉率都较低。

各研磨系统配备的齿数为：1皮磨4～5牙/cm，磨等级粉时1皮磨3.5～4牙/cm；2皮磨及以后各道皮磨较前路逐道加密1～1.5牙/cm；末道皮磨9～9.5牙/cm。粉路长，道数多，则逐道增加的齿数少；粉路短，道数少，则逐道增加的齿数多。

(2) 齿角　齿角是同一磨齿两个齿面的夹角，如图10-11。通常磨齿的两个齿面不对称，一个较窄，一个较宽，较窄的齿面称为锋面，它与磨辊中心到齿顶连线的夹角称为锋角；较宽的齿面称为钝面，它与磨辊中心到齿顶连线的夹角称为钝角。钝角必大于锋角。在磨齿的顶端，还有一个很小的平面，称为齿顶平面，它可使磨辊的研磨作用缓和，减少切碎麦皮的机会，并使磨齿经久耐用。

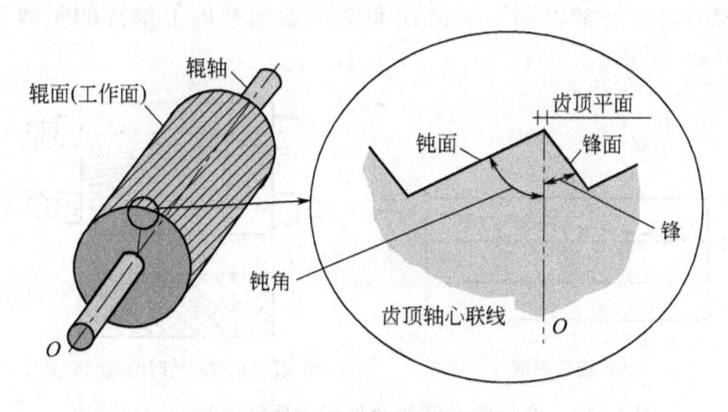

图10-11　磨齿的形状

在研磨过程中，物料通过研磨区的速度约为快、慢辊线速的平均值。由于快辊的速度比物料通过的速度快，快辊对物料产生作用力的齿面将朝下，对物料的作用力方向也主要是朝下；而慢辊的速度比物料通过的速度慢，慢辊对物料产生作用力的齿面将朝上，对物料的作用力方向也主要是朝上。如图10-12所示。对物料产生作用力的齿面称为前齿面，前齿面与本身齿顶半径的夹角 α 称为前角。对应后齿面与本身齿顶半径的夹角 β 称为后角。

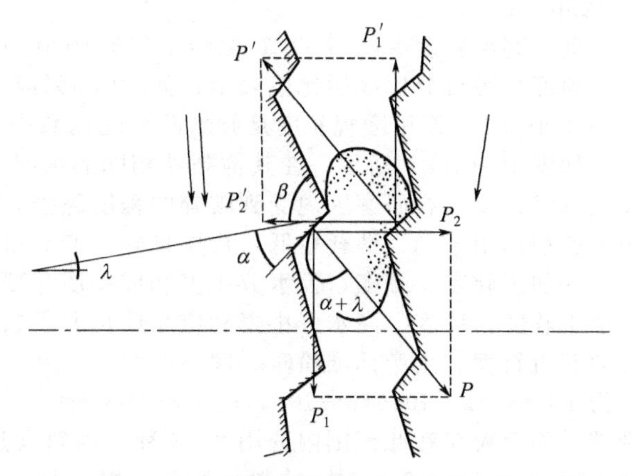

图10-12　物料受齿辊研磨时的受力状态

快辊与慢辊的齿角与前角的作用通常相同，对研磨区中的物料施加作用力为 P、P'。P、P' 分别与快慢辊的前齿面垂直，可将 P、P' 分别分解为垂直于两辊中心连线的剪切力 P_1、P_1' 和平行于两辊中心连线的挤压力 P_2、P_2'。

由图可知：$P_1=P\cos(\alpha+\lambda)$　　$P_2=P\sin(\alpha+\lambda)$

式中 λ 一般较小，可忽略其影响。物料在磨辊间所受作用力的大小主要取决于前角。当前角减小时，剪切力增大，挤压力减小，对物料的剪切破碎作用加强，剥刮率增加，磨下物中渣心比例提高，细粉数量减少，皮层易碎，粉中麸星增多，品质可能下降，但能以较低的动力消耗处理较高的物料流量；当前角增大时，剪切力减小，挤压力增大，挤压力的作用占主导地位，磨下物中渣心比例减少，细粉数量增多，皮层不易碎，面粉品质较好，但破碎能力下降，动耗较高，处理流量较低。

磨齿的后角虽对研磨不起主要作用，但其大小与磨齿的高度及耐磨性有关。当齿角不变而后角增大，则磨齿高度减低，厚度增加，提高了磨齿的耐磨性，延长了使用寿命。

实际生产中，齿角和前角的应用可归纳如下：加工硬麦和低水分小麦时，应选用较大的前角和齿角；要求多出粉，少出渣、心，保持麸片完整时，可采用较大的前角和齿角；前路皮磨要求少出粉，多提渣、心，则应在流量较高的前提下，采用较小的齿角，尤其采用较小的前角；在后路皮磨，为做到既刮净麸片上残留的胚乳，又不使麦皮过碎，保证后路粉的质量，应采用较大的前角和齿角；流量较大或为了降低磨粉机的动力消耗时，可采用较小的前角和齿角。

齿角的使用范围一般为 90°～110°，其中锋角为 20°～40°，钝角为 55°～70°。为便于操作管理，每个粉路一般不超过四种。在具体选择时，除考虑物料性质、研磨要求和流量大小外，还应考虑磨齿的排列方式。国内常用：30°/65°、35°/65°、35°/60°、40°/70°、40°/60°。

（3）斜度　磨辊表面的磨齿与磨辊中心线不平行，而是倾斜呈一定角度，其倾斜的程度用斜度表示。磨齿的斜度通常以同一磨齿在磨辊两端面圆周上偏移的距离与磨辊的长度之比表示。如图 10-13(a) 所示。

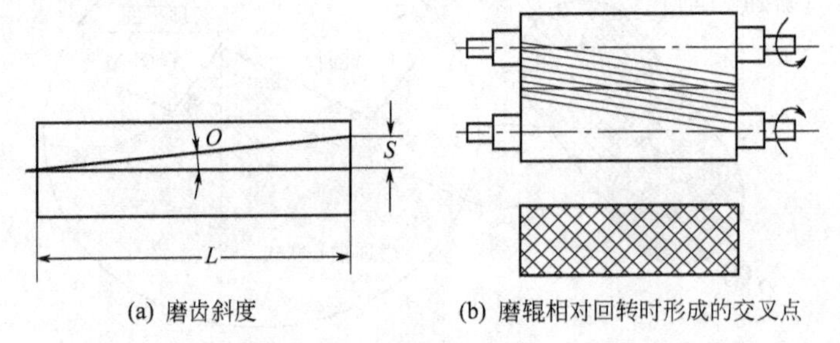

(a) 磨齿斜度　(b) 磨辊相对回转时形成的交叉点

图 10-13　磨齿的斜度及磨辊相对回转时形成的交叉点

设：L——磨辊长度为 1000mm，S——同一磨齿两端在磨辊表面圆周上偏移的距离为 125mm；

则：磨齿斜度$=(S/L)\cdot 100\%=(125/1000)\cdot 100\%=12.5\%=1:8$

斜度可用百分比或用比值表示，如 12 .5%或 1∶8。制粉厂习惯上把磨齿在圆周上倾斜的距离作为 1，而用磨辊长度是倾斜距离的倍数来表示斜度。如上例，磨齿斜度即为 1∶8。

如图 10-13(b) 所示，在其他条件相同的情况下，磨齿斜度的数值越大，研磨区内的交叉点越多，物料在研磨区内受到破碎的程度越强，剥刮率上升，面粉数量增加，因较多地利用了剪切作用，动力消耗较低，皮层易碎，产品质量差。

在加工硬麦、陈麦、低水分小麦和成品质量要求较高时应选用较小的磨齿斜度，反之，在加工软麦、新麦、高水分小麦和成品质量要求较低，或是要求高产量低消耗时，可选用较大的磨齿斜度。生产标准粉时斜度一般为 1∶10～1∶8(10%～12.5%)；生产特二粉时，一般为 1∶16～1∶10(6%～10%)；生产等级粉时，一般为 1∶25～1∶12(4%～8%)。为便于管理，每个粉路在此范围内选用 2～3 种。当斜度过大，磨齿的倾斜角大于物料与磨辊表面的摩擦角（11°～18°）时，物料将做轴向移动而被推向磨辊一端，使研磨区内料层不匀，而降低研磨效果。

磨齿必须具有斜度，否则在研磨时两辊之间将发生不稳定啮合现象，有时快辊磨齿齿顶沿全长与慢辊磨齿齿顶接触，而有时则与慢辊磨齿齿槽相遇，这样，不仅研磨效果不均衡，并将导致磨粉机震动。

磨齿不仅必须具有斜度，还必须正确安装。正确的安装方法是：在磨辊静止时，两根磨辊的磨齿倾斜方向相同。这样，当一对磨辊相向转动时，快辊磨齿与慢辊磨齿便形成许多交叉点，在磨辊间的轧距小于被研磨物料的情况下，物料就在交叉点上得到粉碎。若安装错误，两辊的磨齿在研磨时将相对平行，仍将产生类似无斜度时的现象。

(4) 排列　磨齿有锋角和钝角之分，而磨辊又有快辊与慢辊之分，因此快辊齿角与慢辊齿角有相对排列。按作用于研磨物料的前角（快辊前角对慢辊前角）表示，有四种形式：锋对锋，锋对钝，钝对锋，钝对钝。如图 10-14。

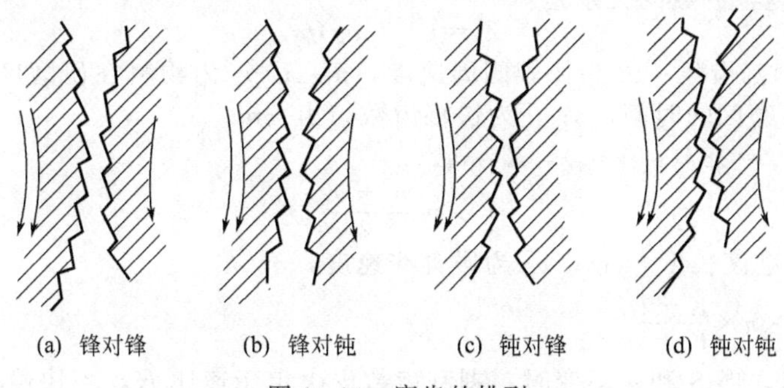

图 10-14　磨齿的排列

① 锋对锋（F—F）　快辊磨齿锋面向下，慢辊锋面向上。锋对锋排列时，快、慢辊磨齿的前角较小，对物料的剪切作用较强，因而破碎程度高，动力消耗低，磨下物中麸片较碎，渣、心多而细粉少，适于加工软麦、高水分小麦和要求流量较高的情况。

② 钝对钝（D—D）　快辊磨齿钝面向下，慢辊钝面向上。对物料的挤压力大而剪切力小，研磨作用缓和，磨下物中麸片大，渣心少而面粉多，粉中含麸少，质量好，但动力消耗较高。适于加工硬麦、低水分小麦和要求麸片完整及流量较低的情况。

③ 锋对钝　快辊磨齿锋面向下，慢辊钝面向上。

④ 纯对锋　快辊磨齿钝面向下，慢辊锋面向上。

由于锋对钝和钝对锋的排列，其工艺效果不够稳定，故很少采用，其研磨效果介于锋对锋和钝对钝之间。

排列形式要与齿角选择相互配合选用，才能达到良好的研磨效果。如采用 F—F 排列时，可选用较大的齿角和前角，以免皮层过碎；在选用 D—D 排列时，可选用较小的齿角和前角，以降低动力消耗，提高产量。

(5) 磨辊的线速度与速比

① 物料通过研磨区的速度　物料进入研磨区后，在两辊的夹持下快速向下运动。由于两辊的速差较大，紧贴物料一侧的快辊运动速度较高，有使物料加速的趋势，而紧贴物料另一侧的慢辊则将对物料的加速起阻滞作用。如图 10-15所示，有 $v_k > v_w > v_m$ 的关系。

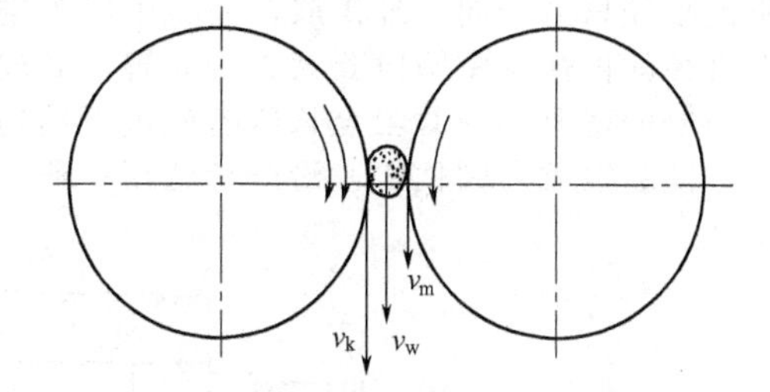

图 10-15　研磨区内物料的运动速度

通常取物料通过研磨区的速度 v_w 为快慢辊线速的平均值，即：

$$v_w = \frac{v_k + v_m}{2}$$

② 磨辊圆周速度对研磨效果的影响　磨辊圆周速度增加，磨辊速比不变，对于磨粉机的生产能力有着直接的影响。线速越大，单位时间内可通过的物料越多，磨粉机的产量越高。若流量不变，较高线速时物料通过研磨区的料层变薄，研磨效果可提高。

快辊线速在 6～8m/s 为宜。线速超过一定限度时，过薄的料层将引起磨辊磨损加剧，轴承发热，机器振动，甚至产生磨辊断轴等事故。磨辊直径减小后，可通过提高转速保持原有的线速，以保持产量和研磨效果。

③ 速比对研磨效果的影响 磨辊快辊圆周速度与慢辊圆周速度之比称为速比。快、慢辊具有一定的速比是保证研磨效果的重要条件。如果一对相向转动的磨辊都是同一线速，那么物料在研磨区内，只能受到两辊的挤压作用，不会得到剥刮作用。

小麦在研磨时，从麸片上剥刮胚乳的作用主要是依靠快辊磨齿进行的，速比愈大，研磨作用愈强。因为在其他条件不变时，研磨物料的粉碎程度与“剥刮齿数”有关。剥刮齿数有时也称作用齿数，是指物料在研磨区域内，快辊工作表面对物料剥刮的齿数，用 Z_b 表示。剥刮齿数 Z_b 与磨辊各参数的关系是：

$$Z_b=(v_k-v_w)tn$$

式中，Z_b 为剥刮齿数；v_k 为快辊圆周速度，m/s；v_w 为物料在研磨区内平均速度，m/s；t 为物料通过研磨区的时间，s；n 为快辊齿数，齿/cm。

因为：$t=S/v_w=2S/(v_k+v_m)$，$K=v_k/v_m$

$$v_w=\frac{v_k+v_m}{2}$$

式中，S 为研磨区长度，cm；v_m 为慢辊线速度，m/s。

所以，$Z_b=S\times n\times\frac{K-1}{K+1}$

从上式可看出，当 S 和 n 不变时，剥刮齿数仅决定于速比 K。当快慢辊速比 K 提高时，快辊对物料的剥刮齿数增加，物料接受剥刮的次数越多，被粉碎的程度显然将增强，粗粒、粗粉和面粉的数量增加，同时物料的灰分也增高。如果提高 K 值而不相应提高 v_k，则由于 v_m 的减小而使 v_w 降低，这样将导致磨粉机生产能力的下降。

在制粉生产中，根据面粉的种类和各道磨粉机的作用不同，应采用不同的速比。在磨制等级粉时，皮磨系统 $K=2.5:1$；渣磨系统 $K=(1.5\sim2.0):1$；心磨系统 $K=(1.25\sim1.5):1$

2. 光辊技术特性

磨制高质量面粉时，心磨系统采用光辊，先将磨辊表面磨光，再经无泽面加工（喷砂处理）。这样，可得到绒状微粗糙表面。采用无泽面磨辊破碎渣、心类物料，有助于胚乳的粉碎和保持皮层的完整，为多出好粉创造条件。但动力消耗较高，产量较低。若采用光滑面研磨时，单纯的挤压作用将主要压扁物料，对胚乳颗粒的破碎的能力很差，微粗糙的光辊表面可保证对物料产生一定的搓撕作用。使用光辊时须遵照以下要求。

① 硬度较齿辊软，易于喷砂，并保证在使用过程中不断有砂粒脱落，形成微粗糙度。如硬度太高，则不易喷砂，造成磨辊表面粗糙度不够，且磨辊易磨光。

② 磨辊中凸度、锥度。因光辊在研磨时压力较大，磨辊发热比较严重，发热会导致磨辊膨胀，尤其在靠近轴承的地方，发热更严重，膨胀也更大，且由于辊体两端为实心，热膨胀使辊径只沿径向向外扩展，而辊中段为空心，能沿径向朝内外两个方向膨胀，结果辊体两端直径的扩张比中间段要大。若光辊加工成规则的圆柱形，在研磨时就会出现两端轧距紧，中间松的现象，使磨辊全长研磨效果不均匀。因此，光辊两端须带有一定锥度，经发热膨胀后，使磨辊成为圆柱体，沿全长轧距一致。光辊的结构如图 10-16 所示。

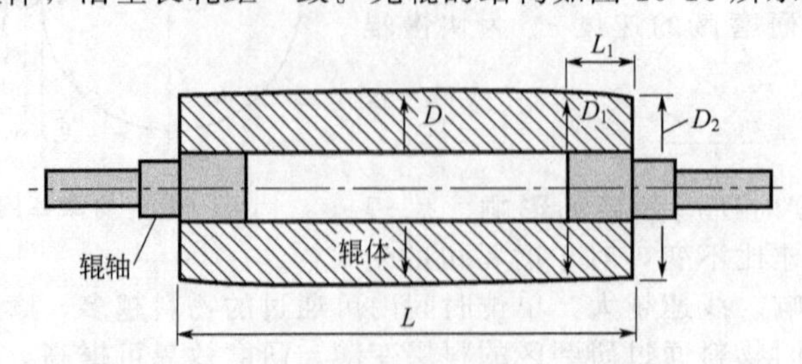

L 为磨辊长度；$L_1=200\sim220$mm；D 为最大直径；$D-D_1=0.005$mm；$D_1-D_2=0.03$mm

图 10-16 光辊的结构

③ 磨辊粗糙度。为了保证光辊的研磨效果，需在光辊表面进行喷砂处理，使磨辊表面

形成微粗糙度。粗糙度受磨辊硬度、砂粒种类、喷砂压力和研磨操作指标的影响。喷砂后辊表面应呈银灰色或霜白色，手摸表面有轻微粗糙感。可使用点式粗糙度测定仪测定辊表面的粗糙度，测定时在每只磨辊的两端及中间至少测 5 点，求其算术平均值（R_a），即为辊面粗糙度。通常前路心磨 4～5μm，中路心磨 3～4μm，后路心磨 2～3μm。

新拉制的磨辊齿角较尖锐，有较强的研磨作用，剥刮率高，麸片易碎，颗粒状物料多，细粉少，动力消耗低，能适应较高的流量。但用过一段时间后，因齿角变钝，研磨作用下降，产量降低，磨出物中麸片大，面粉多，渣粒减少，磨温升高，特别突出的是动力消耗增加。因此，应根据磨齿的磨损情况相应调整磨粉机的操作。如使用新拉丝的磨辊时，由于磨齿锋利，应适当放松轧距或增大流量；磨齿变钝后，则应减小轧距或减小流量，以使物料取得相近的研磨程度。

为了平衡负荷和稳定生产，必须根据磨辊的磨损情况，有计划的分批更换磨辊。更换时，要检查新更换的磨辊表面技术参数是否符合要求，以防装错。

三、喂料效果

喂料效果对磨粉机的研磨效果影响很大。理想的喂料效果应使物料以一定的速度准确地进入研磨区并沿磨辊全长分布均匀。如果喂料速度过快，虽有利于产量的提高，但会造成喂料不准确和物料在研磨区堆积的现象，严重时会造成堵塞。若喂料不均匀，使物料在整个磨辊长度上分布不均，不仅研磨效果和设备利用率低，而且物料厚的地方磨辊容易局部磨损，使整个磨辊长度上轧距不一致。

喂料辊的表面状态和转速及喂料活门给料间隙的大小影响磨粉机的喂料效果。应根据研磨物料的性质选择合适的喂料辊转速和表面状态，工作过程中应对喂料活门给料间隙及进料筒内的最低料位进行精心的调节与维护。

四、轧距

轧距的大小直接影响磨粉机的研磨效果。如图 10-17 所示，在其他条件不变的情况下，轧距较小时，对物料的破碎作用较强，磨粉机的剥刮率或取粉率较高，动力消耗较高，流量较小。

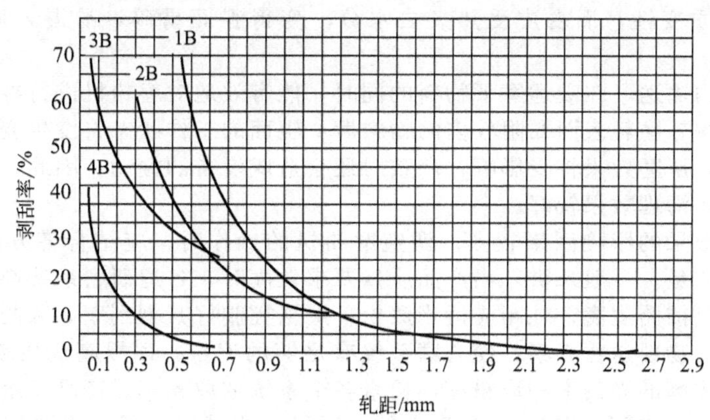

图 10-17 轧距与剥刮率的关系

在工作过程中，应严格按照工艺要求调节好各道磨粉机的轧距。通常以工作流量适中，剥刮率（取粉率）达到要求指标，后续设备流量平衡时为最佳值。轧距过紧或过松以及磨辊两端的轧距不一致，都会使研磨效果降低。

各道磨粉机的参考轧距一般为：1B(0.5～0.8mm)、2B(0.2～0.4mm)、3～5B(0.1～0.3mm)、S(0.1～0.3mm)、M(0.05～0.2mm)。粉路较长时应适当放松前路皮磨的轧距，以提取量多质好的麦渣、麦心提供给心磨。粉路较短，产品精度要求较低时，轧距则应偏小。

五、研磨区的长度

物料只有在研磨区内，才能受到磨辊的研磨作用，因此研磨区长度对研磨效果的影响很大。对于指定物料，研磨区较长时，物料受两辊研磨的时间就较长，受到破碎的机会较多，破碎的程度就越强。

由图 10-2，研磨区长度 $S=\sqrt{(D/2+d/2)^2-(D/2+g/2)^2}$

展开后，忽略相对较小的量 $[(d^2/4-g^2/4)]$ 得：

$$S=\sqrt{(D/2)(d-g)}$$

式中，S 为磨辊研磨区的长度，m；D 为磨辊直径，m；d 为物料粒度，一般为粒径，m；g 为轧距，m。

由上式可知，研磨区长度随物料粒度和磨辊直径的增大而增大，随轧距的增大而减小；反之相反。所以在其他条件相同的情况下，磨辊直径较大或轧距较小时对物料的破碎程度较强。当入磨物料粒度较小时，研磨区较短，故心磨物料磨细较困难，宜选用直径较大的磨辊或减小轧距以增大研磨区长度。

六、流量

磨粉机的流量通常用单位辊长处理量表示，即 kg/(cm·d)。磨粉机的流量过大时易研磨不透，对物料破碎的均匀程度将下降，流量过小易使喂料状态不正常，且使设备工作不稳定。应根据各研磨系统之间的流量、本系统前后路的流量及研磨效果调整好各道磨粉机的轧距，保持整个粉路流量平衡。

1B 磨粉机控制整个粉路的工作流量，其大小直接影响粉路的产量与质量。前路轧距较松时，流量可较大。

流量较大时，可适当提高磨辊转速，但转速较高时，设备的损耗、振动都将加剧。

七、磨辊的冷却和清理

磨辊冷却的目的是降低辊体、轴承及物料的温度。因为磨粉机在连续工作中，部分机械能转为热能，使得磨辊和物料发热，有时磨辊表面温度高达 60～70℃，易造成水分的蒸发与凝结，使筛理效率降低，应筛出的面粉不能筛净又重新回入磨粉机，降低了磨粉机的产量和研磨效果。此外，还会在磨粉机机壳表面、自流管及输送设备中形成粉块。如果磨辊温度过高，会使蛋白质变性，而麦皮受热失去水分，变得脆而易碎，易混入面粉影响面粉的质量。

粉间采用气力输送，在吸运磨下物料的同时，能有效地对磨粉机进行冷却和除尘。

在研磨过程中，磨辊表面黏附较多的物料后，辊面的工作状态将发生变化，若不及时对黏附物进行清理，研磨效果将受影响，严重时还会造成设备的振动。因此，必须保持磨辊清理机构工作正常，清理效果较好。

磨粉机工艺效果的影响因素较多，调整磨粉机的操作时，应结合各方面的因素综合考虑，以保证产品质量。一般来讲，当产品质量要求较高时，各道研磨系统都不宜采用强烈的研磨作用，尤其是前路皮磨，轧距应适当放松，严格控制好其剥刮率，限制其取粉率，以提取量多质好的渣心物料送往心磨，使心磨系统有足够的流量，以提高优质粉的数量和质量。应定时检查各道皮磨的剥刮率和取粉率，检查各个系统的取粉率。产品精度要求较低时，各道研磨系统的研磨作用可适当加强，1B 磨的轧距可适当减小，尽早提取较多的面粉，以提高产量，保证出粉率。

第四节　磨粉机的操作与工艺效果的评定

一、磨粉机工艺效果的评定

磨粉机的工艺效果通常以各道磨粉机的剥刮率、取粉率进行评定。

1. 剥刮率

剥刮率是指物料经某道皮磨研磨后，穿过粗筛的物料数理占本道皮磨流量的百分比（相对剥刮率），或占 1B 流量的百分比（绝对剥刮率）。例如，取 100g 小麦，经 1 皮磨研磨后，用20W的筛网筛理，筛出下物为32g，则1皮磨的剥刮率为32%。

测定除1皮磨的其他皮磨的剥刮率时，由于入磨物料中可能已含有可穿过粗筛的物料，要把这部分物料扣除，才能计算出本道磨粉机的相对剥刮率。相对剥刮率应按下式计算：

$$K=\frac{A-B}{1-B}\times 100\%$$

式中，K 为该道皮磨系统的相对剥刮率，%；A 为研磨后物料中可穿过粗筛的物料百分数，%；B 为研磨前物料中已含有可穿过粗筛的物料百分数，%。

剥刮率的测定方法，是从皮磨系统的每对磨辊分别取出有代表性（研磨前、研磨后）的物料约100g左右（1皮磨只取研磨后的物料），不作任何添减后称重，将称好的样品放入已装置规定筛网型号的电动验粉筛中，筛格内放置直径19mm的橡皮球一个，筛理1min，然后称量筛下物，计算研磨前、后穿过粗筛的百分数：

$$A \text{或} B=(\text{筛下物质量}/\text{取样质量})\times 100\%$$

求出 A 或 B 后，即可计算出剥刮率 K。

例如，取2B磨前物料100g，筛理后穿过粗筛的物料4g；取其磨后物料100g，筛理后穿过粗筛的物料65g，求其剥刮率。

解：

$$A=(65/100)\times 100\%=65\%$$

$$B=(4/100)\times 100\%=4\%$$

$$K=\frac{A-B}{1-B}\times 100\%=63.5\%$$

在正常生产中，为简化测定操作，可不计 B 而直接求 A，这虽不够精确，也能基本反映操作情况。

绝对剥刮率$=K\times$本道流量占1皮流量的百分比

剥刮率的高低主要反映皮磨的操作情况，也将影响粉路的流量平衡状态，若某道皮磨的剥刮率高于指标，说明该道皮磨的破碎作用较强，相应平筛粗筛的筛上物数量少，即进入下道皮磨的流量减少，而渣、心粉的数量增多，即进入后续渣磨、心磨系统的流量会增加。若剥刮率低于指标，则相反。

2. 取粉率

取粉率是指物料经某道系统研磨后，粉筛的筛下物流量占本道进机物料流量的百分比（相对取粉率），或占1B流量的百分比（绝对取粉率）。其测定、计算方法与剥刮率类似。

取粉率反映粉路中各出粉部位的出粉流量，也是衡量心磨系统研磨效果的主要指标。

3. 测定用筛网的配备

在测定剥刮率或取粉率时，检验筛通常配备与对应平筛同规格的粗筛或粉筛筛网。但各厂配备的筛网有所不同，为便于厂际间比较，可参考表10-3选用筛网。

表10-3 剥刮率和取粉率测定用筛网

系 统	粗 筛	粉 筛		
		特制一等粉	特制二等粉	标准粉
1B	20W	CB39(9XX)	CB33(7XX)	CQ21(56GG)
2B	24W	CB42(10XX)	CB36(8XX)	CQ23(60GG)
3～4B	28W	CB46(11XX)	CB39(9XX)	CQ29(6XX)
S		CB42(10XX)	CB36(8XX)	CQ23(60GG)
1M		CB39(9XX)	CB33(7XX)	CQ21(56GG)
2M		CB42(10XX)	CB36(8XX)	CQ23(60GG)
3～5M		CB46(11XX)	CB39(9XX)	CQ29(6XX)
6M以后		CB50(12XX)	CB42(10XX)	

二、磨粉机的操作与维护

1. 磨粉机的操作

（1）开机时流量的调节　喂料活门开启程度的调节范围应与粉路的流量平衡相适应，不能过大或过小。按设定的流量指标由前往后逐道调节各台磨粉机流量的大小，使其流量逐步平衡到设定的范围内。要注意每台磨粉机的物料是否充足，合闸时要注意流量的多少。在流量稳定后，再将磨辊的轧距调到合适的程度。同一道各对磨辊在磨齿新旧接近的情况下流量要保持一致，使其研磨效果接近，防止负荷有轻有重。在正常运行时，进料筒内料位应保持在筒高 1/3～2/3 为宜。

（2）磨粉机喂料机构的调节　在调节每台磨粉机的喂料机构时，要使整个磨辊长度上的流量均匀一致，物料性质一致。不应有一端流量大，一端流量小；一端物料粗，一端物料细的现象。根据来料流量，调节喂料板的开启程度，使研磨物料均匀地分布在整个磨辊长度上，并准确地落入研磨区，如发现喂料不匀，应检查挡料板后面有无纱头、粉块等挡住，可用薄铁片剔除，如挡板不平，则应在检修时校正。

（3）研磨效果的调节　根据小麦的工艺性质（软硬麦比例、水分含量）、出粉率要求，控制 1 皮磨的流量，并调节 1 皮磨的轧距 ，使调节后 1 皮磨的轧距达到规定的研磨程度（剥刮率和取粉率），1 皮磨达不到预定的研磨效果将会直接影响其他磨粉机的研磨效果和系统的稳定。

对于 1B 磨，应大约每小时检查一次入机小麦的水分、含杂情况和软硬比例。小麦水分可采取用手触摸或用牙齿咬开小麦的方法进行检查，要求入磨水分适宜、稳定且着水均匀度较高（至少有 80％以上的小麦口感基本一致）。2B 磨及后续各道皮磨研磨的是麸片，应着重检查其含渣心及含粉情况。

在前路皮磨系统，可用手掌先接取磨下物料，仔细观察“起绒”情况、成分和渣粒多少。然后用手掌畚动，使麸片浮在物料上面，再观察麸片的大小和胚乳的黏度，根据这些情况来鉴别该道磨粉机的松紧。

在后路皮磨系统，轧距切勿过紧，过紧会使麸片轧得过碎，还会把物料碾压成片或切丝，也会产生磨下物温度过高现象。产生切丝，麸片上的胚乳不易被刮下，麸皮形成条状或小块状，质地发硬，带粉较多，影响出粉率。

心磨研磨的是较纯净的麦心，应着重检查其纯度和含粉量，尤其是前路心磨。在心磨系统，先取磨下物料观察“起绒”情况，然后用手指（大拇指和食指）捻搓物料，体会粗细度，并比较磨辊两端的磨下物是否一致。

对主要磨粉机要定期用筛理方法检查剥刮率和取粉率，如研磨程度不符合工艺要求，应对磨辊轧距进行调整。调节各道磨粉机的轧距，需保持整个粉路流量的平衡，根据各研磨系统之间的流量、本系统前后路的流量及研磨效率进行调整。

轧距不宜过松或过紧，每对磨辊两端的轧距应调节一致，否则均会使研磨效果下降。避免轧距过紧使磨下物温度过高，避免“单头磨”即一头紧、一头松现象。如果磨辊两端轧距不一，宜先将紧的一端略微放松，然后再一同紧轧距。注意调节轧距的手轮位置，不能松动，调节后用锁紧手柄将手轮固定。

2. 检查和注意事项

生产中操作工要做到“四勤”，即勤看、勤听、勤摸、勤闻。这样才能及时发现问题，采取适当措施将问题消灭在萌芽状态。最重要的是坚守岗位，尽心尽责，注意以下几个方面的问题。

① 生产时要随时检查喂料效果，保持喂料装置动作灵活准确，物料应均匀地分配到整个磨辊长度上。

② 对入磨物料来源不止一处的磨粉机，还应检查各处的物料质量是否基本一致，是否做到了“同质合并”。发现质量差距较大时，应找出原因，及时排除。

③ 除了检查各道磨粉机入磨物料的质量外，还应检查其流量大小，尤其是 1B 的流量。此外，要重视最后一道皮磨和心磨来料的数量和质量的变化，并根据情况，及时加以分析，妥善调整操作方法，保证成品质量和出粉率的稳定，降低麸皮含粉量。切勿超负荷运行，一般流量和轧距调好后不要轻易去动，保证稳定生产。

④ 注意有无粉状物料粘在辊面缠成环状。这种现象往往由于流量不匀、轧距过小和物料水分过高，清理装置失效，传动带打滑造成速比减小等，有时磨齿太钝也会产生上述“抱辊”现象。

⑤ 生产中要注意磨粉机电动机的运转情况，即查看电流表指示的变化，有无异味、振动，运转声音是否正常、温升是否过高等。此外，当电压突然变高或变低时，应随时注意电流表指示的变化，根据电流上升或下降的情况，适当调整前路皮磨和心磨系统的轧距松紧和流量大小。

⑥ 生产中磨粉机出现堵塞、断流事故时，应即时将磨辊松闸，以免磨损磨齿，并检查原因和处理。出料斗若发生堵塞很易导致电机损坏，应立即退辊，停止研磨，并疏通磨下溜管内的物料，找出堵塞原因进行处理。

3. 磨粉机的维护与保养

表 10-4 磨粉机的常见故障与排除方法

故障	产生原因	排除方法
物料易切丝	1. 两磨辊不平行 2. 研磨时轧单头 3. 拉丝斜度过小 4. 磨齿过锋 5. 一次更换磨辊过多	1. 两磨辊尽可能平行 2. 正确进行研磨操作 3. 2 皮、3 皮拉丝斜度不小于 1∶8 4. 拉丝磨齿应留齿顶平面 5. 更换新磨辊不应多于 1/3
喂料不均匀	1. 物料进入磨粉机不稳定 2. 喂料活门自动调节失灵或手动调节与来料不一致 3. 喂料辊配备不当 4. 喂料辊磨损或喂料活门变形 5. 异物堵塞喂料活门 6. 喂料辊两侧流量不一致	1. 调节入磨流量稳定 2. 正确操作喂料活门 3. 正确配备喂料辊，选用合适的技术参数 4. 修正或更换 5. 清除喂料活门中的异物 6. 两侧流量调节一致
磨粉机电流大	1. 物料流量大 2. 皮厚质硬的小麦多 3. 研磨轧距紧 4. 磨辊齿角太钝 5. 磨膛物料堵塞	1. 控制物料流量 2. 研磨物料性状改变，操作相应改变 3. 正确进行研磨操作 4. 及时更换磨辊 5. 及时排除磨膛物料
磨辊上物料起环（研磨物料抱辊）	1. 物料水分过高，吸风不足水汽聚积 2. 入磨物料含粉过多 3. 磨辊太钝 4. 研磨过于剧烈 5. 快慢辊速比太小 6. 清理机构不起作用	1. 正确掌握物料水分，加强磨膛吸风 2. 查找前道筛理原因并处理 3. 及时更换磨辊 4. 正确掌握研磨操作 5. 保持合适速比 6. 清理机构及时调整更换
麸皮过碎	1. 流量太小，料层薄 2. 轧距太小，研磨剧烈 3. 硬麦多水分低，润麦时间短 4. 磨辊太锋利 5. 粉路太短，磨粉机剥刮率、取粉率过高 6. 没有清粉设施，皮渣心混走 7. 一次更换磨辊太多 8. 磨齿齿角小，齿数多，剪切力强	1. 控制物料流量 2. 正确进行研磨操作 3. 硬麦加大着水量增加润麦时间 4. 拉丝磨齿应留齿顶平面 5. 粉路不易太短，有条件厂应采用四道以上皮磨 6. 使用清粉机，尽量使皮渣心分走 7. 新辊更换不应多于 1/3 8. 齿角加大，减少齿数，钝对钝排列
磨粉机达不到取粉要求	1. 物料流量过大 2. 物料粒差太大 3. 磨辊技术特性不适合 4. 磨辊太钝 5. 研磨操作掌握得不好	1. 正确控制流量 2. 按粒度合并，先分级后研磨 3. 正确选择磨辊表面技术参数 4. 及时更换磨辊 5. 按取粉要求正确进行研磨操作

定期清除喂料部分积存的杂物，经常清除清理刷中的积粉，保证其正常工作。经常检查磨辊轴承的温度，若温度过高，应检查润滑和传动部分是否正常、轧距是否过紧。当温度过高时须打开轴承盖进行检查。每半年彻底检修保养一次轴承。

磨辊要定期更换，更换时必须有计划有次序地进行，每台磨粉机应该用记录卡片记录更换日期；同道磨辊有几对时要交叉更换；新磨辊要先用在快辊上，以保证速比优势；更换时还要注意皮磨、心磨、前路、后路适当搭配，切勿一次换上大批新拉丝磨辊，以免造成渣、心过多，各研磨系统负荷不平衡和面粉质量下降。

采用齿轮传动的磨粉机，须按时检查磨辊及喂料辊变速箱内的油位，并根据需要定期加油。每年度更换新油一次。

定期对机器各润滑部位按要求进行检查润滑。

三、磨粉机的常见故障与排除方法（表 10-4）

第五节　松粉机

一、松粉机的作用

由于光辊研磨是以挤压作用为主，将部分物料挤压成片状，若直接送往平筛筛理，则影响筛理效率和实际取粉率。因此，光辊的磨下物在筛理之前，应采用松粉机进行处理，击碎粉片，以提高平筛的筛理效率和实际取粉率。

松粉机分为撞击松粉机和打板松粉机。撞击松粉机还能对磨粉机起辅助研磨作用，既可提高出粉率，也可用于杀死面粉中的虫卵。对物料辅助研磨作用更强烈的设备还有强力撞击机与撞击磨。

二、撞击松粉机

1. 撞击松粉机的结构

撞击松粉机的总体结构见图 10-18。主要工作机构是高速旋转的撞击机构，撞击机构有两种类型，一种为单一的转子，两个甩盘通过多个圆柱形撞击柱销相互连接成一个转子，称为撞击松粉机，一般用在中路心磨系统；另一种则由转子盘与定子盘两部分组成，两个转盘上均固定有悬臂支撑的方形撞击柱销，撞击柱销的数量多、间距小，撞击作用十分强烈，出粉率较高，称为强力撞击松粉机，一般用在前路心磨系统。

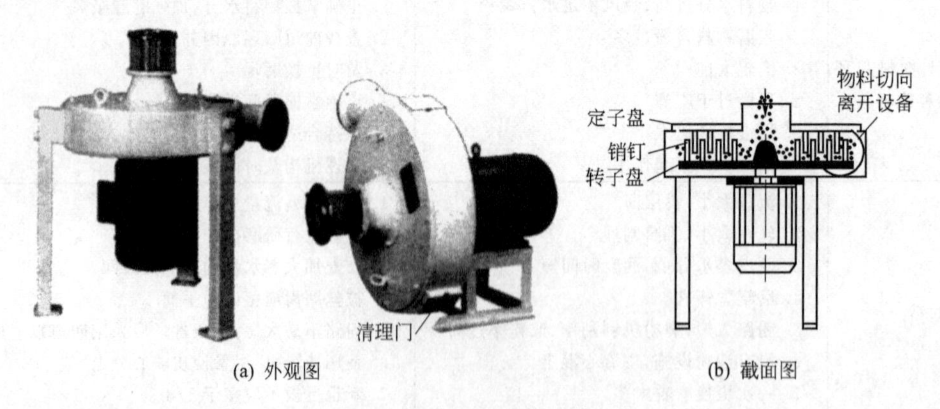

图 10-18　撞击松粉机的总体结构

物料由进料口进入后，由于离心力的作用，逐渐加速向外甩出，在运动过程中受到装有撞击柱销的撞击机构的猛烈反复撞击，甩出的物料再与机壳内壁猛烈碰撞摩擦，使物料粉碎，然后沿切向由出口排出。

2. 撞击松粉机的技术参数

常用撞击松粉机的技术参数见表 10-5。

表 10-5 撞击松粉机的技术参数

项　目	FSJZ-43			FSJZ-51			
转子直径/mm	430			510			
生产能力/(t/h)	1.5	1.5～2.3	2.3～4	1.0	1.7	2.8	4.0
配备动力/kW	3	4	5.5	5	7.5	11	15
转子转速/(r/min)	2960			2960			

三、打板松粉机

1．打板松粉机的结构

打板松粉机作用缓和、体积小且动耗低，对麸皮的破碎力较弱，可用来处理渣磨和中、后路心磨研磨后的物料。打板松粉机的结构见10-19。

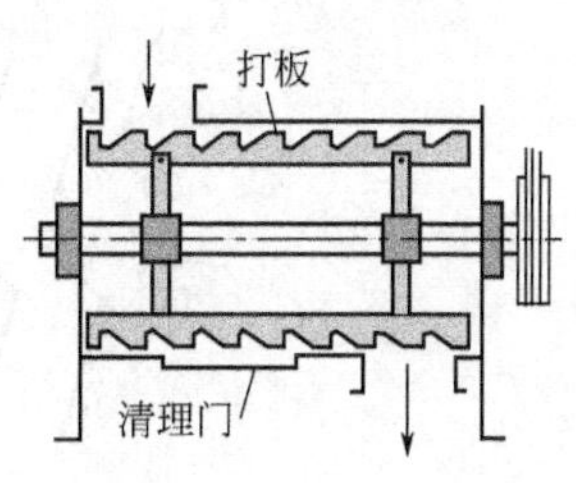

图 10-19　打板松粉机的结构

打板松粉机的主要工作机构为均匀装置四条锯齿状打板条的打击机构，锯齿沿圆周呈螺旋状扭转一定的角度以使物料沿水平方向推进。物料切向进料，受旋转打板的反复打击、碰撞和摩擦，使片状物料松散，由打板推向出料口排出。

2．打板松粉机的技术参数

FSJD型打板松粉机的技术参数见表10-6。

表 10-6　FSJD 型打板松粉机的技术参数

项　目	参　数					
工作直径/mm	300					
产量/(t/h)	1.5	2.0	2.5	1.5	2.0	2.5
动力/kW	3.0	4.0	5.5	3.0	4.0	5.5
打板转速/(r/min)	960			1000		

四、松粉机的操作

磨粉机投料前，先启动松粉机，待其运转正常后再进料。

严防金属物进入机内，避免发生设备人身事故。在机器运行时，当机器内有异物或转子装配件与机器其他部位有磨擦、碰撞产生强烈振动时，必须停机打开机器进行检查。

工作过程中发生堵塞时，须停机打开机盖进行清理。严禁在工作过程中用手或其他工具从出料口进行排堵操作，以免发生设备、人身事故。

磨粉机停止供料后，应使松粉机多运转几分钟，尽量将机器内的物料排空。突发事件停机时，机内易积累物料引起阻塞，应清除后再次启动，以免带料启动使电机过热或烧坏。

【思考与练习】

1. 磨粉机喂料机构的主要作用是什么？

2. 磨粉机轧距调节机构的主要作用是什么？

3. 喂料辊有哪几种？如何运用的？举例说明不同性质的物料为什么要用不同的喂料辊齿型？

4. 如何测定及计算剥刮率和取粉率？

5. 取2B磨前物料103g，筛理后穿过粗筛的物料4g；取其磨后物料98g，筛理后穿过粗筛的物料64g。计算2B磨的相对剥刮率？若2B剥刮率过高，则3B磨粉机流量是过大还是过小？工作过程中应如何调整？

6. 小麦的工艺性质对研磨效果有什么影响？

7. 入磨小麦水分的高低对研磨效果有什么影响？

8. 磨辊齿数的多少与哪些因素有关？对研磨效果有什么影响？

9. 磨齿的前角对研磨效果有什么影响？在实际生产中，如何考虑齿角和前角的选用？

10. 说出图1中两对磨辊的前角各是多少度？分析磨辊的排列情况。在其他条件相同的情况下，对研磨效果各有何不同影响？

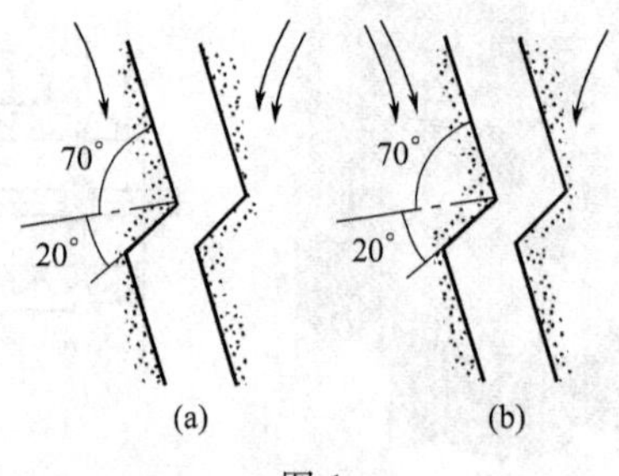

图1

11. 磨辊的圆周速度与速比对研磨效果有什么影响？

12. 轧距对研磨效果有什么影响？一般情况下各系统的轧距应为多少？

13. 1皮磨的入磨小麦平均直径约为2.5mm，磨粉机的轧距为0.8mm，齿数为5.6牙/cm，速比为2.5∶1，快辊圆周速度为6m/s，磨辊直径为250mm，求在研磨时剥刮齿数为多少？如果磨辊逐渐磨损，直径缩小到220mm，剥刮齿数为多少？

14. 在研磨过程中，为什么会产生物料粘在磨辊的现象？应如何解决？

15. 流量大小对磨粉机的研磨效果有什么影响？

16. 松粉机的作用是什么？

17. 生产过程中如何检查磨粉机的物料研磨效果？

18. 在运行过程中，若发现进入3M磨研磨区的物料流量大小正常，但物料展开的宽度大约为辊长的1/2，这时应调节设备的什么机构？如何调节？

19. 在磨粉机运行过程中，如何检查一对磨辊两端的研磨效果是否一致？若不一致时应怎样进行调节？

20. 为什么磨齿的斜度越大对物料的破碎能力就越强？

21. 为什么在检修磨粉机时，磨辊不宜一次更换过多？

22. 1B工艺流程如图2，拟取样测定该磨的剥刮率与取粉率。问：

(1) 分别在什么地方取样？(选择①、②、③或④取样点)

(2) 配置检验筛A、B筛格的筛网。

(3) 筛完后，A、B筛格及底格上留存的物料分别重a、b、c，该道磨的剥刮率与取粉率分别为多少？

23. 某厂1B工艺流程图如图2：入磨流量为10t/h，请回答：

(1) 当剥刮率为32%时，2B的工作流量为多少（t/h）？

(2) 若发现2B工作流量过小时，1B磨应如何操作？

(3) 若磨筛设备运行正常，除1P清粉机流量偏小、2P清粉机流量偏大外其他流量正常，应如何调整？

24. 图3中，哪对磨辊的装置形式是正确的？为什么？

25. 如何进行皮磨和心磨系统磨粉机的操作？

26. 在操作磨粉机时应注意什么问题？

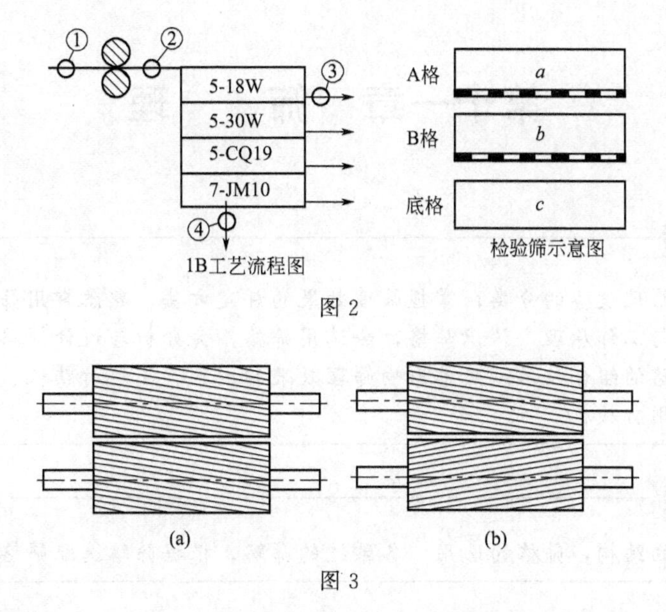

图 2

图 3

27. 对于大中型磨粉机来讲，能否在技术改造时，通过调换磨辊即可将 1B 磨改作 2B 磨、2B 磨改作 1M 磨？请判断与解释。

28. 制粉厂中 1B 磨粉机的喂料活门控制的是什么流量？若 2B 磨粉机的流量过大或过小时，是否可以通过调节 2B 磨的喂料门来解决？

29. 判断与解释：通常 1B 磨辊的齿数比 2B 磨辊的大还是小？而同是 1B，流量较大时，齿数应该大还是较小？

【实验与实训】

［实验实训十六］测定 1B 的剥刮率、取粉率，测定 1B 筛的粗筛的未筛净率

取 1B 磨下物 500g，并利用 20W、32W、CQ20、JM10 的筛网组成一组筛面，筛理后取各筛面筛上物及 JM 的筛下物，分别称量。计算剥刮率、取粉率的大小。

取 1B 筛的粗筛筛上物 500g，利用 20W 筛网筛理，取筛下物称量。计算未筛净率的大小。

第十一章 筛 理

学习目的

了解筛理设备的分类，掌握筛理效果的评定方法，熟悉常用筛理设备的主要结构与工作原理，认识筛格，会选用筛格，会分析与设计筛路，掌握常用平筛筛路的组合技术。熟悉影响筛理效果的因素。了解打麸机、圆筛的结构，会选用打麸机。

重点难点

筛格的结构，筛格的选用，各系统的筛路，根据筛路选配筛格。

第一节 筛理的工作原理

小麦经过磨粉机逐道研磨以后，获得颗粒大小不同及质量不同的混合物料，将这些混合物料按其粒度大小进行分级的工序称为筛理。

一、筛理的目的

筛理的目的为筛粉和分级，即一是从各道研磨后的物料中筛出面粉；二是将再制品按粒度大小进行分级，然后分别送往不同的系统处理。

每道系统研磨后的磨下物中或多或少含有已经达到成品要求的面粉，这些面粉要及时提出，否则会增加后续系统设备的负荷，增加动力消耗，另外，随研磨道数的增加，皮层被破碎的机会增大，混入面粉中的麸星数量增多，面粉的质量降低。每道筛理配置不同数量的粉筛，在保证面粉质量的前提下把面粉从混合物料中筛出。

每道研磨后的混合物料中，各物料的粒度大小不同，数量和质量（含麦皮多少）也不同。根据制粉的基本规律，粒度大小不同和质量不同的物料分别进行研磨有利于提高面粉质量，因此，筛理设备配置不同筛孔大小的筛网，把混合物料根据粉路的需要按粒度分为几个等级，分别送往不同的系统进行处理。

二、筛理的工作原理

筛理是按粒度分级，主要依靠松散物料的自动分级特性，并使用不同的筛孔，把研磨后的混合物分成颗粒大小不同的几个等级的物料。

粉厂采用筛理方法按粒度分级，实质上也带有按品质分级的性质，因为含麦皮的物料比胚乳难以磨细，在筛理时，粒度大、含麦皮多的颗粒总是浮在物料上层，故颗粒粗的物料总比颗粒细的物料的品质差。

在筛理过程中，筛面上的物料轻重、大小不一，经过相对运动，物料产生自动分级，上层是大而轻的物料，底层是重而小的粉粒。因为底层物料与筛面之间的动摩擦系数比物料层之间的动摩擦系数大15%～20%，再加上受到上层物料的压力，所以底层物料运动在筛面上的移动速度慢，接受筛理的机会多，而上层物料则能较快的从筛面上排出，成为筛上物，从而能提高筛理效率。

物料在筛面上是利用料层斜度推进物料。在较短的水平放置的筛面上，虽然筛面是水平的，因筛体的振动，物料相对筛面、物料颗粒之间都在不停地运动。其散落角远远小于自然坡角，故筛面上的物料可沿由进口流入的物料堆积而成的小倾角斜面向出口方向流动。这种推进方法，物料在筛面上的自动分级好，推进速度慢，接触筛孔的机会增多，筛理效果较好。

高方平筛的运动原理与平面回转筛相同，在稳定的工作条件下，物料对筛面相对运动的轨迹是一个正圆，而且其圆周半径总是小于筛体运动半径。平筛的特点是体积较大，其重心易与偏重块重心在垂直方向上产生偏差，导致筛体运动异常。因平筛振动的阻尼较小、工作振幅较大，停机后筛体自由振动延续的时间较长，当筛体还没有静止时若启动设备，自衡振动产生的振幅可能与还未衰减的自由振动振幅叠加，使筛体出现较大的振幅或产生大幅度的游动，导致进出料布筒被拉掉，严重时还将撞坏设备，因此平筛必须在静止状态下启动。在安装设备时，筛体与周围设施须留足必要的间距。

第二节 平 筛

平筛是粉厂常采用的筛理设备，常用的平筛有高方平筛、双仓平筛、挑担平筛等。高方平筛具有筛理面积大，分级种类多的特点，故现在制粉厂采用较多。双仓平筛体积小，筛格层数少，分级种类少，多用于小机组和面粉检查筛。挑担平筛筛格大而笨重，互换性差，灵活性小，面粉厂现在较少使用。

一、高方平筛的结构

高方平筛一般由进料装置、出料装置、筛体、筛格压紧装置、吊挂装置及传动装置等组成，如图 11-1 所示。

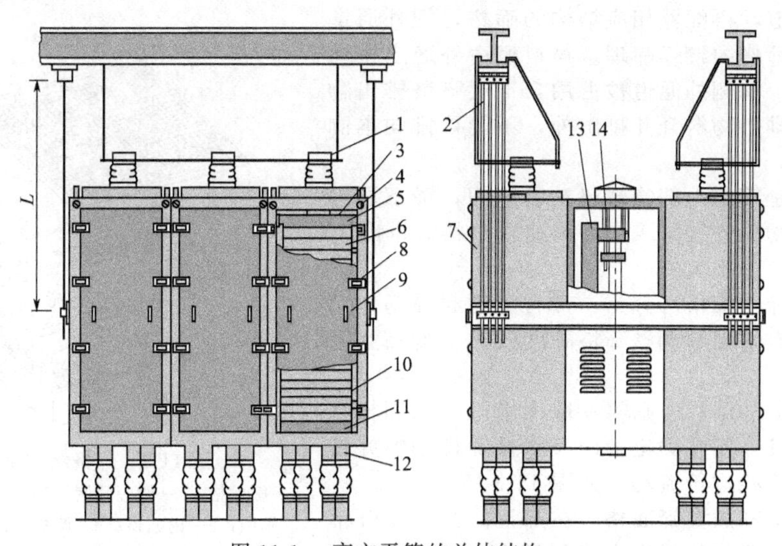

图 11-1 高方平筛的总体结构

1—进料筒；2—吊杆；3—筛仓；4—顶格压紧结构；5—顶格；6—筛格；7—筛箱；8—仓门压紧装置；9—仓门；10—筛格水平压条；11—筛底格；12—物料出口；13—偏重块；14—电机

高方平筛的筛体分为两个对称的筛箱，每个筛箱又被分隔成若干个（2～4 个）独立的工作单元，每个单元称为一仓，故有四仓式、六仓式、八仓式、十仓式平筛。每仓内上下叠置 20～30 层方形筛格组成独立的筛理单元，可分别筛理不同的物料。两筛箱由上下平板和钢架联成一体，带有偏重块的立轴装置在筛体的中心，由自带电机传动。高方平筛的筛仓可同时处理多种物料。筛体是高方平筛的主要工作部分，面粉的提出，在制品的分级都由它来完成。

1. 筛体

筛体是高方平筛的主要工作部分、面粉的提出，在制品的分级都由它来完成。高方平筛的筛体由多个独立的筛仓组合在一起，每个筛仓可根据需要选用不同的筛格组成不同的筛路。物料由进料装置进入筛仓内后，在筛格内流动，依靠筛面筛理分级，筛格在筛仓内可根据筛理物料的特点和筛理要求，配置不同筛网的筛面格，把进机物料分为几种不同粒度的物料，分别由筛仓内的不同通道排出筛仓，送往不同的系统或设备进行处理。

操作人员面对的是筛仓前面的仓门，调整维护筛格时，需先停机打开仓门，松开筛格压紧装置后，可将筛格从上到下逐格抽取出，安装筛格的顺序与拆卸时相反。

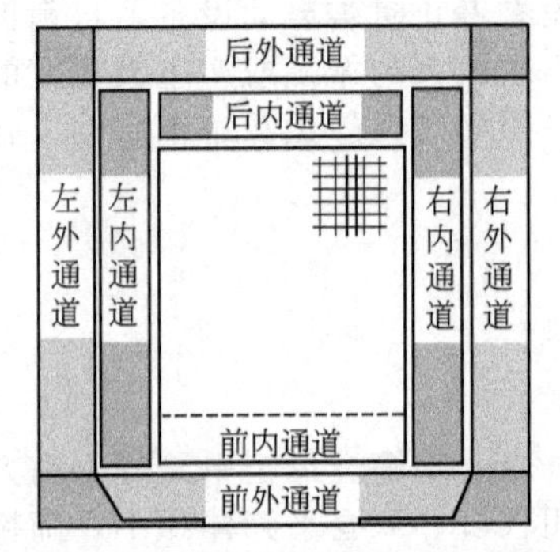

图 11-2 筛格与筛仓形成的通道

高方平筛的筛格呈正方形，筛格四周外侧面与筛箱内壁或筛门形成有四个可供物料下落的狭长通道，称外通道。如图 11-2 所示，相邻两外通道之间由立柱分隔，一个筛仓一般有 4 个外通道。筛格本身内部有 1～3 个供筛上物或筛下物流动的通道，称内通道。为便于区分筛仓中多个垂直方向的物料通道，习惯靠仓门的一侧外通道称为前外通道，其他分别为后外通道、左外通道和右外通道；靠仓门的一侧内通道称为前内通道，其他分别为后内通道、左内通道和右内通道。

每仓筛顶部有一个或两个进料口，物料经顶格散落于筛格的筛面上，连续筛理分级后物料经内、外通道落入底格出口流出。

物料根据筛理的需要，可选用不同的筛路，由不同结构的筛格完成筛理路线。导入外通道的物料，不再需要继续筛理时，在外通道下落至筛仓底部，由底格外通道出料口排出筛仓；当外通道的物料需要导入在本仓筛格内还要继续筛理时，需在相应高度位置设置档板隔条封闭外通道，再配置相应结构的筛格，把外通道的物料导入筛格内继续筛理。物料经由外通道排向筛仓出口时，本侧外通道被占用，下层筛格排出物料除与上层排出物料合并排出外，不能再排向本侧外通道。

内通道是筛格内部物料流动的空间，最下层筛格内通道的物料直接落入底格内通道出料口排出。

2. 筛格

高方平筛的筛格可分为：带有筛面起筛理作用的筛格和不带筛面起调整筛格高度或筛上物筛空间的填充格。

(1) 筛格的结构　筛格一般由筛框、筛面格和底板组成，其作用是固定筛面，承接筛理物料并使物料按一定路线进行流动。如图 11-3 所示。

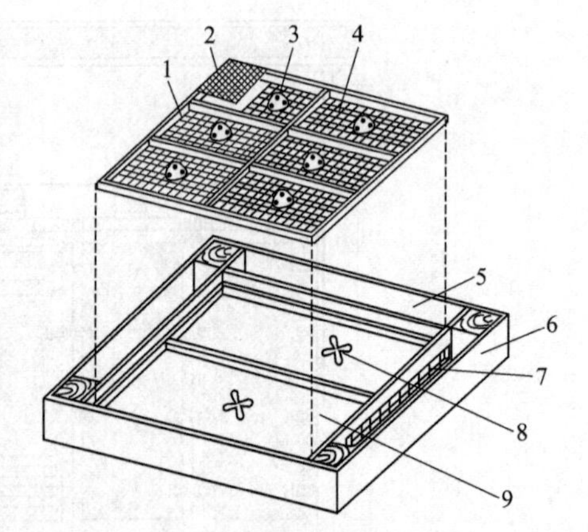

图 11-3 筛格结构示意图

1—筛面格；2—筛理筛网；3—清理块；4—承托筛网；5—内通道；6—筛框；7—钢丝栅栏；8—推料块；9—收集底板

筛框的上部放置筛面格，在筛框的某一侧开槽或内通道封堵可使物料进入筛面或排出筛面。筛面格嵌在筛框上部，筛面格具有一定的互换性，可以取出更换，以便于筛理不同的物料。根据生产的需要，可预先装置多种规格筛网的筛面格，更换筛网时不必更换筛格，可以只更换筛面格。

筛面格根据尺寸大小可做成 4 分格、6 分格或 9 分格。如图 11-3 所示的筛面格为 6 分格。筛面格上部绷装筛网，筛理物料，分为筛上物和筛下物。下部装承托网，用以承托清理筛面用的清理块，每一小格内安放一个清理块，承托网孔眼较大，不起筛理作用，目的让筛下物顺利穿过落在底板上。

筛格内部（位于筛面格下方）一般装有马口铁底板，收集本格筛下物，底板上方一侧或两侧的边框上开有窄长孔，是筛下物的出口，底板上放置推料块，筛理时推动筛下物流出底板。为防止推料块随物料一起流出，出口处设有钢丝栅栏。有的筛格没有筛下物收集底板，筛下物直接落至下层筛面。

筛面格的底部、筛格的边框和隔板底部都粘有长毛绒密封条。筛格上下叠置压紧时，防止物料在筛格间窜漏。拆卸安装筛格和更换筛面格时要保护好密封条，发现损坏及时补粘。

筛格具有一定的高度，筛格高度由筛面格高度、筛下物高度和下层筛的筛上物高度三部分组成。筛面格高度相同，所以可互换。筛下物高度指筛面格与底板之间的高度，是本格筛下物流动的空间。筛上物高度指底板下的高度即底板与下层筛面之间的高度，是下一层筛面上物料流动的空间。在实际选配时，应主要根据本格工作流量大小以及物料性质、下格筛上物流量、筛路配置要求等选配不同高度的筛格。

（2）筛格的类型　根据筛下物的走向不同，筛格可分为“左型”、“右型”、“左右型”三种。判别方法为假定站在筛格的进料端，面向筛上物流动的方向，观察本格筛下物排出的位置，若筛下物从左侧通道下落，则为“左型”；若筛下物从右侧通道下落，则为“右型”；若筛下物同时从左侧、右侧通道下落，则为“左右型”。如图 11-4。图中实线为筛上物流向，虚线为筛下物流向。

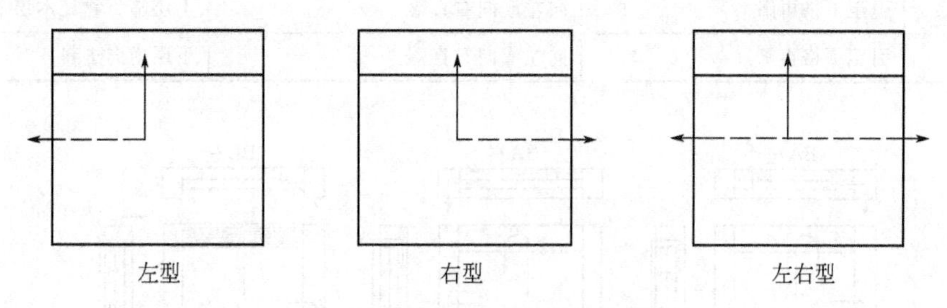

图 11-4　扩大型筛格分类示意图

筛格根据筛面格及内通道数不同，分为“标准型筛格（B）”和“扩大型筛格（K）”。筛格的外形尺寸一样，均为正方形，640mm×640mm，有些筛格已增大为 740mm×740mm。筛面格尺寸不一样，同为 640mm×640mm 的筛格，标准型筛面格尺寸为570mm×500mm，而扩大型筛面格尺寸为 566mm×620mm，面积相差近 20%，在同样筛理设备数量的情况下可提高产量。简易的判别方法为看筛面格大小和通道数量。如图 11-5 所示。

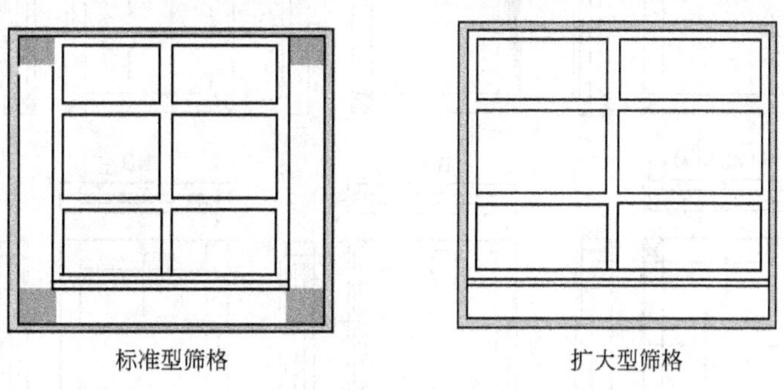

图 11-5　筛箱内的筛格

习惯上将具有三个通道的筛格称为标准型筛格，筛格类型前加字母 B 表示，没有通道的一端作为进料端，另一端的通道为筛上物通道，两侧为本格筛下物通道，或作为其上方筛格分级后某种物料的通道。

扩大型筛格是将标准型筛格的三个内通道改为只有一个内通道。规格相同的筛格，扩大型筛格筛理面积增大，筛格质量减轻，在不增加平筛总负荷的情况下，可有效地增加物料的处理量。扩大型筛格也有相应的几种形式，按功能和作用与标准型筛格相一致的序号排序，在筛格类型前加字母 K 表示。

根据筛格的结构不同，可分为 A、B 、C、D、E、F、G、H 8 种。

标准型筛格按其结构形式分为 BA、BB、BC、BD、BE、BF、BG、BH 8 种基本形式，根据筛下物的下落方向不同，BA、BB、BC、BD、BE、BF、BG、BH 型筛格又可分为左、右和左右型形式，如 BA 右。每种标准筛格结构特征见表 11-1，每种标准筛格结构见图 11-6。

表 11-1 8 种标准型号筛格的结构特征

筛格型号	筛上物去向	筛下物去向	备 注
BA	引至下格再筛	向左或向右直落	
BB	进外通道	向左或向右直落	下层顺向进料
BC	进外通道	左、右引至下格再筛	
BD	由内通道直落	向左或向右直落	紧贴底格使用
BE	进外通道	落至下格再筛	无底板
BF	由内通道直落	落至下格再筛	无底板
BG	引至下格再筛	向左或向右直落	上层筛下物经本层进外通道
BH	引至下格再筛	向左或向右直落	下层逆向进料

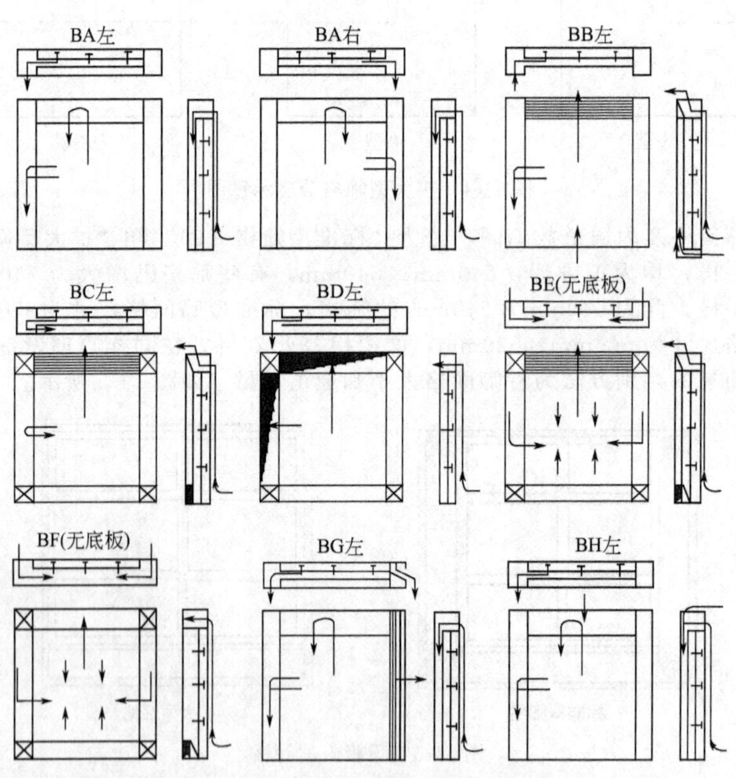

图 11-6 FSFG 型高方平筛标准型筛格结构

扩大型筛格也有相应的几种形式，按功能、作用与标准型筛格相一致的序号排序，只在筛格形式前加 K 以示区别，如 KA。扩大型筛格结构特征见表 11-2，扩大型筛格的结构见图 11-7。

组合筛路时，有时也采用两个通道的筛格，习惯上称之为半扩大型筛格，既减少筛格中通道的占用面积，又方便物料在筛仓内的流动。如图 11-7 的 BKA 左。

根据实践经验，把筛格示意图画法简化如下：用粗实线画出筛格筛框和内通道的轮廓线，用实线箭头表示本格筛面上的筛上物流向，虚线箭头表示本格的筛下物流向，用数字在示意图的中间或左上角部位表示本层筛格在筛仓中从上到下的排列序号，下方标明筛格的型号和高度。如图 11-8。

表 11-2　扩大型筛格的结构特征

筛格型号	筛上物流向	筛下物流向	备　注
KA	引至下格再筛	向左或向右直落	
KB	进外通道	向左或向右直落	下层顺向进料
KD	由内通道直落	向左或向右直落	置筛底格上
KE	进外通道	落至下格再筛	无底板，侧面进料
KH	引至下格再筛	向左或向右直落	下层逆向进料

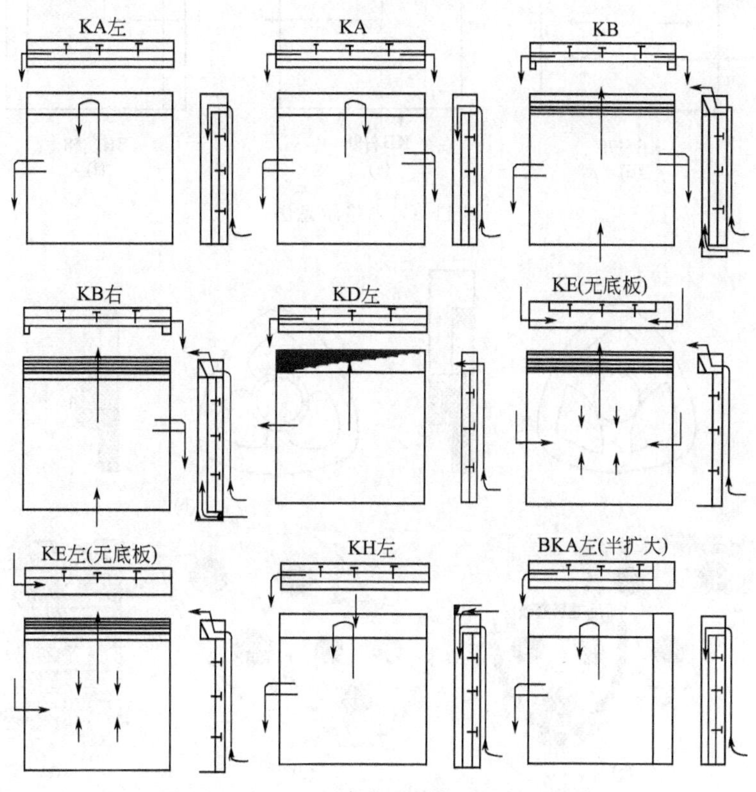

图 11-7　FSFG 型高方平筛扩大型筛格结构

由于筛格为正方形，四个外通道始终在筛格外框轮廓线的四面，因此为减少线条交叉，保持筛格示意图简洁明了，在画筛格配置图时，筛格四周的筛仓壁轮廓线和立柱不再画出，但要清楚筛格示意图四周存在四个外通道。图 11-8 中（d）中间的四个小箭头表示本格无底板，本格筛下物直接落至下层筛面；（d）、（e）表示出内通道被封堵，筛上物排向外通道的画法；（d）、（e）、（f）筛格外框线外的小箭头表示本格箭头所在一侧的筛框下部开有长孔，外通道在沿本筛格下边口处被用挡板封堵，外通道的物料可以经过此长孔以小箭头的方向流向进入到下层筛面上筛理。

（3）清理块与推料块　清理块装置在筛面格内，在筛面和承托网之间，对筛面起清理作用。目前使用的清理块主要有聚氨酯清理块，见图 11-9（a）、（b）；带毛刷清理块，图 11-9（c）；表面凸起清理块，图 11-9（d）；帆布块，图 11-9（e）。

推料块装置在收集底板上，随着筛体的平面回转运动，迅速推动筛下物料排出。推料块现多用聚氨酯制作，形状如图 11-10 所示。

（4）填充格　填充格是无筛面、无底板的空格，筛框与筛格结构相同，装置在两筛格之

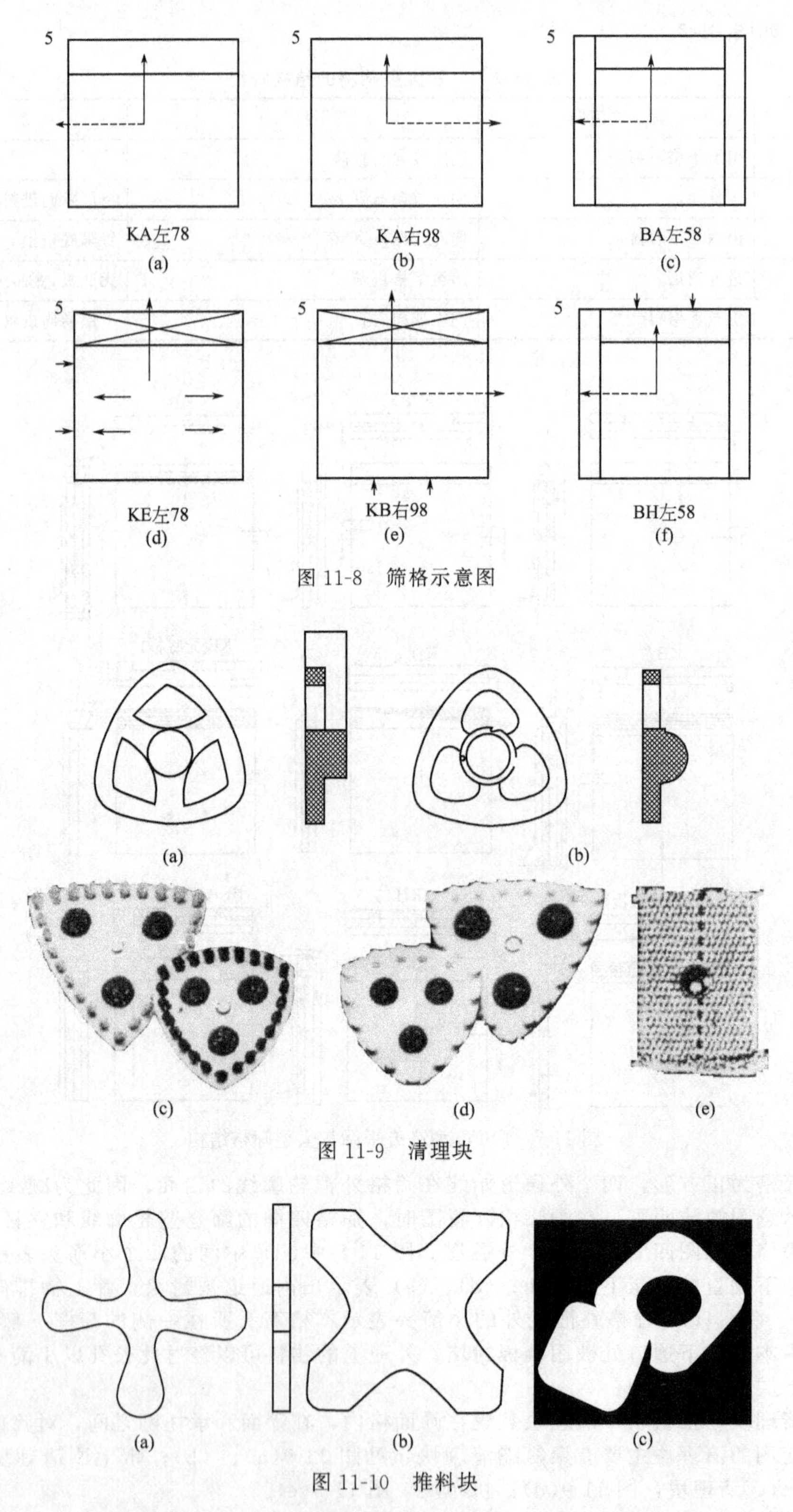

图 11-8 筛格示意图

图 11-9 清理块

图 11-10 推料块

间，可增加筛上物的空间高度，以满足筛上物流量大、料层厚的需要；也可用来调整筛仓内筛格总高度，满足筛格压紧的要求。BCZ 型填充格用于标准型与扩大型筛格之间，内通道封闭，防止标准型筛格的筛上、筛下物互混。各种填充格的高度和用途见表 11-3。

表 11-3　填充格的高度与用途

型　号	高　度/mm	用　途
BC20	20	用于标准型筛格
BC30	30	
BCZ20	20	用于标准型与扩大型筛格之间
KC20	20	用于扩大型筛格
KC30	30	

3. 进料装置

进料装置由进料筒、布筒和顶格组成，主要对物料起导向、缓冲、匀料及分流作用。

进料装置的主要机构为顶格，顶格位于每仓筛的顶部，其上方与平筛的进料筒软连接，下部工作时紧压在第一层筛格上，也是筛格垂直压紧装置的一部分结构。其作用：一是将物料散落在第一层筛面上或导入后侧外通道；二是配合压紧装置对本仓筛格进行垂直压紧。由于筛路上层多采用扩大型筛格，因此常采用与扩大型筛格配套的筛顶格，如果筛路上层采用标准筛格时则需要把第一层标准筛格的左右通道封堵，避免物料从标准筛格的左右内通道不经过筛理而直接下落。

顶格不带筛面，为正方形，与筛格大小一致。按其结构不同，筛顶格分为 BtA、BtB、BtC、BtD 四种，其结构见图 11-11。各自的特点及作用见表 11-4。

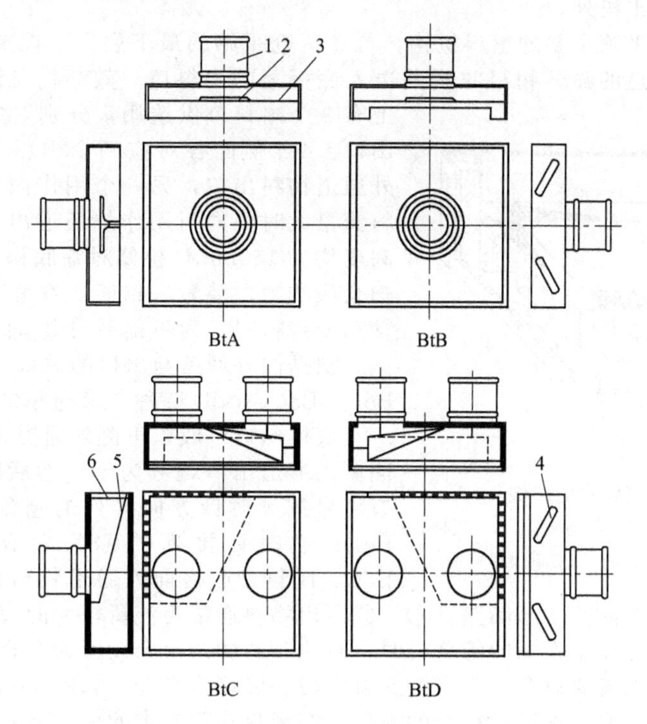

图 11-11　筛顶格结构图

1—进料口；2—分料盘；3—托条；4—斜滑槽；5—导料板；6—横长孔

分料盘对进机物料起缓冲作用，斜滑槽用于筛格的压紧，双进口的顶格中导料板将一个进口的物料导入横长孔，送入里侧外通道。

BtA 型为单进口单路筛理的筛顶格，物料从一个进料口进料，经分料盘缓冲后散落在第一层筛面上，向筛上物下落的内通道方向（一般第一层筛格为筛仓门方向）流动进行筛理，然后按筛格的装置顺序从上到下顺序筛理。

表 11-4　筛顶格的特点及作用

型号	进料特点	进口数	分配物料去向
BtA	单进单路	1	全部导入第一格
BtB	单进双路	1	一半落入第一格，一半导入里外通道
BtC	双进双路	2	右侧落入第一格，左侧导入里外通道
BtD	双进双路	2	左侧落入第一格，右侧导入里外通道

BtB 型为单进口双路筛理的筛顶格，一个进料口进料，顶格里侧筛框下部开一横长孔，使第一格筛面上的约一半物料从开孔处流入外通道。（还有一种结构形式，即分料盘下方的一半倾斜固定一块导料板，将物料从分料盘下一分为二，一部分散落在每一层筛面上向筛仓门方向流动进行筛理，一部分经导料板流入该仓后部外通道。）

BtC 型和 BtD 型均为双进双路筛理的顶格，通常用于一个筛仓处理两种物料时采用。顶格具有两个进料口，其中一个进口物料直接进入第一层筛面，另一个进口物料经导料板进入后外通道。

BtA 型与 BtB 型顶格高度为 134mm，BtC 型和 BtD 型顶格，由于增加了导料板上方的空间，其高度较高为 170mm。

4. 出料装置

出料装置由底格、筛仓出口、布筒及接料管组成，其作用是收集本仓各个通道下来的物料，并分别将其排出机外。

筛底格是高方平筛主要的出料机构，位于一仓平筛的最下层，不设置筛面对物料筛理，其作用是将内外通道的筛分物料收集并送入底板上的出料口。其结构见图 11-3。每仓底格上有 8 个出料口供选用，分别对应筛仓底部的 8 个出口。4 个侧面各对应两个出料口，一般一个用作外通道物料出口，另一个用作内通道物料出口。物料流量大时可同时用作外通道出口。各种筛底格的高度均为 150mm，检修时筛底格可以抽出以便于清扫仓底积粉。装置底格时，在底格与筛仓底板间要粘贴密封材料，为防止不同出口的物料互混。

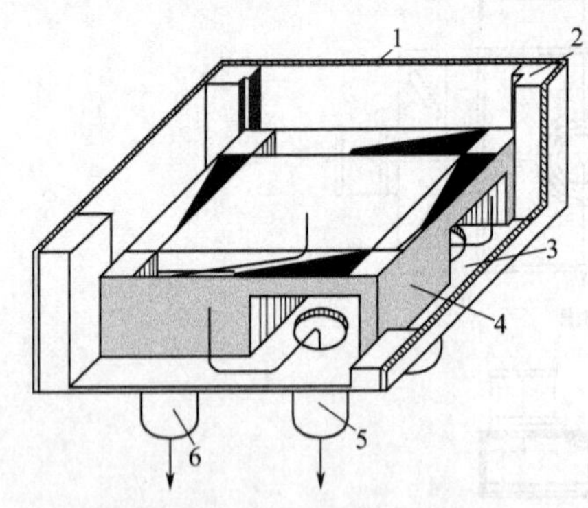

图 11-12　筛仓中的底格
1—筛箱壁；2—立柱；3—筛箱底板；4—底格；
5—外通道出料口；6—内通道出料口

根据内外通道与出口的关系，筛底格分为 BdA、BdB、BdC、BdD 四种。筛仓底格的结构图 11-12。

底格出口一般以里侧外通道物料出口编号为①，同侧内通道出口编号为⑧，然后顺序编号，底格出口序号按顺时针方向排列的仓称为右仓，如 BdB、BdD；逆时针排列的称为左仓，如 BdA、BdC。BdC、BdD 型底格前外通道物料由④、⑤两个出口排出，该底格适用于前路皮磨筛路，④、⑤所出物料通常为流量较大的大麸片。高方平筛的筛仓的出口排列，习惯上在面向筛仓门时，将位于右侧的筛仓设置为右仓，左侧的筛仓设置为左仓，中间仓根据需要设定，没有特殊要求时一般设为右仓。如图 11-14 所示。

在选配底格时，要考虑操作检查的方便。在满足筛理要求的前提下，尽量选用靠外侧的出料口，便于生产中取料观察。流量较大、散落性较差、需经常检查的物料尽量选用外侧出料口。

高方筛底板下的出料口通过软布筒与固定在楼板面上的接料管相连，接料管上都设有检查口，便于生产中取料观察。若发现某个出料布筒被物料涨满，则与此布筒相连的下层溜管已堵塞，应立即疏通下层溜管，增大下道设备的流量或打开溜管的检查口把堵塞物料排出，以避免物料继续堵塞到平筛筛仓内，必要解开布筒与接料管的连接。

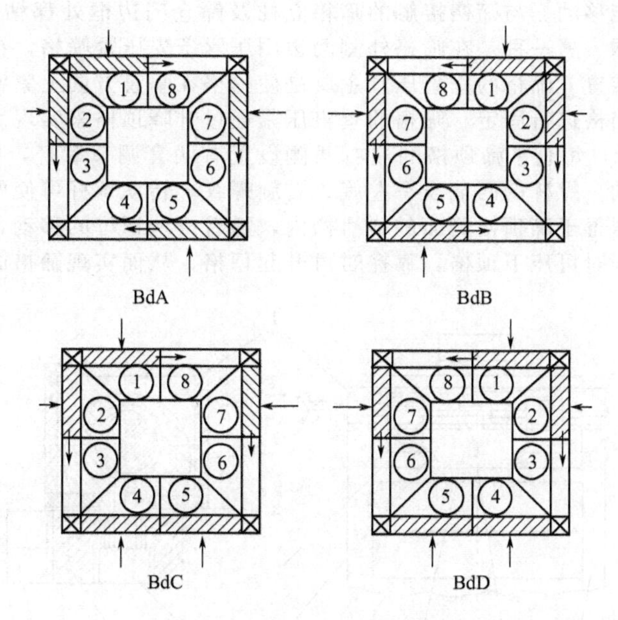

图 11-13 底格出口排列方式

5. 压紧装置

压紧装置包括水平压紧装置和垂直压紧装置，二者共同压紧筛格，防止其在工作中发生松动或错位，造成物料窜漏，从而保证产品质量和分级的准确性。

(1) 水平压紧装置 筛格的水平压紧主要是为了防止筛格在水平方向上错位。筛格在筛仓中的水平定位：里侧两个角卡在筛箱后部的立柱中，外面的两侧卡在筛箱外侧两边的主柱间，靠筛仓门这一侧进行水平压紧。通常有两种形式：一种是利用筛仓门压紧，如图 11-15 所示。筛仓门两侧的端面压住筛格外侧，仓门通过门框架上的内六角螺栓和压扣压紧，使筛

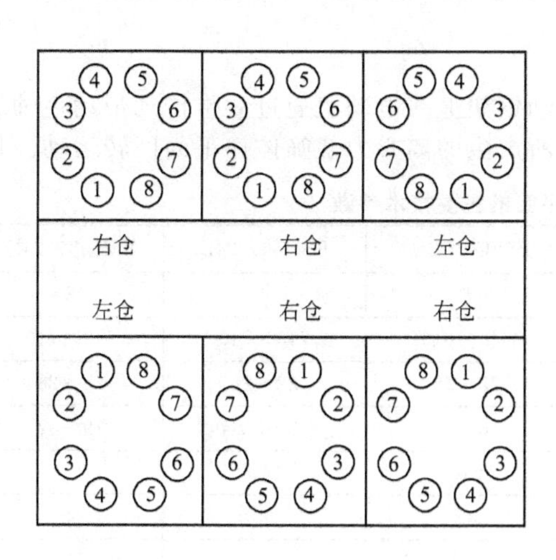

图 11-14 高方平筛筛仓出口排列

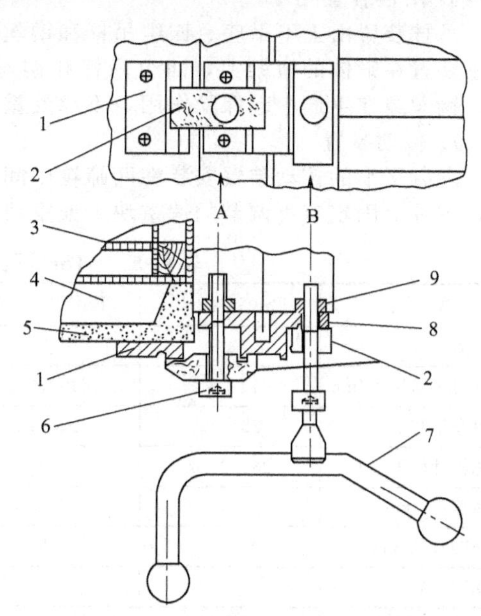

图 11-15 利用筛仓门的水平压紧装置

1—扣门块；2—压扣；3—筛格；4—外通道；5—筛仓门；6—螺栓；7—专用扳手；8—支座；9—垫块；A—压紧状态；B—松开状态

格在水平方向上不能移动。与筛格接触的筛箱立柱及筛仓门边框处都粘有长毛绒进行密封，防止通道间物料窜漏。另一种是在筛格外侧两边用压紧条先压紧筛格，再压紧筛仓门。

（2）垂直压紧装置　筛格的垂直压紧主要是使筛格在垂直方向上紧密贴合，上下筛格间隙不能漏料，并对筛格进行固定。筛格的垂直压紧通过升降顶格来实现。

如图 11-16 所示，每仓平筛顶格的左右两侧设置有两套调节螺杆，螺杆固定在筛架上，通过专用扳手可转动。螺杆的两端设有左旋、右旋螺纹，转动螺杆可使两滑块螺母相互靠拢或相向背离。滑块斜置于筛顶格侧面的斜滑槽内，随着滑块螺母的移动，带动滑块在斜滑槽内运动，两滑块分开时可压下顶格，靠拢时可升起顶格，从而实现筛格的垂直压紧或放松。

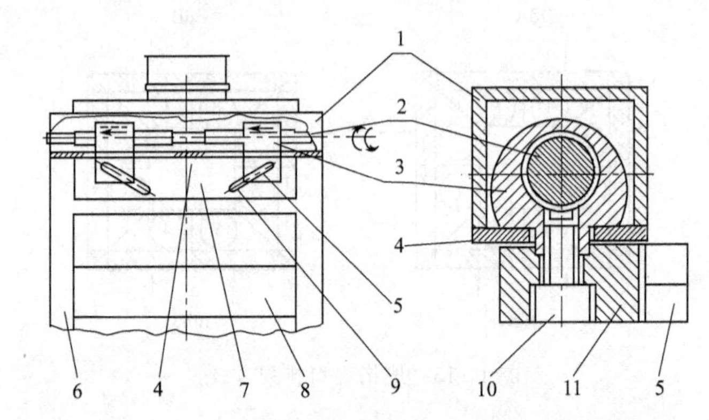

图 11-16　顶格两侧面滑块垂直压紧装置的结构

1—槽钢；2—调节螺杆；3—滑块螺母；4—滑轨；5—滑块；6—外通道
7—顶格；8—筛格；9—斜滑槽；10—螺钉；11—滑块体

压紧筛格时应先进行水平加压，后垂直加压，垂直压紧时左右两侧交替压紧，用力应均衡。每仓筛格叠置后，未受压时最上层筛格的上边与顶格的下边距离不能大于 30mm，否则筛格压不紧，其高度差可调换筛格或填充格高度进行调整。

6. 吊挂装置

吊挂装置由上下吊座、四组吊杆和钢丝绳组成。上吊座安装在车间的梁下或槽钢下，下吊座装置在筛体的横梁上，四组吊杆和钢丝绳装置在上下吊座上，四组吊杆承受筛体的重量，钢丝绳在生产中起保险作用，不承受重量。

7. 传动装置

高方平筛的传动装置安装在两筛箱中间的传动钢架上，电动机通过皮带传动带动主轴旋转，主轴上固定有可调节的偏重块，偏重块旋转所产生的离心力使筛体作平面回转运动。目

表 11-5　FSFG 型高方平筛的主要技术参数

型　号	FSFG4×24C	FSFG6×24C	FSFG8×24C	FSFG6×24D	FSFG8×24D
仓数	4	6	8	6	8
筛格平面尺寸/mm	640×640	640×640	640×640	740×740	740×740
每仓格数	22～28	22～28	22～28	22～28	22～28
总筛理面积/m²	23～28.6	34.6～42.9	46～57	57～68.7	79～92
转速/(r/min)	240	240	240	240	240
回转直径/mm	65	65	65	65	65
功率/kW	3	4	5.5	5.5	7.5
筛箱内腔高度/mm	2100	2100	2100	2100	2100
筛格总高度/mm	2065	2065	2065	2065	2065
外形尺寸(长×宽×高)/mm	2295×1537×2520	2295×2285×2520	2295×3033×2520	2495×2585×2520	253×3433×2520

前使用的高方平筛传动装置中安装的偏重块主要有两种形式：单偏重块、双偏重块。

单偏重块通过调节螺栓，改变偏重块重心与筛体传动轴中心的距离，来改变离心力的大小，从而调节筛体的回转半径。双偏重块通过水平夹角调节机构调节两偏重块之间的夹角，来调节筛体的回转半径。

平筛筛体较高，要使其保持良好的平动状态，则要求偏重块的重心与筛体重心在同一水平面上。当筛体上、下振幅不一致时，可通过偏重块垂直位置调节螺栓、升起或降下偏重块来进行修正。

8. 高方平筛的技术参数（表 11-5）

二、双筛体平筛的结构

双筛体平筛体积小，筛格层数少，筛格裸露叠置，通道数量少，筛路简单，多用于面粉检查筛和小型粉厂的筛理分级。

1. 设备结构

双筛体平筛的结构如图 11-17 所示。双仓平筛与高方平筛一样，一般也由进出料装置、筛体、筛格压紧装置、吊挂装置及传动装置等组成。

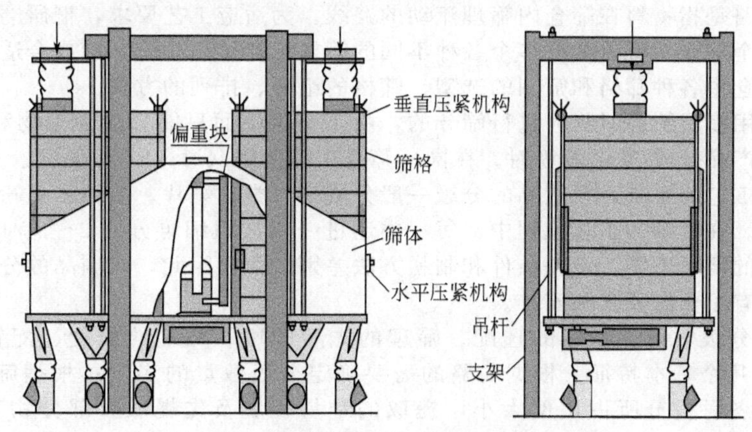

图 11-17　FSFS 型双筛体平筛结构示意图

两幢方形筛格叠置压紧在筛架底板上形成两个筛体，筛体通过四组玻璃钢吊杆悬挂在金属结构的吊架上，吊架固定于地面，两筛体中间设有电机和偏重块，增减偏重块的质量可调

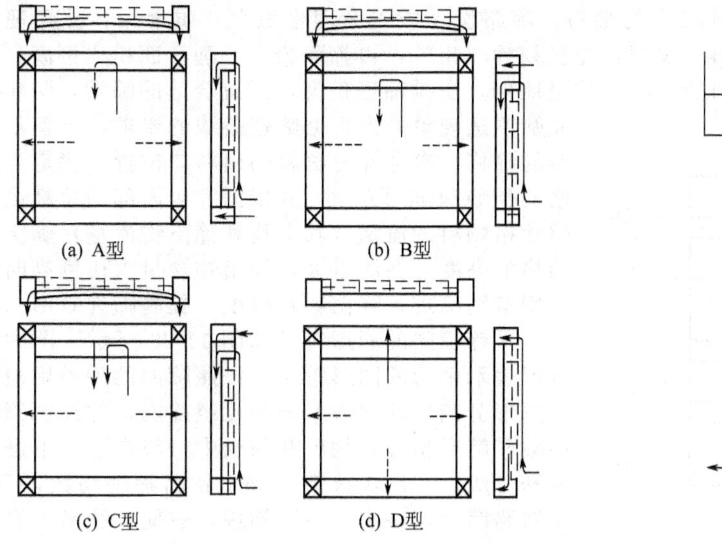

图 11-18　FSFS 型双筛体平筛筛格

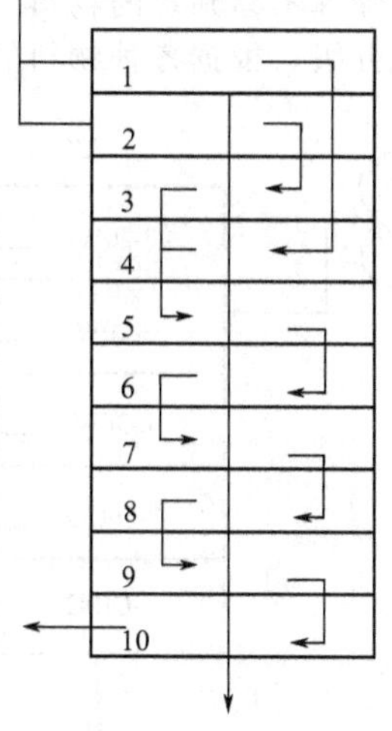

图 11-19　双筛体平筛的筛路

节筛体的回转半径。

每个筛仓可叠加 6～16 层筛格，筛格直接叠置在筛底板上，没有筛箱，靠四角的四个压紧螺栓及手柄将其压紧。

2. 筛格

FSFS 型双筛体平筛筛格有 A、B、C、D 四种类型，见图 11-18。因双筛体平筛没有筛箱，筛分后的物料均需从筛格内的通道下落。所以每个筛格设有四个通道。筛格尺寸较大，为了使筛下物迅速排出，筛下物可从两边同时下落，且收集底板从中部向两侧稍微倾斜。

3. 双筛体平筛的筛路

应用于面粉检查的双筛体平筛的筛路见图 11-19 所示。

第三节　平筛的筛路

一、平筛筛路的基本知识

平筛的筛路是指物料在筛仓内筛理流动的路线。为适应工艺要求，把研磨后的物料按颗粒大小分为几个等级，就需要把多个各种不同的筛格组合排列起来，形成合适的筛路。完整的筛路包括筛仓中各种筛格和筛网的选型、筛格的组合、排列的方式。

平筛是利用多层筛面对物料进行筛分的，由于一组筛面只能分成筛上物和筛下物两类，当需要把中间产品分成 N 个等级时，在同一筛仓中要使用（$N-1$）组筛面。

按照制粉工艺的要求，在制品的分级一般分成三大类：麸片、粗粒、粗粉，它们的粒度是顺次减小的。在复杂的工艺流程中，每一类还进一步按粗细再分成 2～3 种物料。由于粉厂对成品质量的要求不同，设备条件和制粉方法差别较大，因此，在制品的分级数量和粒度范围，不同厂有不同的要求和安排。

在制品的分级数量、筛网的选配、筛理的先后顺序、筛理的长度、配置不同类型的筛格是筛路的几个基本特征：根据粉路的需要确定分级数量的多少；根据筛理物料中皮、渣、心、粉等各种成分所占比例大小，提取的难易程度及先提取哪部分物料对筛理效果和减轻对筛绢的磨损有利，来确定在一仓平筛中各种成分提取的先后顺序及提取各种成分物料所需的筛理长度（筛格层数）；配置合适的筛网；再根据筛理路线的要求配置不同类型的筛格。

筛路组合的方法：按照粉路中规定的面粉种类和在制品种类安排筛理物料的分级数量；安排筛分程序上，根据筛理工作的难易，筛路设计应先筛理容积大、质量大、易筛理的物料，后筛理不易筛理的物料。皮磨：先提麸片、粗粒，再筛面粉；心磨：面粉比例高，应先筛粉后分级。根据各种物料的性质、数量比例，安排筛理长度，配置合适的筛网，防止筛枯或筛不透现象；再根据筛理路线的要求，配备不同类型的筛格。参考筛分物料的出料口位置，确定各层筛格的类型和排列方向，并依据筛箱内部的总高度、各层筛格物料的流量（筛上物和筛下物流量）确定各层筛格的高度；在流量大，筛出物含量大比例高时，可采用双路筛理，降低物料厚度，提高筛理效率。

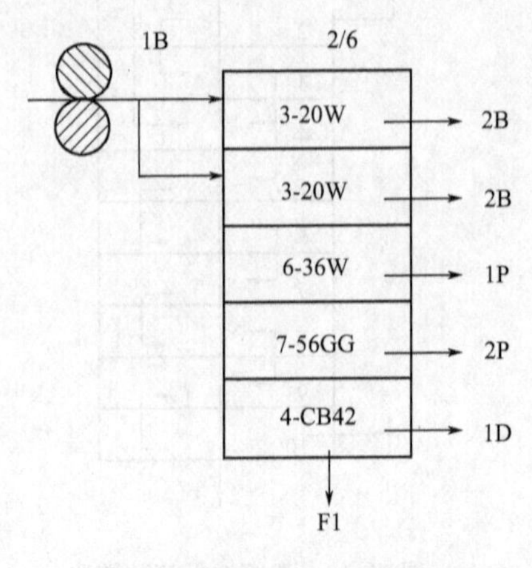

图 11-20　平筛筛路的图形符号

平筛筛路的图形符号如图 11-20 所示。图中用长方形表示平筛的图形符号，按照筛面的种类用横线将长方形分割成几层表示分为几组筛网，并注明筛格的层数和筛网型号，物料在筛仓中一般自上而下进行筛理和分级。左侧实线箭头表示物料筛理路数，⮡表示双路筛理，→表示单路筛理，右侧实线箭头表示一组筛网分出的筛上物料所去的系统名称，向下箭头表示面粉或最下一组筛格筛下物料所去的系统名称，

2/6表示筛理采用6仓式平筛本系统占用其中2仓，方框内的符号表示筛格的层数和筛网规格，如3-20W表示本组筛网采用3层20W的金属丝筛网。图11-20表示为单进口双路筛理，除面粉外在制品分级数为5种的筛路。

单仓图形符号也称筛路图，整个粉厂的筛路图组合在一起为粉路图。

二、各系统物料的特性

1. 前路皮磨系统物料的特性

前路皮磨系统研磨后的混合物料流量大，要求分级的种类多，可分麸片、麦渣、麦心、粗粉和面粉等，粒度和品质差别大，麸、渣、心、粉相互粘连性差，散落性好，易形成自动分级。物料在筛理时，麸片和麦渣容易上浮，麦心和面粉下沉，容易与筛面接触，所以该混合物料中的麸片、麦渣、麦心、面粉容易分离。

麸片粒度较大，内层粘有块状或不规则形状的胚乳，应送往下一道皮磨进一步剥刮；渣心的颗粒大，分出的渣心中常为同粒度大小的各种物料的混合物，既含有同粒度大小的连麸粉粒和纯胚乳粒，也含有同粒度大小的麸片。较细的渣心含胚乳颗粒多，含麸屑少。渣心一般送往清粉系统和渣磨系统进行提纯分级后再送往心磨系统。前路皮磨粉筛筛上物手感较粗，多为粗粉和面粉的混合物。

由于前路皮磨分级数量多，粉筛配备的筛理面积少，面粉没有筛净，细小的纯胚乳颗粒经历的研磨道数少，粒度较粗，一般送往重筛继续筛粉和分级。

2. 后路皮磨系统物料的特性

后路皮磨的物料流量小、麸片含量多，胚乳含量少，混合物料的质量差。体积松散，容重轻，流动性差，麸片上黏附少量胚乳，而且柔软，麸、渣、粉相互粘连性较强，不易形成自动分级，彼此分离需要较长的筛理路线和筛理时间。

麸片由于经逐道研磨剥刮，麸片上含胚乳少而且轻软，一般分为大麸片和小麸片，大麸片剥刮较净，残留有极少量的胚乳；小麸片片状较小，残留或混有细粒度的胚乳。

大小麸片一般经打麸机或刷麸机处理后就成为副产品麸皮。分出的渣心中含有较多的碎麸屑，颜色较暗，质量较差，一般送往后路心磨或尾磨处理。

3. 渣磨系统物料的特性

渣磨系统研磨的物料较多为连麸胚乳粒，也含有较多纯胚乳粒，粗粒粗粉多，较皮磨系统的物料粒度小。研磨后的混合物料中含麦皮少，粗粉、面粉多，同时物料颗粒粒度范围较小，筛理时有较好的自动分级性能，渣、心、粉容易分离。

渣磨系统分出的麸片片状小，麸片残留有少量胚乳，小麸片中也混有或粘附有细小的粗粉，一般送往细皮磨或尾磨处理。渣心的粒度较细，质量较纯净，流量较大，一般送往前中路心磨磨制成粉。渣磨系统筛出的面粉质量较好，麸星含量少，色泽好。

4. 前中路心磨系统物料的特性

前中路心磨系统的物料含有大量胚乳，颗粒小，粒度范围小。经每道研磨后，胚乳被粉碎成大量的面粉，要求有较多的筛理面积用于筛理面粉。小麸屑韧性强不易破碎，用光辊研磨可相对保持与面粉粒度的差异，容重轻，利用此特性可将混入心磨系统的小麸屑分离出来。

前中路心磨筛出的面粉色泽白，麸星含量少，质量好，流量大。分出的麸屑中也混有较多细小的胚乳颗粒，一般送往尾磨系统进行处理。粉筛的筛上物为未研磨成面粉细度的粗粉和未筛净面粉的混合物，需送往下一道心磨继续磨制成粉。

5. 后路心磨系统物料的特性

后路心磨系统筛出的面粉中含有较多麸星，色泽较暗，质量较次。粉筛筛上物中混有较多细小的麸屑，不易分离，筛粉后属于次粉或细麸。

6. 尾磨系统物料的特性

尾磨系统物料含有较多碎麸片或麸屑，也含有较多的粉状胚乳颗粒，粒度较小，物料间相互粘连性较强，自动分级性能较差。

尾磨筛出的细小麸屑含胚乳较少，送往下一道尾磨或细皮磨处理，筛出的送往心磨系统的物料中含较多的点状麸屑，质量较差。

7. 吸风粉和刷麸粉

用刷麸机（打麸机）处理麸片上残留的胚乳所获得的刷麸粉，以及从清粉机吸风风网和气力输送系统的集尘器所获得的吸风粉的特点是粉粒细小而黏性大，容重低而散落性差。此物料在筛理时，不易自动分级，粉粒易粘在筛面上，易堵塞筛孔。

三、常用高方平筛的筛路

常用的筛路见图 11-21 所示。

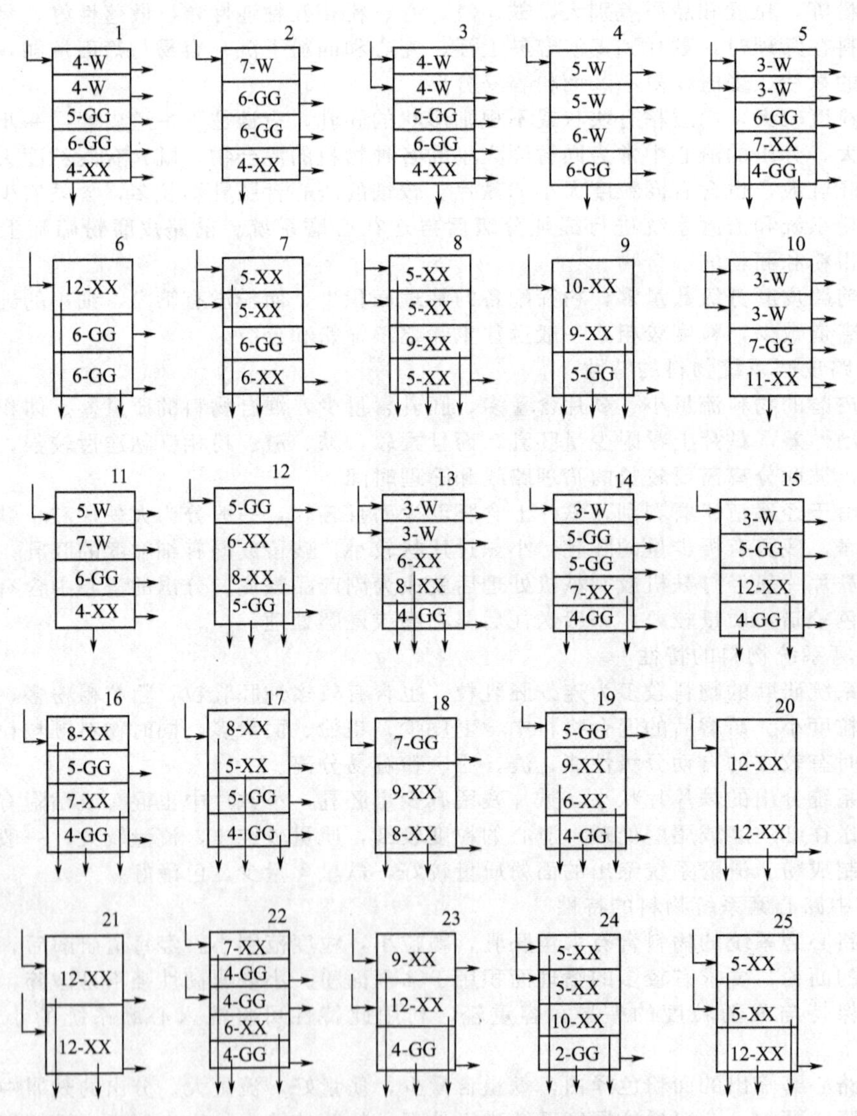

图 11-21 FSFG 型高方平筛 25 种参考筛路简图

1. 前路皮磨及重筛筛路

通常将制粉流程中的 1 皮、2 皮称为前路皮磨。前路皮磨的剥刮率较低，筛理物料分级较细，在制品分为 5～6 种。一般为麸片、粗渣、细渣、麦心、粗粉等，长粉路又可细分为粗麸、细麸、粗、细麦心、硬粗粉、软粗粉等。

（1）筛理顺序　由于物料流量大，应首先采用粗筛筛面，将含量大的麸片分出，然后配置分级筛依次分出大、中、小粗粒，再用粉筛筛出面粉。

（2）筛理长度

① 粗筛　长度1.5～2.5m，一般3～5格，流量大时可延长至3 m(6～7层)。

② 分级筛　分离大粗粒的分级筛2～2.5m，分离中小粗粒的分级筛约需3m，一般4～6层。

③ 粉筛　5～6m，一般8～12层。

筛理物料流量大时，需相应增加筛格的高度（尤其粗筛的高度），也可采用加宽筛面，选用双路筛理，缩短筛理长度的方法，分级筛的筛理长度一般为2～3m(5～6层)。由于分级数量较多，粉筛筛理长度较短，面粉筛不透，需另配备重筛（再筛），把面粉筛净和对细物料进行分级。

（2）高方平筛筛路　1＃、2＃、3＃、4＃、5＃。1＃～5＃筛路均按粒度从大到小依次分级，1＃筛路为5分级，将麸片分为大麸片和小麸片，用于设有粗、细皮磨的前中路皮磨系统。2＃、3＃、4＃和5＃筛路均为4分级，其中，3＃、5＃筛路为单进双路，处理流量大；4＃筛路未设置粉筛，需到重筛连续筛粉和分级，4＃筛路加强了皮、渣、心的筛理分级。

重筛的作用是将面粉筛净，并进一步分级。筛理时可先筛粉后分级或筛粉—分级—筛粉，粉筛具有较长的筛理路线，分级筛长度为2～3m。高方平筛筛路如6＃、7＃、8＃、9＃。7＃、8＃是单进双路，处理流量大。

2. 中后路皮磨系统筛路

应保持较长的筛理路线与较薄料层。筛理程序：分级较前路少，简单，侧重对粗、细麸片的筛理，采用先提皮，再筛粉，最后分级的方法。

（1）筛理长度　提皮筛面要长，否则易带走面粉；粉筛筛面要长；分级筛种类可少。提皮筛面3～4m，筛粉筛面5～7m。

（2）高方平筛筛路　5＃、10＃、11＃、12＃、13＃。5＃、10＃、11＃用于中路皮磨，12＃、13＃用于后路皮磨。

3. 渣磨系统筛路

（1）筛理顺序　磨制较高等级面粉时，分级种类多，在筛理程序上先配置粗分级筛筛出小麸片，然后用细分级筛将物料分级，最后用粉筛筛出面粉。磨制低等级面粉时，将物料分为小麸片、面粉、麦心三级，在筛理顺序上先配置较粗分级筛筛出小麸片，然后用粉筛筛出面粉，最后用细分级筛将其余物料分级，与磨制高等级面粉相比较，分级筛少，而粉筛的筛理长度长。

（2）筛理长度　分离小麸片2～2.5m，筛粉4～6m，分级筛2～2.5m。

（3）高方平筛筛路　12＃、13＃、14＃、15＃。

4. 麸粉和吸风粉筛路

（1）麸粉筛路　打麸粉、刷麸粉黏性大，是从麸片上打刷下来的细小粉粒，混有少量麸屑。筛理时需配置较长的粉筛。

① 筛理顺序　先筛粉，再分级；或筛粉、分级、再筛粉、分级。

② 高方平筛筛路　8＃、9＃、16＃。

（2）吸风粉筛路　吸风粉是粉路除尘器过滤出来的面粉，细绒且黏性大。含有少量的轻质麸片，难筛理。

① 筛理顺序　先筛粉，分级，再分级；或分级，筛粉，再分级。

② 高方平筛筛路　12＃、17＃。

5. 前中路心磨系统筛路

心磨系统筛路不配置粗筛，前路心磨设置分级筛，粉筛筛理面积要占整个筛路筛理面积的80％以上。

（1）筛理长度　物料细，含粉多，一定要有足够的筛理长度，前中路心磨粉筛6～9m，分级2～2.5m。

（2）筛理顺序　前路粗心磨采用先分级再筛粉后分级；前路细心磨和中路心磨采用先筛粉后分级。为提高筛理效率，采用双路筛理以减薄筛面的料层厚度。

（3）高方平筛筛路　18＃、19＃、17＃、12＃、8＃、9＃。其中、12＃多用于粗心磨。

6. 后路心磨系统筛路

后路心磨筛理物料含粉量减少，麦心质量变差，一般不再分级，全部采用粉筛，筛出面粉，分出麸屑。流量较大时，两组粉筛并列，采用单进双路或双进双路筛理。流量较小时，一仓筛格可用来筛理两种物料，各占半仓筛理。

高方平筛筛路多用 20＃、21＃。

7. 尾磨系统筛路

尾磨筛理物料中含有麸屑、少量麦胚、质量稍差的麦心、粗粉和面粉。如果提取麦胚，因麦胚多被光辊压成片状，一般先用 16～18W 粗筛提出麦胚，再筛出麸屑。如不提麦胚，直接用分级筛筛出麸屑（麦胚混在麸屑中），再筛出面粉。

高方平筛筛路：12＃、14＃、15＃。其中 14＃、15＃筛路分别为提胚 5 分级或提胚 4 分级，12＃筛路为不提胚的尾磨筛路。

8. 组合筛路

筛理物料流量少时，一般将两种物料组合在一仓中筛理。21＃、22＃、23＃为组合筛路，用于处理两种物料的双进口双路筛理。22＃上半仓为 2 分级，下半仓为 3 分级。

9. 面粉检查筛筛路

面粉检查筛的作用是将筛理时因筛网破损或窜仓而混入面粉中的物料筛出，筛路设计时应考虑将面粉全部筛出，只留少量筛上物。进入检查筛的筛理物料 99%以上是面粉，故筛理一般全部配置粉筛。由于筛理流量大，采用双路筛路。

高方平筛筛路：21＃、24＃、25＃。检查筛的筛上物一般是去心磨系统，为保证去心磨物料的质量，防止破筛或窜仓有较大的麸片混入心磨，24＃设了分级筛，可提出麸片。

四、筛路组合

1. 常见高方平筛筛路的组合

不同形式的筛格按一定规律组合在一起，可以组成各种不同的筛理路线，即组成各种不同的筛路。因筛格为正方形，可在筛箱内旋转 90°、180°或 270°，具有较强的通用性和互换性。同规格的筛格通用，同类型筛格在不同仓、不同位置可互换，相同规格的筛面格通用，因而高方平筛筛路的组合、变换及筛网的调整比较灵活和方便。

(1) A-A 组合　A-A 组合形式是筛路最基本的组合形式，其完成的功能为筛上物连续筛理，筛下物合并排下。以下用［A］表示一组筛上物连续筛理 A 型筛格的组合。配置时需 A 左 A 右交替使用，并且交替转向 180°，可实现筛上物转向 180°连续筛理，筛下物从同侧通道合并。常见的筛格组合有 KA-KA 组合、KA 左（右）-KA 右（左）-KA 左（右）组合和 BA 左（右）-BA 右（左）-BA 左（右）组合，见图 11-22。KA-KA 组合是基本的筛格组合形式，能处理较大的流量。根据物料流量和该组合在筛路中的位置，筛下物可有不同的排出形式，如位于筛路前端的粗筛，筛下物流量大，宜选用左右排料型筛格，筛下物从两侧外通道

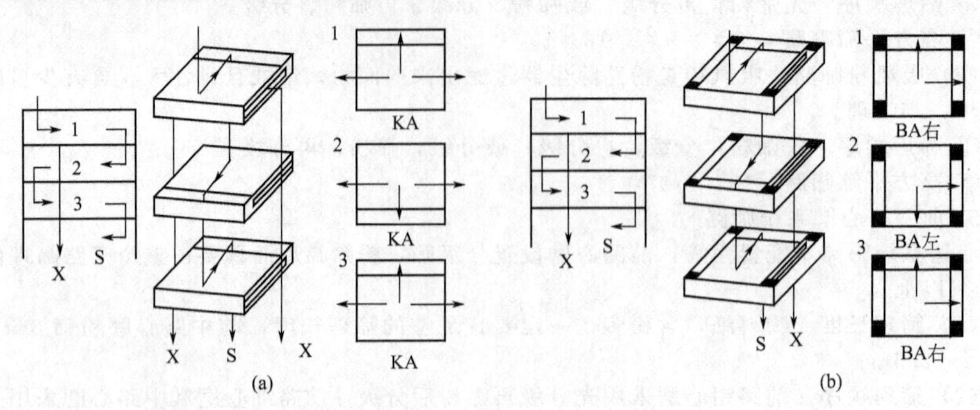

图 11-22　A-A 组合（［A］组合）

(a) KA-KA 组合；(b) BA-BA 组合

排出；若筛下物数量较少或一侧外通道已被上层物料占用时，可选用左型或右型筛格，筛下物从同一侧外通道排出。BA-BA 组合完成的功能与 KA-KA 组合相同，不同之处是筛下物从一侧或两侧的内通道排出，该组合形式主要用于粉筛或下层分级筛。

若需增加或减少一组筛格的筛理长度，但其筛上物排出位置不变时，在一组筛格间一次增加或减少 A 型筛格的数量应为 2 的整数倍（增加或减少［A 左-A 右］的倍数），否则其筛上物排出的方向将反向。

（2）［A］-E-［A］组合　［A］-E-［A］组合的功能是完成两组 A-A 组合筛路的连接，上一组筛格的筛上物外出进外通道，而将其筛下物合并导入下一组筛格继续筛理。为便于上组筛格的筛下物顺利地进入下一组筛格的筛面，下一组筛格的筛上物流向应与上一组筛格的筛上物流向垂直，即下一组 A 型筛格的筛上物流向与上一组 A 型筛格的筛上物流向转向 90°或 270°，使两组 A 型筛格筛上物流动方向垂直，E 型筛格作为上一组筛格的最后一格，将本组筛格的筛上物经本层筛理后排向外通道，由外通道出口排出筛仓。该组合形式应用在物料分级种类多于两种的筛路中。常见的组合形式有［BA］-BE-［BA］组合、［KA］-KE-［KA］组合。见图 11-23。

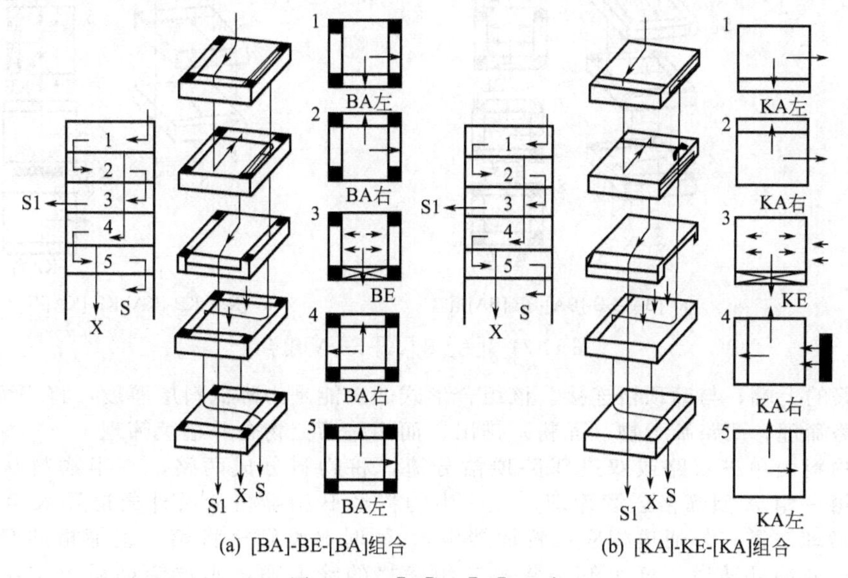

(a) [BA]-BE-[BA]组合　(b) [KA]-KE-[KA]组合

图 11-23 ［A］-E-［A］组合

（3）［A］-B-［A］-E-［A］组合　［A］-B-［A］-E-［A］组合形式适用于物料分双路筛理的筛路，该组合通常置于筛路的上端，与筛顶格连接，功能是为降低料层厚度，将物料分两路筛理，两路筛上物合并排出，两路筛下物合并继续筛理。

进机物料由单进双路或双进双路顶格分流，将物料分成两路，一半物料从第一层筛面开始经第一组 A 型筛格连续筛理，另一半物料经 B 型筛格从后外通道导入第二组 A 型筛格连续筛理（需在外通道相应位置加挡板），同时 B 型筛格将第一组筛格的筛上物经本层筛理后排向前外通道；E 型筛格将第二组筛格的筛上物经本层筛理后也排向前外通道。

B 型筛格由外通道进料，B 型筛格与 E 型筛格可分别视为第一组和第二组筛格的最后一格，B 型筛格和 E 型筛格的筛上物相同，流向一致，排向同一外通道合并，再由外通道出口排出仓外；第一组 A 型筛格的筛下物和 B 型筛格的筛下物从侧面通道排下，与第二组 A 型筛格侧面排出的筛下物和无底板的 E 型筛格筛下物合并进入第三组 A 型筛格筛理，第三组筛格的筛上物料的流动方向与上面两组筛格的筛上物料流动方向垂直。实际应用中，B 型筛格和 E 型筛格上方的 A 型筛格数量应相同或相差 2 的倍数的筛格。常见的组合形式有［BA］-BB-［BA］-BE-［BA］组合和［KA］-KB-［KA］-KE-［KA］组合，见图 11-24。

（4）［A］-B-［A］-H-［A］组合　此组合形式适用于心磨系统物料分双路筛理的筛路，通

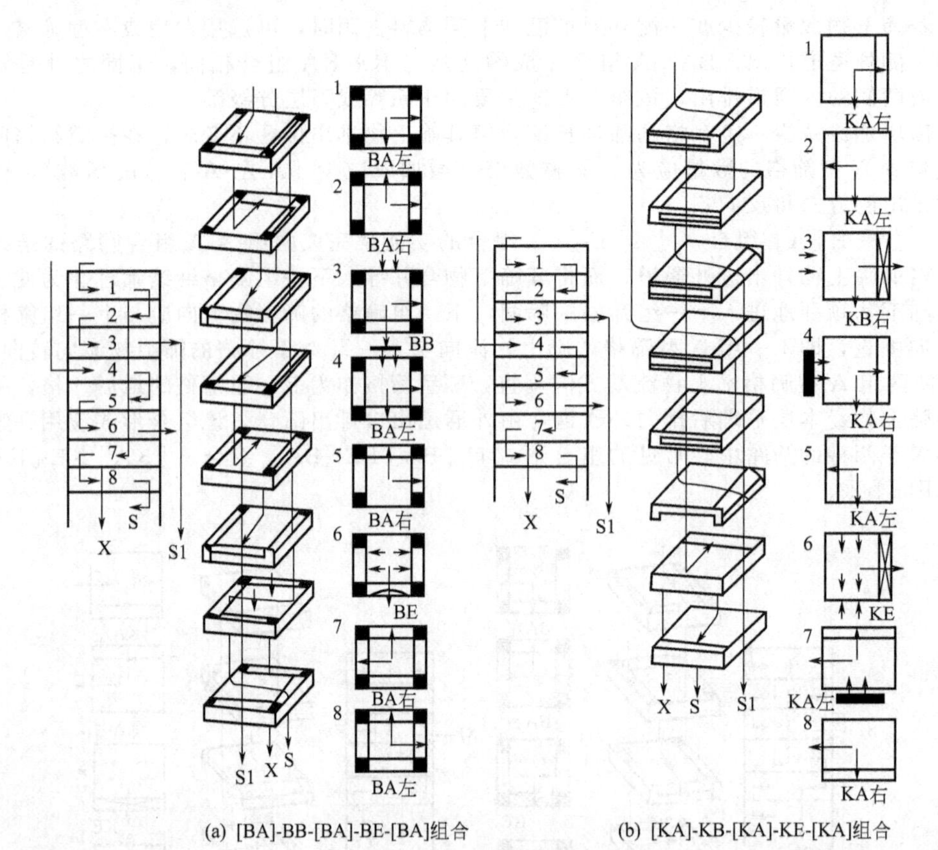

图 11-24 [A]-B-[A]-E-[A]组合

常置于筛路的上端，与筛顶格连接。该组合形式的功能是为降低料层厚度，将心磨研磨后的物料分两路筛理，两路筛下物（面粉）排出，而两路筛上物合并继续筛理。

进机物料由单进双路或双进双路顶格分流，将物料分成两路，一半物料从第一层筛面开始经第一组 A 型筛格连续筛理，另一半物料经 B 型筛格从后外通道导入第二组 A 型筛格连续筛理（需在外通道相应位置加挡板），同时 B 型筛格将第一组筛格的筛上物经本层筛理后排向前外通道；H 型筛格将第二组筛格的筛上物经本层筛理后由本层内通道落向第三组 A 型筛格的最上一格，同时将第一组筛格排向前外通道的筛上物经本格也导入第三组 A 型筛格的最上一格，合并后继续筛理。两组筛格的筛下物（面粉）从侧面通道排出，不再筛理。

B 型筛格有外通道进料，B 型筛格与 H 型筛格可分别视为第一组和第二组筛格的最后一格，B 型筛格和 H 型筛格的筛上物相同，流向一致，在第三组 A 型筛格的最上一格合并后继续筛理；第三组筛格的筛上物料的流动方向与上面两组筛格的筛上物料流动方向一致。实际应用中，B 型筛格和 H 型筛格上方的 A 型筛格数量应相同或为相差 2 倍数的筛格。常见的组合形式有[BA]-BB-[BA]-BH-[BA]和[KA]-KB-[KA]-KH-[KA]，见图 11-25。

(5) [BA]-BG-[BA] 组合　连续用两层 BA 左（KA 左）或 BA 右（KA 右）筛格并转向 180°，使筛下物从两侧通道排出，或采用两侧同时出料的 BA 或 KA 型筛格，也能实现此功能。

[BA]-BG-[BA] 组合适用于心磨系统筛路的一组粉筛内，完成筛上物连续筛理，把筛下物（面粉）分两路排出的功能，将一仓内面粉分为上交粉和下交粉排出。BG 型筛格左侧或右侧的内通道封闭，把上面几层 BA 型筛格的筛下物经本层排向外通道，BG 型筛格和下面几层 BA 型筛格的筛下物合并从同侧或对侧内通道排下。见图 11-26。

2. 筛路图、筛理路线图

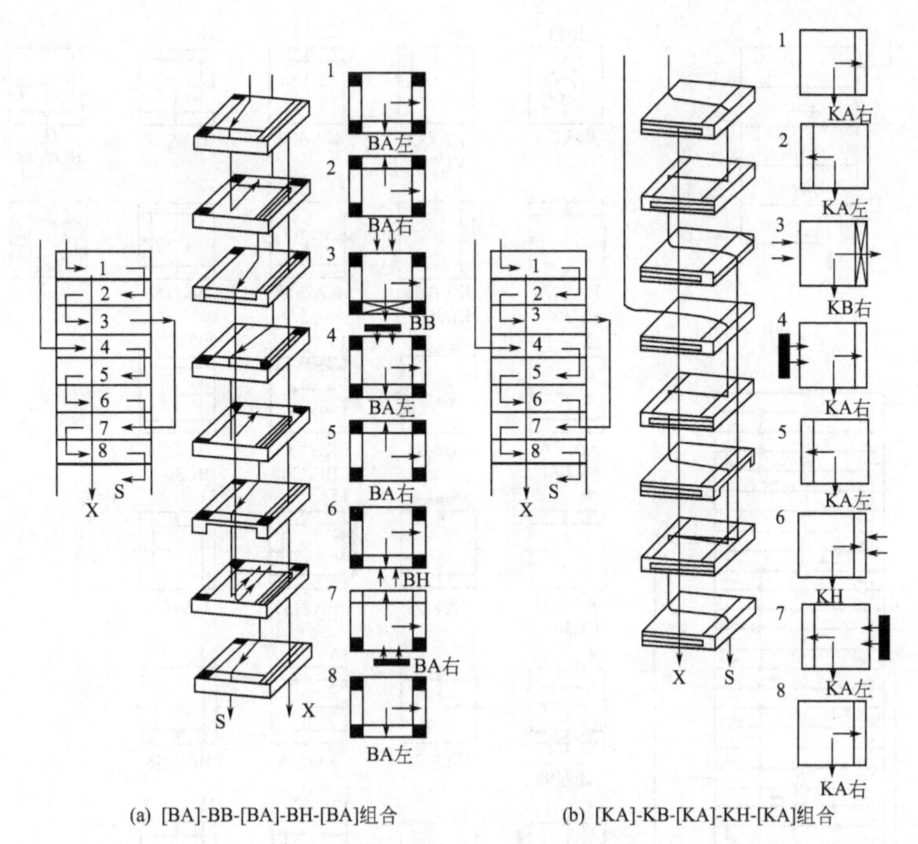

(a) [BA]-BB-[BA]-BH-[BA]组合　(b) [KA]-KB-[KA]-KH-[KA]组合

图 11-25 [A]-B-[A]-H-[A]组合

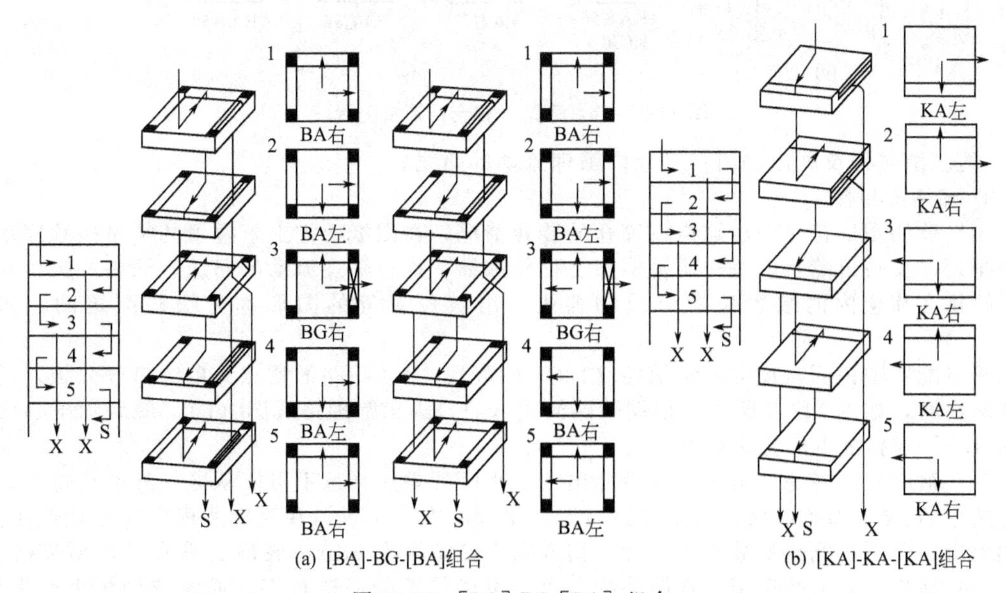

(a) [BA]-BG-[BA]组合　(b) [KA]-KA-[KA]组合

图 11-26 [BA]-BG-[BA] 组合

(1) 筛路图　筛路图又称筛理简图，如图 11-27(a)。图形绘制简单，但只反映出筛路的分级数量、筛网配备、筛理长度和筛理的先后顺序，不能反映物料在筛仓内筛理流动的路线。

(2) 筛理路线图　物料在筛仓内筛理流动路线的示意图，简称筛理路线图。如图 11-27

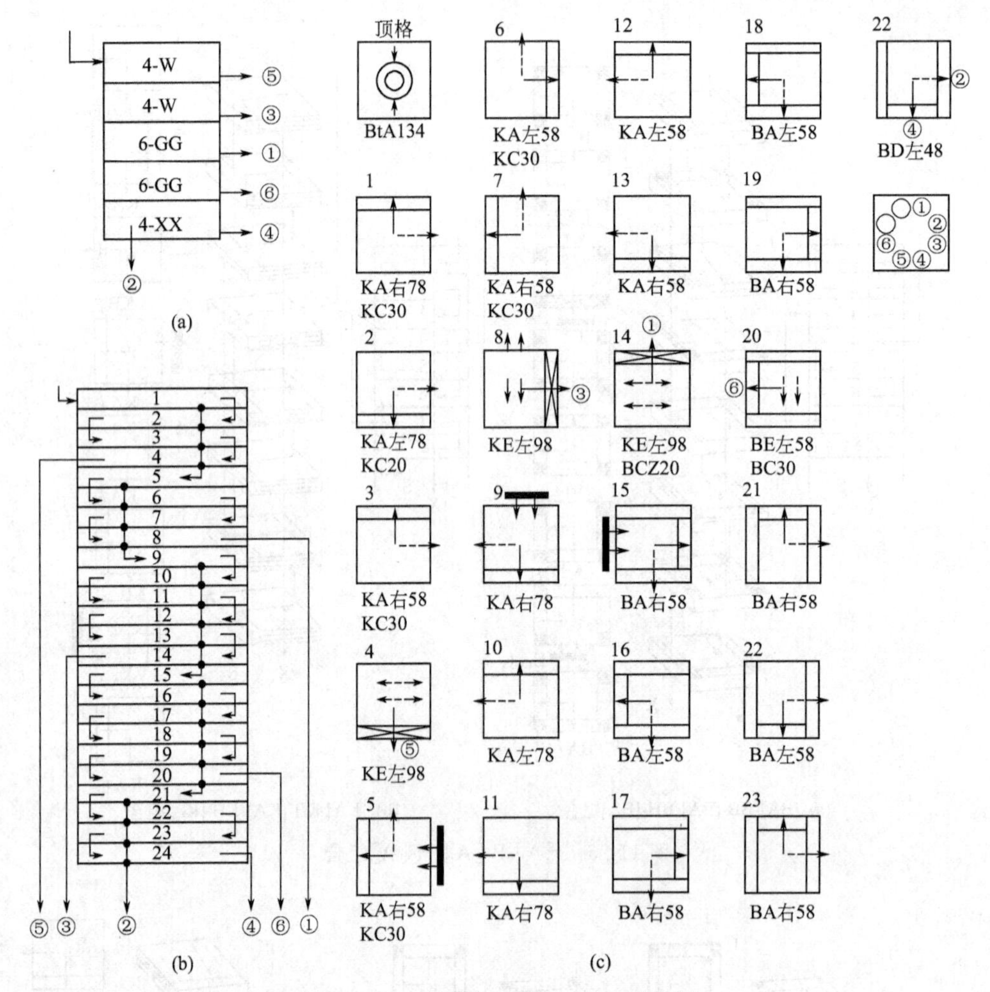

图 11-27　1＃筛路（右仓）筛格配置图

(b)。能较清楚地反映出物料在筛仓内筛理流动的路线。

3. 筛格配置图

用简单的图形符号表示筛格在筛仓的装置情况，在图纸上把上下叠置的筛格按顺序水平展开排列，反映出筛仓内每一层筛格筛上物料和筛下物料筛理流动的路线、筛格的类型和高度、筛格在筛仓内的装置位置以及物料进、出口位置等的图形称为筛格配置图。如图 11-27(c)。

筛格配置图说明：皮磨系统筛路（1＃）的配置。1＃筛路的特点为单进口五分级，适用于前路皮磨，如图 11-27 所示，根据筛路简图（a），画出筛理路线图（b），最后画出筛格配置图（c）。筛格配置的方法如下。

（1）筛底格的考虑　由于需先后分出大、小两种麸片，且不可能从同一外通道排下，故只能选用 A 或 B 型筛底格；设该筛路装置在平筛的右仓位置，在配置过程中应尽量使用前、右侧出口，分选出物料的数量为 6 种。初选筛底格型号为 BdA，底格上需采用 D 型筛格。

（2）筛格与通道的选用　在筛路的上段，可供使用的通道较多，通常选用扩大型筛格，以提高筛理能力；大麸片使用前外通道排出，因此第一格筛上物的流向必定是前后向。在中、下段由于外通道已被占用，可能只得选用标准型筛格组合，如至第 15 格时，大、小麸片及麦渣分别占用了前、右、后三个外通道，若第 15 格使用扩大型筛格时，筛下物只能用左外通道，其筛上物必为前后向筛理，造成第 15 格与第 14 格的筛上物走向平行，筛上物转向 90°，这不但降低了第 15 格筛面的利用率，流量大时还可能造成堵塞，且排到第 20 格时，筛上物料将使用内侧的内通道出口⑧，给操作管理带来不便，所以对细筛与粉筛选用标准型筛格配置。

在筛格配置图中标出每层筛格的类型，每层筛格通道使用情况示意图。

（3）填充格的选用　为将第 15 格的筛上物料与筛下物料进行隔离，在第 14 格与第 15 格之间采用具有封闭内通道功能的填充格 BCZ20；为确保筛路的处理量，在筛路上段或进料位置使用较高的筛格或使用填充格，以提高下一格筛上物料流动的空间。如本筛路上段与第 20 格筛格使用填充格。

筛格与填充格的组合方式受物料状态及筛格总高度等因素的影响，当处理筛下物含量高的物料时，可采用较高筛格与较低填充格组合；当筛上物流量较大时可选用较高填充格与较低筛格组合；由于低筛格与高填充格的总高度较小，若要增加筛理长度时通常也采用此方法。

（4）筛格高度与筛格总高度　平筛筛上物的流量自上而下逐格减少，所以筛格的高度自上而下可逐渐降低，整仓的筛格数除满足筛路要求外，其总高度还必须与筛仓总高度相适应，若过高将装不进，过低则筛格压不紧。

第四节　影响平筛筛理效果的因素

一、筛理效果的评定

制粉厂常用筛上物未筛净率来评价筛理效果的好坏。

测定方法：从设备筛上物出口取样品 100g 左右，采用配备与筛理设备相同筛号的检验筛（筛格内放 19mm 的橡皮球一只），筛理 1min（检查粉筛的未筛净率时间为 2min），称取筛下物数量，用下式计算其筛上物未筛净率。

$$筛上物未筛净率=\frac{筛下物数量}{样品数量}\times100\%$$

利用这种方法，能很快了解筛理效果的好坏，及时指导生产。

评定某一仓平筛的筛理效率时，需对该仓中的粗筛、分级筛、细筛及粉筛逐项进行评定。在实际筛理过程中，筛孔越小物料越不易穿过，越难以筛理，为简化起见，一般仅评定该仓粉筛的筛理效率。常用“粉筛筛上物含粉率”间接评定粉筛的筛理效率。在平筛出口取粉筛筛上物约 100g 进行检测（方法与上同），可得到其含粉率。

实际生产中，筛理效率不可能也不需要达到百分之百，因筛上物中允许含有少量的应筛出物将有利于保证筛下物的质量。如筛粉时，筛面上保持一定的料层厚度，保持一定的未筛净率，就能减少麸星穿过筛孔混入面粉的可能，从而保证面粉的质量。

对于粗筛、分级筛要求未筛净率尽量低，正常时应小于 10%。

对于粉筛，若未筛净率过低，则会出现筛枯现象，导致麸星混入面粉，影响面粉质量，故粉筛的未筛净率允许在 10%～20%，筛理物料含麸屑少灰分低时取低值。

二、影响平筛筛理效果的因素

1. 筛理物料的特性

硬质小麦研磨后颗粒状物料较多，流动性较好，易于自动分级。在其他条件相同时，粗筛、分级筛的筛理长度可相应短些，面粉细小易于穿过筛孔，而麦皮易碎，也易于穿过筛网，为保证面粉质量，粉筛筛网应适当加密。软质小麦研磨后物料麸片较大，颗粒状物料较少，粉状物料较多，散落性和流动性较差，在保证面粉质量的前提下，可适当放大筛网或延长筛理路线。

物料水分高时，特别是在相对湿度高的夏季，颗粒相互间的黏附性大，对筛网的黏附性也增大，流动性及自动分级性能差，细粉不易筛理且易堵塞筛孔，麸片大易堵塞通道，筛理效率降低，产量也降低。若筛网配备不变则流量应降低；若流量相同则筛理长度应加长或适当放稀筛网。

物料的粒度范围越大，散落性越好，形成自动分级越容易，前路物料比后路物料容易筛理，皮磨物料比心磨物料容易筛理。

2. 温度、湿度因素

温度和湿度对筛理效果有较大影响。温度高、湿度大时，筛理物料流动性和散落性变差，筛孔易堵塞，故在高温和高湿季节，应适当放大筛孔或降低产量，并注意定时检查清理块的清理效果，保证筛孔畅通。

3. 筛路及筛网组合与配置

各仓平筛的筛理效果与其筛路组合的完善程度直接相关。筛路组合时要根据各仓平筛物料的流量、筛理物料性质、分级后物料的数量和分级的难易程度等合理地确定分级的先后次序，并配以合适的筛理长度，使物料有较高的筛净率，同时避免出现“筛枯”现象。

筛网的配备对筛理效率、产量、产品的质量以及整个粉路的流量平衡都有很大的影响。一般应考虑筛理物料的性质及流量、各在制品的提取比例、成品的质量、筛路的类型、筛网质量和气候条件等因素合理选配。

筛网配置的一般原则是：整个粉路中同类筛网“前稀后密”；每仓平筛中同组筛网“上稀下密”；以筛理路线长短来分，筛理路线短的筛网稀，筛理路线长的筛网密；就流量大小来看，筛理同种物料，流量大筛网稀，流量小筛网密；按筛理物料的质量而言，质量好时筛网可适当放稀，质量差时筛网适当加密。

筛网的具体选配可参照同类粉路的情况及生产经验或通过筛理分级试验确定。

4. 筛面的工作状态

正常工作时，筛面既要承受物料的负荷，还要保证物料的正常运动，因此，筛面必须张紧。若筛面松弛，承受物料后下垂，筛上物料的料层不均，筛理效率降低，甚至造成堵塞。另外，筛面下垂还会压住清理块，使其运动受阻，筛孔得不到清理而堵塞。

物料在筛理过程中，一些比筛孔稍大的颗粒会镶嵌在筛孔中，若不清理必然降低有效筛理面积，降低筛理效率。另外，物料与筛面摩擦所产生的静电，使一些细小颗粒黏附在筛面下方，阻碍颗粒通过筛孔，因此，筛面的清理极为重要。

筛面的修补面积不应超过10%，以保持足够的有效筛理面积，而为了产品质量的稳定，对于已近破损的筛面特别是粉筛筛面，应及时更换。

5. 平筛的工作参数

物料的相对运动轨迹半径随平筛的振幅和转速的增加而增大。物料的相对运动回转半径增大，向出料端推进的速度加快，平筛处理量加大。若物料相对运动回转半径过大，则使一些细小颗粒未沉于底层即被推出筛面，而接触筛面的应穿孔物料因速度大无法穿过筛孔，从而降低筛理效率；若物料相对运动回转半径过小，则料层加厚，分级时间延长，降低通过的物料量。因此，平筛的振幅和转速要配合恰当。当选用较大振幅时，应适当降低转速，以防止产生较大的惯性而损坏筛体结构；当振幅较小且不便提高时，可适当提高工作转速以确保筛上物料充分的相对运动。

6. 物料的流量和物料层厚度

筛理物料的流量可随着筛面宽度、物料层厚度、推进速度及物料容重的增加而提高。还受到筛理物料的性质、粒度、筛孔及筛面的材料和有效筛理面积等因素的影响。

当其他条件不变时，提高平筛的产量，必定增加物料层的厚度，厚度增加，形成自动分级的时间相应加长，细小颗粒接触筛面的机会减少，未筛净率将会上升；对此可采用双路筛理的方法，减薄物料层厚度，或适当延长筛路及适当放稀筛网。若流量过低，筛面上料层过薄，形不成良好的自动分级，其结果将出现筛枯而影响面粉质量；对此应适当缩短筛理长度或加密筛网。

为达到相同的筛理效果，某种物料分几仓筛理，负荷分配要均衡。同道物料可采用“分磨混筛”。流量较大时，可采用“双路”筛理，减少筛上物的厚度。

7. 筛理与研磨的配合

平筛筛路的选择与筛网的配备都是与同道研磨设备的研磨效果相对应的，若研磨效果发生变化，将影响平筛中各组筛格的工作状态，影响物料的分级效果，因此，研磨设备保持稳定的工作状态是筛理设备正常工作的基本条件。

第五节　平筛的操作及故障的排除

一、平筛的操作与维护

1. 平筛的启动

（1）开机前检查项目：检查吊挂装置的可靠性，定期用扭力扳手检查上下吊杆的压紧螺栓和钢丝绳的连接情况；检查筛格和筛仓门是否压紧，检查筛仓顶部是否遗留有维修工具；检查进、出料布筒连接是否牢固可靠。

（2）启动　筛体必须在完全静止状态下启动，且筛体振动范围内无障碍物。如果不是在静止状态下启动，平筛运转不规则，且旋转半径远大于正常旋转半径，易造成进料口、出料口绒布筒脱落，还可能出现其他事故。

开机后检查绒布筒的使用情况，脱落的要重新扎紧，破损的要进行更换。认真检查工作不正常的筛仓，查找原因处理。

2. 筛格的装置与调整

（1）筛格的拆卸与安装　拆卸与安装筛格需在停机状态下进行。

拆卸筛格时，需稍提起一些再取出筛格，以防损坏筛格下方的密封条。取出筛格时，需防止损坏筛仓立柱上的密封条。摆放拆下的筛格时动作不能过大，以防筛格变形。

装入筛格时要严格按照筛格的排列序号，从下至上逐格装入，每装一格即检查安装是否正确，一般情况下不可随意改变筛格的装置顺序和装置方向。装入筛格时应注意筛格的对齐、平整，在压紧前注意检查筛格之间的结合状态。装入筛格时也需注意不要损坏筛格与筛仓的密封条。

清理筛网时，不要摔打筛格，用刷子清理时，以毛刷或鬃刷为主，钢丝网可用钢丝刷清理；筛网按使用的损耗程度及时更换，修补的筛网其修补的面积不应超过本筛网面积的10％。

安装筛格前应检查筛面的张紧程度、筛面是否糊死，如筛面松弛或糊死要进行清理或更换；检查筛面是否脱丝或破裂，如有破裂要进行修补或更换；检查推料块、筛面格内清理块是否磨损或破裂，是否需要更换；检查密封条有无脱落或破损，脱落或破损时要重新粘贴牢固或更换；检查是否窜仓或漏仓，筛格与筛面格之间的间隙是否变大。

安装筛格时，要把筛格平送到一定位置后再放在下层筛之上双手平衡用力送入，不许先落在下层筛格上再往里推，以免挤掉绒布、划破下层筛面。

（2）筛格的压紧　平筛筛格要按照筛路顺序上下叠放整齐，平筛在运转前就应检查筛格是否压紧，若压不紧会发生窜动，造成漏麸窜粉。压紧筛格时，用力要均匀适当，以免筛格变形。筛格和各通道之间的绒布要保持完好无损，否则将造成物料窜漏，影响产品质量。

应用专门扳手来拧紧垂直压紧和水平压紧机构的螺栓，不得超扭矩压紧，以免损坏压紧机构和筛仓门。

紧固压紧螺栓时要互相均衡，分次逐渐拧紧，不能一次紧完，以免设备各部分受力不均匀。

（3）筛格的调整　粉厂运行正常以后，一般不再进行筛格的调整。若因工艺需要对筛路或筛格配置进行调整时，应先画出筛格配置图，认真检查各筛格的物料是否可以走通，物料的提取是否符合工艺要求，筛仓出口的安排是否符合原有设计位置，筛格的总高度是否在平筛筛仓要求的范围内。经过检查后才可按图准备筛格，按要求将筛格装入指定筛仓。

3. 筛面的更换与调整

筛面的更换与调整是面粉厂检修和工艺调整时常做的主要工作。面粉厂要定期安排检修计划，对筛孔堵塞或破损的筛面进行清理和更换，根据工艺和产品质量要求的需要对筛面进行调整。操作工在日常生产中要经常检查物料的变化，以确定要检修筛面的筛仓和位置。

平筛的筛面中，粉筛筛网较易磨损。在生产过程中应经常检查粉中麸星数量的变化情况，若非原料、操作等方面的原因，粉中麸星增加则说明粉筛筛网已有破损，在设备检修时应及时进行检查与更换。

当原料、气候、产品质量、操作要求等情况发生变化时，常需要对分级筛筛面和粉筛筛面进行调整。通过更换筛面格，改用较密或较稀的筛网。筛网调整变化时要考虑物料流量的变化对后续设备的影响。

为调整筛面的需要，工厂中应配备一定数量的备用筛面格，安装上适用的筛网，并适当配置与当前使用筛面不同型号的筛网。备用高方平筛筛面格应按筛网号放在室内的贮存架上，筛网要清理干净，不得带有残留物料。所有备用筛面格要有明显的筛网标志。

4. 筛网绷装的操作要求

筛网须采用筛面绷装机安装，装筛网前需在格内放入清理块，再将筛网均匀张紧压在筛面格上，然后沿木框均匀刷上筛网黏结剂。

(1) 筛格表面处理　新筛格用细砂布把其表面毛刺打磨掉，使其棱角光滑，表面微毛，然后薄薄刷一次胶使其渗透到木头里面以备用；用过的筛格需用工具把其表面的面粉块刮掉，细砂布打磨筛格表面使其平整、干净、无污物。

(2) 绷装　绷装前用酒精擦净筛格上表面，筛格要放平、放正。拉紧时要先拉经向后拉纬向，需保证绷紧后筛孔保持原筛孔形状，禁止把筛孔拉变形。张紧10min后检查其张紧程度，如达不到要求应再次张紧，直到达到要求，然后压上压块开始涂胶。操作工要经常感觉不同筛号的初始张力和10min后张力状况，总结经验，才能凭经验绷紧筛网，使其达到要求的张力后再涂胶。

(3) 涂胶　均匀将胶液涂于筛面格木条与筛网接触的地方，刷胶宽度为一般筛格边框宽度，筛格外框一般不能超过木条4mm，筛格内框一般不能超过木条2mm。刷胶先刷四边，后刷中间部位。刷完胶静止20min以上（以当时使用胶的说明书为准）才能取出。

处理筛网的四边，筛上物出料端剪齐，其他三边一般要留≥2cm筛网布。

(4) 保管与存放　筛面上要记录所粘筛号；筛面格分类码垛存放，码垛时要使筛面与筛面接触，承托网与承托网接触，防止损伤筛面；筛面格必须放置于干燥通风的地方；筛面格上不准堆放杂物；对每次拆下来的筛面格，经过检查清理修复后也要分类存放。

5. 堵塞断流事故的检查与处理

生产过程中要经常巡视检查平筛的运行状况，注意观察出料布筒的情况。

若发现某个出料布筒内有积料或出料布筒将被物料涨满，则说明与此布筒相连的下层溜管已堵塞，应立即疏通下层溜管，增大下道设备的流量或打开溜管的检查口把堵塞物料排出，以避免物料继续堵塞到平筛筛仓内。

若发现平筛的进料布筒堵塞，说明物料已在平筛内堵塞严重，则应立即打开闭风器下的溜管检查口，使卸料器卸下的物料经此检查口排出到楼板面上，停止平筛的进料，然后再想法排出平筛筛仓内堵塞的物料，排堵后再关闭检查口。

6. 平筛操作与维护注意的事项

进入同一系统各仓平筛的物料流量分配要均匀，使平筛运转正常、平稳，充分发挥筛面的作用，否则各仓平筛的筛理效果不一致。若流量分配严重不均，还可能引起筛体晃动、筛面堵塞等后果。

长时间吊挂平筛筛体的吊杆或钢丝绳可能有少量的伸长，应定期检查调整平筛的高度和水平情况。钢丝绳与吊挂上座接触处容易磨损，在钢丝绳上应包裹黄油。

轴承盖上均装有压注式油嘴，每3个月或运行2000h，应对上、下轴承加润滑脂。加油脂时应用压力油枪，并将轴承座下盖中的油塞拧掉，既注入油脂，也让沉于底部的废油脂流出，加油完毕后再拧紧油塞。

二、高方平筛的常见故障及排除方法（表 11-6）

表 11-6 高方平筛的常见故障、产生原因及排除方法

故 障	产生原因	排除方法
筛理效率低（未筛净率高）	1. 物料流量过大 2. 物料水分过高 3. 筛面糊死 4. 筛网配备过密 5. 筛面松弛 6. 筛面修补面积过大 7. 筛面清理块磨损 8. 筛理面积分配不当	1. 按物料性质正确控制流量，并使同系统各仓分配均匀 2. 合理进行水分调节 3. 清理筛面 4. 根据物料性质和筛理要求调整筛网 5. 张紧筛面或更换筛面格 6. 修补面积不超过 10% 7. 检查和更换清理块 8. 根据物料性质和筛理要求选择筛路
筛枯	1. 筛理物料流量过小 2. 物料水分较低 3. 筛网较稀 4. 筛理路线过长	1. 调整操作指标正确控制流量 2. 合理进行水分调节 3. 适当加密筛网 4. 加密筛网或缩短筛理长度
物料在筛仓内堵塞	1. 物料水分大，流动性差 2. 流量过大或各仓流量不平衡 3. 筛格高度配合不当 4. 粉块在筛仓筛格内黏结 5. 筛体运动振幅小	1. 合理进行水分调节 2. 调整流量使各仓之间保持平衡 3. 调整筛格高度与进料多少相配合 4. 清除黏结的粉块 5. 找出原因进行调整
物料在筛仓或筛格内窜漏	1. 筛网破损 2. 筛格没有均匀压紧 3. 筛格变形 4. 密封绒布条脱落或折叠 5. 外通道挡板漏料 6. 筛仓的底板不平	1. 修补或更换筛网 2. 筛格要均匀压紧 3. 筛格存放要放平并定期修理 4. 及时把绒布条粘好 5. 修理挡板保持密封 6. 更换底板密封绒布
平筛筛体不正常晃动	1. 筛体吊挂不平衡 2. 同一台平筛的各仓流量不均 3. 偏重块重心不在同一垂直面上 4. 轴承配合太松或磨损	1. 筛体必须找平 2. 调节各仓流量 3. 校正偏重块的垂直度 4. 维修更换轴承

第六节 打麸机和圆筛

打麸机是专门处理麸片的设备，因为在打净麸片上黏附的粉粒时，也将物料分为筛出物和未筛出物，故一般也称其为筛理设备。

圆筛多用于处理打麸机打下的麸粉和吸风粉，这部分物料较难筛理。

一、打麸机

打麸机是利用旋转的打板的作用，将黏附在麸片上的粉粒分离下来，并使其穿过筛孔成为筛出物料，而麸片成为筛内物料。打麸机可以设置在后路处理麸片的最后一道工序，以降低副产品麸皮的含粉；也可设置在前路或中路皮磨系统的平筛之后，处理粗筛上的大麸片，打下黏附在其上的粉粒，以降低后续皮磨的负荷，有助于提高研磨效率。

打麸机根据其结构形式不同，分为卧式打麸机和立式打麸机两种，目前常用的是卧式打麸机。

卧式打麸机主要由可调打板转子、筒体、箱形机壳、可调挡板机构和传动机构等组成。FFPD 型卧式打麸机的结构如图 11-28 所示。麸片沿打板转子的切线方向从进口进入机内，在打板的作用下，麸片向后墙板、缓冲板和半圆多棱筛板撞击，使粘连在麸片上的面粉逐渐

与麸片分离，穿过筛孔成为筛下物，而麸片留存筛筒内由机体后端的出口排出。

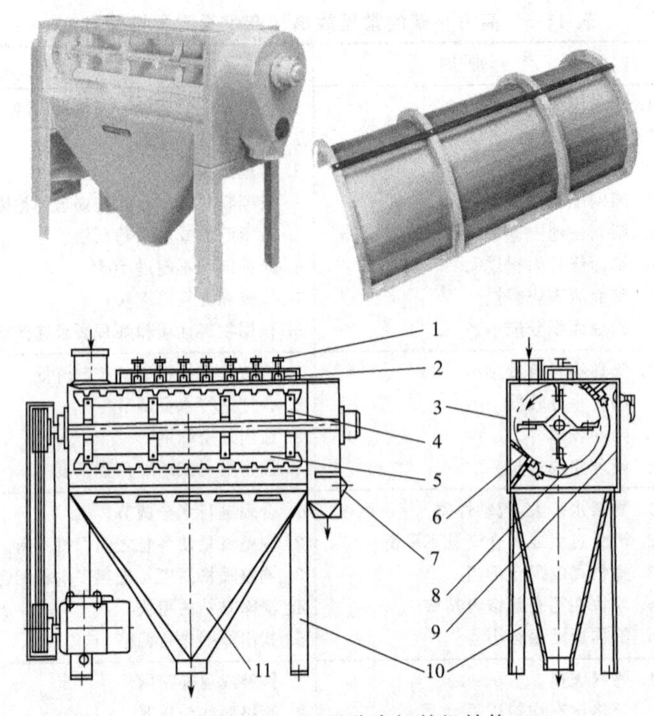

图 11-28 FFPD 型卧式打麸机结构

1—挡板固定手轮；2—可调挡板；3—后墙板；4—打板支架；5—锯齿形可调打板；6—缓冲板；7—取样门；8—半圆多棱筛面；9—检查门；10—机架；11—打麸粉出口

打板转子上装有 4 块打板，打板上有调节工作间隙用的长圆孔，打板的外沿制成锯齿形，每齿扭转 12°～15°，其作用是推进物料。后墙板、上顶板、缓冲板和半圆八棱筛组成多面工作圆筒。与水平面成 45°倾斜装置的筛面为八棱多边形，采用 0.5～0.8mm 厚的不锈钢板制成，筛孔直径有 0.8mm、1.0mm、1.2mm 三种规格可供选用。多边形的工作圆筒可阻滞麸片随打板转子连续旋转，延长物料在机体内的停留时间，保持打击强度。在机壳上顶板沿机体轴线方向装有半框形可调挡板，挡板在 45°左右范围内可调，以改变物料在机内停留的时间。

卧式打麸机的主要技术参数见表 11-7。

表 11-7 FPDW 型卧式打麸机的主要技术参数

项 目	FPDW30	FPDW45		
筛筒直径/mm	300	450		
筛筒长度/mm	800	1100		
打板轴转速/(r/min)	1300～1600	1000～1100		
吸风/(m^3/h)	300	420		
产量/(t/h)	0.9	0.9～1.1	1.3～1.5	2.0～2.5
电机功率/kW	2.2	4	5.5	7.5

二、圆筛

圆筛主要用来处理黏性较大的打麸粉和吸风粉。分立式和卧式两种，目前常用立式振动圆筛。

FSFL 型立式振动圆筛的结构如图 11-29。其主要机构为吊挂在机架上的筛体，筛体中部是一打板转子，外部为圆形筛筒。转子主轴的一侧装有偏重块，转速较高，使筛体产生小振幅的高频振动。打板转子由 4 块后倾一定角度的打板组成，打板上安装有许多向上倾斜的叶片，叶片间隔呈螺旋状。物料自下方进料口进入筛筒内，在打板的作用下甩向筛筒内表面，细小颗粒穿过筛孔，从下方出口排出，筒内物料呈螺旋状上升，被逐渐推至上方出料口排出。

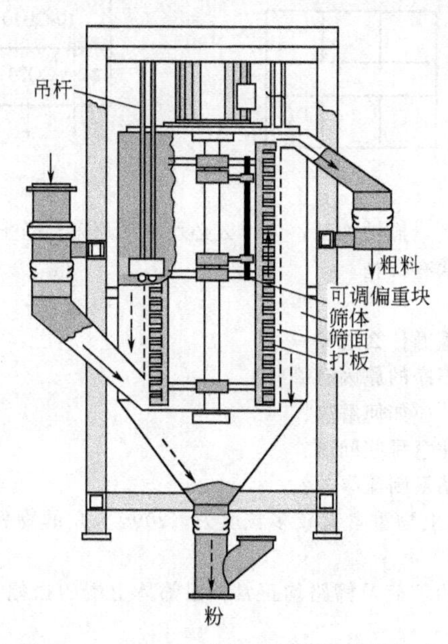

图 11-29 FSFL 型立式振动圆筛的结构

【思考与练习】

1. 筛理的目的是什么？

2. 平筛筛仓中的通道有几个，分别称作什么通道？

3. 高方平筛的顶格有几种形式，各适用于什么形式的筛路？

4. 根据筛下物的走向不同如何判别筛格的类型？

5. 试述各系统筛理物料的物理特性。

6. 某厂 1B 平筛的流程如图 1。指出该筛路的类型（进口数、路数、分级数）；各组筛格的名称；写出各种物料的名称及其粒度表达式；比较 b、c 两种物料的平均品质哪一种较好？为什么？

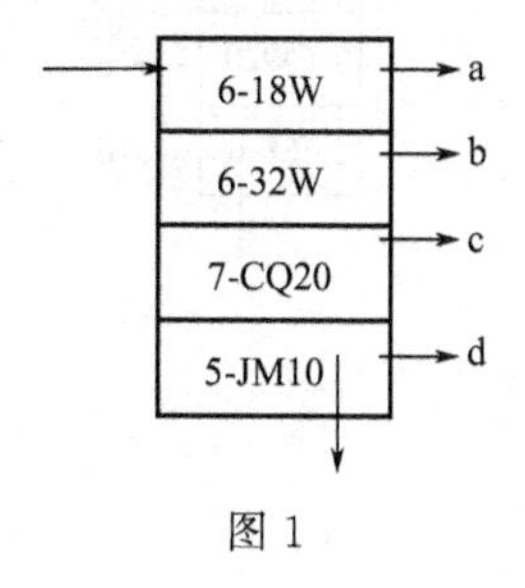

图 1

7. 试述标准型筛格的结构特征及其用途。

8. 试述扩大型筛格的结构特征及其用途。

9. 根据图 1 中的平筛流程图，画出对应的筛理路线图。并指出图中 a、d 物料的筛理长度各为多少格？

10. 某厂平筛型号为 FSFG 型，其中 1B 采用的筛路及筛仓位置（注 A）如图 2，要求画出筛理路线图、筛格配置图（含顶格、底格）。

11. 某厂平筛型号为 FSFG 型，其中 1M 采用的筛路及筛仓位置（注 A）如图 3，要求画出筛理路线图、筛格配置图（含顶格、底格）。

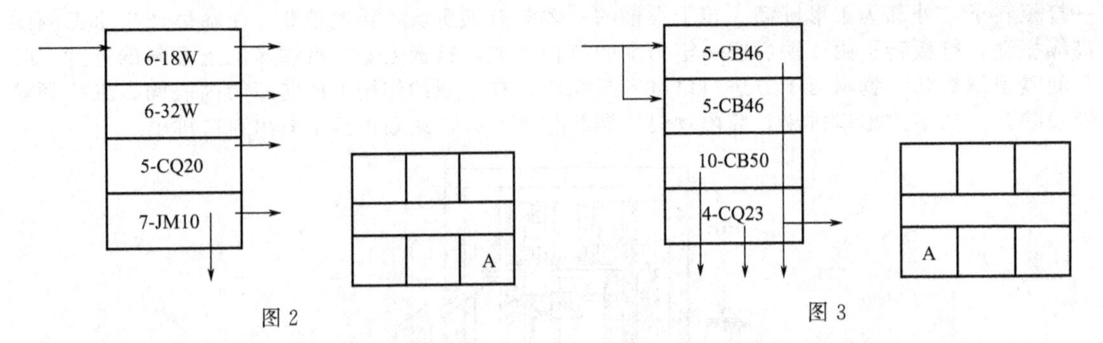

图 2　　　　　　　　　　　　图 3

12. 在生产过程中，若平筛的电源被切断，为什么必须等平筛完全静止的状态后方可再启动？

13. 影响平筛筛理效果的因素有哪些？

14. 打麸机的作用是什么？

15. 平筛的筛网配备一般应遵循什么规律？

16. 在生产过程中平筛筛理不净的原因有哪些？

17. 平筛窜料的原因是什么，应如何解决？

18. 平筛在拆、装筛格时应注意哪些问题？

19. 如何检查与处理平筛的堵塞断流事故？

20. 若在生产中发现 2B 磨磨上物重含有较多粒度为（20w/－）的物料，请指出原因？此问题应如何解决？

21. 某台 FSFG 型高方平筛的负荷及筛路均正常，但筛体上端的振幅大于筛体下端，这是什么原因？应调节什么机构？如何调节？

【实验与实训】

［实验实训十七］常见筛格组合的配置

采用 A、E 型标准型筛格进行筛格配置练习。观察、比较 A 型标准型筛格与扩大型筛格的结构。理解 A-A、A-E-A 型组合中各筛格之间物料流向、筛格结构的关系。

［实验实训十八］常用高方平筛筛路的筛格配置与调配

对下图所示的筛路进行合理的筛格配置。

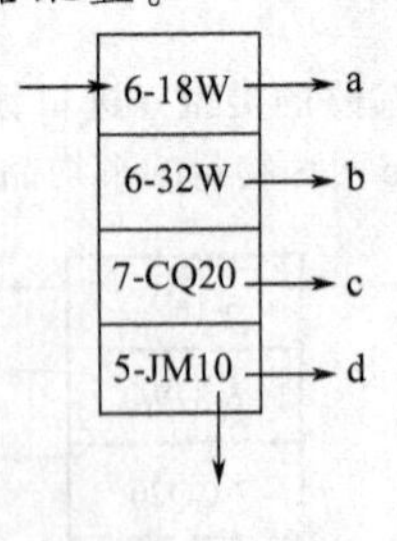

第十二章　清　　粉

学习目的

了解清粉的目的与原理。熟悉常用清粉机的主要结构、操作方法、工艺参数的选用及工艺效果的评定与影响因素。

重点难点

清粉机的结构，筛网的选配，影响清粉工艺效果的因素，清粉机的操作与维护。

第一节　清粉的工作原理

将经过筛理得到的粗粒或粗粉中的麦皮、连麸粉粒和纯胚乳颗粒彼此分开的工序称为清粉，所用设备为清粉机。

一、清粉的目的

从前中路皮磨、重筛或渣磨系统提取的要送入心磨系统研磨的颗粒状物料，其粒度接近，但质量并不完全相同。其中除纯胚乳粒外，还含有同粒度的麦皮小片和粘连麦皮的胚乳颗粒，其含量随物料颗粒的提取部位、研磨物料的特性及粉碎程度等因素的变化而不同。如果将其直接送入心磨系统研磨，它们在心磨系统强烈研磨下，胚乳颗粒被磨碎成粉的同时，麦皮也会磨碎混入面粉，从而影响面粉质量。

如在研磨之前将上述物料清粉，把混在其中麦皮小片分离出来，同时将纯胚乳颗粒与粘连麦皮的胚乳颗粒分开，送入不同的研磨系统，按其不同的制粉特性进行研磨，就可以使麦皮少混入面粉，提高面粉质量。在磨制等级粉时可提高优质粉的出率。

二、清粉机的工作原理

清粉是利用粒度相近、质量不同的混合物悬浮速度的差别，利用小倾斜角度、筛孔逐段加大的振动筛面和自下而上穿过筛面的气流的联合作用，使筛面上的物料按其悬浮速度不同形成自动分级，按穿孔的先后顺序进行分离提纯。其原理如图 12-1 所示。

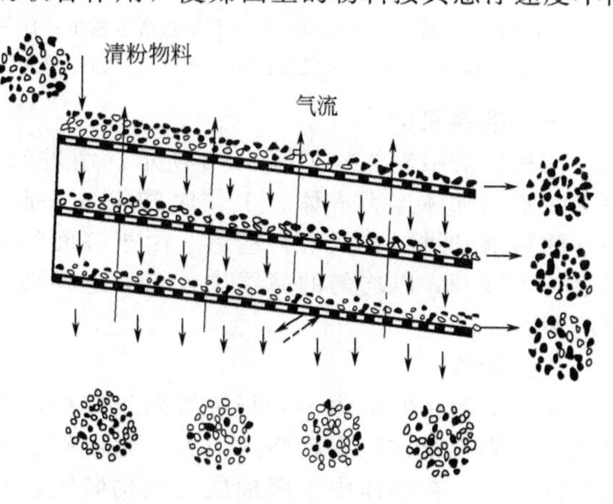

图 12-1　清粉机的工作原理

形成分级后的物料，最底层为密度较大、体积较小的纯胚乳粒，往上逐层为较大的纯胚乳粒、较小粘连麦皮的胚乳粒、较大粘连麦皮的胚乳粒、最上层为麸屑。各层间无明显界线，尤其是较大的纯胚乳粒和较小粘连麦皮的胚乳粒之间区别更小。

选择合适的气流速度，使较轻的颗粒处于悬浮和半悬浮状态，较重的颗粒接触筛面。再通过配置适当的筛孔，形成分级的物料按先下后上的顺序逐层逐段穿过筛面成为筛下物，按穿过筛面的先后顺序其物料质量逐段变次，粒度逐段变大。较大的连麸粉粒和麸屑因悬浮速度低，粒度虽小于筛孔，也不能穿过筛孔，被上升气流承托，最后成为筛上物被排出或被气流吸走。

第二节 清粉机

目前常用的 FQFD46×2×3 清粉机为自衡振动、三层筛面、复式结构。其外形及结构见图 12-2，主要由机架、喂料机构、筛体、吸风机构、出料机构和振动机构等部分组成。

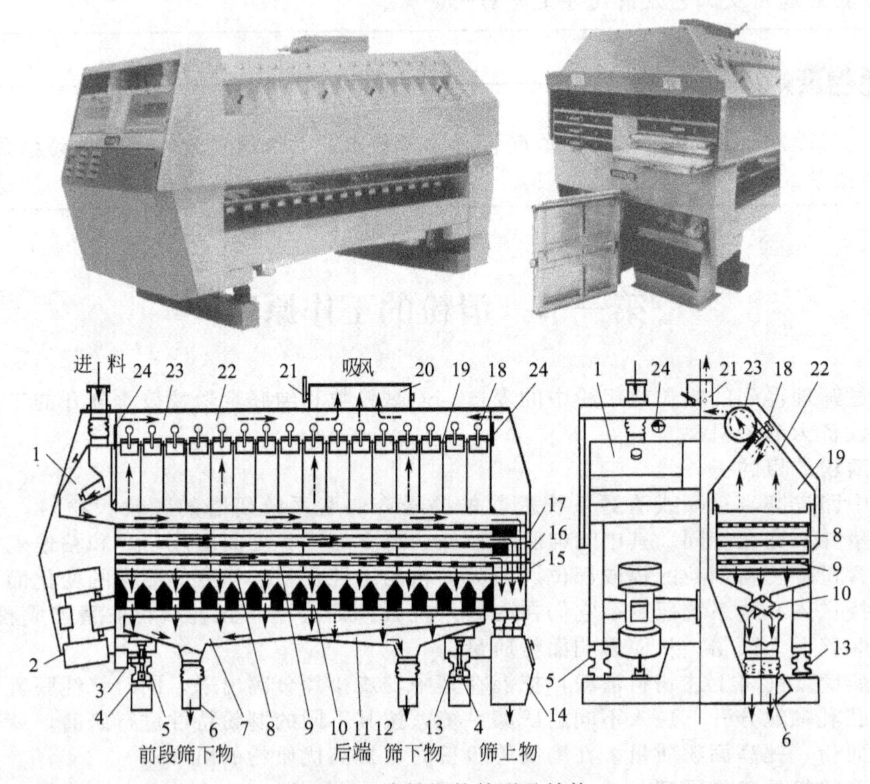

图 12-2 清粉机的外形及结构

1—喂料机构；2—振动电机；3—接料槽驱动连杆；4—接料槽支撑杆；5—前橡胶垫；6—外接料槽出口；7—外接料槽；8—筛体；9—筛格；10—筛下物分配拨斗；11—内接料槽；12—内接料槽出口；13—后橡胶垫；14—筛上物出料箱；15—下层筛格压紧块；16—中层筛格压紧块；17—上层筛格压紧块；18—单调风门；19—吸风隔板；20—吸风口；21—总调风门；22—吸风罩；23—吸风道；24—补风门

一、喂料机构

清粉机的喂料机构如图 12-3 所示。由进料室、喂料室、喂料活门、有机玻璃门等组成，整个装置与筛体连为一体，工作时随筛体一起振动，进料口与机架上的进料筒采用柔性连接，物料落到进料室及喂料室后，由于底面的振动，使物料均匀展开，喂料活门的阻滞使物料进一步展开，以均匀的薄层进入筛面进料端。松开喂料活门上的螺母可调整喂料活门的喂料间隙。

二、筛体

复式清粉机的筛体中并行装置两组筛格，每组由三层筛格、集料箱和内外两个振动输送槽组成。集料箱在三层筛格的下方，每层筛格分成四段，装置不同型号的筛面。同层筛格采用挂钩连接，在筛体中采用抽屉式结构装置。安装筛格时，筛格上的挂钩向外，后一格的筛格边框放入前一格的挂钩中，最后装入的锁紧压块的边框放入第四格的挂钩中，这样在拆卸筛格时，才可由锁紧压块将同层的四段筛格一起带出。

筛格由锁紧压块固定在滑槽内，扳起锁紧手柄，旋动后外拉即可将锁紧压块及同层四段筛格一次拉出，向上脱开挂钩便可分别摘下锁紧压块及各段筛格。各层的锁紧压块结构不同，最上层有一个物料出口，中间层有两个物料出口，最下层有三个物料出口，以使对应筛上物流经压块后，落入各自的出口，各层锁紧压块不可互换。

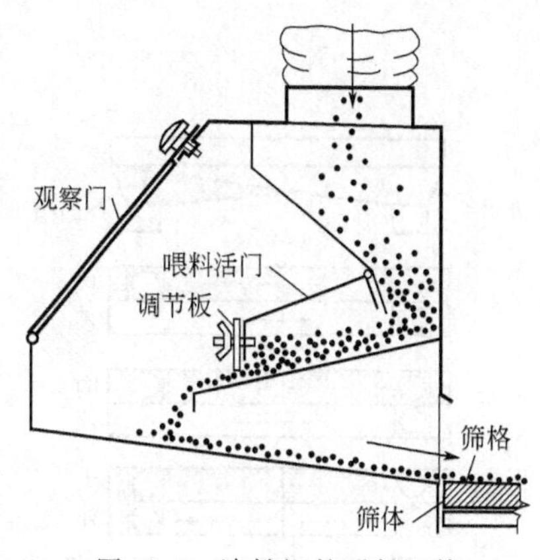

图 12-3 清粉机的喂料机构

筛格采用铝合金制造，长方形筛格大小尺寸一样，筛框架可以互换。筛格的顶面绷装筛网，筛框中间的两条轨道用以承托筛面清理刷。筛格结构见图 12-4。

由于筛上物料均为颗粒形状，其粒度与筛孔大小接近，故筛孔很容易堵塞，因此在筛面下方必须设置筛面清理机构。筛面清理目前常采用清理刷，其结构如图 12-4。

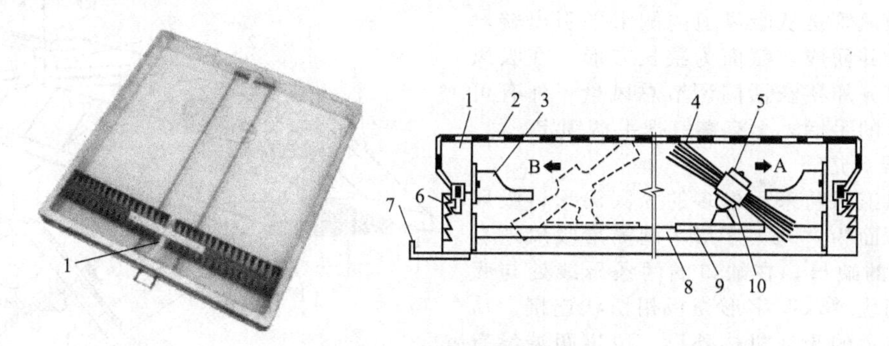

图 12-4 清粉机筛格的结构

1—筛格；2—筛面；3—碰杆；4—清理刷；5—上夹板；6—筛面张紧拉钩条；7—挂钩；8—清理刷轨道；9—清理刷滑动刷架；10—下夹板

清理刷工作时滑动刷架放置在轨道上，因刷子的重心在铰接支点的上方，故在没有较大外力冲击时，刷子可稳定地保持左倾或右倾两种状态。由于筛体的振动，刷子受惯性作用，相对筛面产生双向运动趋势，但因较高一侧的刷毛穿过筛面筛孔，受到筛孔的阻挡，所以刷子在轨道上只能朝一个方向产生间歇滑动。当刷子滑动到筛格一端时，上夹板与碰杆撞击，使刷子翻转，筛面对刷子运动的制约方向改变，刷子掉头运行，朝另一端间歇滑动。刷毛穿过筛孔，对筛面起清理作用。如图 12-4 所示状态 A 为向右滑动状态。

筛格下方设置承接、分配筛下物料的集料箱，筛下物集料箱有 16 个漏斗形出口，按纵向排列，各出口下方装有一块筛下物分配拨斗，筛下物分配拨斗可绕轴前后翻动，通过翻转筛下物分配拨斗，可选择占筛面全长 1/16 的筛下物流入外振动槽或内振动槽。集料箱外侧留有进风口，以使气流从此吸入，从筛面下方向上穿过筛面。

各层筛上物分别落入筛体尾端下方的筛上物出料箱。筛上物出料箱上方进口与筛体出口对应，通过布筒连接。每个进口下均装有筛上物分配拨斗，出料箱的 3 个出口之间装有可翻转的斜挡板，翻转筛上物分配拨斗或斜挡板，可选择各筛上物料的去向及出口物料的分配比例。

三、振动输送槽

筛体下方平行装置的振动输送槽由外接料槽与里接料槽组成，其结构见图 12-5。振动输送槽通过连杆与筛体连接，随筛体一起振动，其作用是承接来自集料箱收集的筛下物并将其送至出料口，筛下物由集料箱筛下物分配拨斗的操作位置决定进入外接料槽或内

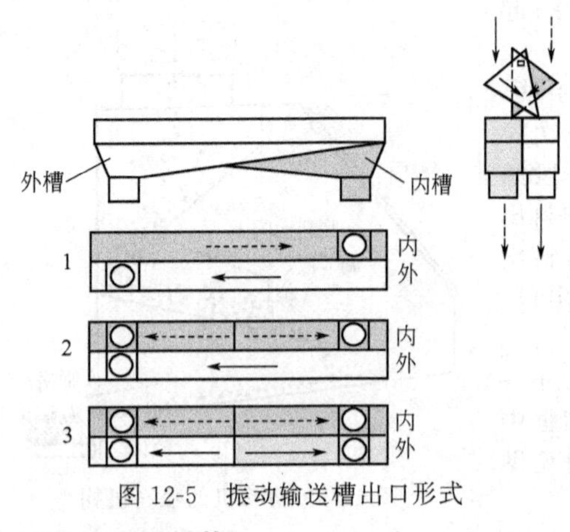

图 12-5　振动输送槽出口形式

接料槽。

内、外接料槽可选用的出口主要有三种形式，见图 12-5。1 的组合形式分选两种筛下物，但其内、外槽的出料口分别在输送槽的两端；2 的组合形式可分选三种筛下物料；3 的组合最多可分选四种物料，分别从两端排下。

振动输送槽出口形式可根据清粉机筛下物的粒度和品质状态进行组合，通过集料箱筛下物分配拨斗的调节及选用合适的振动输送槽出口形式，可控制筛下物料的种类与流量分配比。

在制粉工段，清粉机是能控制、分配物料流量和质量的重要设备。

四、吸风机构

吸风机构由吸风管、吸风道、吸风室三部分及相应的调节机构组成。如图 12-6 所示。

1. 吸风管

总吸风管是从吸风道内侧水平引出转弯向上再合并而成，截面为狭长方形。在吸风管向上部分加狭长活门调节总风量，外有可方便调节的手柄，上有螺钉把手柄锁定。

2. 吸风道

吸风道目前采用最多的为圆筒形，吸风室的横断面为“八”字形，圆筒形吸风道有一约 90°的缺口，在缺口的两条母线处与吸风室的两块“八”字形壳板相切状连接，从而组成图示的吸风机构外形。风道两端设有可调节的补风圆板活门，可在开启和全闭之间调节，来控制风道内补风量的大小。若风道内有积料时，适当打开补风门即可清除积料。

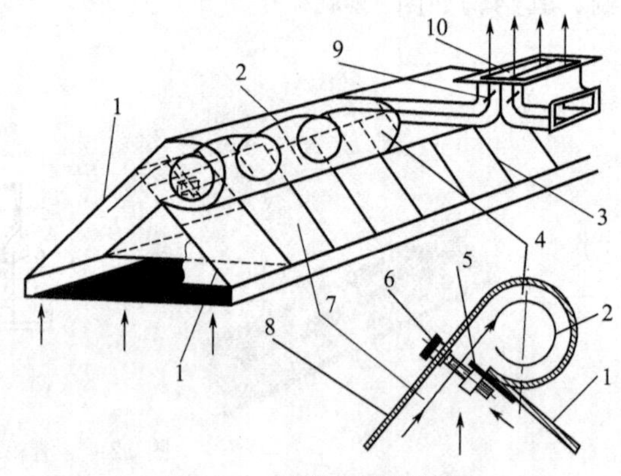

图 12-6　清粉机吸风机构

1,8—吸风室玻璃外壳；2—螺旋气流；3—隔板；4—圆筒形吸风道；5—单调风门；6—风门调节螺钉；7—吸风室；9—总调风门；10—气流出口

3. 吸风室

吸风室沿筛面长度方向用隔板分隔成 16 段，形成 16 个小风室，小风室与风道之间装有板状风门，风门的开启程度可由机壳外侧的风门调节螺钉调节。转动风门调节螺钉，可分别调节各小风室的风量，可使各段筛面的上升气流速度与筛上物的流量、品质的逐渐变化相适应。风室侧面为有机玻璃观察窗，便于调节时观察筛面物料的状态。吸风室里侧装有照明灯，以利于操作人员观察筛上物料的状况。

空气从集料箱的外侧进风孔吸入，穿过三层筛面，进入吸风室，由吸风室经风门沿吸风道圆筒切线方向进入吸风道向气流出口汇集。吸风道内的空气呈螺旋状向气流出口流动。带有粉尘的气流在螺旋状运动中，所含粉尘不易积存于风道内。

通过总调风门和各风室的单调风门可控制吸风量，使筛面上的物料应呈微沸状态，隔板之间有少量麸屑飘浮上升。

五、传动机构

FQFD 型清粉机筛体下方采用鼓形橡胶垫支撑，通过两台斜置的振动电机驱动而产生倾斜往复直线振动，筛体进料端的抛角为 10°～15°，出料端为 5°～10°，调节振动电机内的偏重块安装角可调节筛体振幅。

六、清粉机的主要技术参数

以 FQFD46×2×3 型清粉机为例，其主要技术参数见表 12-1。

表 12-1　FQFD46×2×3 型清粉机的主要技术参数

型　号	FQFD46×2×3	型　号		FQFD46×2×3
筛体个数	2	功率/kW		2×0.18
筛面宽度/mm	460	产量/(kg/h)	大粗粒	(700～1400)×2
筛面层数	3		中小粗粒	(400～700)×2
吸风量/(m^3/min)	40～70	吸风阻力/Pa	大粗粒	250～350
振幅/mm	4.25～4.5		中小粗粒	100～200
转速/(r/min)	590	外形尺寸(长×宽×高)/mm		2700×1290×1700

第三节　影响清粉机工艺效果的因素

一、清粉效果的评定

清粉机的工艺效果一般采用粗粒、粗粉筛出率和灰分降低率两项指标评定，清粉机提纯出的粗粒、粗粉的数量愈多，其灰分与清粉前的物料灰分相差愈大，清粉效果愈好。

1. 筛出率

粗粒、粗粉筛出率有时简称筛出率，是指清粉机的筛出物粗粒、粗粉流量与进机物料流量的百分比。

$$筛出率=\frac{筛下物流量}{进机物料流量}\times 100\%$$

2. 灰分降低率

灰分降低率指清粉机的入机物料灰分和筛出物料粗粒、粗粉灰分之差占入机物料灰分的百分比。

$$灰分降低率=\frac{入机物料灰分-筛下物料灰分}{入机物料灰分}\times 100\%$$

一般情况下，进机物料品质好，清粉后筛出率高，灰分降低率较低；对品质差含皮层多的物料，清粉后灰分降低率高，筛出率低。在评定清粉效果时，要两项指标综合评定。清粉机的工艺效果参考指标见表 12-2。

表 12-2　清粉机的工艺效果参考指标

物料名称	筛出率/%	灰分降低率/%
大粗粒	45～60	45～60
中、小粗粒	60～75	20～40
粗粉	75～85	20～25

二、影响清粉机工艺效果的因素

1. 物料的性质及其在筛面上的分布状态

(1) 进机物料的粒度　进机物料的粒度越大，其品质差别越大，悬浮速度差别也越明显，所以其清粉效果越好。在配置清粉机时应首先考虑提纯前路的麦渣和粗麦心，对细麦心和粗粉的清粉效果一般不如粗物料好。

(2) 物料的均匀程度　进机物料粒度均匀时，品质不同的物料其悬浮速度差别大，清粉机较好操作；进机物料粒度范围较大时，品质好粒度较小的物料的悬浮速度与品质差粒度较大的物料相同，二者较难分离，清粉效果差。

清粉物料在入机之前必须分级，且分级要细，缩小其粒度范围，以保证粒度基本均匀。

(3) 含粉情况　要清粉的粗粒中如有面粉，物料在筛面上不易松散，流动性差，将影响粗粒的正常运动，且易造成吸风粉多。所以，清粉物料在入机前必须把面粉筛净。

（4）物料在筛面上的分布状态　筛面上的物料必须有较好的自动分级，必须连续、均匀地盖住全部筛面。如果分布不均匀，破坏物料的自动分级，从而影响清粉效果。为保证物料能均匀覆盖在全部筛面上，就要求喂料均匀，筛网张紧，筛面上气流均匀，筛面运动左右平衡。

2. 筛面的工作状态

筛面的工作状态主要是指筛网的张紧程度、筛面筛孔的堵塞程度。清粉机筛面不采用钢丝筛网，而采用筛绢，易于张紧。如果筛面松弛下垂，将导致物料得不到足够大的惯性，在筛面上推进困难，则易造成料层不均；刷子不走；物料运动困难；筛孔堵塞；甚至造成设备堵塞。影响分级及提纯效果，使处理能力下降。

筛孔堵塞将影响物料和气流的穿过，筛出率降低，自动分级差，清粉效果下降。

3. 清粉机筛网的配置

清粉机筛面一般采用JMG，若筛网配备过密，可降低灰分率，但筛出率会降低；若配备过稀，筛出率增加但筛下物的品质较差。

清粉机筛网配置时须综合考虑以下因素：清粉物料的性质、粒度、流量以及所配备的吸风量等。清粉机筛网配置原则：同层筛面“前密后稀”，同段筛面“上稀下密”，各段筛孔应与进机物料的粒度范围相适应。筛面配置时一般第三层的第一段应明显稀于物料留存的平筛分级筛面的筛号，便于细小纯胚乳穿孔；第三层的最后一段筛面的筛孔与物料穿过的分级筛筛孔相等或稍大，以使最大的胚乳粒穿过；中间两段筛孔号按前后两段筛网号之差平均分配到每段上去；若差距较小时，相邻两格可选同样筛号；同段的上层筛面较下层放稀 2 号。当流量较大、要求筛下物比例增高或物料散落性较差、物料粒度较小时，可根据设备运行情况将所有筛面或某层筛面放稀 1～2 个档次。还要考虑气流的作用，风量大筛孔应放稀。

通常筛网配置时，从最下层最后一段往上、往前配。如图 12-7 和图 12-8 所示。

例：请分别为筛选粒度为 18W/32W、32W/54GG 的物料配置合适的清粉机筛网。

解：①下层第四段采用 18JMG（其筛孔尺寸为 1.18mm，比 18W 筛孔尺寸为 1.08mm 略大），其他筛面按规律配置。如图 12-7。

18W/32W			
20	18	16	14
22	20	18	16
24	22	20	18

图 12-7　18W/32W 清粉机筛网的配置

② 下层第四段采用 30JMG（由于物料是中粗粒，配置时可比大粗粒，筛孔略放稀），其他筛面按规律配置。如图 12-8。

32W/54GG			
32	30	28	26
34	32	30	28
36	34	32	30

图 12-8　32W/54GG 清粉机筛网的配置

4. 筛体运动特性

筛体运动特性包括：筛面倾角、筛体振幅、振动频率及抛角等。倾斜筛面有利于物料流动，筛面倾角现一般不需调整。振动频率一般也保持不变。筛体振幅对产量、清粉效果都有一定的影响。振幅增大，筛面上物料的运行速度加快，产量提高，物料接触筛面的机会减少，筛出率降低。在一定范围内增加抛角可促进物料的自动分级和产量的提高。抛角的大小通过两台振动电机的装置安装角来调节。

5. 流量

清粉机的流量对筛面上混合颗粒的分层分级有很大影响，其流量大小取决于被清粉物料的组成、粒度和均匀程度。被清粉物料粒度大，均匀程度好，流量可较高；被清粉物料粒度小，均匀程度差，则流量应较低。

清粉机流量的大小直接影响清粉效果。流量增大，筛面上料层加厚，气流难以穿过料层，较难形成自动分级，筛出率和灰分降低率下降，此种条件下应适当加大吸风量，以保证筛下物料纯净，同时可放大筛孔，让物料迅速穿孔，避免物料在筛面上堵塞；流量过小，料层过薄，易被气流吹穿，破坏自动分级，清粉效果下降，此种条件下应适当减小吸风量，但要保证筛下物质量。

适宜稳定的流量是保证清粉效果的重要条件之一。因此，制粉生产中应通过相应系统研磨和筛理效果的调整，合理地控制各清粉机的物料流量和各物料成分的比例。同一道系统物料占用多个清粉机筛仓清粉时，应注意将流量调配均衡。

6．吸风调节

清粉机的吸风量主要取决于根据进机物料性质和流量。大粗粒比细小物料需要较多的吸风量，流量大比流量小需要较多的吸风量。要保证各筛段筛面足够的吸风量。生产过程中如果盲目增大总吸风量或各个吸风室的吸风量，会破坏筛面上物料的分级而影响清粉效果。如果清粉机吸风量过低，则物料在筛面上不能形成良好的自动分级，带皮的胚乳颗粒会较多的穿过筛孔成为筛下物，筛下物质量变差，清粉效果下降。各清粉物料的参考吸风量见表12-3。

表 12-3　清粉物料的参考吸风量

物　料　名　称	参　考　粒　度	每组筛吸风量/(m^3/h)
麦渣	18W/36W	2000～2500
粗麦心	36W/JMG50	1500～2000
细麦心	JMG50/JM9	1000～1500

第四节　清粉机的操作与维护及故障排除

一、清粉机的操作与维护

1．吸风的调节

根据进机物料质量、性质和流量的不同，合理调节总风门、各吸风室风门及补风门。风量调节的要求为：使物料呈微沸腾状态向筛尾推进（要沸腾不要翻腾）；吸风室及吸风道中不应有物料沉积。

前后补风门开启 1/4 的空隙，观察吸风道中物料是否以螺旋状向中部出口流动并被吸出，若有物料沉积在风道中，则应开大总风门使风道中的物料被吸出；若观察不到物料流动，则应适当开大补风门，随之总风门也要相应调节，以风道中没有沉积物为原则。再检查各物料的质量和流量情况，进行各吸风室风门和分配拨料斗的合理调节。

2．筛下物排出的调节

清粉机的筛下物一般将纯净的胚乳颗粒送往前路心磨系统，含麦皮较多的混合物料送往渣磨系统。借助筛体集料箱下面的筛下物分配拨料斗可将筛下物分别根据质量的好次，按要求流入相应输送槽排出，调节时只需将拨料斗翻动到位即可。调节的准则是：观察后段筛格拨料斗内筛下物的质量，若纯胚乳颗粒不足 70％或含麦皮较多时应将其拨入送往渣磨系统的输送槽。

3．筛上物排出的调节

借助清粉机尾部的分料箱，可以直接把底层筛面的筛上物导入中层筛面的筛上物中，把中层筛面的筛上物导入上层筛面筛上物中；也可把上层筛上物导入中层筛上物中，中层筛上物导入底层筛上物中。如不需要合并，则三层筛面的筛上物分别从各自出口排出，可根据筛上物质量和工艺要求进行选择。调节时打开分料箱门，翻动分料箱中的筛上物分配拨料斗或挡板即可，但必须遵守同质合并的原则，同时要保证各系统物料流量的平衡。

如果发现底层筛面的筛上物中含有较多的纯净胚乳颗粒，则该仓的筛下物筛出率没有达到要求，要进行相应的吸风调节或调整筛网。

4. 喂料机构的调节

观察进机物料在上层筛面上的分布情况，若物料层厚度左右不均匀，可打开喂料机构的有机玻璃门按以下步骤调节：旋松喂料活门上的螺母；按料层的厚度情况将调节板的一侧向上或向下移动，使物料层均匀。

要经常清除喂料室内黏附积聚的粉尘，避免物料在喂料室内堵塞。

5. 筛格清理刷运行的检查

清理刷是用来清理筛面的，必须始终保持正常运行，做全程往复运动，并沿长度一致充分的接触筛面。

6. 筛格拆换与筛网的配置

筛格需要拆换时要在拆除筛格的原位置换上同等筛号的筛格，如同时拆换几层筛格或重新配置清粉机筛网时，要注意同层筛格的筛号按“前密后稀”依次配置，上下层同段筛格的筛号按“上稀下密”配置。

二、清粉机的常见故障及排除方法（表 12-4）

表 12-4 清粉机常见故障产生的原因及排除方法

故障	产生原因	排除方法
物料在筛面上堆积	1. 清理刷运行不畅 2. 筛孔堵塞 3. 筛网松弛 4. 流量过大 5. 筛网配置过密	1. 检修清理装置 2. 清理筛面筛孔 3. 张紧筛网或更换筛格 4. 调整流量 5. 调稀筛网配置
物料在筛面上分布不均，有裸露或走单边现象	1. 进料机构喂料不均匀 2. 筛体横向不水平 3. 橡胶轴承磨损严重 4. 筛网松弛严重	1. 维修或调整喂料机构 2. 将筛面调平 3. 更换橡胶轴承 4. 更换筛格或张紧筛网
刷子不走或时走时停	1. 刷毛磨损后刷毛过短 2. 刷毛磨损变形 3. 筛网松弛	1. 更换清理刷 2. 适当剪去刷毛磨损部分使刷毛平衡 3. 张紧筛网或更换筛格
筛出率低	1. 吸风量过大 2. 筛网配置过密 3. 筛孔堵塞	1. 调小吸风量 2. 调稀筛网配置 3. 清理筛孔
筛下物不纯	1. 吸风量过小 2. 筛网配置不合适 3. 流量过小料层薄 4. 进机物料粒度范围大 5. 其他故障	1. 调大吸风量 2. 加密筛网或根据物料性质调整 3. 调整操作控制流量 4. 加强分级缩小粒度范围 5. 见上其他故障排除方法

【思考与练习】

1. 清粉机的作用及其工作原理?

2. 穿过清粉机各段筛面的风速大小是否一样？说明理由与控制方法。

3. 若发现清粉机在工作过程中，某一段筛面上的物料呈剧烈沸腾状态，这是什么问题，有什么影响？如何处理?

4. 清粉机筛网的配备原则和方法是什么?

5. 影响清粉机工艺效果的因素有哪些?

6. 某厂使用三层筛面的清粉机处理两种物料，物料的粒度分别为（18W/36W）、(36W/JMG50)，工作流量适中，请据此配置清粉机筛面。

7. 清粉机常见的故障有哪些？分析其产生的原因。

8. 某厂1B平筛的流程图如下：请你判断哪种物料适合清粉？并配置清粉机筛面。

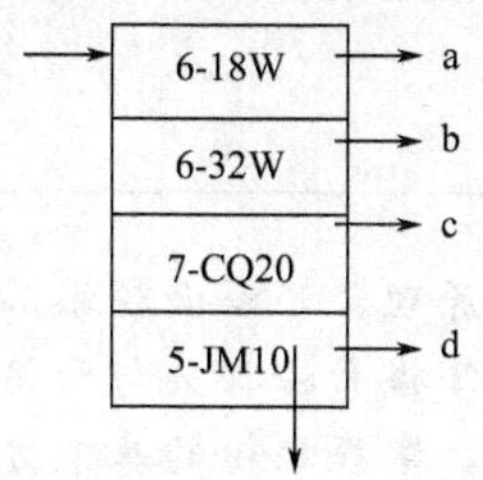

9. 清粉机的工艺效果如何评定？

10. FQFD型清粉机的振动输送接料槽具有哪些功能？每一部分可选择几种去向？

【实验与实训】

［实验实训十九］清粉机的操作与调整

清粉机筛面的调整与筛面的配置，清粉机筛上物、筛下物流量的分配与去向的调节，清粉机的风量调节。

第十三章　面粉的处理

学习目的

了解面粉处理的方法与原理，了解面粉添加剂的种类与用途，了解面粉称量与包装的方法与设备。掌握面粉收集与面粉分配的方法，熟悉常用配粉设备的主要结构与工作原理，掌握配粉的基本方法与要求。

重点难点

面粉处理的方法，面粉的收集，配粉的工艺。

第一节　面粉处理的目的与方法

一、面粉处理的目的

为使面粉质量满足制作食品的需要或为提高面粉的营养品质，对面粉进行的理化处理称为面粉处理。小麦粉的后处理是面粉加工的最后环节，这个环节包括面粉的收集与配制、面粉的修饰与营养强化以及称量与包装等。小麦粉的后处理目的有以下几个方面。

① 稳定面粉质量　通过基本粉的搭配，使制粉厂生产出的成品面粉在品质上保持稳定，满足食品加工厂对面粉品质稳定的需要。

② 增加面粉品种　通过基本粉不同比例的搭配，以及通过在小麦粉后处理中加入各种改良剂、营养强化剂，可以得到不同品质的面粉，满足食品工业的不同需求。

③ 提高面粉质量　在小麦粉后处理程序中设有杀虫机，可以击杀虫卵，防止面粉在贮藏过程中生虫；通过添加修饰剂和品质改良剂，可以改善面粉的粉色和品质。

二、面粉处理的主要方法

1. 面粉分级

按小于 17μm、17～40μm 及大于 40μm 三种粒度对面粉分级可获得蛋白质含量不同的面粉。

因较细的面粉很难用粉筛筛理，一般采用气流进行分级。如图 13-1 所示，气流带动松散的面粉颗粒在分级机内旋转时，在惯性力作用下，较重的大粒被甩向内壁，从底部出口排出，中等粒度则从上部出口进入下一道分离器分级，小粒由布筒过滤器收集。表 13-1 所示为软麦粉经过空气分级后所得产品的状态。

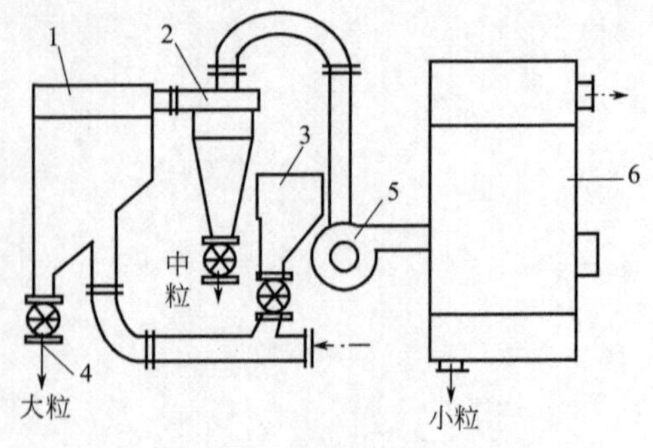

图 13-1　空气分级工艺图

1—一级分离器；2—二级分离器；3—进料斗；4—闭风器；5—风机；6—布筒过滤器

2. 面粉品质改良

（1）漂白　面粉的增白主要是通过氧化作用而实现的以加速新加工面粉中微量脂溶性类胡萝卜素的氧化作用，使面粉色泽变白。故这类氧化剂也称漂白剂或增白剂。目前常用过氧化苯甲酰增白剂。

过氧化苯甲酰对麸皮的颜色无作用。过量

的添加不但可能超过卫生标准，还会使面粉呈青灰色。在增白过程中，大量的维生素 E 遭到破坏。由于具有一定的毒性，世界上许多国家禁止进行增白处理。

表 13-1　含蛋白 9.5%的软麦粉经空气分级后所得结果

物料状态	小粒	中粒	大粒	物料状态	小粒	中粒	大粒
分级比例/%	20	47	33	蛋白含量/%	20	5.7	8.4

（2）添加食用纤维　食用纤维对人体有一定的营养作用。面粉中添加的食用纤维常为小麦麸皮、燕麦麸皮、大豆皮、棉籽粉、米糠、玉米胚、小麦胚、啤酒粕等，加入前必须经过改良处理，以改善其口味，通常采用两种以上混合使用。

（3）增强面粉筋力的改良方法

① 使用面筋氧化剂　对面粉蛋白质具有强烈氧化作用的无机或有机化合物称为氧化剂，其作用是氧化面粉蛋白质分子的巯基，形成大分子面筋网络结构，使面筋延伸性减小，可塑性增加，提高面团弹性、韧性和持气性，增大面包的体积。氧化剂还能抑制蛋白酶的活性，使面筋蛋白质免遭蛋白酶分解破坏。氧化剂还有一定的漂白作用，使粉色变白。

② 使用活性面筋　小麦活性面筋是从小麦中提取的天然面筋蛋白质，亦称谷朊粉。因在提取过程中未破坏其胶体性质，故称为活性面筋。是一种优良的面粉品质改良剂，主要用于筋力较弱的面粉中，可提高面粉的面筋含量与品质。

③ 使用乳化剂　乳化剂是一种多功能的表面活性剂，它能与面筋蛋白质互相作用形成复合物，使面筋质分子互相连接起来变成大分子面筋网络，可增强面团的弹性、韧性和持气性，增大面包体积，改善面包组织和柔软度，还能与油、水吸附在一起，使面团中各种成分均匀混合在一起。面条粉添加含大豆磷脂的乳化剂后可提高面团弹性，增加延伸性，使表面光滑，并使熟面有良好的口感，不易老化；可使油炸面减少酸度，延长保存期。

（4）减弱面粉筋力的改良方法

① 使用还原剂　还原剂的作用与氧化剂相反，能使蛋白质分子由大分子变成小分子，降低面团筋力和弹性、韧性，使面团具有良好的可塑性和延伸性。常用的还原剂有 L-半胱氨酸、亚硫酸氢钠和山梨酸。

② 使用淀粉　在面粉中加入少量淀粉，可以降低面筋浓度，降低面团弹性、韧性和筋力，提高可塑性，淀粉用量通常为 5%～10%。

③ 使用熟面粉　将面粉进行蒸制或烤制成熟面粉，使其中蛋白质变性，失去吸水胀润的功能，加入后可降低面团筋力。

（5）营养强化　营养处理即采用营养添加成分来加强面粉的营养效果，故也称为面粉的强化。营养强化剂主要可分为维生素、氨基酸和无机盐三大类。

① 维生素　面粉中常用的维生素类有：维生素 A_1、B_1、B_2、C、D、E 及其衍生物。

② 氨基酸　色氨酸、苯丙氨酸、赖氨酸、苏氨酸、蛋氨酸、亮氨酸、异亮氨酸及缬氨酸 8 种氨基酸在人体内不能合成，如果缺少就不能有效地合成蛋白质。故营养的强化就是添加这些人体必需的氨基酸及其衍生物。

③ 无机盐　面粉中常用的无机盐类以钙盐、铁盐为主。钙盐类一般与维生素（如维生素 D）共用，以促进其吸收；作为强化用的钙盐既有无机酸钙也有有机酸钙。铁盐类一般容易在胃肠道中转变为离子状态的铁吸收；此外，抗坏血酸以及肉类可增加铁的吸收。面粉营养强化剂的使用要无损于原有食品的风味，保持营养成分的合理平衡，防止过量摄入。

第二节　面粉的收集

在粉路中，对各道平筛筛出的面粉进行收集、组合与检查的工艺环节称为面粉的收集。

一、面粉收集的目的

粉路中平筛各仓筛一般都配有粉筛，因此粉路中一般有数十个出粉口，须设置相应的设备收集各出粉口排出的面粉。由于面粉来自粉路中不同的部位，品质不相同，这就应该根据产品要求及粉的品质，对各出粉口提取的面粉进行分配、组合，以形成符合要求的产品。由于平筛漏料、串筛等原因，提取的面粉中可能混入少量料粗的物料，故对收集后的面粉应采用检查筛进行检查，将其中的粗粒选出。

二、面粉收集的方法及设备

1. 面粉收集的工艺过程（图 13-2）。

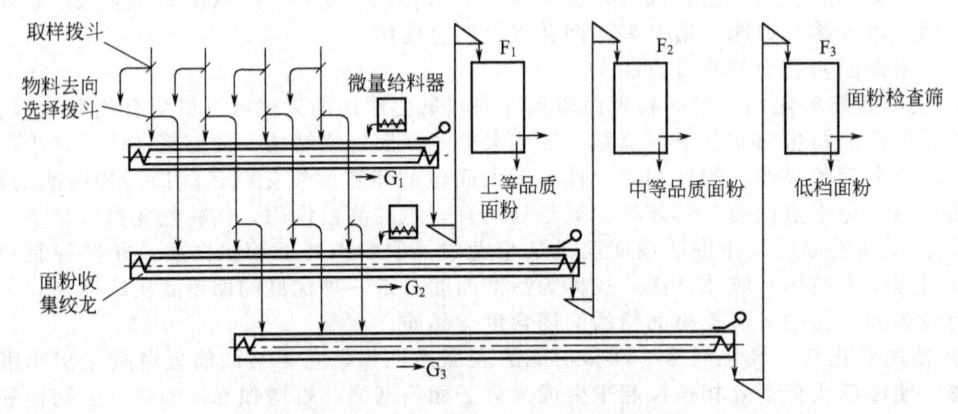

图 13-2 面粉收集的工艺过程

2. 面粉收集分配的方式

面粉的收集方式是通常由设在平筛下一层楼面上的螺旋输送机来收集，该螺旋输送机也称为粉绞龙，一般为 2～4 台，各台粉绞龙分别收集档次不同的面粉（即基本粉），送入对应的检查筛。粉路越复杂、平筛数量越多，出粉点就越多。一般情况下，平筛的每个仓都有1～2个出粉口（1B 筛因分级数多，可不设粉筛而没有出粉点，仅 1D 设粉筛），各出粉口所出面粉的品质可能不同，对这些面粉进行合理的分配、组合是面粉收集系统的主要操作内容。

由于各方面条件的变化，平筛提取的面粉品质可能改变，因此每个出粉口提取的面粉去向应可选择，一般粉路前路提取的面粉选择汇入较高档次的产品，中后路提取的面粉相应选择进入收集中、低档次产品的粉绞龙。为方便工艺测定时取样，面粉溜管中还应设置专门的取样拨斗。

由于在生产过程中可以根据面粉的状态对粉的分配组合进行调节，各台粉绞龙的工作流量因此可能改变，故相应的提升设备宜采用对流量变化不敏感的斗式提升机；面粉的流动性较差，较易引起堵塞，在粉绞龙出口上方须装置溢流报警开关，提升机底座轮轴上须装置转速传感器。在设计选择各台粉绞龙时，其设计输送量也应按其可能出现的最大输送流量考虑。

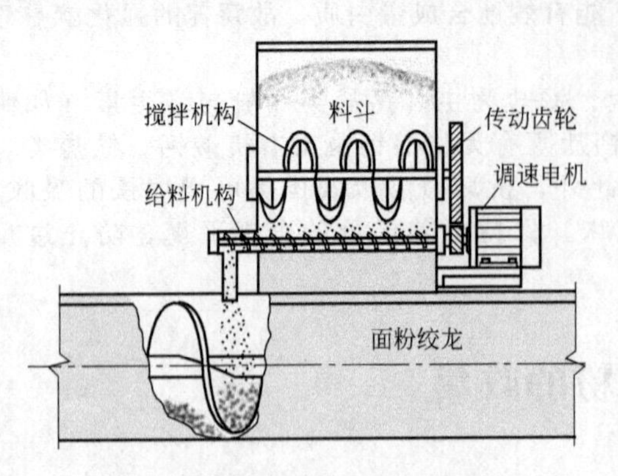

图 13-3 微量给料器的总体结构

3. 微量给料器

在无配粉手段的制粉工艺中，利用粉绞龙还可向面粉中加入少量粉末状添加剂，如为改善产品外观加入的面粉增白剂等。由于添加量很小，应采用专门的微量添加设备将添加剂加入粉绞龙中，利用粉绞龙将其混合均匀。常用的微量添加剂设备如图 13-3 所示。

该设备主要由给料机构、搅拌机构、料斗及调速电机等组成。由调速电机传动，电机的转速可在40～1000r/min无级调节，通过调节转速，给料量可为1.5～35g/min；料斗中设置搅拌机构，可防止斗内粉料结拱，有利给料均匀。

4. 面粉检查筛

检查筛通常采用高方平筛或双筛体平筛。通过检查筛的面粉进入包装工序或计量后进入配粉仓。检查筛的筛上物一般送入中、后路心磨处理。

当检查筛筛面的规格采用对应产品的全通筛号时，检查特一粉时单位流量为5～6t/(m^2·d)，检查特二粉时可达6～7t/(m^2·d)，一般采用平筛作为检查筛。

第三节　配粉设备

将不同原料生产的面粉按一定的比例进行搭配并混合均匀的工艺过程，称为配粉。根据需要还可在粉中加入适量的添加剂。

一、配粉目的与方法

配粉可以使面粉产品满足面制食品制作的需要，且营养更适合人的要求，同时也可使得生产过程及产品的质量保持稳定。因此配粉工序是较完善粉路不可缺少的一部分。常用的配粉方法有粗配粉与精配粉两类。

二、配制专用粉的依据

1. 基础粉的性状

在制粉车间用常规方法所形成的各路粉流，其性状由所选用原料及工艺、操作等所决定。专用粉的质量除对白度、麸星、灰分、湿面筋含量的要求外，更应注意其所形成面团的流变特性、破损淀粉情况等。因生产某种专用粉一定要有某些特定性状的基础粉，添加剂的使用也只能改善、调整某些性状，有的则是无法改变的。破损淀粉所造成面粉品质的影响，也只能根据需要做些改善，没有办法使淀粉再完整起来。故基本粉的性状是配制专用粉的主要依据。就此，生产专用粉首先要精选原料、精设工艺、精心操作，生产出适用的基础粉。

2. 专用小麦粉的理化质量标准

面制食品的类型很多，品种日新月异，并因地区、习惯的差异也有不同要求，故对专用粉的要求也有所不同。

3. 添加剂的性能和使用原则

了解添加剂的性状和效能是配制专用粉的主要依据之一。因各种添加剂的效能是多方面的。如氧化剂可以增强筋力，也有漂白作用。选用应注意其商品质量的可靠性、稳定性，使用面粉添加剂应遵循“安全、合理、有效、有限”的原则。

三、配制专用粉的方法

专用粉的生产有多种途径，在制粉车间生产等级粉的基础上，根据专用粉的基本质量要求，形成专用粉或以此作为基础粉，加入所需的添加剂，配制成专用粉，这是最常用的方法。

1. 配麦法

这是最基本而常用的方法，适用于一般专用粉的生产。关于小麦搭配的有关内容详见相应的章节。

2. 配粉法

这是现代化大型粉厂所用的方法，便于较大批量的生产各种专用粉。首先以筋力不同为主的小麦分别加工成不同品质的面粉，分别贮存于各粉仓，再根据不同专用粉的质量要求，通过混配设备，按比例配制成各种专用粉，必要时加入添加剂。这样生产的专用粉质量稳定、品种可多一点，灵活一点，便于随用户的需要及时拼配。

3. 在线粉流混配法

这是当前我国中、小型粉厂常用的方法。由于小麦籽粒中蛋白质的数量和质量在各部位不均匀分布，在籽粒横切面上，蛋白质含量由中心向外沿逐渐增加，而质量也有较大差别，故在制粉生产线中各系统所形成的粉流质量各有不同，必要时使用添加剂，拼配成某些专用粉。

四、配粉设备

1. 配粉仓

配粉仓的结构。单个配粉仓的结构见图 13-4，一般由仓体及振动仓底组成。配粉仓仓截面应尽量近似正方形，边长一般为 1.5～3m，仓体高度一般为 15～22m。仓截面过小或仓体过高都可能使仓内面粉易结拱。仓体内壁均匀涂抹防水涂料，使之保持光滑，不黏结面粉。因面粉的流动性很差，若采用普通仓斗面粉很难流出，故仓底基本上为筒形，并装置振动仓底。

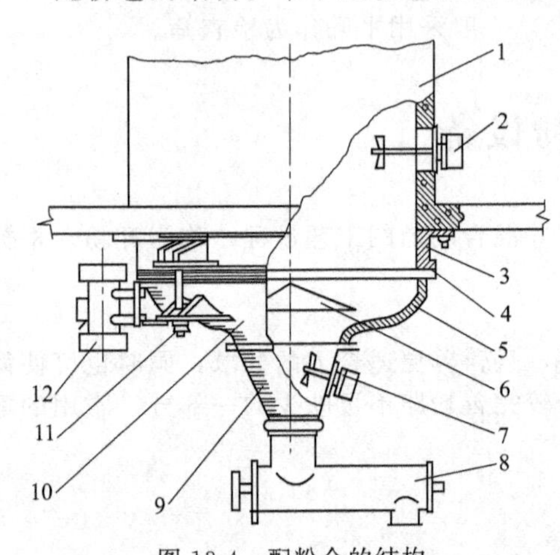

图 13-4　配粉仓的结构

1—仓体；2—中料位器；3—出口底座；4—橡胶套；5—仓斗；6—减压匀料伞；7—下料位器；8—输送设备；9—锥形斗；10—振动仓位；11—吊挂机构；12—振动电机

（1）振动仓底　振动仓底（亦称为振动仓底卸料器）由出口底座、吊挂机构、仓斗及振动电机组成。出口底座装置在配粉仓的仓底。仓斗采用吊杆吊挂在底座下，与上、下接口之间均采用橡胶软套连接，仓斗沿水平方向可产生自由振动。在振动电机的推动下，仓斗产生受迫振动，使仓斗内的物料顺利流出，因仓中充满面粉，对振动的阻尼作用较大，因此须采用较大型号的振动电机，以提供足够的策动力。仓斗出口上方还设有减压匀料伞，以消除仓内物料的压力对出口的直接影响，以利面粉均匀流出。仓斗出口较大，为 500mm 左右，一般通过锥形斗与输送设备进口软连接。

（2）配粉仓的设置　配粉仓的总仓数一般为 8～12 个，仓数较多时，配粉过程中仓容积的利用率较高。总仓容量一般为 4～6 天的面粉产量。仓容量过小时面粉搭配控制较困难，仓容量过大则投资额较高，且易造成面粉在仓内停留时间过长而导致结拱。采用精配粉工艺时仓容量应偏大取值。

2. 螺旋式给料器

螺旋式给料器通常装置在配粉仓出口下，由其控制配粉仓的出料流量及出料时间。为防止仓内结拱，锥形斗的出口较大，相应给料器的进料口也较大，其口径一般不小于螺旋叶片直径。因振动仓底对出料流量无限定，给料器进口充满物料，若采用普通满面式等螺距叶片，则每段叶片的输送能力相等，将导致整个给料器中充满物料，充满系数≈1，很容易使设备发生堵塞，如图 13-5(a) 所示。若进料段较长时，后段叶片被前段叶片向后输送的物料充满，不能再从料斗接收物料，故在料斗中将形成相对静止的“死区”，易诱发面粉在料斗

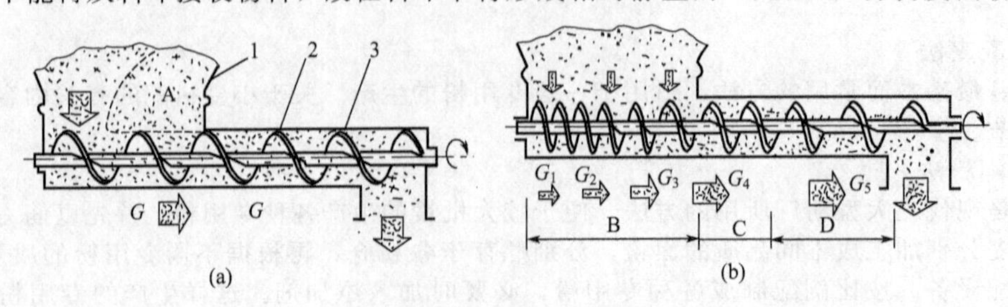

图 13-5　螺旋式给料器的工作原理

1—锥形斗；2—螺旋叶片轴；3—机壳

A 物料在仓出口形成的死区；B 进料段；C 过渡段；D 输送段

中结拱。

螺旋式给料器的正常工作状态如图13-5(b)所示，其给料器的螺旋叶片由3部分组成，即进料段、过渡段及输送段，三段的叶片状态不同，通常是各段叶片的螺距有差别，相应各自的输送能力亦不同，即$G_1<G_2<G_3<G_4<G_5$。

进料段一般采用变螺距叶片，其输送能力沿轴向逐段增加，前段叶片向后推送的物料不能使后段叶片间充满，使之能再从进口接收物料，因此锥斗中的物料可沿轴向均匀下沉，能防止物料在斗中结拱。

过渡段的叶片螺距等于进料段叶片螺距的最大值，且不再变化，其中仍充满面粉，充满系数≈1。螺旋给料器的工作转速主要根据过渡段的叶片结构状态进行计算。

$$n=\frac{G}{47D^2\gamma\eta S_g} \tag{13-1}$$

式中，n为螺旋给料器的工作转速，r/min；G为给料器的出口流量，t/h，该流量根据配粉要求确定；D为叶片工作直径，m，由出口流量的大小选择，一般为0.25～0.35m；γ为面粉的容重，t/m^3，一般为0.5t/m^{3}左右；η为过渡段面粉的充满系数，考虑到轴及叶片占一部分空间，取$\eta=0.8$；S_g为过渡段叶片的螺距，m。输送段的螺距一般等于0.8～1D，相应S_g等于(0.5～0.6)D。

由于过渡段采用满面式叶片，$K=1$，不代入式中。

3. 配粉秤

配粉秤用于精配粉工艺。由于须经常输入配粉的参数，因此一般采用个人计算机控制配粉秤的运行。配粉秤的称量基本原理类似麦路用电子自动秤，区别在于进料控制较复杂。

配粉秤的主要技术参数为称重，通常采用500kg/秤或1000kg/秤的配粉秤，工作周期一般为3～6min。

4. 混合机

混合机与配粉秤配套使用，都为精配粉设备。

(1) 工作过程　混合机为间歇式工作设备，通常设置在配粉秤下方，与配粉秤协同运行，共同由计算机控制。生产过程中，混合机保持转动状态，当配粉秤放料入混合机后，混合机开始混合，一般需要3～5min才可使机内物料的混合均匀度达到要求。到达规定时间后，混合机开门排料，定时关闭料门，关门到位后，配粉秤再向混合机放入下一秤面粉。

由此可见，混合机的工作周期应与配粉秤相同，混合量与配粉秤称量值相等。

(2) 结构　混合机的主要工作结构见图13-6，主要由螺带轴、机壳、传动电机及进/出口组成。

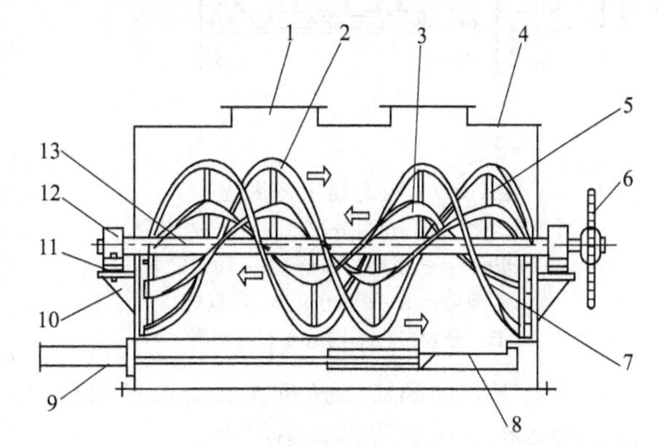

图13-6　卧式螺带混合机的结构

1—进料口；2—外螺带；3—内螺带；4—机壳；5—螺带撑杆；6—传动链轮；7—刮料板；8—下料门；9—料门驱动机构；10—轴承座支架；11—可调垫块；12—轴承座；13—螺带轴

螺带轴的结构特点是内外双层双头螺带，内外螺带共轴、等螺距、逆向，外窄内宽，其工作原理类似螺旋输送机。因共轴转动的内外螺带分别为左、右旋向，故在其推动下，内、外层物料产生逆向流动，在机内形成大规模的对流混合作用，逐渐使面粉混合均匀。在混合机两端的撑杆上装置有可调刮料板，通过调节，应使刮料板贴近混合机侧壁，以使所有物料都参加混合。

主轴两端轴承与支架之间设有可调节垫块，通过调节，可使外螺带贴近机壳底部，以保证混合均匀度。为缩短排料时间，混合机的排料门较大，可采用气动或电动机构驱动。

混合机的排料时间一般为10～30s，排料流量也较大，为与后续输送设备衔接，应在混合机下方设置出料缓冲斗，斗与混合机的机体之间也应设置导流管。缓冲斗的设置也有利于大型混合机下料门的动作。缓冲斗的有效容积一般等于混合机的一次混合量。

第四节 配粉工艺

一、粗配粉工艺

较典型的粗配粉工艺流程见图13-7。

粗配粉的配比与产量均由配粉仓下的给料器控制，其控制原理与给料器参数的选择原理类似配麦过程，各给料器的出口流量＝配粉总流量×对应面粉的配比，其出口流量的调节一般通过改变螺旋式给料器的工作转速来实现。

粗配粉工艺使用的螺旋式给料器通常采用变频调速的异步电动机传动或采用电磁调速电机传动，最大出口流量一般应等于配粉总流量。操作时根据配比计算各给料器的出口流量，相应调节给料器的工作转速，从而使配比及配粉总流量达到要求。

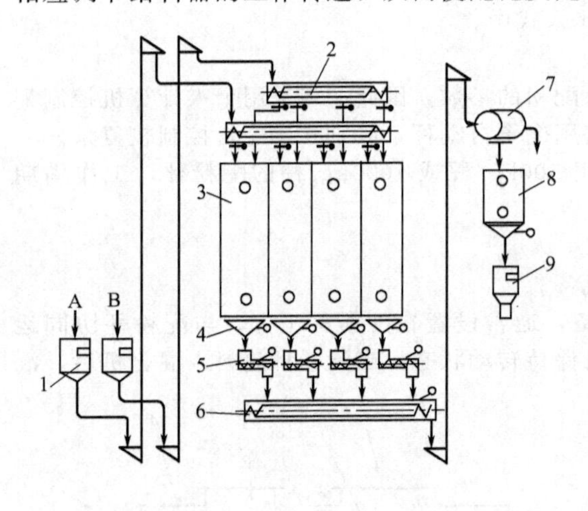

图13-7 粗配粉工艺流程

1—计量自动秤；2—仓顶分配绞龙；3—配粉仓；4—振动仓底；5—螺旋给料器；6—输送绞龙；7—清理筛；8—中间仓；9—打包机

A、B：分别来自不同的面粉检查筛

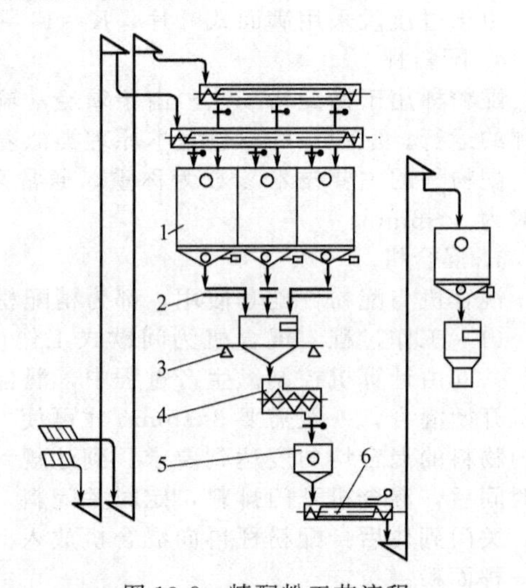

图13-8 精配粉工艺流程

1—配粉仓；2—给料器；3—自动秤；4—混合机；5—缓冲斗；6—输送设备

给料器下方的螺旋输送机在收集输送面粉的同时，还使搭配在一起的面粉混合均匀。在该螺旋输送机上可装置微量给料器。

二、精配粉工艺

较典型的精配粉工艺流程见图13-8。

为使面粉的搭配较精确，在精配粉工艺中采用重量搭配的方式，使用电子自动秤对各种面粉进行计量，并由计算机对整个工艺进行控制。工艺过程中的各类设备都处于相互关联的间歇工作状态。

配粉秤上各给料器的输送能力通常一致。配粉秤进料时，输送不同品种面粉的给料器先后进料。为与混合机可靠配合，每秤所有面粉的进料须适当提前完成，待混合机排空关门后，配粉秤才开门卸料。

混合机的进口与配粉秤的出口直接连接，进料后即开始完全混合，完全混合时间一般应超过2.5～3min。到达规定时间后开门排料，等待一定的时间后再关门，开始下一个混合周期。

三、粗配粉与精配粉结合的工艺

较完善的配粉工艺为粗配粉与精配粉结合的工艺，该工艺主要由相互关联的粗配粉系统与精配粉系统组成，如图 13-9 所示。在该工艺过程中，粗配粉仓既可用来进行粗配粉，也可作为精配粉的面粉贮存仓，因此可采用仓容量较小的精配粉配粉仓，以便于安装配粉设备，提高车间建筑利用率。

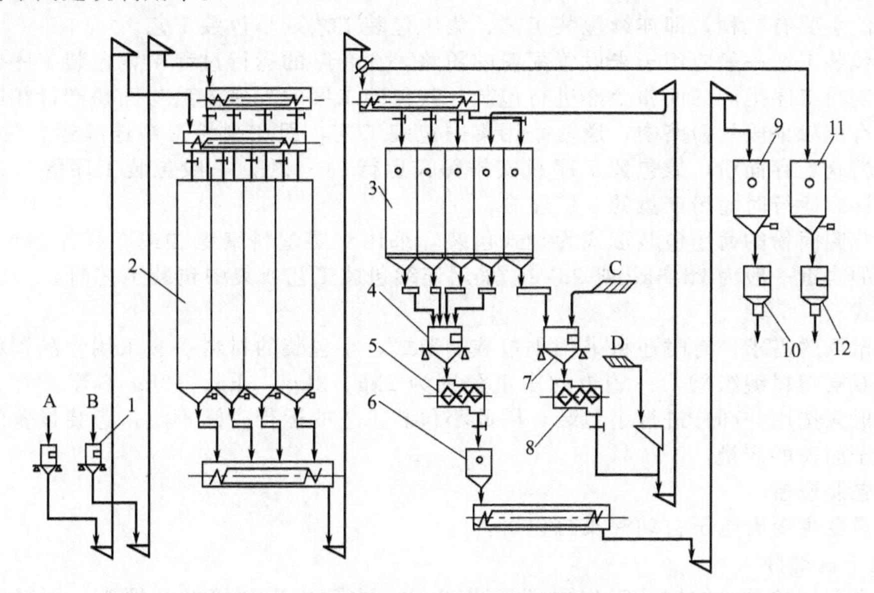

图 13-9 较完善的配粉工艺

1—面粉计量自动秤；2—粗配粉仓；3—精配粉仓；4—配粉秤；5—混合机；6—缓冲斗；7—预混合粉配粉秤；8—预混合粉混合机；9—精配粉成品中间仓；10—精配粉成品打包机；11—粗配粉成品中间仓；12—粗配粉成品打包机

A、B：分别来自不同的面粉检查筛；C、D：表示添加剂

可根据市场的需要，在生产中采用粗配粉系统配制要求较低的产品，也可采用精配粉系统配制要求较高的产品；若有需要，可同时采用粗配粉系统及精配粉系统进行生产。为便于微量元素的添加，可自行配制预混合粉。

四、配粉的操作

1. 粗配粉工艺的操作

在粗配粉工艺过程中，操作的主要内容是给料器转速的控制，应按照配方及配粉总流量来调节对应给料器的工作转速。

工作过程中，应经常通过观察窗检查螺旋给料器的进料斗内的物料，看其是否均匀下沉；在配粉仓上、下位置及振动仓底下的锥斗中均应设置料位器，若仓体料位显示“有料”而锥斗料位显示“无料”时，说明在振动仓底上方面粉已结拱，控制系统应立即报警。经常检查输送绞龙上方设置的微量给料器的给料是否均匀。定期检查安装在螺旋给料器出口上方的溢流报警开关是否有效。

2. 精配粉工艺的操作

在精配粉工艺过程中，主要的操作对象为控制计算机。计算机在运行过程中不断检测秤斗中物料的质量，并根据配粉总量及配方来控制各有关给料器的开或停；计算机还随时检测各台设备的工作状态，如检测到异常情况即报警并采取相应措施。操作人员在运行过程中应密切注意计算机显示器上的信息，若有问题应及时纠正。如，若发现确定的进料提前量不符合要求时应立即进行修正；若发现规定时间内缓冲斗中的物料未排空，应及时检查输送设备的工作状态。

第五节 面粉的包装

一、面粉包装的方法

面粉包装是粉路的最后工作环节，其运行是否正常也将影响到产品质量的稳定性。包装的工艺方法主要有三种，即连续包装工艺、集中包装工艺及小包装工艺。

连续包装工艺一般应用于未设置配粉的粉路，在粉路的运行过程中，包装工序也须连续运行，对制粉工序生产的面粉全部进行包装，其包装工序的工作流量与面粉产量相同。

在具有配粉手段的粉路中，通常采用集中包装工艺，即在制粉工序连续运行的情况下，由于有配粉仓贮存面粉，故包装工序只安排每天运行 8～12h，一般包装工序的工作流量是制粉工序连续运行时面粉产量的 3 倍左右。

目前我国面粉的通用包装形式为袋式包装，采用双层塑料编织袋或布袋作为包装材料，一袋面粉的净重一般为 22.5kg 或 25kg。采用连续包装工艺或集中包装工艺时，一般使用通用包装形式。

根据市场的需求，有时还将采用小包装的形式，小包装的材料一般采用食品塑料袋、双层纸袋或双层塑料编织袋，一袋粉的净重分别为 2kg、3kg、5kg、10kg 不等。由于生产的面粉中一般只选用一部分进行小包装，因此小包装工艺的运行时间不定，包装设备的工作流量一般小于面粉的产量。

二、包装设备

包装设备主要有电子自动秤及打包机。

1. 电子自动秤

电子自动秤的总体结构及工作原理见图13-10，主要由进料绞龙、秤头、下料门、称重控制机构及机架等组成。

工作过程中由微处理器对秤的整个工作过程进行控制，其工作原理类似麦路电子自动秤。因面粉的流动性较差，故由自动秤自带螺旋式给料器进料，并可根据进料量的多少，进行快加料或慢加料，以达到较高的称量精度。

控制器通过料位器监测进料斗及出料斗中的物料情况，若进料斗中无料或出料斗中满料时，即停止秤斗的运行。

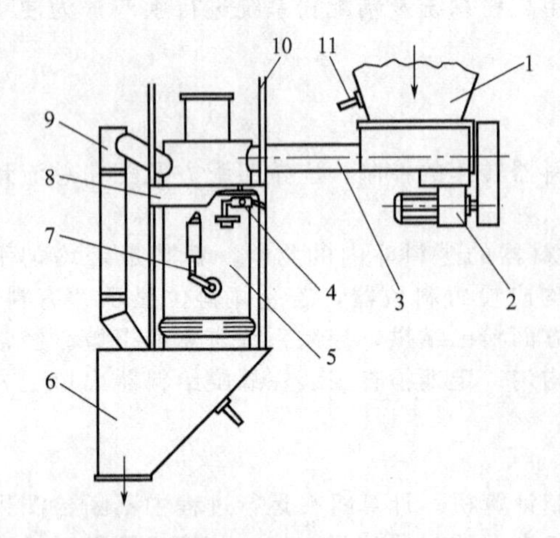

图 13-10 面粉包装电子自动秤的总体结构

1—进料斗；2—减速电机；3—螺旋式给料器；4—测力传感器；5—秤斗；6—出料斗；7—下料门气动控制机构；8—机架；9—导流管；10—吊杆；11—料位器

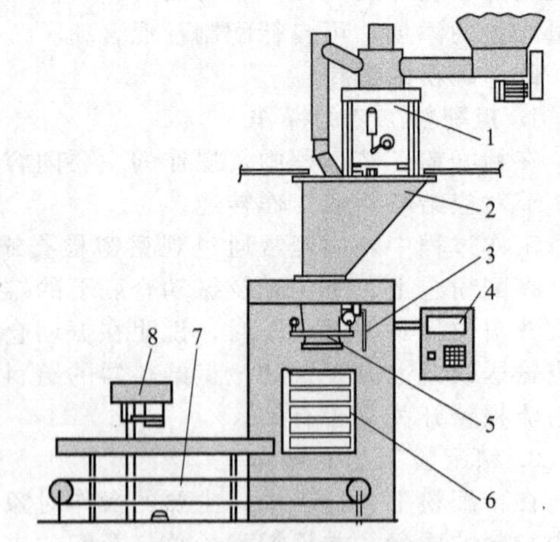

图 13-11 单工位打包机的总体结构

1—自动秤；2—下料斗；3—操作手柄；4—控制箱；5—夹袋机构；6—振动器；7—输送带；8—缝口机

2. 打包机

打包机的作用是将一定重量的面粉灌装到包装袋中，通过夯实或压实后，利用缝口机将袋口封闭。打包机有自带自动秤及不带自动秤两种类型，当包装形式为通用包装时，常采用自带自动秤的单工位或多工位包装机。而小包装面粉则采用专用的小包装机。

(1) 单工位打包机　一次灌装一包且工作位置不变的包装机称为单工位打包机。

① 结构与工作过程　单工位打包机的总体结构见图 13-11，主要由电子自动秤及灌装、缝口设备组成。

单工位打包机一般由两人操作，一人负责套袋，一人操作缝口机。将空袋套在下料斗出口上并触动操作手柄，由气动系统驱动的夹袋机构即将面粉袋口夹紧，秤斗中若已装有规定重量的面粉，即开门将粉灌入袋中；为便于缝口，位于面粉袋侧面的振袋器在其偏心机构的驱动下进行振袋，将袋中面粉夯料。完成灌装后，触动与气动开关相联的操作手柄，已装好的面袋落下，由输送带输送至缝口机位置，缝口后即完成包装。

每秤称量值等工作参数在灌装前通过控制箱输入，运行过程中的各种参数在控制箱上显示。

灌装时有少量粉尘溢出，在接料口侧面应设置吸风口，吸风量为 1500～1800m^3/h。

② 技术参数　单工位打包机的型号为 MWPE，最大包装产量为 15t/h。

(2) 多工位打包机　分若干个环节循环运行的包装机称为多工位打包机，常用的为四工位打包机。

① 结构与工作过程　四工位打包机的工作原理见图 13-12，主要由带转盘的包装机构与配套的自动秤、振袋器、输送带、缝口机及控制器组成。

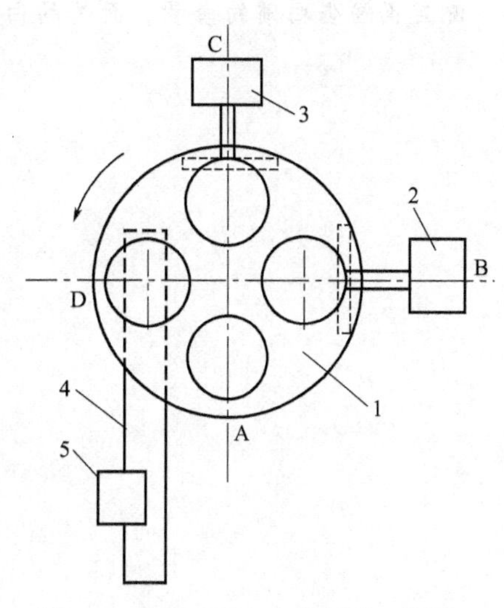

图 13-12　四工位打包装机的工作原理
1—转盘；2，3—振动器；4—输送带；
5—缝口机
A 套袋工位；B 灌装及振动工位；
C 振袋工位；D 放袋工位

设备的主要工作机构是吊装在机架上的转盘，转盘下有四个带有夹袋机构的灌装口，工作过程中，转盘每次旋转 90°，相应每个灌装口均与一定的工位对应，随着转盘的转动，对于每个灌装口均按：套空袋→灌装及振袋→振袋→放袋四个工位循环运行。工位的每一次转换动作均由套袋后按下气动开关来启动，当空袋转到第二个工位并锁定后，自动秤将已称好的面粉灌入并进行振袋，在第三个工位再次振袋，至第四个工位时，将已夯实的面袋落在输送带上，送至缝口机位置实行缝口。

与单工位打包机比较，四工位打包机的操作运行较简单，易实现较高的操作频率，较适合产量较高的场合；由于设备动作较多，机械结构较复杂，占地面积较大。

② 技术参数　四工位打包机的型号为 TDBZ31×17-4；包装重 25kg/袋；最大包装产量 15t/h。需用压缩空气气压：0.4～0.6MPa，消耗量：0.0016m^3/袋。

【思考与练习】

1. 面粉处理的目的是什么？面粉处理的主要方法有哪些？

2. 面粉按小于 17μm、17～40μm 及大于 40μm 三种粒度分级，获得蛋白质含量不同的面粉，其含量高低规律是什么？

3. 在无配粉手段的粉路中，若要在面粉中加入添加剂，可采用什么方法？在这种情况下，如何控制面粉中添加剂的含量？

4. 为什么不宜采用气力输送的方式来收集粉路中的面粉？

5. 目前，在生产过程中，一般用什么方法来提高面粉的白度？在处理过程中应特别注意什么问题？

6. 增强和减弱面筋筋力的方法各有哪些？
7. 什么是面粉的营养强化？面粉的营养强化的类型有哪些？
8. 简述面粉收集的目的。面粉收集的方式是什么？基本粉是怎样形成的？
9. 配粉的方法有哪些？如何运用？设计配粉仓时应注意哪些方面？
10. 为什么螺旋式给料器采用变螺距叶片？
11. 为什么混合机与配粉秤要配套使用？
12. 粗、精配粉操作的要点是什么？
13. 简述多工位打包机结构要点与工作过程。

【实验与实训】

［实验实训二十］面粉品质的分析

测定面粉蛋白质的含量、面粉的白度、粗细度、灰分等指标。

第十四章　小麦制粉工艺流程

学习目的

了解工艺流程的类型及设计依据，熟悉工艺流程的组合方法，掌握工艺流程的设计步骤与内容，会分析工艺流程。

重点难点

工艺流程的组合方法，工艺流程的设计步骤与内容，工艺流程的设计与分析。

第一节　工艺流程概述

一、工艺流程的设计内容与原则

制粉工艺流程包括：小麦的清理流程和小麦的制粉流程。

1. 小麦的清理流程

按净麦的质量要求对原料小麦进行连续处理的生产过程为小麦清理流程，也叫麦路。清理流程中包括除杂、水分调节和搭配等工序，它是制粉生产过程的重要组成部分，设备运行的效果对制粉工艺与产品质量的影响很大。

麦路的作用就是利用各种清理设备进行合理的组合，完成对小麦中的各种杂质较为彻底地清除，使之符合入磨净麦的纯度要求；对原料小麦进行水分调节和搭配，使净麦的工艺品质达到较理想的状态。

2. 小麦的制粉流程

将小麦制粉过程中的研磨、筛理、清粉以及打麸（刷麸）等工序，按一定规律和要求进行有机的组合，来完成对小麦的加工，生产出合格产品的过程称为小麦制粉工艺流程，简称粉路。

制粉工艺流程设计的原则与稻谷加工工艺流程设计的原则基本相同。

二、小麦清理流程的设计依据

1. 入磨净麦的质量标准

毛麦经过清理和调质后，净麦质量应达到以下指标。

① 尘芥杂质不超过 0.2%，其中砂石不超过 0.015%；粮谷杂质不超过 0.5%；基本不含磁性金属杂质。

② 入磨水分符合要求。

③ 小麦搭配比例合理，润麦时间适中，调质理想。

2. 原料品质与含杂情况

麦路中各工序的设置应与原料的性质、含杂情况对应，原料的情况越复杂多变，就要求麦路的适应性越强，工艺手段越完善。

3. 工厂规模

工厂的规模不论大小，都应有较完善的清理流程，但大型厂一般采用单机设备组合，并有下脚整理工序，而小型厂则多采用组合清理设备，工艺的组合须考虑组合清理设备的配置情况。

4. 设备条件

选用质量好、效率高的设备组合麦路，既可保证工艺效果，又可减少设备的数量，简化工艺流程。因此，选用时对拟用设备须有较清楚的了解。

5. 其他条件

背景条件、气候、地理条件等对麦路组合也有影响，如改造现有麦路将受到较多条件的限制；在气候寒冷的地区，麦路中须设置小麦升温设备，润麦仓需要有隔热保温措施。

三、制粉工艺流程的设计依据

1. 工厂规模

日处理小麦量（t），生产班次。

2. 原料情况

小麦来源、容重、灰分、硬麦与软麦及白麦红麦的比例。

3. 成品要求

产品等级与标准。

4. 设备情况

设备投入的条件与要求。

5. 采用技术

制粉工艺类型，自动控制程度与要求等。

6. 其他条件

厂房条件，扩大再生产情况等。

第二节 小麦清理流程

一、小麦清理流程类型

1. 干法清理工艺

干法清理工艺主要包括筛选、去石、精选、打麦、风选和磁选等工序。小麦表面的清理主要利用打麦设备来完成。在工艺过程中设置专门的水分调节工序。

2. 湿法清理工艺

湿法清理工艺包括筛选、精选、磁选、洗麦等工序。采用洗麦机对小麦进行处理的工艺方法称为湿法清理工艺。洗麦机具有表面清理、去石及着水等功能，可简化工艺，减少投资。但由于用水量大并污染环境、着水精度难以控制等原因，目前很少采用。

3. 剥皮（碾麦）清理工艺

在清理过程中采用碾麦机进行小麦表面处理的工艺方法称为剥皮清理工艺。碾麦机较彻底地清理了小麦表面，碾碎了强度低于小麦的各类杂质，有利于水分调节。但由于碾麦后小麦的皮层较破碎，在制粉时麸皮易碎，影响优质粉的出率，因此目前应用较少。

目前，干法清理工艺是较为普遍的清理方法。

二、麦路的组合

小麦清理流程一般由原料的接收、原料搭配分流量控制、毛麦清理、水分调节、光麦清理等工段组成。

1. 原料的接收

从运输工具接收的原料，经初步处理后送入贮存仓，这个过程称为原料的接收。原料接收工艺流程为：

接收原料 → 圆筒初清筛 → 磁选 → （振动筛） → 中间仓 → 自动秤 → 原料贮存仓

原料接收工序的特点是工作流量大且不稳定，设备负荷不均衡。当运输工具为散装自卸汽车时，卸料坑应能容下一车量的散装原料，输送设备的转运能力应不低于 50～100t/h；

若接收的原料全部为包装形式时，一般为人工进料，但转运能力也应不低于 30t/h。

原料接收时应对原料进行计量。为保证初清的效果，接收工序中一般设一道初清筛，有条件也可设置两道，第一道可为圆筒初清筛，第二道采用振动筛。

2. 原料的搭配与流量控制

原料搭配一般采用毛麦搭配，主要包括车间毛麦仓、配麦器等设备。仓下的配麦器控制原料搭配比例及后续毛麦清理工序的流量。

3. 毛麦清理

在毛麦清理工段中，一般设置筛选、风选、去石、精选、打麦及磁选等设备。毛麦清理的一般流程为：

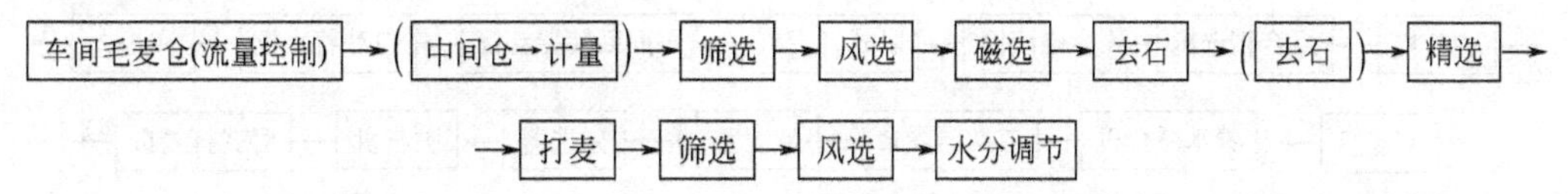

毛麦清理的第一道是筛选设备，一般选用振动筛，并配有垂直吸风道，能除去大部分大杂、小杂、轻杂。第一道去石机一般应设在精选、打麦之前；精选一般设在打麦之前，起到保护精选设备及达到较好的精选效果的作用。处理毛麦的打麦机应采用轻打，打后的物料必须采用筛选与风选结合的方式处理，以清除物料中的小杂和轻杂。在打麦之前至少应设置一道磁选，且宜采用具有自排杂能力的磁选设备。在第一道筛选设备之前可设置自动秤，对毛麦进行检测计量，秤前应设中间仓。

4. 水分调节

水分调节一般包括着水机与润麦仓。根据要求，可采用一次着水工艺或二次着水工艺。润麦仓下的配麦器控制光麦清理工序的流量。

5. 光麦清理

为彻底清除原料中的各类杂质，确保入磨麦的纯度，对水分调节后的小麦还应进一步进行清理，这一过程为光麦清理。光麦清理一般具有去石、打麦、筛选、风选、磁选等设备。光麦清理工序的一般流程为：

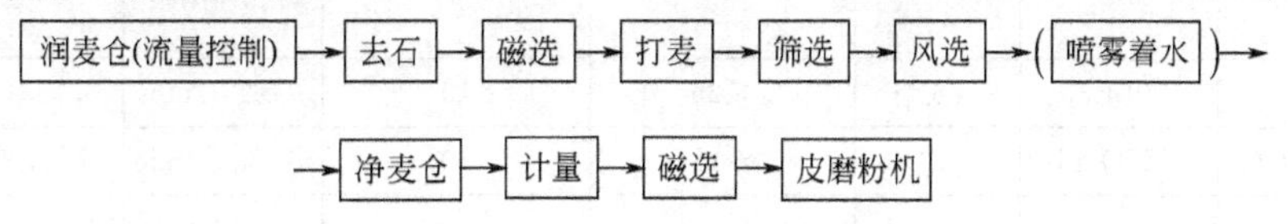

针对光麦的打麦应为重打，打麦后必须设置筛选与风选。在入磨前设置自动秤，可较精确地了解入磨流量，有利于生产管理。去石一般应设置在光麦清理的第一道。小麦进净麦仓前可采用喷雾着水。在入磨前可设置一道磁选，以保护磨粉机。

三、麦路设计的方法与步骤

① 根据设计依据，收集有关资料，制定基本方案。

② 确定基本流程，绘出麦路草图。

③ 计算并确定麦路的主要工艺参数。

④ 选择设备型号规格，计算、确定设备的数量。

⑤ 合理组合风网并进行风网的初步计算，选择合适的风机。

⑥ 绘制正式的流程图，编写设计说明书。

四、设计举例

1. 设计依据

(1) 原料情况　以国产中等容重以上的小麦为主，来源较广，含杂 1.5%左右（其中砂石约 0.5%，含有一定量的荞子和大麦），灰分为 1.8%，毛麦水分为 11%～13%。

(2) 成品要求　等级粉粉路，能生产专用面粉。主要产品为特一粉，出粉率 70%左右。

(3) 生产能力　日处理小麦 200t，三班生产。

(4) 设备条件　采用国产设备。

（5）原料由铁路与公路运输，有散装与包装两种形式。原料接收后进立筒库贮存，毛麦搭配，毛麦仓每天一班进料。

2. 主要设计过程

（1）制定基本方案　由于原料情况较复杂，含杂量大且杂质种类多，麦路设计要完善齐全。麦路拟采用三筛、两打、两去石、一精选、三磁选的干法清理工艺；采用室温水分调节，二次着水润麦，润麦时间为20～36h；进行毛麦搭配；毛麦、净麦计量。

（2）确定基本流程并绘制麦路草图

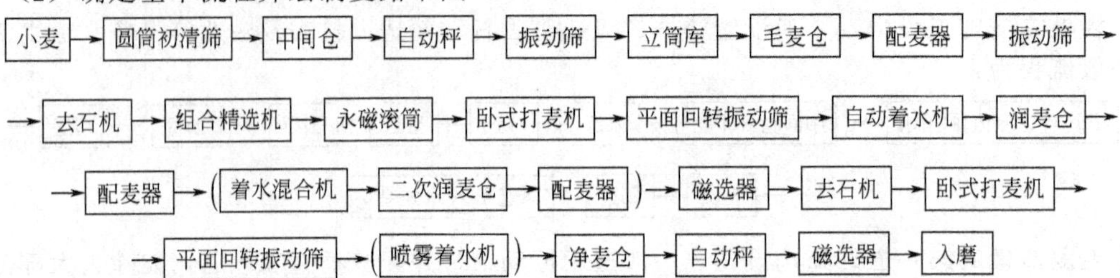

（3）计算麦路的主要工艺参数　计算并确定原料接收流量、毛麦仓进料流量、毛麦流量、光麦流量及入磨流量。

原料接收流量确定为100（t/h）

毛麦仓进料流量：8.33×3×1.2＝30（t/h）

毛麦流量：8.33×1.2＝10（t/h）

光麦流量：8.33×1.05＝8.8（t/h）

入磨流量：200÷24＝8.33（t/h）

（4）选择设备及其主要工艺参数　根据确定的流程及工作流量，计算并选择各类设备，填写设备选用表，如表14-1。

表14-1　麦路设备选用表

序号	名称	型号	数量/台	设计产量/(t/h)	工作流量/(t/h)	技术参数	动力/kW	备注
⋮								
16	配麦器	TPLR30	6	≤25	10	n＝25r/min	0.75×6	
17	强力着水机	FZSQ-45	2	≤18	10	n＝840r/min	7.5×2	无锡布勒
⋮								

（5）风网组合与初步计算　根据工艺要求与风网的组合要求，对麦路中的风网进行组合。以风网的组合情况为依据，可根据各吸点的吸风量求出风网的总风量；由设备阻力、除尘器阻力、管网的估算阻力等求出总阻力，从而选择确定风机的型号。

（6）绘制麦路图，编写设计说明书

五、典型麦路的组合与分析

1. 中小型厂麦路

图14-1所示的麦路适用于中小型厂。该麦路为较典型的三筛、两打、两去石、一次着水的干法清理工艺流程，适合与6层车间配套。该工艺具有以下特点。

① 原料接收较简单　因无立筒库，原料主要贮存在房式仓内，靠人工转运，故麦路的接收流量较低，采用振动筛进行一次初清，初清后计量。毛麦搭配仓有6个，仓容较大，兼有贮存原料的作用。毛麦仓下设有配麦器，实现毛麦搭配。

② 典型的干法清理工艺流程　毛麦清理采用一次提升；第一筛选用振动筛能有效去除大中小及轻杂质；去石采用效果较好且对流量适应性强的重力分级去石机；打麦设置在精选之前，打击作用较弱。根据原料的一般情况，只对毛麦中的荞子进行精选，精选之前利用筛选分级，平面回转筛上层筛面采用$\phi 4$筛孔分级，提出大粒小麦；下层采用$\phi 2.5$筛孔筛除小杂，其筛上物进入滚筒精选机精选荞子。由于精选在打麦之后，对精选效果有一定影响，特

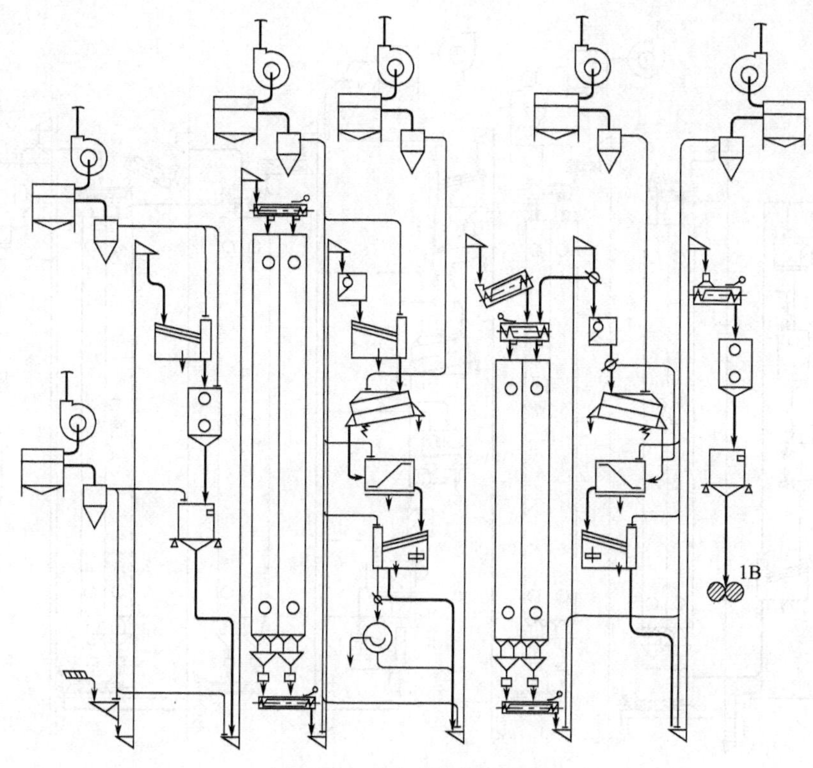

图 14-1 中小型厂适用麦路

别是袋孔的磨损影响较大。

③ 水分调节工艺较灵活 为防止结拱，设有倒仓装置。采用一次着水工艺，入磨前可喷雾着水。

④ 光麦清理手段齐全 第二道去石设在光麦清理工序的前端，去石机的进口设有拨斗，可根据粮中含石情况有选择使用二道去石；第二道打麦打击作用较强，打后利用平面回转筛去除小杂及轻杂。

⑤ 同类设备基本安排在同一楼层，便于操作管理，较美观。

⑥ 所有料仓上均装置料位器，有利生产过程的管理与控制。

⑦ 共 6 组风网，原料接收、毛麦清理、光麦清理各两组，去石机采用单独风网，利于操作。

2. 大型厂麦路

图 14-2 是大型厂适用麦路。此清理手段较完善，适合与 7 层厂房配套，麦路为三筛、两打、两去石、一精选、两次着水的清理工艺。其特点如下。

① 采用较完善的原料接收方式，两道初清可有效地清除原料中的大型杂质，减小后续设备的损耗及设备堵塞的可能性。头道初清后计量，有利于核算入库小麦。原料接收后送入立筒仓贮存，也可直接送入车间毛麦仓供当日使用。

② 在毛麦清理工段，工艺灵活，多处设有拨斗，根据含杂情况有所选择地使用二道去石及精选设备。采用组合精选机可同时清除大麦及荞子，还可有效清除原料中粒度较小的并肩杂质。第二道去石采用循环气流去石机，该设备运行或停止时，对其他设备影响很小。

③ 采用二次着水润麦工艺，第一次着水采用自动着水机。根据原料、产品的情况可选择采用一次着水润麦或二次着水润麦。可对润麦仓中的小麦进行倒仓。入磨前可喷雾着水。

④ 各工段均为一次提升，厂房楼层高，相对占地面积较小。

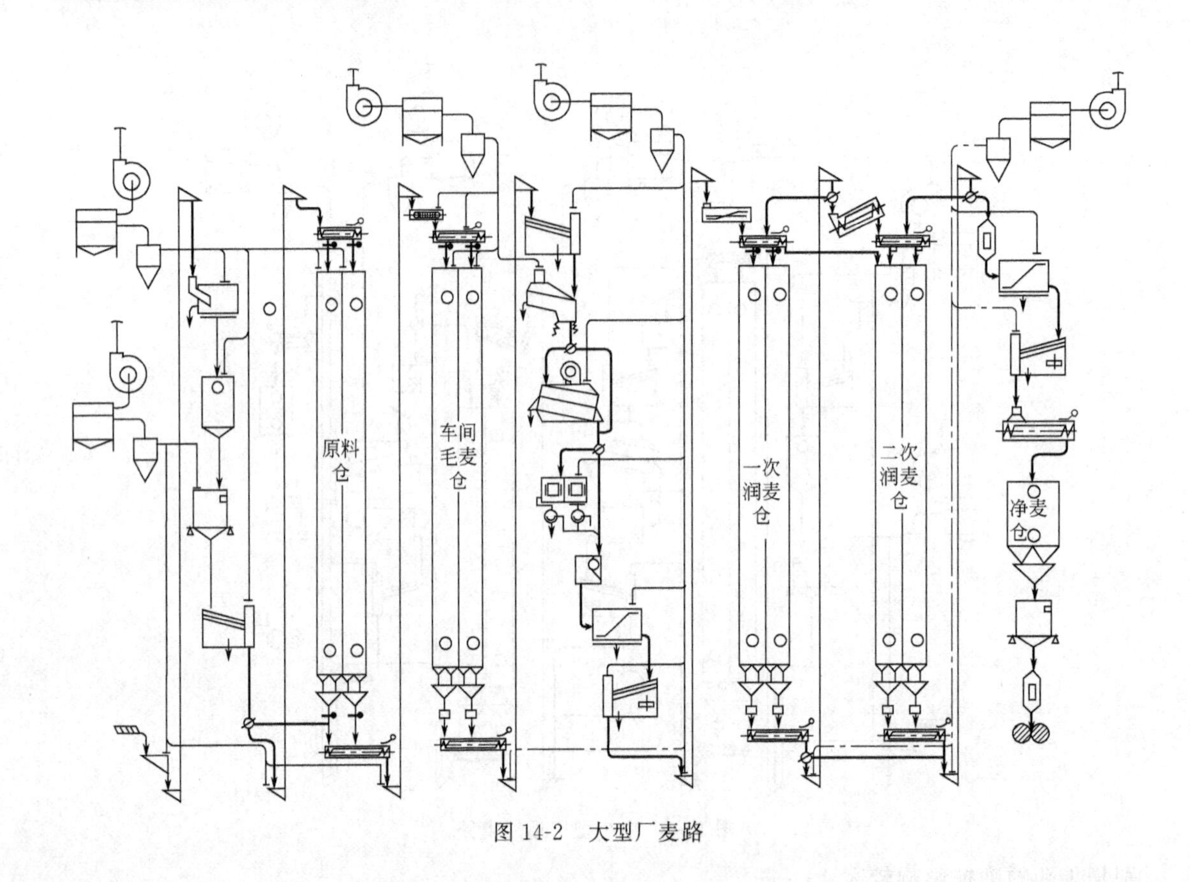

图 14-2　大型厂麦路

第三节　粉路的工艺系统

一、常用的制粉方法

原料性质与对产品的要求不同，应采用不同的制粉方法，对粉路的组合及操作也有不同的要求。

1. 前路均衡出粉法

前路均衡出粉法是指在粉路前路各系统均大量出粉的制粉工艺，主要用于生产中低等级面粉。粉路短，物料分级少。设备少，产量高，产品电耗低，产品质量差。一般只设置皮磨、心磨两大系统，皮磨系统占用较多的设备。设备的单位处理流量较高，各系统磨辊平均单位流量为 150～200kg/(cm·d)。

2. 心磨出粉法

是目前各厂普遍使用的制粉方法。心磨出粉法的主要出粉部位在心磨系统。在制品分级多、分级细，采用清粉手段，进入心磨的物料数量多、品质好，优质粉的出品率较高。其主要工艺特征如下。

① 系统设置完善，一般设皮磨系统、心磨系统、渣磨系统、清粉系统，中后路皮磨系统分粗细，前路心磨系统也可分粗细。

② 心磨系统道数都较长，一般为 6～8 道，并设置 1～2 道尾磨、1～4 道渣磨。

③ 皮磨接长占总接长的 35%～40%；心磨占 45%～50%(其中尾磨占总接长的 6%～8%)；渣磨占 10%～15%。

④ 心磨的总出粉率高，皮磨相对较低。心磨系统出粉率占总出粉率的 65%～70%。

⑤ 单位产量低，各系统磨辊平均单位流量为 80～120kg/(cm·d)，设备投入较多。

⑥ 优质粉的出粉率高，特一粉的出粉率一般可达 70%～75%。

3. 剥皮制粉法

剥皮制粉法是指麦路中采用碾麦机，剥去5%～7%的麦皮后再进行制粉的方法，相应粉路可简化，皮磨系统可适当缩短1～2道，心磨可缩短3～4道。主要特点是粉路简单、单位产量高、面粉麸星稍多、麸皮较碎、电耗高。

4. 采用撞击磨的制粉法

在心磨出粉工艺的前路心磨系统中，可采用撞击磨替代普通磨粉机，撞击磨的取粉率可达70%以上，且单机产量较高，心磨系统可缩短，设备可减少。但面粉质量稍差。

二、粉路各系统的关系、组合的规则

1. 粉路各系统的关系及主要特点

较完善的粉路中各工艺系统之间的关系如图14-3所示。整个粉路主要由两纵一横三条主线路组成。两纵是皮磨系统和心磨系统，一横是前中路皮磨→清粉系统→前路心磨系统。

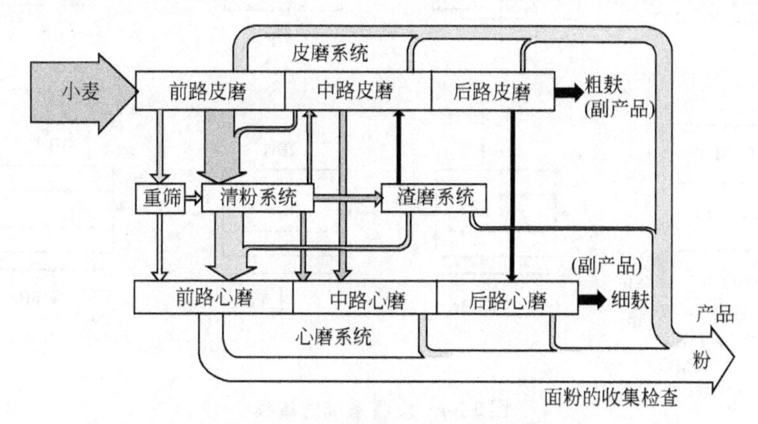

图14-3　粉路各工艺系统的组合

皮磨系统破碎小麦、逐道剥刮麸片，多造渣心物料，控制出粉，尤其是前路皮磨。心磨系统逐道对渣心物料进行研磨，是出粉的主要部位。沟通皮磨系统、心磨系统横向主线路主要是把前中路皮磨提取的渣心物料，经清粉机提纯、渣磨处理或由重筛分级后，好的物料送入前路心磨系统，分选出品质较差的物料送回皮磨系统。

2. 粉路组合的规则

在制粉工艺的组合应遵守“保证质量、负荷均衡、顺序后推、同质合并、连续稳定、安全合理”的原则，具体应做到：

① 应根据产品、产量、原料等情况综合考虑制粉的方法。

② 应根据物料的性质、流量、研磨要求等条件，在流量均衡的前提下，合理分配各系统的设备。

③ 简化粉路，同质合并。将品质相近的物料合并进行处理。

④ 在制品的处理要顺序后推，保证物料的研磨次数，尽量避免回路。

⑤ 为降低动力消耗，保持生产的稳定性，应尽量减少物料的提升次数。

三、粉路的工艺系统设置

粉路主要是由皮磨系统、渣磨系统、清粉系统、心磨系统等组成，基本的工艺系统为皮磨系统与心磨系统。

1. 皮磨系统

(1) 皮磨系统的作用与道数　磨制高等级面粉时，前路皮磨的作用是破碎小麦，刮下大粒状的胚乳，尽量多提取粗粒和粗粉送往相应系统处理，并尽量保持麸片的完整；后路皮磨应刮净麸片上残留的胚乳；整个系统应保持15%～20%的出粉率。

皮磨系统的道数主要取决于小麦的品质、出粉率和粉厂规模等情况。一般设4～5道。原料以硬麦为主时可设4道；软麦为主时设5道皮磨。

皮磨的接触长度取决于小麦的品质。一般为4.0～5.0mm/(100kg·d)，软麦取低值，硬麦取高值。

(2) 皮磨系统的流程 皮磨系统处理的对象主要是小麦及带有胚乳的麸片，各道皮磨之间连接的特点是每道皮磨提取的麸片进入下道皮磨或打麸机处理，逐道后推。图 14-4 为较常见的皮磨系统工艺流程。该流程设置 4 道皮磨，3B、4B 磨分粗细，分磨合筛。

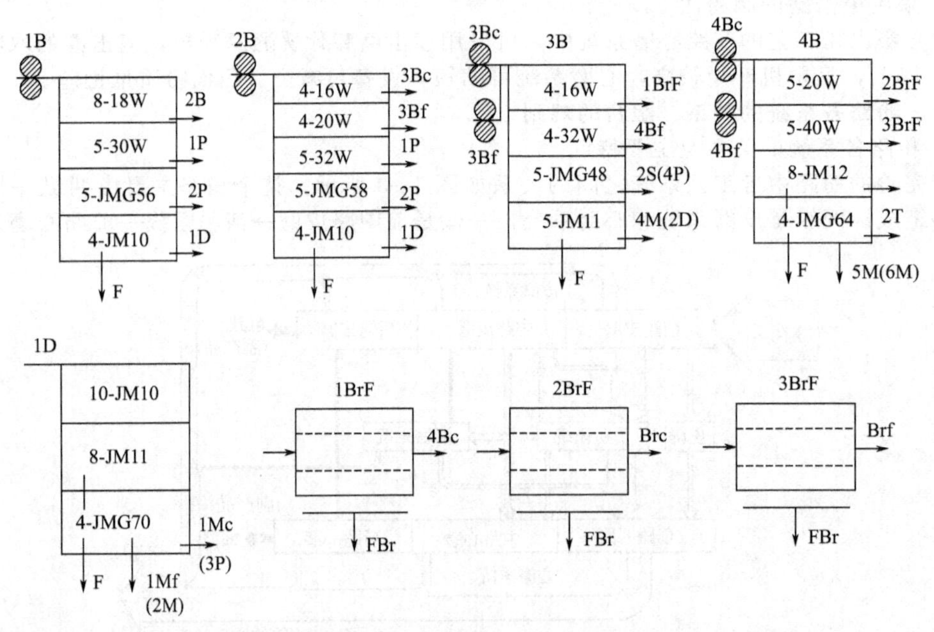

图 14-4 皮磨系统的流程

1B、2B 为前路皮磨，经分级筛分级提取的大粗粒去 1P 清粉机处理，分级出的中粗粒去 2P 清粉机处理。因分级数多，分级筛占用了较多的平筛筛格，粉筛较少，粉筛筛上物一般须由重筛（图中的 1D）处理，将其中的粉提出，经细筛分出的小粗粒（或硬粗粉）3P 清粉机处理，分出的软粗粉送入前路细心磨研磨。

3B 为中路皮磨。由于来料的粒度范围较大，通常从 3B 开始，分粗、细磨处理物料，粗磨专门处理来自 2B 的大麸片，细磨则处理较小的物料，包括从清粉、心磨系统送来的粒度较小的带皮物料。分磨混筛，3B 筛分出的大麸片去打麸，在打麸机较多时，筛分出的小麸片也可打麸。分级筛分出的粗粒品质较差，进入 4P 清粉系统进行精选，也可进入第二道渣磨。麦心送入中路心磨。如筛理面积充分，粉筛的筛上物不去心磨，应去重筛。

表 14-2 皮磨系统磨辊技术参数参考表

系统	转速/(r/min)	齿数/(牙/cm)	齿角/(°)	斜度/%	齿顶平面/mm	排列	速比
1B	550 600	3.6～4.0	67/21;65/30 65/35;60/30	4～6	0.2～0.25	D-D	2.5∶1
2B	550 600	5.2～5.6	67/21;65/30 65/35;60/30	4～6	0.2	D-D	2.5∶1
$3B_c$	500 550	6.6～7.0	65/35;60/40 60/50;70/40	6～7	0.1	D-D	2.5∶1
$3B_f$	500 550	8.2～8.6	65/35;60/40 65/50;70/40	6～7	0.1	D-D	2.5∶1
$4B_c$	500 550	8.2～8.6	70/40;60/40 50/65;50/60	7～8	0.1	D-D S-S	2.5∶1
$4B_f$	500 550	8.8～10.2	70/40;60/40 50/65;50/60	7～8	0.1	D-D S-S	2.5∶1
5B	500	10.2～10.6	50/65	8～10	0.1	S-S	2.5∶1

4B为后路皮磨，分级较少，提取的粗、细麸片经打麸机后即成为副产品。分出的麦心品质较差，送入后路心磨或第二道尾磨处理。

(3) 皮磨系统磨辊技术参数　皮磨系统磨辊技术参数见表14-2。一般应根据原料的情况、成品要求、流量大小及操作指标来确定。一般原则是：磨辊的转速为前路高，后路低；齿数为前路稀，后路密；斜度为前路小，后路大；齿顶平面为前路宽，后路窄；齿角为前路小，后路大。

(4) 皮磨系统平筛筛网的配备参数（表14-3）　粉筛筛网主要根据产品的等级确定，生产较高等级面粉时，一般为JM9～JM13，前路较稀，中后路逐道加密；同仓平筛的粉筛应上稀下密，避免筛枯。若对粉色要求较高，粉筛应适当加密。

表14-3　皮磨平筛筛网配备参考数据

工艺位置	在制品	参考筛网(穿过/留存筛面)
1B、2B、1D	麸片	-/16W～20W
	大粗粒	16W～20W/34W～40W
	中粗粒	34W～40W/CQ22～24
	小粗粒	CQ22～24/6XX～7XX
	粗粉	6XX～7XX/10XX～13XX
3B	麸片	-/32W～36W
	粗粒	32W～36W/CQ23～25
	细粒	CQ23～25/6XX～7XX
4B	麸片	-/36W～40W
	粗粒	36W～40W/CQ23～24
	细粒	CQ23～24/CQ27～28

(5) 皮磨系统的操作指标　皮磨系统的操作指标主要包括剥刮率、取粉率、设备的单位流量等，其中剥刮率为最重要的操作指标，取粉率为参考指标。

皮磨系统各道磨粉机的剥刮率大小主要取决于工作位置、原料的品质、皮磨系统的长度、出粉率的高低等以及后续设备对流量分配的要求等。原料为软麦或高水分小麦、皮磨道数较少时，前路皮磨的剥刮率相对较高。皮磨系统取粉率与剥刮率、原料的品质、磨辊技术特性等有关。剥刮率高，取粉率高；软麦多，取粉率高；D-D排列，取粉率高。一般皮磨总出粉控制在15%～20%。心磨出粉工艺中皮磨系统的剥刮率与取粉率的参考指标见表14-4。

表14-4　皮磨系统的剥刮率与取粉率参考指标

名称	剥刮率(占本道百分数)/%	取粉率/%		备　注
		占本道百分数	占1B百分数	
1B	30～40	2～6	2～6	流量高时取低值
2B	50～55	5～10	2～6	
3B	35～45	5～10	2～4	分粗细磨时细皮磨取高值
4B	20～30	5～10	1～2	
5B	10～20	5～10	1	一般只设细皮磨

不同工厂的皮磨剥刮率可能有差异，但皮磨系统的总剥刮率与粉路的出粉率之间却存在一定的关系，一般皮磨系统的总剥刮率（绝对）应超出总出粉率10%左右。

对于皮磨系统，应合理地控制每道设备的剥刮率和总剥刮率指标，特别是应较好地控制前路皮磨的剥刮率，即可使整个粉路的工作流量平衡，运行稳定。

心磨出粉工艺中皮磨系统设备的单位流量见表 14-5。皮磨系统的物料随着工艺位置的后移，胚乳含量越来越少，麦皮含量越来越多，物料容重逐渐降低，流散性变差，为了达到一定的研磨效果，流量不宜过大，而后路的主要作用是从皮层上刮净胚乳，所以各道皮磨的单位流量逐道降低。

表 14-5 皮磨系统单位流量的参考指标

系统	磨粉机/[kg/(cm·d)]	平筛/[t/(m²·d)]	系统	磨粉机/[kg/(cm·d)]	平筛/[t/(m²·d)]
1B	800～1300	9～15	4B	250～350	4～6
2B	450～750	7～10	5B	200～300	3～4
3Bc	350～450	4.5～7.5	重筛		5～6.5
3Bf	250～400	4.5～7.5			

2. 渣磨系统

(1) 渣磨系统的作用与道数 渣磨系统的作用是处理皮磨提取的大粗粒或从清粉机提取的带有麦皮的胚乳颗粒，胚乳的含量虽高，但大多带有皮层，不宜直接送入心磨研磨，应由渣磨轻微剥刮，使麦皮与胚乳分开，再由平筛将胚乳颗粒提出。渣磨系统的道数一般为 1～3 道。渣磨系统的磨辊接触长度为 0.8～1.2mm/(100kg·d)。

(2) 渣磨系统的流程 渣磨系统的工艺流程见图 14-5。当清粉机数量较多时，渣磨提取的部分物料可清粉，其流程见图 14-5(a)；当清粉机数量较少时，渣磨处理后的物料不再清粉，其流程见图 14-5(b) 或图 14-5(c)。

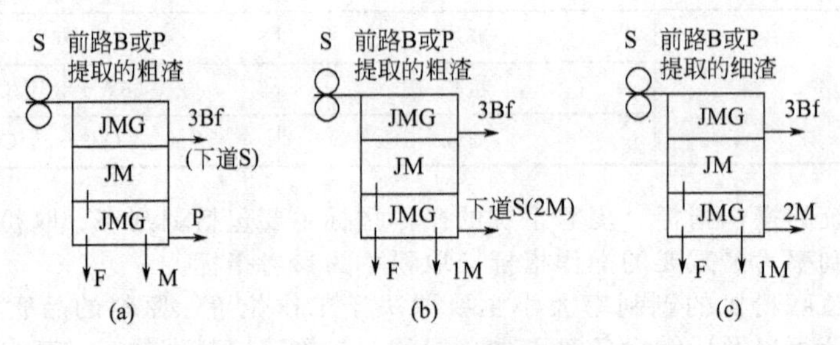

图 14-5 渣磨系统流程

(3) 磨辊技术特性配备 渣磨磨辊可采用齿辊或光辊，若采用齿辊，磨辊技术特性的参考数据见表 14-6。

表 14-6 渣磨系统磨辊技术参数参考表

名称	转速/(r/min)	齿数/(牙/cm)	齿角/(°)	斜度/%	齿顶平面/mm	排列	速比
1S	550	8.7	70/40;70/70	4～6	0.1	D-D	(1.5～2.5)∶1
2S	550	9.4	70/40;70/70	4～6	0.1	D-D	(1.5～2.5)∶1

采用齿辊时，磨下物的流散性较好，利于物料的分选。磨辊技术特性是一般使用大齿角、密齿、小斜度。轧距要适当放松，否则会影响面粉的质量。

渣磨采用光辊时，速比一般为 (1.25～1.5)∶1。光辊的轧距控制对面粉的质量影响很大，当渣磨处理后的物料需要清粉时，轧距可适当放松；不需清粉或磨下物去心磨的物料较多时，轧距可适当紧一些，多出面粉，以减小心磨系统的负荷，但轧距较紧对面粉质量变差。

(4) 筛网配备 筛网的选配是根据平筛的流量、筛理物料的特性及相关系统的流量平衡来考虑的。渣磨平筛的上分级筛一般配备 JMG30～JMG40 筛网，下分级筛为 JMG40～JMG54。粉筛视产品要求而定。

(5) 渣磨系统的操作指标　心磨出粉工艺中渣磨系统的操作指标见表 14-7。当入磨物料质量较差或采用齿辊时，表中数据应取低值。

表 14-7　渣磨系统的操作指标

名称	取粉率/%	磨粉机单位流量/[kg/(cm·d)]		平筛单位流量/[t/(m²·d)]
		3 道	2 道	
1S	15～20	350～500	350～450	5～7
2S	10～15	300～450	300～400	4～5
3S	5～10	200～250		3～4

3. 清粉系统

(1) 清粉系统的作用及设置规则　清粉系统的作用是将皮磨、渣磨或前路心磨提取的粗粒、粗粉进行精选，按质量分成麦皮、粘皮胚乳和纯胚乳粒。清粉机系统的组合应遵守以下原则。

① 各道皮磨提取的麦渣应单独处理。但心磨出粉法 1B、2B 的麦渣、粗细麦心或粗粉同类的可合并处理。

② 中后路皮磨提取的物料因质量差异较大，不能和前路物料合并清粉，应单独处理。

③ 渣磨提取的物料宜单独处理。

(2) 清粉系统的工艺流程　清粉系统的工艺流程见图 14-6。精选 1B、2B 大粗粒时，清粉机的前中段筛下物送入前路粗心磨，后段筛下物及下层筛上物一般可送入一渣磨；精选 1B、2B 中、小粗粒时，前中段筛下物送入前路细心磨，后段筛下物送入前路粗心磨。清粉机的上层筛上物一般送至中后路细皮磨或尾磨处理。

清粉机的吸出物中有部分吸风粉，可将该物料送入中后路皮磨平筛、尾磨筛、2D 筛合并处理。如筛理面积充分，吸风粉最好单独处理。根据需要，也可从清粉机筛下直接提取纯麦心作为颗粒粉（也称为粗粒粉或砂子粉），直接作为一种面粉产品，用来制作通心粉类食品。

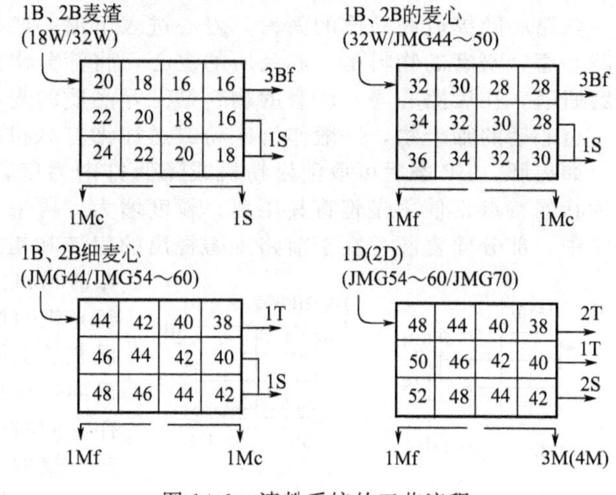

图 14-6　清粉系统的工艺流程

(3) 清粉系统的操作指标　清粉系统的操作指标主要包括筛下物选出率、设备单位流量和吸风量。筛下物选出率参见相关章节内容。设备单位流量和吸风量见表 14-8。

表 14-8　清粉机单位流量和吸风量

物料性质	流量/(kg/h)	吸风量/(m³/h)
大粗粒	2000～2800	3200～4200
中粗粒	1500～2200	2600～3200
小粗粒	800～1500	2400～2800

4. 心磨系统

(1) 心磨系统的作用及道数　心磨系统的作用是将比较纯的胚乳磨细成面粉，同时减少对麦皮和胚乳的破碎，并将细麸片和麦心分出，送尾磨和下道心磨处理。生产高档粉时，心磨一般来说都采用光辊，易形成粉片，心磨系统要设松粉机将粉片打碎，提高取粉率。

心磨出粉工艺中，心磨系统的道数一般设置 6～8 道，尾磨 1～2 道。原料为硬麦、产量较大、成品要求较高时，应配备较多的心磨道数。

（2）心磨系统的工艺流程 心磨系统的工艺流程见图 14-7。

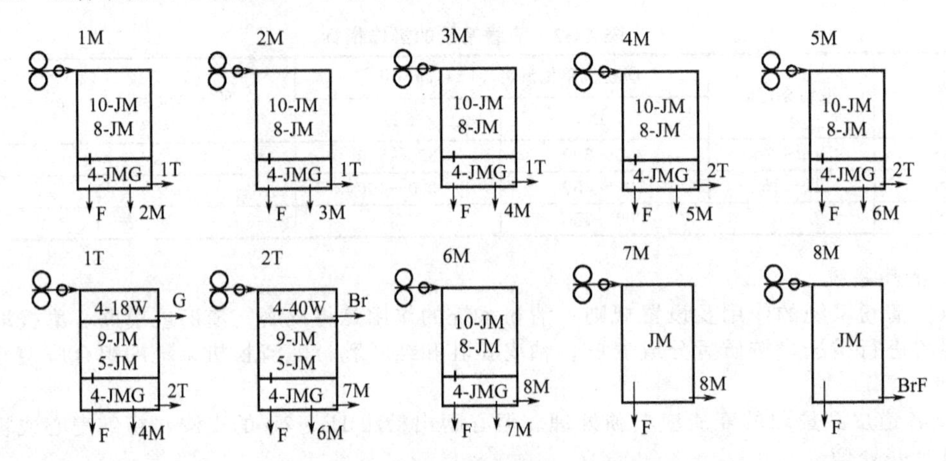

图 14-7 心磨系统的工艺流程

在心磨系统中，1M～3M 为前路心磨，4M、5M 为中路心磨。前路心磨的物料大部分经清粉机提纯，来料品质较好，前中路心磨所提面粉的灰分较低，精度较高，数量也较多，是整个粉路的主要出粉部位，也是对粉路生产效果影响最大的部位之一。

前路心磨提取高品质的面粉，麦心进入下道心磨研磨，小麸屑则进入一尾研磨处理。在中路心磨，研磨的物料是二等品质的麦心，将筛分出的小麸屑送入二尾处理，麦心进入下道心磨研磨。在后路心磨，研磨的物料是三等品质的麦心，处理的物料较次，不必再分级。最后一道心磨的筛上物，一般作为次粉或送往细打麸机处理。

如提胚，1T 磨后可取消松粉机或降低打击力度，利用麦胚易脱落、韧性较好、受压易成片状的特点，使用光辊将其压扁，粒度增大，再采用较粗的筛网，可将麦胚提取出来。在粉路中，部分碎麦胚存在于前路皮磨提出的麦渣和粗麦心中，经清粉机处理后，胚主要集中在清粉机的筛上物和后段筛下物中。这部分麦胚经光辊研磨后，在平筛中可提出。对尾磨或渣磨提取的麦胚，应采用风选将其中的麸屑除去，能得到较纯的麦胚。麦胚的提出有利于面粉的贮存，同时也可改善粉色。图 14-8 为心磨出粉工艺中提取麦胚的流程，G_1、G_2 为麦胚。

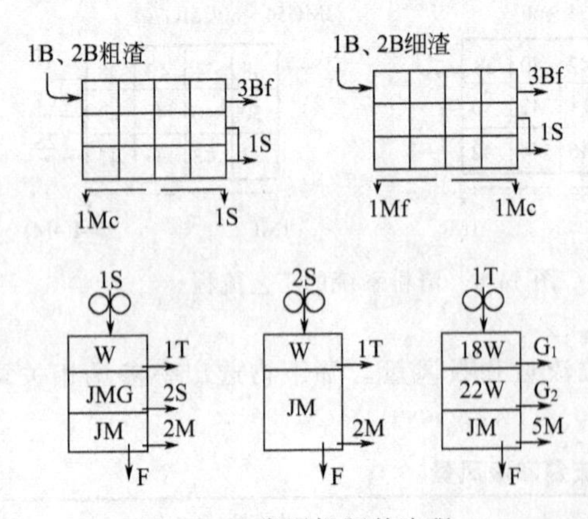

图 14-8 常用提胚的流程

（3）磨辊的技术特性 心磨出粉工艺中，心磨、尾磨可全部或部分采用光辊，心磨道数较多时一般全用光辊，配以低速比，以减少麦皮的破碎，保证面粉的质量和精度。若原料为硬麦、来料较纯、心磨道数较少时，前路心磨可部分使用齿辊，可得到较高的取粉率及较低的动力消耗，设备操作较容易。

若全部采用齿辊，产品的平均灰分较高，这种配置只可用于生产中低等级的面粉，如前路均衡出粉工艺。采用齿辊时，齿数为 8～12 齿/cm，齿角较大，排列为 D-D，斜度为8%～10%，磨辊速比为（1.5～2.5）：1，一般偏低取值。

当心磨采用光辊时，以 ϕ250mm×1000mm 的磨辊为例：1M～3M 磨辊速比为 1.25：1，中凸度为 25～35μm，快辊转速为 480～540r/min，喷砂处理；4M 以后的磨辊速比为1.25：1，中凸度为 15～25μm，快辊转速为 400～480r/min，喷砂处理。如想提高出粉率可喷粗砂，想提高面粉质量可喷细砂。

（4）筛网配备 心磨平筛的主要筛面为粉筛。粉筛筛网主要根据产品的要求选配，同一粉路中粉筛前路稀后密。在同一仓平筛中，若提取两种不同品质的面粉，应在粉筛上段配备较密的筛网筛出上等面粉，下段配备较稀的筛网，筛出较粗的面粉；当只筛出一种面粉时，粉筛筛网应上稀下密。心磨平筛分级筛的筛网配备一般为JMG50～JMG70，逐道加密一至两个档次。

（5）心磨系统的操作指标 心磨系统的操作指标主要有取粉率和单位流量。取粉率是心磨系统的主要操作指标，关系到整个粉路的总出粉率及其他各项主要经济指标。各道心磨占本道取粉率见表14-9。

表14-9 各道心磨占本道取粉率（12XX）

项目		1M	2M～3M	3M～6M	7M～10M	1T	2T
取粉率/%	光辊	40～50	50～55	35～45	10～20	15～20	10～15

采用心磨出粉法时，心磨的研磨道数较多，各道磨粉机的研磨较缓和，特别是采用光辊时，取粉率均较低。因心磨磨上物粒度较细，设备操作难度较大，在制定操作指标时，前路心磨的取粉率一般不宜超过50%。一般来说，心磨系统的出粉量约占1B流量的50%～55%，相应占总出粉量的65%～75%。

心磨系统的单位流量主要和研磨物料的性质有关，当物料颗粒较粗、流动性较好时，单位流量取高值，反之取低值。心磨系统的单位流量见表14-10。

表14-10 心磨系统的单位流量

名称	磨粉机单位流量/[kg/(cm·d)]		平筛单位流量/[t/(m²·d)]
	光辊	齿辊	
1M	300～350	350～400	5～7
2M	250～300	350～400	5～6
3M	200～250	250～350	5～6
4M	150～200	200～300	4～5
5M	150～200	150～250	4～5
6M以后	100～200	150～200	4～5
1T	200～250	200～300	5～6
2T	150～200	150～250	4～5

当流量较大时，光辊的取粉率将下降。生产中应注意最后一道心磨来料的数量和质量的变化情况，如来料流量较大、物料中含胚乳颗粒过多，就说明前、中路心磨的取粉率可能低于操作指标，也有可能是前中路皮磨的物料分配不当，使较多的麦心进入后路心磨所致。

第四节 粉路的介绍与分析

粉路图与流量平衡表是制粉工艺的主要技术文件，可表达粉路的工艺组合形式、各种在制品的流量分配情况及磨筛设备的主要操作指标。

一、粉路图的表达形式

粉路图即制粉工艺流程图的简称，由于使用的设备较多，物料的走向也较复杂，通常粉路图由制粉工艺系统中的各工作单元组成，而各单元之间的物料走向采用箭头、文字或代号表示。

二、流量平衡表

通过流量平衡表可较全面地反映粉路中各系统物料流量分配的状态及各主要设备的操作情况。流量平衡表中的数据是设计、操作、调整粉路的重要依据。根据平衡表可得到各道皮磨的剥刮率、取粉率及各类在制品的分配比例。如表14-12中，1B进入2B的物料量为65，

1B 的剥刮率为 (100－65)/100＝35(%)，取粉率为 3%。2B 进入 3B 的物料量为 30，取粉量为 3，2B 的剥刮率为 (65－30)/65＝54(%)，取粉率为 3/65＝4.6(%)。

平衡表中的数据与原料性质、磨粉机的操作、平筛的筛网配备等因素密切相关。要使粉路流量平衡表真正发挥指导生产的作用，关键在于制定平衡表时所采用的数据必须与该厂的实际情况相适应。

对于已正常运行的粉路，通过工艺测定，可得到该厂各道设备的实际流量及各类物料的灰分值，由此制作的平衡表称为流量质量平衡表，每种物料均用流量/灰分的形式来表达，如 13/0.6，表示该物料的流量占 1B 的 13%，灰分为 0.6%。流量质量平衡表可较准确地反映整个粉路的工艺状态，是分析、调整制粉工艺的重要依据。

一般来说，流量平衡表是设计出来的，而流量质量平衡表，实际生产测定出的结果。通过比较同一粉路的两种平衡表，对照当前的生产情况，既可找出工艺操作方面的问题，又可提高粉路设计的水平。

三、粉路的介绍与分析

一般通过粉路图、工艺技术参数表、流量平衡表等资料来了解指定粉路的工艺组合、技术配置等情况。

1. 日处理小麦 160t 等级粉路

(1) 粉路图　日处理小麦 160t 制粉工艺的粉路图见图 14-9。

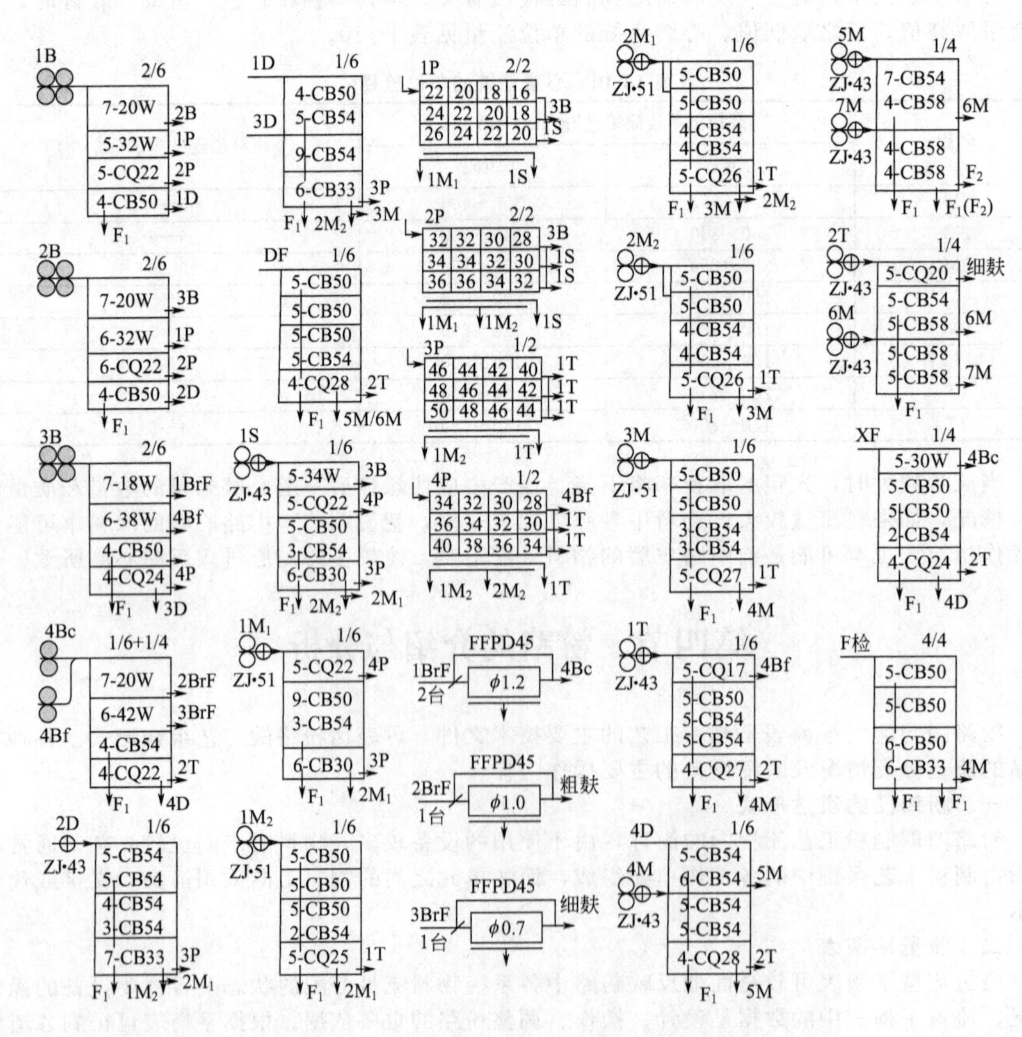

图 14-9　日处理小麦 160t 制粉工艺的粉路图

表 14-11 日处理小麦 160t 制粉工艺的流量平衡表

系统	%(占1B百分比)	皮磨系统								重磨系统				清粉系统				渣磨系统	心磨系统											产品		
		2B	3B	4Bc	4Bf	1BrF	2BrF	3BrF	DF	1D	2D	3D	4D	1P	2P	3P	4P	1S	$1M_1$	$1M_2$	$2M_1$	$2M_2$	3M	4M	5M	6M	7M	1T	2T	F_1	F_2	Br
1	2	3	4	5	6	7	8	9	10	11	12	13	14	15	16	17	18	19	20	21	22	23	24	25	26	27	28	29	30	31	32	33
1B	100	65								10				14	8															3		
2B	65		30								12			8	12															3		
3B	36				6	20						5					3													2		
4Bc	16						9	0					4																4	2		
4Bf	12																															
1BrF	20			16					4																							
2BrF	9								1																							8
3BrF	9								1																							8
DF	6																									2			2	2		
1D	10															2						6								2		
2D	12															1				7										4		
3D	5															1						3								1		
4D	4																								3					1		
1P	22	2																12	8													
2P	20	1																5	11	3												
3P	9																			7								2				
4P	9				3															2		2						2				
1S	17		3													3	4				1	4								2		
$1M_1$	19															2	2				7									8		
$1M_2$	19																				8							2		9		
$2M_1$	16																						7					2		7		
$2M_2$	15																						6					2		7		
3M	13																							6				1		6		
4M	10																								6				1	3		
5M	9																									5			1	3		
6M	9																										8			1		
7M	8																													1	7	
1T	11				3																			4					2	2		
2T	10																									2				1		7
合计		65	36	16	12	20	9	9	6	10	12	5	4	22	20	9	9	17	19	19	16	15	13	10	9	9	8	11	10	70	7	23

该粉路的工艺配置为4皮、7心、1渣、2尾、4道清粉，其中4B分粗细，3B、4B打麸。主要工艺设备有FMFQ800×2型磨粉机10台，磨辊总接触长度为1600cm；FSFG6×24型高方筛3台；FSFG4×24型高方筛2台；FQFD50×2×3型清粉机3台；FFPD45型卧式打麸机4台。

(2) 粉路的主要技术参数 粉路的流量平衡表见表14-11，工艺技术参数表见表14-12，磨辊技术特性表见表14-13，各系统磨、筛设备选用计算表见表14-14、表14-15、表14-16、表14-17。

表14-12 粉路工艺技术参数

项目		参数	项目		参数
磨辊总接触长度/cm		1600	其中	皮磨/m^2	56
其中	皮磨/cm	640		心磨/m^2	60
	心磨/cm	880	皮磨与心磨筛理面积比		0.9∶1
皮磨与心磨磨辊长度比		1∶1.38	平筛单位筛理面积/[m^2/(100kg·d)]		0.096
磨粉机单位接触长度/[mm/(100kg·d)]		10	清粉机总筛面宽度/cm		276
平筛总筛理面积/m^2		154	清粉机单位筛面宽/[mm/(100kg·d)]		1.73

表14-13 磨辊技术特性参数

名称	齿数/(齿/cm)	齿角/(°)	斜度/%	排列	速比
1B	4.0	30/65	5	D-D	2.5∶1
2B	5.4	30/65	5	D-D	2.5∶1
3B	7.1	45/65	8	D-S	2.5∶1
4Bc	8.6	45/65	10	D-S	2.5∶1
4Bf	9.4	45/65	10	D-S	2.5∶1
1S	光辊	—	—	—	1.25∶1
1M~7M	光辊	—	—	—	1.25∶1
1T~2T	光辊	—	—	—	1.25∶1

表14-14 磨粉机选用计算表

名称	流量		单位流量/[kg/(cm·d)]		磨辊接触长度/cm		型号规格及台数/台
	%(占1B百分数)	t/d	设计	实际	设计	选用	FMFQ8×2
1B	100	160	1000	1000	160	160	1
2B	65	104	650	650	160	160	1
3B	36	57.6	400	360	144	160	1
4Bc	16	25.6	320	320	80	80	0.5
4Bf	12	19.2	300	240	64	80	0.5
1S	17	27.2	350	340	78	80	0.5
$1M_1$	19	30.4	350	380	87	80	0.5
$1M_2$	19	30.4	350	380	87	80	0.5
$2M_1$	16	25.6	300	320	85	80	0.5
$2M_2$	15	24	300	300	80	80	0.5
3M	13	20.8	250	260	83.2	80	0.5
4M	11	17.6	220	220	80	80	0.5
5M	9	14.4	200	180	72	80	0.5
6M	9	14.4	200	180	72	80	0.5
7M	8	12.8	200	160	64	80	0.5
1T	11	17.6	220	220	80	80	0.5
2T	10	16	200	200	80	80	0.5
合计					1556.2	1600	10

表中磨辊接触长度的计算方法，以2B为例：104(t/d)×1000/650[kg/(cm·d)]=160(cm)。

表 14-15　平筛选用计算表

名称	流量		单位流量/[t/(m²·d)]		筛理面积/m²		型号规格及台数/台	
	%占(1B百分数)	t/d	设计	实际	设计	选用	仓数	组合
1B	100	160	11	11.4	14.5	15	2	2/6
2B	65	104	7.5	7.5	13.9	15	2	2/6
3B	36	57.6	5	3.8	11.5	15	2	2/6
4Bc	16	25.6	4.5	3.4	5.7	7.5	1	1/6
4Bf	12	19.2	3	2.6	6.4	7	1	1/4
1D	10	16	4.5	4.3	3.6	3.75	0.5	0.5/6
2D	12	19.2	3	2.6	6.4	7.5	1	1/6
3D	5	8	3	2.1	2.7	3.75	0.5	0.5/6
4D	4	6.4	2.5	1.7	2.6	3.75	0.5	0.5/6
DF	6	9.6	2	1.3	4.8	7.5	1	1/6
1S	17	27.2	5	3.6	5.4	7.5	1	1/6
$1M_1$	19	30.4	5	4.1	6.1	7.5	1	1/6
$1M_2$	19	30.4	5	4.1	6.1	7.5	1	1/6
$2M_1$	16	25.6	4.5	3.4	5.7	7.5	1	1/6
$2M_2$	15	24	4.5	3.2	5.3	7.5	1	1/6
3M	13	20.8	4.5	2.8	4.6	7.5	1	1/6
4M	11	17.6	4.5	4.7	3.9	3.75	0.5	0.5/6
5M	9	14.4	4.0	3.8	3.6	3.75	0.5	0.5/4
6M	9	14.4	4.0	3.8	3.6	3.75	0.5	0.5/4
7M	8	12.8	3.5	3.4	3.7	3.75	0.5	0.5/4
1T	11	17.6	4	2.3	4.4	7.5	1	1/6
2T	10	16	4	2.1	4	7.5	0.5	0.5/4
XF						7.5	1	1/6
粉检	70	112	5	4	22.4	28	4	4/4
合计	493					196.5	26	6×3+4×2

表中筛理面积的计算方法，以 1B 为例：160(t/d)/11[t/(m²·d)]=14.5(m²)

表 14-16　清粉机选用计算表

名称	流量		单位流量/[kg/(cm·d)]		筛面宽度/cm		型号规格及台数/台
	%(占 1B 百分数)	t/d	设计	实际	设计	选用	选用 FQFD46×2×3
1P	22	35.2	400	382.6	88	92	1
2P	20	32	350	347.8	91	92	1
3P	9	14.4	250	313	57.6	46	0.5
4P	9	14.4	300	313	48	46	0.5

表 14-17　打麸机选用计算表

名称	流量		单位流量/[t/(m²·d)]		筛理面积/m²		型号规格及台数/台
	%(占 1B 百分数)	t/d	设计	实际	设计	选用	选用 FFPD45×110
1BrF	20	32	15	10.7	2.1	3	2
2BrF	9	14.4	15	9.6	1.0	1.5	1
3BrF	9	14.4	10	9.6	1.4	1.5	1

（3）粉路的分析

① 该粉路为等级粉生产工艺，主要产品为特一粉。工艺设置比较完善，分级较细，适合加工硬麦。由于前路皮磨剥刮率较低，厂型较小，因此 3B 不分粗细，4B 分粗细，分磨混筛。对 3B 的大麸片进行打麸，有效地减轻 4B 的负荷。皮磨平筛设置了较多的分级筛，以

保证筛净麦渣、麦心；相应设有 4 道重筛（D），提出细麦心中的面粉，减少面粉的重复研磨。

② 设置 4 道清粉，将渣磨系统提取的麦心再进行清粉，进一步提高了进入前路心磨物料的纯度。

③ 心磨系统设置 7 道，且 1M、2M 分粗细。1M 的出粉率较低，约为 42%，做到轻碾细刮，尽量避免麸屑过度破碎。1M 平筛采用上、下两组分级筛面，提出优质麦心送入 2M。

④ 除皮磨外，其他磨粉机均采用光辊研磨。前路心磨采用 FSJZ51 型撞击松粉机处理磨下物、后路心磨和 2D 重筛采用 FSJZ43 型松粉机辅助研磨与筛理。

⑤ 前路皮磨采用小齿数、较小斜度和较小齿角，采用 D-D 排列，尽量减少皮层的破碎，又可提取量多质好的麦渣、麦心；中后路皮磨采用较大斜度、较大齿角和较多的齿数，刮净麸皮。由于 1B、2B 的剥刮率较低，为使总剥刮率达到要求而又不使 3B、4B 的麸皮过于破碎，故在 3B、4B 采用了 D-S 排列，但其研磨效果不是很稳定。

⑥ 由于采用了中后路打麸，打麸粉数量较多质量较好，因此，将打麸粉单独用一仓平筛进行处理，提高了出粉率。若与其他物料混合筛理易影响筛理效率。

⑦ 由于吸风粉的成分较复杂、粒度较细、黏性大，流动性较差，所以用平筛单独处理效果不理想，如果改用振动圆筛进行筛理，其工艺效果将会更好。

⑧ 由于心磨采用光辊，且道数较多，为避免产生过高的温升而影响面粉的品质，光辊

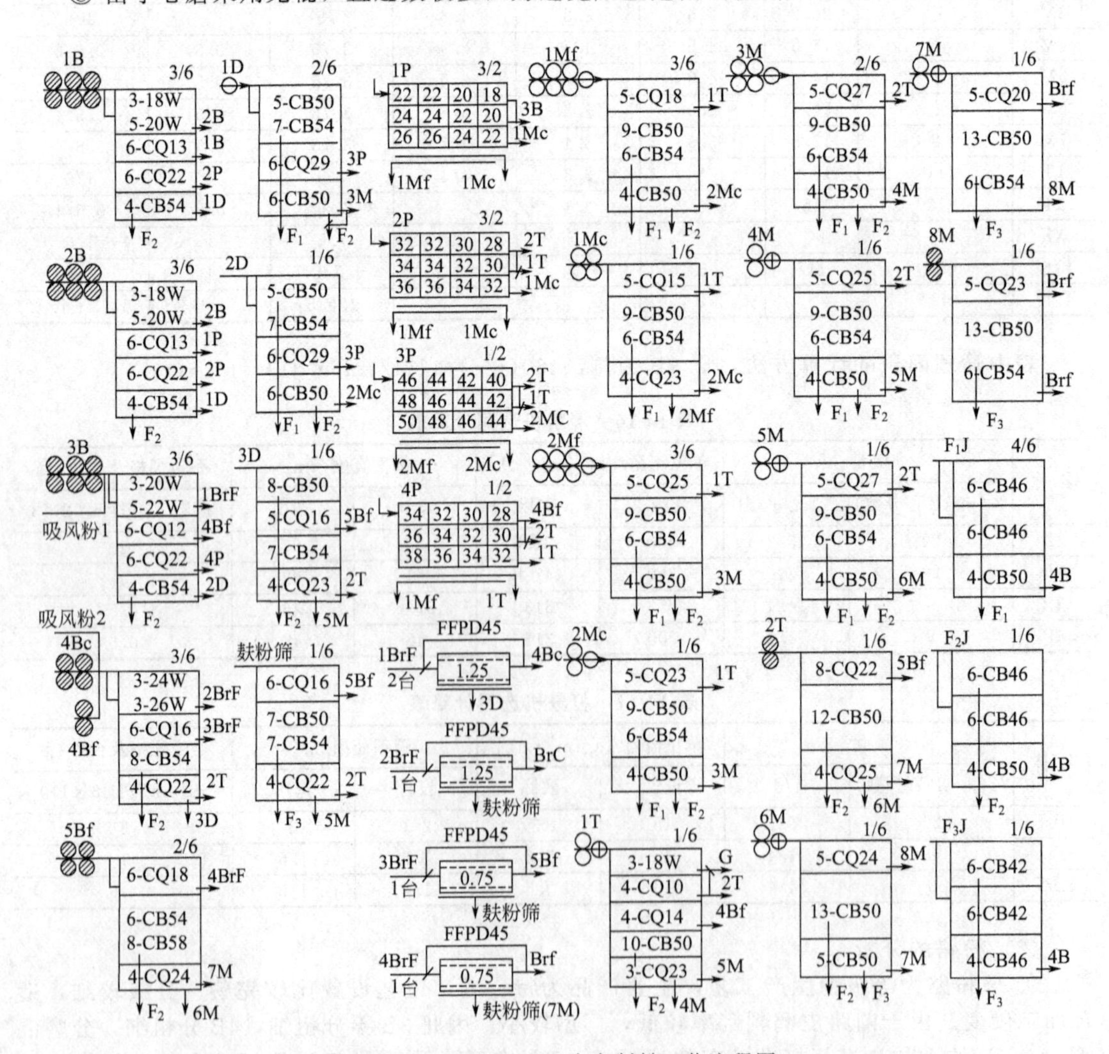

图 14-10 日处理 250t 小麦制粉工艺流程图

采用较低的转速，前路为550r/min，后路为450r/min。皮磨系统磨辊的转速为600r/min。

⑨ 1M分粗细，使不同粒度的物料分别处理，即1P、2P的前段筛下物进$1M_1$，2P中后段和3P、4P的前段筛下物合并进$1M_2$，流量分配可通过清粉机控制。

⑩ 由于心磨系统粉路较长，为保证进入心磨物料的质量，粉路中分级筛采用较密的筛网。

⑪ 由计算表可知，前路心磨的流量略偏高，中后路心磨平筛的筛理面积配备略偏低。

2. 日处理小麦250t专用粉粉路

（1）粉路图 该粉路全部采用国产设备，主要有FMFQ10×2型磨粉机16台，FSFG 6×24型高方平筛6台，FSFG6×16型高方平筛1台，FQFD46×2×3型清粉机4台，FF-PD45型卧式打麸机5台，撞击松粉机11台，打板松粉机5台。粉路图见图14-10。

该粉路采用5B、8M、2T、4P，其中4B分粗细，5B只设细皮磨；1M、2M分粗细，粗心磨相当于渣磨。粉路较长，分级较细，可同时生产1～3种基本面粉，3种粉的总出粉率在75%左右，一般F1为50%、F2为15%、F3为10%。

（2）粉路的主要技术参数 制粉工艺技术参数见表14-18，粉路各系统磨辊长度、筛理面积及其流量见表14-19，磨辊技术特性配备见表14-20。

表14-18 粉路工艺技术参数表

项目		参数	项目		参数
磨辊总长度/cm		3200	其中	皮磨/m²	107
其中	皮磨/cm	1400		心磨/m²	96
	心磨/cm	1800	皮磨与心磨筛理面积比		1.11∶1
皮磨与心磨磨辊长度比		1∶1.29	平筛单位筛理面积/[m²/(100kg·d)]		0.076
磨粉机单位接触长度/[mm/(100kg·d)]		12.8	清粉机总筛面宽度/cm		368
平筛总筛理面积/m²		203	清粉机单位筛面宽/[mm/(100kg·d)]		1.38

表14-19 磨筛设备选用计算表

系统	磨粉机				平筛			
	接触长/cm	%(占总长百分数)	流量/[kg/(cm·d)]	参考流量/[kg/(cm·d)]	筛理面积/m²	%(占总面积百分数)	流量/[t/(m²·d)]	参考流量/[t/(m²·d)]
1B	300	9.4	890	800～1300	16.92	8.3	15.8	9～15
2B	300	9.4	579	450～750	16.92	8.3	10.3	7～10
3B	300	9.4	320	300～450	16.92	8.3	5.7	4.5～7.5
4Bc	200	6.3	167	200～350	11.28	5.6	3.0	4～6
4Bf	100	3.1	240	200～350	5.64	2.8	4.5	4～6
5Bf	200	6.3	227	200～300	11.28	5.6	4.0	3～4
1Mc	200	6.3	207	300～350	5.64	2.8	7.3	5～6.5
1Mf	300	9.4	187	300～350	16.92	8.3	3.3	4～5.5
2Mc	100	3.1	267	200～250	5.64	2.8	4.7	5～6
2Mf	300	9.4	165	200～250	16.92	8.3	2.9	5～6
3M	200	6.3	274	200～250	11.28	5.6	4.9	4.5～5.5
4M	100	3.1	280	150～200	5.64	2.8	5.2	4.5～5.5
5M	100	3.1	240	150～200	5.64	2.8	5.0	
6M	100	3.1	267	150～200	5.64	2.8	4.7	4～5
7M	100	3.1	240	150～200	5.64	2.8	4.5	4～5
8M	100	3.1	174	150～200	5.64	2.8	3.1	4～5
1T	100	3.1	214	200～250	5.64	2.8	3.8	5～6
2T	100	3.1	227	150～200	5.64	2.8	4.0	4～5
1D					11.28	5.6	4.7	5～6
2D					5.64	2.8	3.8	4.5～5.5
3D					5.64	2.8	3.4	4～5
麸粉					5.64	2.8	1.7	2

表 14-20 磨辊技术参数

名称	齿数/(齿/cm)	齿角/(°)	斜度/%	排列	速比
1B	3.8	30/65	6	D-D	2.5∶1
2B	5.4	30/65	6	D-D	2.5∶1
3B	7	50/65	8	S-S	2.5∶1
4Bc	8.6	50/65	8	S-S	2.5∶1
4Bf	10.2	50/65	8	S-S	2.5∶1
5Bf	10.8	45/65	10	S-S	2.5∶1
1M～7M	光辊	—	—	—	1.25∶1
8M	14.2	45/65	12	S-S	2.5∶1
1T	光辊	—	—	—	1.25∶1
2T	10.8	45/65	12	S-S	2.5∶1

3. 粉路的分析

① 制粉的工艺系统较完善。皮磨设 5 道，其中 4 皮分粗细。粉路中无渣磨系统。

② 各系统磨粉机的配备比例：皮磨约为 44%，略有偏高；心磨为 50%，尾磨约为 6%，基本符合心磨出粉法的要求。

③ 心磨系统共 8 道，前 7 道全部采用光辊，将胚乳颗粒逐道磨细成粉，而又不致使麸屑过碎，产生过多的麸星，影响面粉的质量。最后一道心磨用齿辊，采用了大斜度、大齿角、高速比的锋对锋排列，以提高总出粉率。

④ 心磨系统平筛采用了先分级后筛粉的筛路，对分级筛的筛理效率有一定的影响。

第五节 粉路的设计

在粉路设计之前，应根据设计的要求，认真进行调查研究，收集相关的资料，以提高粉路设计的可靠性。在设计中应认真参考资料，按照粉路组合的规律，选用适当的操作指标，合理制定工艺流程、选用制粉工艺设备，配置适用的工艺参数。

一、设计依据

现以日处理小麦 200t 的制粉工艺为例介绍粉路设计的步骤与要点，设计依据如下。

① 工厂规模 日处理小麦 200t，三班生产。

② 原料情况 国产小麦，来源较广。容重平均为 750g/L；灰分 1.8%；硬麦 70%；白麦 70%。

③ 成品要求 生产等级粉，主要产品为特一粉，出粉率 70%，适当提取普通粉和麦胚。

④ 设备情况 采用国产先进设备。

⑤ 采用技术 采用心磨出粉的制粉工艺；粉间物料采用气力输送；具有配粉手段；生产过程采用计算机（PLC）监控。

⑥ 其他条件 厂房为新建，不考虑扩大生产。

二、设计的主要步骤

① 根据设计依据确定基本设计参数 心磨出粉工艺中各主要设备的总流量指标为：磨粉机 8～13mm/(100kg 麦·d)，平筛 0.07～0.09m^2/(100kg 麦·d)，清粉机 1～2.5mm/(100kg 麦·d)。基本设计参数中还包括各道磨筛设备的单位流量指标。

② 确定研磨道数和基本工艺流程 由设计依据及确定的基本设计参数情况，确定制粉基本工艺流程，绘出粉路简图，初步确定出在制品的来源与去向。

③ 确定各系统操作指标和物料分配比例 按照粉路简图的顺序及制粉规律，确定磨粉机的操作指标、主要工作单元提取在制品的分配比例。

④ 编制流量平衡表 根据初定的物料分配比例，按一定的顺序填写流量平衡表。

⑤ 确定主机设备的数量 根据流量平衡表中初定的各道设备的流量以及选定的设备单

位流量，计算选用主要工艺设备。

一般情况下，可能有少数设备的单位流量不符合要求或设备总数量超出范围，此时应对物料分配比例、流量平衡表或设备的单位流量在允许的范围内进行调整。因此，调整流量平衡表与选择设备的过程可能需反复若干次。

⑥ 确定设备的技术参数　根据已定流量与设备的选用情况，确定磨辊表面的技术特性，粉路中的筛网配置等。

⑦ 绘制正式粉路图，编写设计说明书。

三、基本设计参数的确定

根据小麦的日处理量与选定的设备单位总流量指标而算出的磨辊总接触长度、平筛总筛理面积、清粉机的总筛理宽度等数据范围可作为设计的一个重要依据，后续步骤中确定的设备数量若在范围之内，就说明本设计中设备的选用基本合理。

根据设计依据，特一粉出粉率70%；选定普通粉为8%～10%，总出粉率约为80%。

四、基本工艺流程的确定

由设计依据，确定采用4道皮磨，3皮和4皮分粗细、分磨混筛且筛后打麸；7道心磨，1心分粗细；2道尾磨；2道渣磨；4道清粉。按粉路组合的原则，确定流程的组合形式，绘出粉路简图。

五、工艺指标的确定

各系统的工艺指标中，主要须确定各系统操作指标和物料分配比例。

1. 各系统的操作指标

按心磨出粉工艺的要求，皮磨系统的剥刮率与取粉率的参考指标见表14-21。心磨的取粉率参看有关内容。

表14-21　皮磨系统的剥刮率与取粉率参考指标

名称	剥刮率/%	取粉率/%	名称	剥刮率/%	取粉率/%
1B	35	5	3B	40	11
2B	50	10	4B	38	15

2. 皮磨系统的物料分配

根据粉路的特点及初定的操作指标，初步选定各道设备物料的分配比例，主要是为制作流量平衡表做准备。

（1）1B的物料分配　剥刮率为35%，取粉率为5%，则进入2B的麸片为65%，按麦渣>麦心的一般规律分配，进入1P为13%、进入2P为10%、进入1D为8%（其中含未筛净的粉1%），粉为4%。

（2）2B的物料分配　剥刮率为50%，取粉率为10%，则进入3B的麸片为50%，因3B分粗细，按粗皮大于细皮的规律，取进入3Bc为37%，进入3Bf为13%；余下物料分配为进入1P为14%、进入2P为17%、进入2D的混合物为13%（其中含粉4%），粉为6%。

按同样的方法可推算3B、4B和2D等物料比例。

3. 清粉机的物料分配

清粉机物料分配的主要依据为筛下物选出率。对本例，根据物料去向的安排与选出率，参照同类工艺中物料的分配情况，选定处理麦渣的1P送至3Bf的筛上物为10%，送至1S的筛上物与后段筛下物为55%，送至1Mc的筛下物为35%。处理粗麦心的2P送至3Bf的筛上物为5%，送至1S的筛上物与后段筛下物为14%，送至1M的筛下物为81%。按同样的方法可推算其余清粉机。

4. 心磨系统的物料分配

1Mc的来料为清粉机提取的渣心，取粉率为45%，余下的物料为麸屑等粗料与麦心，其中粗料一般占10%～20%，粗心磨取大值，则选定送往2M的麦心为45%，至1T的粗料为10%。

按同样的方法可推算其余前中路心磨的参数。后路心磨因全是粉筛，粉筛筛上物的比例

表 14-22 粉路流量平衡表

系统	%(占1B百分数)	皮磨系统									重筛系统			清粉系统				渣磨系统		心磨系统									产品					
		2B	3Bc	3Bf	1BrF	2BrF	4Bc	4Bf	3BrF	4BrF	1D	2D	3D	1P	2P	3P	4P	1S	2S	1Mc	1Mf	2M	3M	4M	5M	6M	7M	1T	2T	F_1	F_2	F_3	G	Br
1	2	3	4	5	6	7	8	9	10	11	12	13	14	15	16	17	18	19	20	21	22	23	24	25	26	27	28	29	30	31	32	33	34	35
1B	100	65									8			13	10															4				
2B	65		24	8								8		9	11															5				
3B	36				12	10							5			6														3				
1BrF	12						12																											
2BrF	10							10																										
4B	23								9.5	5			3																2.5	2	1			
3BrF	9.5																															1		8.5
4BrF	8.5																															2		6.5
1D	8																5				2									1				
2D	8																5				1.5									1.5				
3D	8															3							1.5	2						1.5				
1P	22			2														12		8														
2P	21			1														3		5	12													
3P	10																		4			1	4					1						
4P	10																			1	7							2						
1S	15			1												1			3		3	4								3				
2S	7							0.5																1.5	2.5				1	1	0.5			
1Mc	14																					6.5						1.5		6				
1Mf	25.5																					11						2		12.5				
2M	22.5																						9.5					2		11				
3M	15																							7.5				1.5		6				
4M	13																								7.5				1	4.5				
5M	12.5																									8.5			1	2	1			
6M	10																										7			2	1			
7M	9.5									1.5																				1	4	3		
1T	10							0.5																2	2.5				2.5	2			0.5	
2T	8									2																1.5	2.5			1	1			
合计		65	24	12	12	10	12	11	9.5	8.5	8	8	8	22	21	10	10	15	7	14	25.5	22.5	15	13	12.5	10	9.5	10	8	70	8.5	6	0.5	15

可直接按本道出粉率推算。

5. 渣磨系统的物料分配

渣磨的计算依据主要是渣磨的取粉率，提取的物料中除粉外，主要是小麸片与麦心，小麸片的提取率一般为10%～20%。

六、流量平衡表的确定与设备的选用

1. 流量平衡表的确定

（1）平衡表空白表格的制作　首先根据流程的工艺设置确定表格的总行数和总列数，然后按工艺顺序填写各工作单元的名称。

（2）按顺序填写数据　按工艺顺序填写流量数据，一般从1B开始。按1B的物料分配比例，分别将数据65、8、13、10、4填入对应的表格中。其余各道设备分配的物料比例应分别折算为占1B流量的百分数再填入表中，如2B的物料量为65，已确定其中37%的物料进入3Bc，对应表格中填入的数据就为65×0.37＝24。

后续各工作单元的合计物料量必须待所有来料都得出后方能计算填写。如3Bf的物料，来自于2B、1P、2P、1S，就须等这几个单元的物料均已分配后，才可得到合计数12，此数值与3Bc的物料数合并，才可在3B的对应表格中填入数值36。可参看表14-22。

平衡表可采用电子表格（Excel）制作。各工艺单元流量的合计值、取粉率及皮磨的剥刮率等都可利用函数关系进行计算，若建立较完善的系统函数关系后，修改一个数据，其余对应的数据均可自动修改，因此采用电子表格能准确快捷地制作流量平衡表。

（3）数据的核对　填写完毕后，应核对出粉率是否符合要求，各种产品、副产品的合计数是否为100%，各系统出粉比例应与制粉方法相符，各主要工艺设备的操作指标应与选定值基本一致。若有问题，应分析原因，对平衡表重新计算调整。

由表14-23中数据：皮、渣、心磨系统F_1的出粉率分别为18%、4%、48%，符合心磨出粉法要求。特一粉出率为70%，普通粉为8.5%，次粉为6%，麦胚为0.5%，麸皮为15%，合计为100%。

皮磨总剥刮率为90%，大于总出粉率80%。皮磨系统总出粉率不超过20%，则皮磨系统提取的渣、心总量约为90%－20%＝70%。渣、心、尾系统的出粉总量约为60%。

2. 设备的选用

表14-23　磨粉机的计算选用表

系统	流量		单位流量/[kg/(cm·d)]		磨辊接触长度/cm		型号规格及台数/台
	%(占1B百分数)	t/d	指标	实际	计算	选用	MDDK10×2
1B	100	200	1000	1000	200	200	1
2B	65	130	600	650	216.7	200	1
3Bc	24	48	350	240	137.6	200	1
3Bf	12	24	300	240	80	100	0..5
4Bc	12	24	300	240	80	100	0.5
4Bf	11	22	250	220	80	100	0.5
1S	15	30	400	300	75	100	0.5
2S	7	14	200	140	70	100	0.5
1Mc	14	28	300	280	93.3	100	0.5
1Mf	25.5	51	250	255	204	200	1
2M	22.5	45	250	225	180	200	1
3M	15	30	200	150	150	200	1
4M	13	26	200	260	130	100	0.5
5M	12.5	25	200	250	125	100	0.5
6M	10	20	150	200	133.3	100	0.5
7M	9.5	19	150	190	126.7	100	0.5
1T	10	20	200	200	100	100	0.5
2T	8	16	150	160	106.7	100	0.5
合计	386				2287.8	2400	12

根据流量平衡表中各单元的流量数和选定的单位流量指标，进行主要工艺设备的选用计算。一般采用计算表的形式进行计算选用。具体形式见表 14-23、表 14-24、表 14-25、表 14-26。

表 14-24 清粉机的计算选用表

系统	流量		单位流量/[kg/(cm·d)]		筛面宽度/cm		型号规格及台数/台
	%(占1B百分数)	t/d	指标	实际	计算	选用	选用 FQFD46×2×3
1P	22	44	350	318.5	125.7	138	1.5
2P	21	41	300	297.1	136.7	138	1.5
3P	10	20	250	217.4	80	92	1
4P	10	20	200	217.4	100	92	1

表 14-25 打麸机的计算选用表

系统	流量		单位流量/[t/(m²·d)]		筛理面积/m²		型号规格及台数/台
	%(占1B百分数)	t/d	指标	实际	计算	选用	选用 FFPD45×110
1BrF	12	24	15	16	1.6	1.5	1
2BrF	10	20	15	13.3	1.3	1.5	1
3BrF	9.5	19	10	12.7	1.9	1.5	1
4BrF	8.5	17	10	11.3	1.7	1.5	1

表 14-26 平筛的计算选用表

系统	流量		单位流量/[t/(m²·d)]		筛理面积/m²		型号规格及台数/台
	%(占1B百分数)	t/d	指标	实际	计算	选用	选用 FSFG6×24
1B	100	200	10	8.9	20	22.5	3
2B	65	130	7	5.8	18.6	22.5	3
3B	36	72	5	4.8	14.4	15	2
4B	23	46	5	3.1	9.2	15	2
1D	8	16	5	2.1	3.2	7.5	1
2D	8	16	5	2.1	3.2	7.5	1
3D	8	16	5	2.1	3.2	7.5	1
1S	15	30	5	4	6	7.5	1
2S	7	14	4	1.9	3.5	7.5	1
1Mc	14	28	5	3.7	5.6	7.5	1
1Mf	25.5	51	5	3.4	10.2	15	2
2M	22.5	45	4.5	3	10	15	2
3M	15	30	4.5	4	6.7	7.5	1
4M	13	26	4.5	3.5	5.8	7.5	1
5M	12.5	25	4.5	3.3	5.6	7.5	1
6M	10	20	4	2.7	5	7.5	1
7M	9.5	19	4	2.5	4.8	7.5	1
1T	10	20	5	2.7	4	7.5	1
2T	8	16	4.5	2.1	3.6	7.5	1
粉检	70	140	12	6.2	11.6	22.5	3
合计	386					225	30

对于复式设备，必须选用完整的台数，如磨粉机不得多出一对磨辊，平筛不得多出或空余筛仓，应按工艺顺序从前往后对磨粉机、平筛设备进行合理的组合，并画出组合分布图。若分布不合理或无法按要求进行组合，就需要调整粉路或有关单元的流量分配参数。磨粉机、平筛设备的组合分布图见图 14-11。

选用计算后，应将主要设备数量与通过总指标计算的数值进行比较，若差别较大时，应

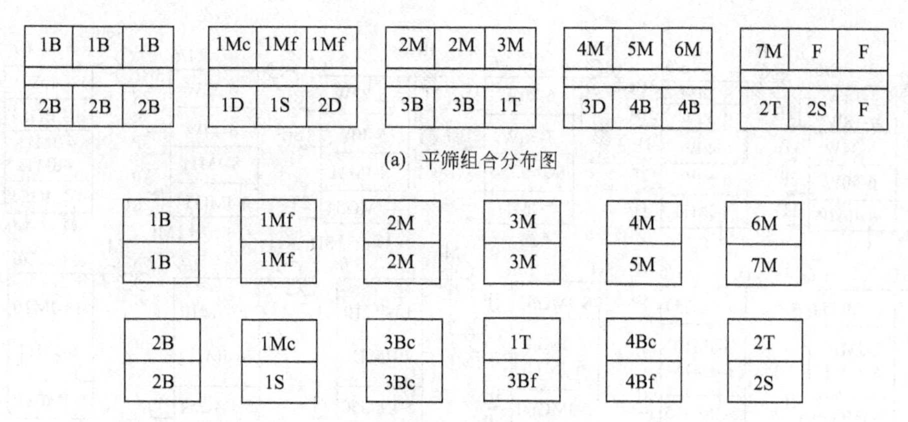

(a) 平筛组合分布图

(b) 磨粉机组合分布图

图 14-11　磨粉机与平筛组合分布图

适当调整。经核算，本设计磨粉机单位接触长度为 12mm/(100kg 麦・d)，平筛的单位筛理面积为 0.08m²/(100kg 麦・d)，清粉机的单位筛宽为 2mm/(100kg 麦・d)，均在有关指标范围以内。

七、确定设备的技术参数

按所选定的操作要求、流量情况选定磨辊的技术参数，见表 14-27。平筛筛网可参考同类厂的选用情况，结合本设计的具体要求进行选配。

表 14-27　磨辊技术参数

系统	齿数/(齿/cm)	齿角/(°)	斜度/%	排列	快辊转速/(r/min)	速比	齿顶平面/mm	动力/kW
1B	4	30/60	4	D-D	600	2.5∶1	0.3	22
2B	5.5	30/60	4	D-D	600	2.5∶1	0.2	22
3Bc	6.3	35/65	6	D-D	600	2.5∶1	0.2	18.5
3Bf	7.1	40/60	6	D-D	550	2.5∶1	0.15	15
4Bc	7.1	35/65	8	D-D	550	2.5∶1	0.15	15
4Bf	7.9	40/60	8	D-D	550	2.5∶1	0.15	11
1S	光辊				500	1.25∶1		18.5
2S	光辊				500	1.25∶1		11
1Mc	光辊				500	1.25∶1		22
1Mf	光辊				500	1.25∶1		22
2M	光辊				500	1.25∶1		22
3M	光辊				500	1.25∶1		18.5
4M	光辊				500	1.25∶1		15
5M	光辊				500	1.25∶1		15
6M	光辊				500	1.25∶1		11
7M	光辊				500	1.25∶1		11
1T	光辊				500	1.5∶1		11
2T	光辊				500	1.5∶1		11

八、绘制正式粉路图，编写设计说明书

正式粉路图见图 14-12。设计说明书的主要内容如下。

① 粉路设计的依据和要求；设计的主要特点。

② 操作指标和技术参数的确定。

③ 粉路流量平衡表。

④ 设备计算选用表。

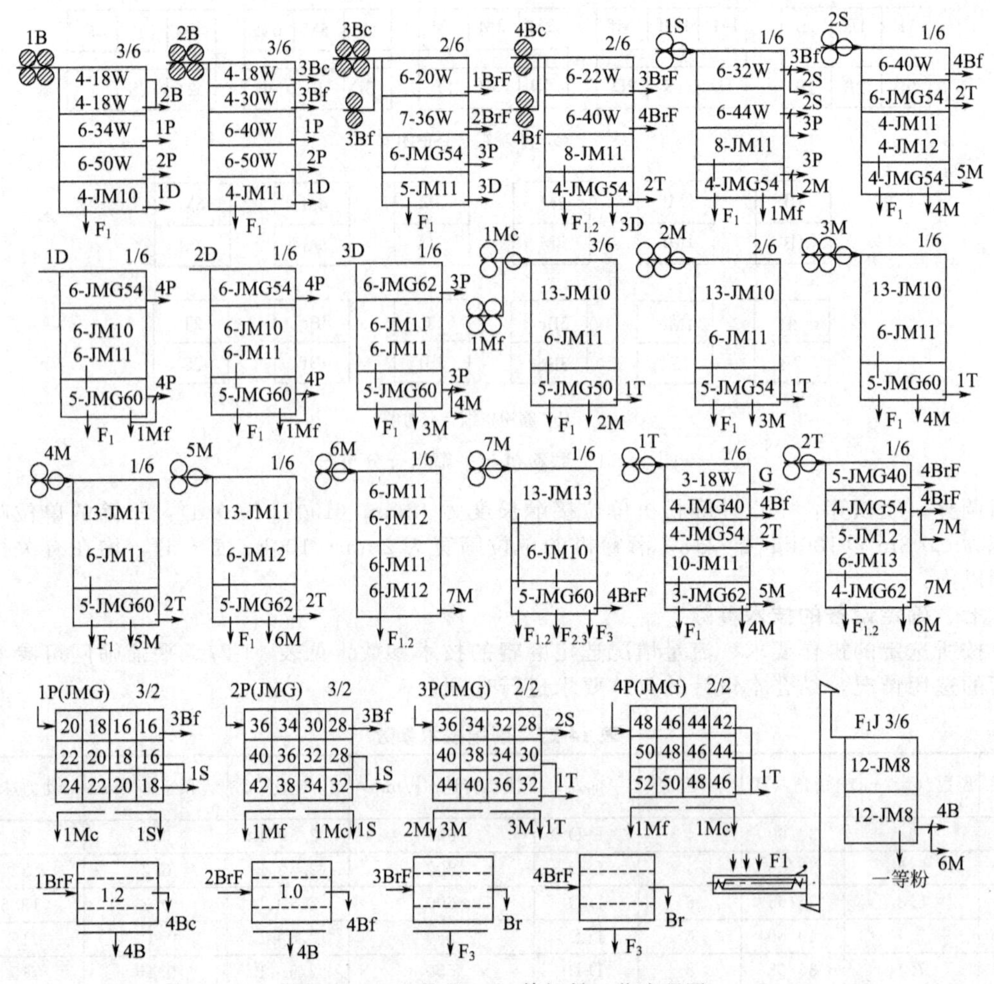

图 14-12 日处理 200t 等级粉工艺流程图

⑤ 为保证各项经济技术指标的完成所采取的工艺技术措施。

第六节 粉路的操作与控制

一、粉路工艺的控制

良好的设备、合理的工艺流程、正确的技术操作是保证粉路良好运行的三要素，而在日常生产过程中，正确的技术操作是较重要的因素。

1. 粉路工艺的基本操作

在制粉生产中，设备状态、原料品质、成品要求、气候条件等因素可能改变，这就要求在操作上要有灵活性。

（1）保证各类工艺设备处于良好的工作状态　严格按照操作要求与工艺指标进行操作，搞好安全防护措施，执行设备的维修保养制度，使各类设备的工作效果均达到工艺要求，这是粉路良好运行的基础。

（2）与自然条件的变化相适应　若空气的温度、湿度较高，入磨小麦的水分应降低一些，吸风及研磨的剪切作用要加强，筛网略放粗，必要时还应降低产量，以防止麸皮剥刮不净、未筛净率过高或设备堵塞等现象的发生。

（3）与原料的变化相适应　在处理不同的原料时，应相应改变有关工艺设备的操作。

如原料中软麦较多，皮磨研磨的剪切作用应加强，筛网应放粗，使心磨系统有足够的渣心物料。应注意打麸的效果。

如采用硬麦生产等级粉，前路皮磨提取的麦渣品质较软麦好，而麦心的品质相对较差，因此，前路皮磨的轧距应适当放松。

原料中红麦较多时，各道皮磨的剥刮率应适当降低，研磨的剪切作用应减弱，粉筛筛网应加密，高等级粉的提取率应适当降低。

原料质量较次时，各道皮磨应适当放松，研磨的剪切作用应减弱，粉筛筛网应加密。由于麸多粉少，在流量相同的情况下，面粉产量将下降。如果强求产量不变而增加设备的流量，将导致麸皮研不透、物料筛不净。

原料水分较高时要加强吸风、打麸的作用，后路研磨要适当加强，必要时降低流量，防止麸皮含粉过高。长时间加工高水分小麦时，应加强研磨的剪切作用，放粗筛网。

(4) 设备的自然磨损对操作的影响　磨齿磨损变钝后，应适当调紧轧距或减少流量，以维持一定的破碎能力。更换新齿辊后，应适当放松轧距，防止麸片过度破碎。

2. 同工序设备之间的协调

(1) 磨粉机之间的操作　磨粉机的操作将影响到后续磨粉机的流量大小，特别是前路磨粉机的操作，将直接关系到整个系统中磨粉机的流量。严格控制前路皮磨的剥刮率是对操作的重点要求。

应注意 1B 磨与 2B 磨操作的配合，一般情况下 1B 的剥刮率适当调低时，2B 的剥刮率就应适当上调，以保持前路皮磨的总体剥刮量。但 1B 的剥刮率过高时，会使 2B 的进料质量下降，提取渣心物料的品质变差；若 1B 的剥刮率过低，本身提取渣心物料的品质可能性下降，还可能使 2B 的负荷加重。

若 1Mc 磨因某种原因取粉率下降，就应酌情调紧 1Mf 磨的轧距，这样可使 1M 进入 2M 的物料流量波动不大。

要注意末道皮磨、心磨的来料数量、质量的变化情况，若前中路设备操作不当，将影响后路的物料流量及质量。如末道皮磨的来料流量较大、带胚乳过多时，就说明前中路皮磨的剥刮率过低。

(2) 平筛之间的操作　前路平筛的筛网配备是否合理，将影响后路平筛物料流量的大小。可根据中后路筛理设备流量的情况，对前路皮磨平筛的粗筛、分级筛、细筛进行合理的调整。

3. 不同设备之间的协调

(1) 磨粉机与平筛之间的配合　在每个工作单元中，磨粉机对物料的控制起主导作用，其操作状态决定磨下物中各种在制品的比例，若相应的平筛工作正常，分选出的在制品流量就与磨下物中各种在制品比例相当。磨粉机的操作改变，分配比例将变化，平筛也应作相应的调整，才能使分选在制品的比例稳定。在实际中，磨粉机操作合理、平筛工作稳定是保持一个工作单元正常工作的基础，也是粉路正常运行的基础。

(2) 磨筛工作单元与清粉机之间的配合　若前路皮磨的剥刮率改变，提取的麦渣、麦心的数量变化，相应使清粉机的流量产生波动。前路皮磨的剥刮率过高或过低，对清粉机的操作均带来不利影响。

平筛分级筛的筛理效率将影响麦渣、麦心的粒度均匀性，物料的未筛净率过高将影响清粉机的清粉效果。

4. 各系统流量平衡控制的操作

控制前路皮磨的剥刮率、掌握前路心磨的取粉率是保证粉路各系统的负荷均衡、运行稳定的重要前提。因此在运行过程中，必须严格按照工艺要求对前路的磨粉机进行控制，不应随意更改设备的工作状态，若因故须改变操作参数时，须密切注意变化操作对粉路中流量平衡的影响。

二、粉路中常见问题的处理

1. 面粉产量低

(1) 原料的影响 入磨小麦的种类、水分都会影响产量。入磨净麦水分过高，使研磨筛理困难，小麦质量差或软麦比例过大，将使产量较低。

(2) 皮磨的操作 1B、2B磨剥刮率过低，进入2B、3B的流量过大，造成2B、3B平筛堵塞，粉路的处理流量加不上去。在调整时，除应改变1B、2B磨的操作外，还可使用填充格垫高2B、3B平筛的粗筛筛格，以增强设备的物料通过能力。

(3) 心磨的操作 因心磨的取粉率较低，过多的物料向后推移，使得所有心磨的负荷加重，将使总体取粉率下降。心磨流量较大而粉筛偏密也易造成面粉的出粉率偏低。

(4) 其他影响因素 气力输送风网的工作状态不理想，提升能力达不到要求，将直接影响到粉路的产量。磨齿变钝影响研磨效果，也会使产量降低。主要磨粉机的取粉率过高，也会使处理能力下降而产量降低。

2. 出粉率低

(1) 原料因素 原料品质差、红麦比例大、含杂较多都会使出粉率降低。入磨水分或润麦时间不当，也会影响出粉率。

(2) 操作因素

① 清理除杂设备的下脚含粮过多，降低毛麦出粉率。

② 前路皮磨的剥刮率不合理，将造成各系统的流量不均衡而运行不正常，影响出粉率；皮磨剥刮率过高使麦皮过碎，高质量面粉出品率将下降；皮磨剥刮率过低，胚乳未刮净而混入麸皮，出粉率降低。

③ 清粉机提纯效果差，选出率达不到要求，使优质粉出品率降低。

④ 前路心磨的取粉率偏低，过多的物料向后推移，使得所有心磨的负荷加重，使总体取粉率下降。

⑤ 气力输送风网的维护不当，吸风粉过多，使筛理设备负荷过重，影响相关设备的效率。

(3) 设备因素

① 皮磨系统的道数偏少。

② 前路心磨设备配备数量不足，物料得不到充分研磨而推至中、后路心磨，降低优质粉出品率。心磨系统采用光辊时，没有采用松粉机或松粉机效果不理想。

③ 磨辊表面技术特性不合理。

④ 平筛粉筛筛网配备过密或筛面堵塞，造成筛理效率下降。

⑤ 打麸机的设置偏少，打麸效果差，副产品中含粉偏多。

3. 产品精度低

面粉粉色及其麸星含量是影响面粉精度的主要因素。

① 红硬麦增多，操作未作相应调整。

② 小麦表面清理效果差；入磨小麦水分较低，润麦时间不当。

③ 轧距过紧，磨齿过于锋利或一次更换新辊过多。

④筛网配备过稀、破损或密封不严出现窜漏；处理流量过低，平筛粉筛出现筛枯。

⑤ 在制品没有按“同质合并”的原则处理，好次物料互混。

4. 前路心磨来料不纯

前路心磨来料不纯对粉路高等级面粉的出率影响很大，也直接影响整个工艺过程的生产效益。

(1) 清粉机的操作 筛下物选出率过高、风量偏低、筛网配置不合理、筛下物分配不当等原因均可能使送入前路心磨的物料品质较差。

(2) 前路皮磨的操作 前路皮磨操作不当是较常见的问题。1B与2B磨的操作应协调，如1B剥刮率过高，造成2B来料品质下降，相应使处理2B渣、心物料的清粉机来料变差，送往心磨的物料品质下降。

(3) 皮磨平筛的配置 前路皮磨平筛的筛网配置不当，使清粉机的进机流量过小，也会影响清粉机的提纯效果。

5. 后路心磨的物料偏少

这是目前等级粉路中普遍存在的问题，主要有两个方面的原因：

① 前路皮磨渣心的提取量小，使清粉系统选出的物料量少。

② 前路心磨取粉率过高。除对后路心磨的流量有影响外，还容易造成前路提取的面粉温升高，影响面粉的面筋质量。1M、2M、3M各道取粉率不应超过50%。

6. 1D（重筛）提取的粉中麸星多

1B、2B磨的剥刮率偏低、1D筛理面积配置过大，使1D平筛筛枯。1B、2B的取粉率较高时，进入1D的物料含粉多，筛出的面粉麸星较少。在1B、2B取粉率达到要求的情况下，使用强力松粉机处理1D的入筛物料，对提高筛理效果及粉的品质有一定的作用。必要时可酌情加密1D的粉筛筛面或减少其粉筛的筛格。

7. 麸皮含粉较多

麸皮含粉较多的原因一般为皮磨剥刮率过低或道数较少、打麸或刷麸效果差、水分调节不当使皮层胚乳黏结紧密难以刮净等。

8. 吨粉电耗较高

电耗较高的原因一般为硬麦较多、入磨水分过高、磨辊轧距过紧、磨齿过钝或拉丝质量差、筛网配备过密或筛理面积不足、风网设计不合理设备效率低、入磨流量较低等。

三、粉路的日常工艺测试

对粉路主要工艺效果定期进行测试，是制粉厂生产管理的一项重要内容，这样既可找到当前生产过程中存在的问题，通过数据的收集、积累与对照分析，更可找到改善工艺系统的方法与提高生产效率的措施，为保持整个工艺过程长期稳定运行提供了保证。

1. 主要工艺设备的效果

（1）测试的项目　主要测试项目一般为前路皮磨的剥刮率、前路心磨的取粉率、前路皮磨平筛粗筛及分级筛的筛理效果、前中路心磨平筛粉筛的筛理效果、清粉机的选出率与提纯效果等。

（2）数据的分析　将测定的剥刮率、取粉率等数据与规定的操作数据进行比较，如果数据差别较大，则应找出原因，及时纠正。对于当前正常运行的设备，其测试数据是今后衡量其工作状态的重要依据，应注意整理与保存。

2. 累计出粉率-平均灰分曲线的应用

粉路中各道设备提取的面粉数量与灰分的变化情况，对产品的产量及质量有直接影响。面粉的灰分越低，产品的精度就越高；而成品面粉的灰分低且出粉率高，则表明制粉工艺的整体效果较好。在直角坐标系中，以纵坐标和横坐标分别表示平均灰分、累计出粉率的数值，根据粉路中各单元提取的面粉累计数量及平均灰分数值，标点连线，可得到一条累计出粉率-平均灰分曲线（简称为出粉率-灰分曲线）。

由于随着研磨次数的增加，面粉的精度越来越低，而面粉累计数量相应增加，其平均灰分随之上升，因此，曲线总的变化趋势应是随着横坐标的右移而逐渐上抬。绘制曲线所需的数据应通过对粉路的测定得到。累计出粉率-平均灰分曲线的形式见图14-13。

测定对象为平筛下所有出粉口的面粉，一般采用粉绞龙上方的取样拨斗截取样品。测出各出粉口面粉的流量并测定其灰分；由净麦自动秤得到1B磨的流量，并以此为基数求出各出粉口面粉的出粉率。根据测定的灰分从低到高对样品进行编号，并记下各编号样品的出粉位置以便对结果进行分析。

曲线上各点的坐标由对应样品的灰分及出粉率计算得出，计算须按样品的编号顺序进行。计算中，用B_i代表样品的灰分，A_i代表样品的出粉率，其中i为编号，按灰分由低到高编号。第一号样品的灰分为B_1，其值最低，该样品对应的出粉率为A_1。

每个点横坐标x的定义即该点对应样品的出粉率与前几个样品出粉率之和，故称之为累计出粉率；每个点纵坐标y的定义即该点与前几个点样品的平均灰分。

曲线左端点的坐标（x_1，y_1）即第一号样品的出粉率及灰分（A_1，B_1），此后各点的坐标（x_i，y_i）分别采用下式进行计算：

$$x_i = x_{i-1} + A_i \tag{14-1}$$

$$y_i = \frac{(y_{i-1} \times x_{i-1}) + (B_i \times A_i)}{x_{i-1} + A_i} \tag{14-2}$$

式中，A_i、B_i 分别为指定点面粉样品的出粉率及灰分；x_{i-1}、y_{i-1} 分别为前一个点已计算出的坐标值。

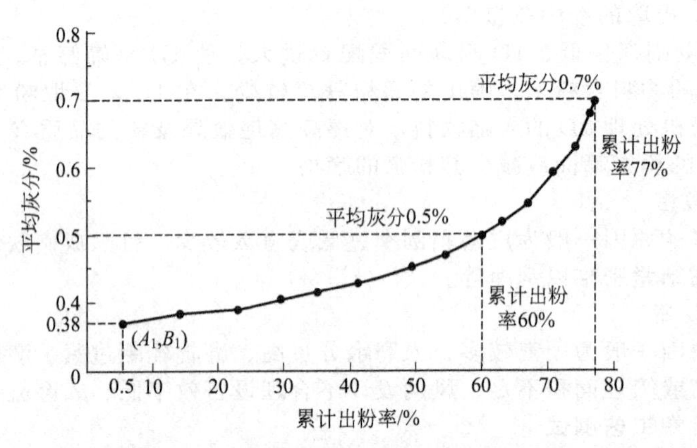

图 14-13　累计出粉率-平均灰分曲线示例

曲线各端点的坐标即粉路当前的累计出粉率及产品的平均灰分，图中对应产品的累计出粉率为 77%，平均灰分为 0.7%，由图中也可看出当前平均灰分 0.5%的面粉的累计出粉率为 60%。所有样品中，灰分最低的面粉来自第一号出粉位置，其灰分为 0.38%，出粉率为 5%。这种粉一般出自于前路心磨。

曲线越平坦，则说明提取的低灰分面粉的数量越多，粉路的运行状态越好，而其中某一段曲线的斜率则与对应位置所出面粉的灰分增加量有关，该段曲线越徒则灰分增加量越大，说明对应设备处理的物料品质较差或设备运行状态欠佳。

制粉厂在选择原料、配制产品、调整生产时，累计出粉率-平均灰分曲线是重要依据之一。

在进行等级粉或专用粉生产时，可根据产品的质量要求，通过曲线上各采样点的数据，选择适当出粉部位的面粉配制产品。

当指定粉路的运行状态较好时，所测定的出粉率-灰分曲线可以作为标准曲线，以后测定的曲线与此标准曲线对照，能较直观地发现粉路中的问题所在。

【思考与练习】

1. 在操作麦路时，为什么毛麦清理工序的处理流量一般应比入磨流量大 20%？
2. 光麦清理工序的工作流量一般在麦路中的什么位置进行控制？流量的大小应如何掌握？
3. 麦路中用来称量物料的毛麦秤与净麦秤通常设置在什么位置？各自在工艺流程的运行过程中起什么作用？
4. 为较好地清除毛麦中粒度较小的并肩杂质，在操作麦路时应着重注意哪几个方面的问题？
5. 操作打麦之后的筛选设备时，应重点注意什么问题？
6. 若发现净麦中含粒度在 2mm 以下的小砂石较多时，应着重检查麦路中的什么设备？若发现净麦中经常夹带有荞子时，说明麦路中什么设备可能有问题？
7. 麦路中有哪些设备对吸风量大小及其稳定性要求较高？简述理由。在配置、操作风网时，应如何处理这个问题？
8. 经检验，某粉厂生产的面粉中，含砂量超过国家质量标准，应如何进行处理？
9. 在操作粉路时，为什么要特别重视前路皮磨的作用？
10. 心磨出粉法有什么特点？适合生产什么等级的面粉？为什么？
11. 工作位置相同的心磨采用齿辊或采用光辊时，其操作指标有什么区别？区别的主要原因是什么？

12. 粉路流量平衡表对生产有什么指导作用？

13. 粉路组合中，“同质合并”的含义是什么？

14. 如何保证前路皮磨可提取量足质好的渣、心物料？

15. 累计出粉率-平均灰分曲线对生产有何指导意义？

16. 若前路心磨的来料不纯，通常是什么原因？应如何处理？若前路心磨的来料流量偏小，是什么原因？应如何处理？

17. 分析出粉率低的原因。

【实验与实训】

[实验实训二十一] 小麦清理流程的设计

[实验实训二十二] 小麦制粉流程的设计

1. 设计依据

(1) 工厂规模 日处理小麦150t，三班生产。

(2) 原料情况 国产小麦，来源较广；容重一般为760～780g/L；硬麦为主。

(3) 成品要求 生产等级粉，主要产品为特一粉，出粉率72%，提取普通粉8%。

(4) 设备情况 采用国产先进设备。

(5) 采用技术 采用心磨出粉制粉工艺；粉间物料采用气力输送；具有配粉手段。

2. 设计内容

(1) 麦路图、粉路图

(2) 组合清理风网和气力输送风网

(3) 主要工艺设备计算选用表

(4) 主要工艺指标和操作指标

(5) 制定磨辊技术特性

(6) 制定流量平衡表

(7) 磨筛设备组合分布图

第十五章　玉米加工工艺

学习目的

了解玉米的清理、玉米脱皮与脱胚、成品降水；掌握压胚磨粉工艺流程；会分析玉米加工工艺流程。

重点难点

玉米工艺流程的组合。

第一节　玉米的清理

玉米清理的工艺和设备类似小麦清理。由于玉米的籽粒大，清理玉米中的杂质，特别是清理小杂质，比小麦清理容易。所以，玉米清理设备较少，清理流程也比较简单。

一、清理与调质设备

1. 筛选设备

筛选设备是玉米清理的主要设备，常用振动筛、平面回转筛。一般采用两层筛面，第一层选用3W的金属编织筛网或ϕ15～17mm冲孔筛面，清除玉米中的大杂质；第二层用7W～8W筛网或用ϕ2～2.2mm筛孔，清除小杂质。

2. 去石设备

吸式去石机是去石的主要设备。由于玉米籽粒大、粒形扁平、悬浮速度高，处理玉米时筛体的振幅及吸风量较大。

3. 磁选设备

磁选设备一般选用永磁筒、磁栏，以清理玉米中的磁性金属杂质。

4. 风选设备

玉米的悬浮速度大，因此采用吸式风选器来分离轻杂质很有效。一般用垂直吸风道或循环气流风选器与筛选设备配合，清除轻杂质。

5. 水分调节设备

水分调节设备包括着水机和润玉米仓。

二、清理流程

玉米联产加工常用的清理流程如下：

第二节　玉米的脱皮、脱胚

一、脱皮、脱胚的目的和要求

将玉米籽粒的皮、胚脱掉，可使糁、粉少含皮，以保证产品的质量，提高产品的纯度和食用品质。由于胚和胚乳由皮层包裹，脱胚前应脱皮，脱掉皮后，胚与胚乳才易分离。脱胚的同时籽粒破碎成大、中、小颗粒，这些颗粒由后续工序加工成脂肪含量低的玉米糁、玉米粉。

玉米在脱皮、脱胚中，应减少对胚乳的过度破碎，胚要保持完整，尽量减少整粒玉米。大碎粒及粉的数量。

二、脱皮、脱胚设备

FBFW型玉米破糁机可同时完成脱皮、脱胚任务。由于结构简单，功耗低、脱皮脱胚效率高，目前常采用。

1. 玉米破糁机的结构和工作过程

FBFW30.5×150型玉米剥皮破糁机的结构如图15-1所示。

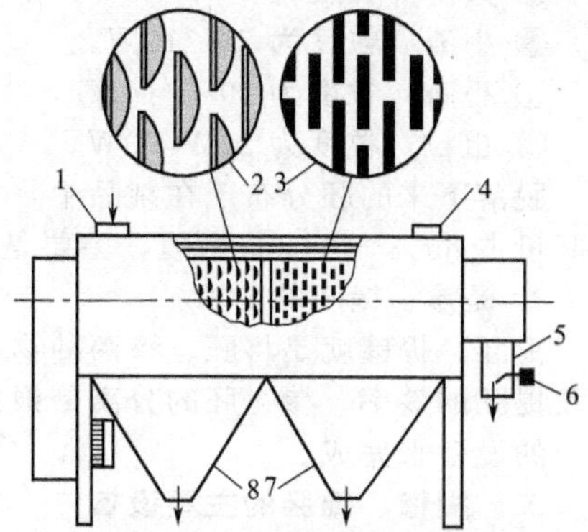

图15-1 玉米剥皮破糁机的结构

1—进料口；2—进料端筛筒；3—出料端筛筒；4—吸风口；5—出料口；6—压力门；7—后端筛下物出口；8—前段筛下物出口

该机的工作原理及主要结构类似卧式打麦机，所不同的是筛筒的表面状态。筛筒由两段组成，进料端筛筒是鱼鳞筛，且孔沿向内凸起，目的是加强对玉米的摩擦脱皮；出口端筛筒是冲孔筛，以使打碎的小粒排出筒外。

玉米进入机内，在高速旋转的打板打击、搅拌及与筛筒内壁的撞击、摩擦作用下，玉米皮被剥离，胚随之从胚乳上脱落。玉米皮、糁、胚在打板的推动下，由出口排出。调节出料机构的压力门控制脱皮、脱胚效果。粉、小碎粒、碎胚穿过筛孔、由筛下物出口排出。该机的技术参数见表15-1。

表15-1 FBPW30.5×150玉米剥皮破糁机技术参数

项　目	参　数	项　目	参　数
产量/(t/h)	2.5～3.0	工作转速/(r/min)	1200～1350
筛筒直径×长度/mm	305×1500	配备动力/kW	22
筛筒有效面积/m^2	1.41		

2. FBPW30.5×150型玉米剥皮破糁机操作要点

① 操作指标为：脱皮率≥90%；脱胚率≥90%；破糁率≥80%。出机物料和筛下物中含ϕ1.5mm筛下物不大于14%。

② 要求入机的玉米水分为16%±1%，料温在45～55℃，玉米表面不应有水。

③ 防止坚硬杂物进入机内，以免损坏打板和筛面。

④ 开机前，用手转动打板轴，将机内物料清除干净。运转正常后方可投料生产。

⑤ 运行中，随时观察出料口物料的脱皮、脱胚、破碎情况。如出料口物料含整粒玉米多，可调整出口压力门的压砣，增加机内压力；如含粉多，应减小机内压力。

⑥ 出机物料中若整粒玉米增多；可能是转速过低或打板严重磨损，应检查传动带的张紧程度及打板的磨损情况，更换打板后要作转子静平衡检验。

三、脱皮、脱胚工艺流程

脱皮、脱胚工序的工艺流程如下：

玉米 → 玉米破糁机 → 筛选 → 风选器 → 提胚、提糁工序

筛选分出的小碎粒，由风选将皮提出。破糁机筛筒的后段筛下物比前段筛下物质量好，可视情况用作饲料或加工食用粉。

第三节 提糁、提胚

一、提糁、提胚的要求

1. 在制品的分类

玉米经脱皮、脱胚后，其在制品经筛理分级，按粒度大小可分为以下几类。

① 大碎粒　粒度为4W/5W。

② 大渣　粒度为5W/7W，其中包含大部分玉米胚。

③ 中渣　粒度为7W/10W。

④ 小渣　粒度为10W/14W。

⑤ 粗粒　粒度为14W/20W。

脱落下来的胚分布于在制品中，大渣和中渣的含胚量占玉米胚的90%以上，其中大渣含胚量占65%～75%。所以，主要是在大渣、中渣中提胚。

2. 提糁、提胚的要求

提胚、提糁就是将胚、糁两种物料分离，同时要根据糁的类型进行分级，并保证糁的纯度及提胚的效率。糁、胚的分离是根据它们在悬浮速度、密度、几何形状等方面差异，选用适合的设备来完成。

二、提糁、提胚的主要设备

1. 平筛

平筛的作用是将在制品初步分级，为提糁、提胚、磨粉作准备。

平筛设有粗筛、分级筛、粉筛三种筛面，将入筛物料分成4～5类。粗筛筛上物为大碎，重新送回破糁脱胚机处理；分级筛筛上物为胚、糁混合物，进入下一工序提糁、提胚；粉筛筛上物为粗粒，进入磨粉机磨粉；穿过粉筛的为粉，视其质量的好坏，作成品或饲料。

2. 重力式选胚机

该设备的结构及工作原理类似处理小麦的重力分级机。

由于玉米胚的悬浮速度低于小麦，故选胚机的风量较低，处理流量较低。重力选胚机的工作原理见图15-2，表15-2为重力选胚机的技术参数。

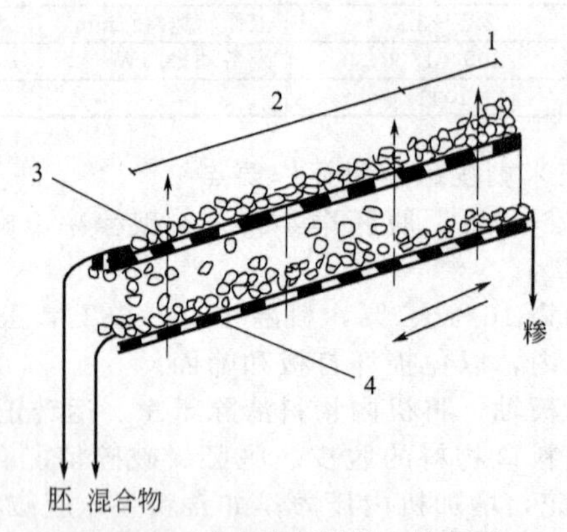

图15-2　重力选胚机的工作原理

1—预分级段；2—分流段；3—分级筛面；4—提糁筛面

表15-2　TXPT80型重力选胚机技术参数

项　目	参　数	项　目	参　数
产量/(t/h)	2～2.5	风压/Pa	980
振幅/mm	4～5	动力/kW	0.37×2
风量/(m^3/h)	4800		

三、提糁、提胚工艺流程

提糁选胚的关键是提取含胚量少的糁，处理好提糁的数量。大糁、中糁一般都在玉米磨粉前提取，小糁在玉米压胚磨粉时提取。提糁的类型视当地食用习惯而定；提糁的数量视玉米的品质、玉米成品质量和出品率要求而定。一般提糁量越多越好，因为低脂肪的玉米糁是磨制低脂肪玉米粉的基本原料。

采用重力选胚机的提糁、提胚流程如图15-3所示。破糁脱胚后的物料，用平筛分出大、

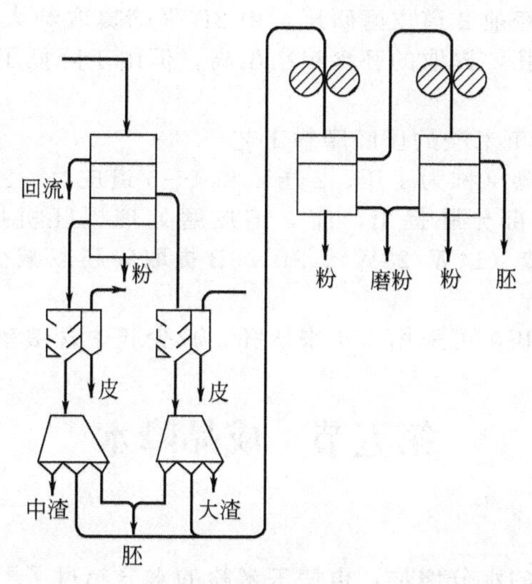

图 15-3　采用重力选胚机提糁、提胚的工艺

中渣，分别经风选器选出皮后，进入两台重力选胚机，精选出大、中渣和胚。大、中渣另用砂辊米机磨光、整形后即为大、中糁。分出的渣胚混合物料去压胚磨粉，一般经两压、两筛后将胚提出。该流程可提取部分纯度较高的完整玉米胚。

第四节　压胚磨粉

一、压胚磨粉的目的和要求

在糁胚分离工序提取的混合物中，胚、渣的密度和粒度相差较小，而且混合物中还含有胚与胚乳粘连在一起的渣粒，对此须根据强度的不同，采用研压方式，使韧性大的胚被压扁，韧性小的胚乳被破碎，造成两者粒度上的较大差异，由筛理设备提胚、筛粉。

压胚磨粉要求对混合物料的研压适度。减少胚的破碎度，使胚膜不严重损伤，防止胚中的脂肪渗入粉中，同时要尽量使提出的胚中少含胚乳。

二、磨粉机、平筛的技术参数

压胚磨粉使用的研磨设备是磨粉机，筛理设备为平筛。一般采用 4～5 道皮磨，磨粉机的技术参数见表 15-3。

表 15-3　各道磨粉机的技术参数

项目 系统	快辊线速/(m/s)	速比	齿数/(齿/cm)	齿角/(°)	斜度/%	排列
1B		(1.2～1.5)∶1	4.0～4.5		8	D～D
2B		(1.2～1.5)∶1	5.0～5.5		8	D～D
3B	6～7	(1.2～1.5)∶1	6.5～7.0	90～100 其中锋角为 20～35	8～10	D～D
4B		(2.5)∶1	8.0～8.5		10	D～D
5B		(2.5)∶1	8.5		10	D～D 或 F～F

由于玉米粉颗粒大，易筛理，故平筛筛理长度较短，用 16 层筛格即可筛净，筛面采用金属筛网。提胚筛网在 1B 为 8W～10W，2B 为 10W～12W，3B～5B 为 14W～16W，提取玉米粉的筛网视当地食用习惯而定。

三、压胚磨粉工艺流程

1. 提取大糁、中糁的压胚磨粉工艺

一般采用 4 道皮磨，经前 2 道皮磨研压，由 2B 平筛提取绝大多数胚，胚含粮率低，纯度较高。也可改为每道提胚，提取的胚含粮率虽高，但由于降低了研压强度，可防止胚的薄膜破裂、脂肪渗入粉中。

2. 提取小糁和制啤酒玉米渣的压胚磨粉工艺

该工艺设置 2 道压胚磨（称为 1 压、2 压）和 4～5 道皮磨。2 道压胚磨处理提胚机分离出的混合物料，将其中大部分胚提出，前 3 道皮磨处理提胚机提出的玉米渣，提取小糁（10W/14W）和制啤酒的渣（14W/28W）。2B、3B 提取碎胚以减少成品的脂肪含量。4B 处理 2 压和 3B 的来料。

如处理磨前已提出的胚，可采用 1 压来压胚，减少胚中含粮率，提高胚的纯度。

第五节　成品降水

一、成品降水的意义

在水汽调节时使玉米的水分增加，也使玉米粉的水分超过了贮存安全水分。对保管期长或高温季节生产的高水分玉米粉，要进行降水，防止其霉变。

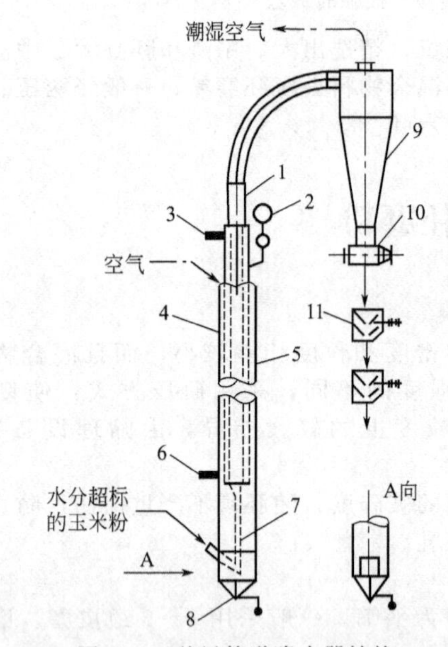

图 15-4　热风管道降水器结构

1—输料管；2—压力表；3—蒸汽进口；4—加热管；5—预热管；6—回水口；7—接料管；8—进风口；9—刹克龙；10—闭风器；11—风选器

二、成品降水设备

现使用的降水设备有回转干燥机、炒锅、螺旋推进降水器和热风管道降水器。常用为热风管道降水器，该设备制作简单，占地面积小，造价低、操作方便，对于粉状物料有一定的去水能力。

1. 热风管道降水器的结构

图 15-4 为热风管道降水器的结构示意图。

物料从下方进口进入直立的降水器管道，由热空气带起，在向上输送的过程中被加热并被降低水分。

主要工作机构是外套有预热管、加热管的输料管。当加热管通人 0.1～0.2MPa 的蒸汽后，将同时加热输料管及预热管中的空气。空气主要由预热管上方吸入，在预热管中被加热到 56～60℃，与物料一起进入输料管后，空气被加热到 90℃左右，以满足降水的需要。

刹克龙分离干燥后的物料与湿空气，分离后的物料进入风选器进行冷却、排潮。

2. 热风管道的工作参数

降水能力：1.0%～1.5%；加热面积：3.0～3.5m^2；物料输送速度：16～18m/s；浓度比：1.8～2.2；干燥时间：0.5～0.6s。

第六节　玉米加工工艺流程

一、玉米加工工艺的组合规律

常见玉米联产加工工艺的组合要点为：

① 提高提胚的工艺效率，使混合胚中的含粮率最多不超过 10%（除胚、皮、根冠外，

皆按含粮计算)，这是提高胚出油率的关键。

② 加工脱脂玉米粉时，在压胚磨粉前应将大部分胚提出，防止研压时胚的薄膜破裂，脂肪渗入粉中，以获得高出率低含脂的玉米粉。

玉米联产加工的一般过程为：

玉米 → 清理 → 水汽调节 → 脱皮脱胚 → 提胚提糁 → 压胚磨粉 → 成品

二、玉米联产加工工艺流程

图 15-5 为日处理 150t 玉米联产加工的工艺流程。该流程提取 35%左右的大、中糁，其脂肪含量为 1.2%左右，提取混合胚（胚、皮、根冠、粉）15%左右；提取食用玉米粉 30%～35%；提取饲料粉 15%～20%。

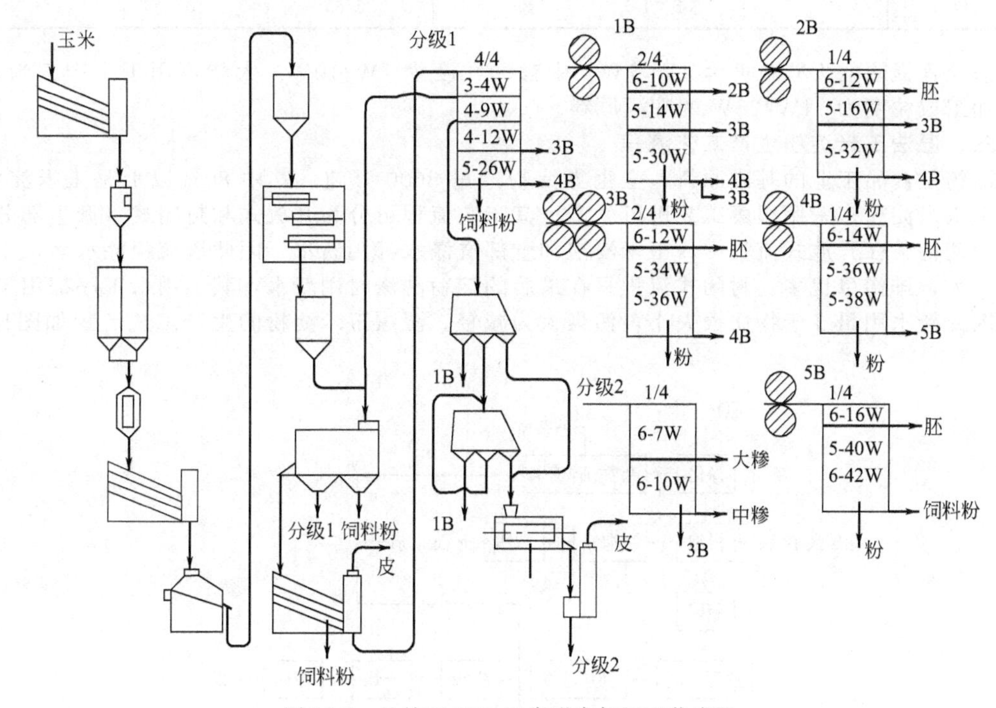

图 15-5　日处理 150t 玉米联产加工工艺流程

初清采用一台 TQLZl50 型振动筛。毛玉米仓贮存时间为 30h，由一台 TQLZ100 型自衡振动筛、一台 QSX100 型吸式去石机、一台 TCX119 型永磁筒，组成一筛、一去石、一磁选的清理流程。清理后的玉米含尘芥杂质应低于 0.3%，其中砂石含量低于 0.02%。

采用两台 FSTW36×200 水汽调节机进行水汽调节，润玉米时间为 10min。入机水分为 16%～17%。

脱皮、脱胚部分采用 3 台并联的 FBPW30.5×15 型五米剥皮破糁机，脱胚效率大于或等于 90%。剥皮破糁机的主流进入一台 TQLZ100 型振动筛，筛出粉，再由风选器分离皮后入分级筛分级，以防止分级筛堵塞（皮的水分高，不易流动）。

提胚、提糁部分采用一台 FG4×16 型高方平筛，4W 筛上物为带胚的玉米大碎粒和小粒的玉米，重新回入剥皮破糁机。4W/8W 为渣、胚的混合物，进入两台串联的选胚机，选出的渣用一台碾米机整型、磨光；胚、渣混合物过压胚磨粉工序。

压胚磨粉部分采用 3 台液压磨粉机，2 台 FG4X16 型高方平筛（包括糁分级筛一仓），组成 5 道皮磨的压胚磨粉流程。磨辊技术参数见表 15-4。

1B、2B 对胚、渣混合物进行两压两筛，以减少胚的含粮率。在磨辊技术特性配备上，以挤压力为主，既防止胚中含粮率高，又保证胚不被压碎。后 3 道皮磨处理含胚量很少的渣粒。为减少玉米粉的含皮、含胚量，提高提胚率，采取每道提胚工艺。

表 15-4 各道磨辊技术参数

项目 系统	轴线速 /(m/s)	速比	齿数 /(齿/cm)	齿角 /(°)	斜度 /%	排列
1压	6～7	1.2∶1	4.5	40/70	8	D-D
1B		1.5∶1	4.0	20/70	8	
2B		1.5∶1	5.5	20/70	8	
3B		1.5∶1	6.5	35/65	8	
4B		2.5∶1	7.5	35/65	8	
5B		2.5∶1	8.5	35/65	10	

该流程提取的大糁粒度为 4W/7W，中糁的粒度为 7W/10W。大糁可用于生产玉米片，中糁加工成粒度为 14W/28W 的啤酒原料。

三、湿法玉米淀粉生产工艺流程

淀粉是食品工业的基础原料，全世界淀粉产量 3600 万吨。其中 80%以上是玉米淀粉。国际上玉米淀粉多采用湿磨工艺进行生产。其工艺流程可分为开放式和封闭式（派生部分封闭式）两种。在开放式流程中，玉米浸泡和全部洗涤水都用新水，因此该流程耗水多，干物质损失大，排污量也多。封闭式流程只在最后的淀粉洗涤时用新水，其他用水工序都用工艺水，因此新水用量少于物质损失小，污染大为减轻。湿法玉米淀粉的生产工艺流程如图15-6所示。

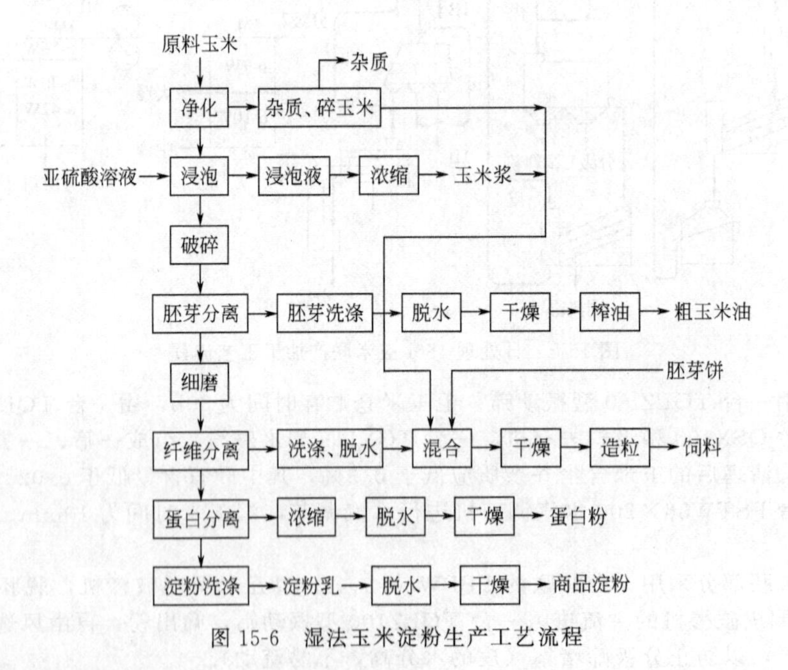

图 15-6 湿法玉米淀粉生产工艺流程

1. 玉米贮存与净化

原料玉米（要求成熟的玉米，不能用高温干燥过热的玉米）经地秤计量后卸入玉米料斗经输送机、斗式提升机进入原料贮仓经振动筛选、除石、磁选等工序净化；计量后去净化玉米仓。由玉米仓出来的玉米用水力或机械输送去浸泡系统。水力输送速度为 0.9～1.2m/s，玉米和输送水的比例为 1∶(2.5～3)，温度为 35～40℃，经脱水筛，脱除的水回头作输送水用，湿玉米进入浸泡罐。

2. 玉米浸泡

玉米的浸泡是在亚硫酸水溶液中逆流进行的。一般采用半连续流程。浸泡罐 8～12 个，浸泡过程中玉米留在罐内静止，用泵将浸泡液在罐内一边自身循环一边向前一级罐内输送，始终保持新的亚硫酸溶液与浸泡时间最长（即将结束浸泡）的玉米接触，而新入罐的玉米与即将排出的浸泡液接触从而保持最佳的浸泡效果。浸泡温度（50±2)℃浸泡时的亚硫酸浓度为0.20%～0.25%，浸泡时间60～70h。完成浸泡的浸泡液即稀玉米浆含干物质7%～9%，pH3.9～4.1，送到蒸发工序浓缩成含干物质40%以上的玉米浆。浸泡终了的玉米含水40%～46%，含可溶物不大于2.5%，用手能挤裂，胚芽完整挤出。其酸度为对100kg于物质用0.1mol/L NaOH标准液中和，用量不超过70ml。

3. 玉米的破碎

浸泡后的玉米由湿玉米输送泵经除石器进入湿玉米贮斗，再进入头道凸齿磨，将王来破碎成4～6瓣，含整形玉米量不超过1%并分出75%～85%的胚芽同时释放出20%～25%的淀粉。破碎后的玉米用胚芽泵送至胚芽一次旋液分离器，分离器顶部流出的胚芽去洗涤系统，底流物经曲筛滤去浆料，筛上物进入二道凸齿磨；玉米被破碎为10～12瓣。在此浆料中不应含有整粒玉米，处于结合状态的胚芽不超过0.3%。经二次破碎的浆料经胚芽泵送二次旋液分离器；顶流物与经头道磨破碎和筛分出的浆料混合一起，进入一次胚芽分离器，底流浆料进入细磨工序。进入一次旋流分离器的淀粉悬浮液浓度为7～9°Bé，压力为0.45～0.55MPa。进入二次旋流分离器的淀粉浆粉浓度为7～9°Bé，压力为0.45～0.55MPa；胚芽分离过程的物料温度不低于35℃。

4. 细磨

经二次旋流分离器分离出胚芽后的稀浆料通过压力曲筛，筛下物为粗淀粉乳，淀粉乳与细磨后分离出的粗淀粉浆液汇合后进入淀粉分离工序；筛上物进入冲击磨（针磨）进行细磨，以最大限度地使与纤维联结的淀粉游离出来。经磨碎后的浆料中，联结淀粉不大于10%。细磨后的装料进入纤维洗涤槽。

5. 纤维的分离、洗涤、干燥

细磨后的浆料进入纤维洗涤槽，在此与以后洗涤纤维的洗涤水一起用泵送到第一级压力曲筛。筛下物即为分离出的粗淀粉乳，筛上物再经5级或6级压力曲筛逆流洗涤，洗涤工艺水从最后一级筛前加入，通过筛面，携带着洗涤下来的游离淀粉逐级向前移动，直到第一级筛前洗涤槽中，与细磨后的浆料合并，共同进入第一级压力曲筛。分出粗淀粉乳。该乳与细磨前筛分出的粗淀粉乳汇合，进入淀粉分离工序、筛面上的纤维、皮渣与洗涤水逆流而行，从第一筛向以后各筛移动，经几次洗涤筛分洗涤后，从最后一级曲筛筛面排出。然后经螺旋挤压机脱水送纤维饲料工序。

工艺参数：细磨后浆料浓度为13～17°Bé，压力曲筛进料压力0.25～0.3MPa，洗涤用工艺水温度45℃，可溶物不超过1.5%，纤维洗涤用水量210～230L/100kg绝干玉米，洗涤后物料中含游离淀粉3%干物质。粗淀粉乳中细渣含量0.1g/L，进入螺旋挤压机湿皮渣含水60%左右，压榨后皮渣水分50%～55%。

6. 淀粉的分离洗涤干燥

由细磨前后曲筛分离得的粗淀粉经除砂器、回转过滤器，进入分离麸质、淀粉的主离心机。顶流分出麸质水浓度1%～2%，送浓缩分离机，底流淀粉乳浓度19～20°Bé，送十二级旋流分离器进行逆流洗涤。洗涤水用新鲜水，水温度40℃。经十二级旋流器洗涤后的淀粉乳含水60%，蛋白质含量小于0.35%，然后去精淀粉乳贮罐进行脱水干燥。由第一级旋流器顶流的澄清液作为主离心机的洗涤水。

7. 蛋白质分离与干燥

从主离心机顶流分离出的麸质水，含固形物2%左右，经过滤器进入（麸质）浓缩离心机，顶流为工艺水，进入工艺水贮槽，其固形物含量约0.25%～0.5%，供胚芽、纤维洗涤用。底流浓缩后的麸质水（含固形物约15%）经转鼓式真空吸滤机脱水，得湿蛋白质，其中含水50%～55%，用管式干燥机干燥，经冷却、包装后出厂。真空过滤机保持真空度0.053～0.067MPa(400～540mmHg)。

8. 胚芽洗涤、干燥和榨油

自一级胚芽漩流器顶部流出的胚芽，经三级曲筛洗涤后（含水分75%以上），进入胚芽挤压脱水机，经脱水后的湿胚芽含水约55%，去管束式干燥机，干胚芽（水分≤5%，含油率≥48%，淀粉≤10%）送压胚机破胚，经炒锅蒸炒，然后入榨油机榨油，胚芽油经沉淀槽及粗油过滤器装桶后出厂。胚芽饼可作为产品或混入纤维饲料出厂。

9. 玉米浆蒸发

将含固形物7%～9%的稀玉米浆，通过三效降膜式蒸发系统，浓缩至固形物含量为45%～50%，与湿纤维和胚芽饼混合一起干燥后作为饲料出厂，或以玉米浆形式直接作为抗生素企业培养基的营养液出售。

10. 纤维饲料干燥造粒

湿纤维、胚芽饼、玉米浆加在一起混合后，进管束式干燥机干燥至含水12%左右进行造粒，成为含21%蛋白质的纤维饲料出厂。

参 考 文 献

［1］ 朱永义．谷物加工工艺与设备．北京：科学出版社，2002.
［2］ 彭建恩．制粉工艺与设备．成都：西南交通大学出版社，2005.
［3］ 姚惠源．谷物加工工艺学．北京：中国财政经济出版社，1999.
［4］ 刘英．谷物加工过程．北京：化学工业出版社，2005.
［5］ 郭祯祥．小麦加工技术．北京：化学工业出版社，2003.
［6］ 吴良美．碾米工艺与设备．成都：西南交通大学出版社，2005.